Geração de ENERGIA ELÉTRICA

Geração de ENERGIA ELÉTRICA

3ª edição

revisada,
ampliada e
atualizada

Lineu Belico dos Reis

Professor de Engenharia Elétrica e Ambiental da Poli USP

Manole

Editora gestora
Sônia Midori Fujiyoshi

Editora responsável
Ana Maria da Silva Hosaka

Produção editorial
Marília Courbassier Paris
Jacob Paes

Projeto gráfico
Departamento de Arte da Editora Manole

Diagramação
Acqua Estúdio Gráfico Ltda.

Capa
Daniel Justi
Istockphoto (imagem da capa)

Dados Internacionais de Catalogação na Publicação (CIP)
(Câmara Brasileira do Livro, SP, Brasil)

Reis, Lineu Belico dos
Geração de energia elétrica / Lineu Belico dos Reis. – 3. ed. rev., ampl. e atual. – Barueri: Manole, 2017.

Bibliografia
ISBN: 978-85-204-5145-8

1. Desenvolvimento sustentável 2. Energia elétrica - Aspectos ambientais 3. Energia elétrica - Aspectos sociais 4. Energia elétrica - Leis e legislação 5. Meio ambiente 6. Política energética
I. Título.

17-05255 CDD-333.793215

Índices para catálogo sistemático:
1. Energia elétrica e desenvolvimento sustentável :
Economia 333.793215

1ª edição – 2003
2ª edição – 2011; reimpressão – 2013
3ª edição – 2017

Editora Manole Ltda.
Av. Ceci, 672 – Tamboré
06460-120 – Barueri – SP – Brasil
Tel.: (11) 4196-6000 – Fax: (11) 4196-6021
www.manole.com.br

Impresso no Brasil | *Printed in Brazil*

SUMÁRIO

Parte 2

PLANEJAMENTO E INTEGRAÇÃO DA GERAÇÃO AOS SISTEMAS ELÉTRICOS DE POTÊNCIA

Parte 3

ESTUDOS DE CASO: AVALIAÇÃO ECONÔMICA DA GERAÇÃO DE ENERGIA ELÉTRICA INTEGRADA AOS SISTEMAS DE POTÊNCIA

SOBRE O AUTOR

Lineu Belico dos Reis é consultor no setor energético brasileiro desde 1968, tendo trabalhado em diversas empresas de consultoria e concessionárias do setor energético, em diversos projetos no Brasil e internacionais.

É engenheiro eletricista formado em 1968 na Escola Politécnica da Universidade de São Paulo, onde obteve os títulos de mestre e doutor e, em 1993, de professor livre-docente do Departamento de Energia e Automação Elétricas da mesma escola, onde coordena pesquisas, projetos em convênios com empresas e leciona em cursos de graduação, pós-graduação e especialização.

Seus temas de interesse são: energia, energia elétrica, meio ambiente e desenvolvimento sustentável, geração de energia elétrica, conservação de energia; planejamento integrado de recursos; energização do meio rural; gestão ambiental e análise de ciclo de vida.

Tem mais de uma centena de artigos e trabalhos apresentados em eventos nacionais e internacionais.

Sua experiência didática e profissional o conduziu a um enfoque não fragmentado da questão da energia, configurando uma das bases do modelo de desenvolvimento humano direcionado à equidade e à harmonia ambiental. Enfoque este claramente presente nos temas apresentados nas edições deste livro, que aborda a geração de energia elétrica de uma forma ampla e multidisciplinar. Assim, o papel fundamental da energia no contexto da infraestrutura para o desenvolvimento, a necessidade de um novo paradigma para o modelo de desenvolvimento humano, os problemas socioambientais associados a esse modelo e a necessidade de uma visão integrada permeiam todo o desenvolvimento do livro, que enfoca as principais questões técnicas, tecnológicas e econômicas da geração de energia elétrica, desde cada tecnologia em particular até aspectos de integração sistêmica, como planejamento e gestão.

Organizou, com Semida Silveira o livro *Energia elétrica para o desenvolvimento sustentável*, editado pela Edusp em 2000, e primeiro colocado no prêmio Jabuti 2001 na categoria Ciências exatas, tecnologia e informática.

É também autor, coautor e editor de outros livros, dentre os quais se destacam: *Matrizes energéticas: conceitos e usos em gestão e planejamento*; *Energia, recursos naturais e a prática do desenvolvimento sustentável*; *Energia elétrica e sustentabilidade*; *Eficiência energética em edifícios*; *Energia e sustentabilidade*; *Energia e meio ambiente*; consultor técnico da tradução do livro *Introdução à engenharia ambiental*.

AGRADECIMENTOS

O autor agradece:

À advogada Eldis Camargo Santos, pelo significativo apoio dado nas incursões pela questão ambiental;

Aos colegas professores, orientandos e alunos de pós-graduação, que permitiram a utilização de estudos de caso baseados em trabalhos que desenvolvemos conjuntamente: Dorel Soares Ramos; Eliane Aparecida do Amaral Fadigas; Wagner da Silva Lima; Edson Marques Flores; Edson Bittar Henriques e José Luiz Pimenta Pinheiro; André Luiz Veiga Gimenes e Cláudio Elias Carvalho;

A todos os seus amigos, engenheiros, professores e alunos, que, na elaboração e vivência em projetos e nas disciplinas voltadas à geração elétrica, vêm motivando, ao longo do tempo, com suas dúvidas, discussões, sugestões e conversas de corredor, a busca de constante aperfeiçoamento nessa área do conhecimento;

Finalmente, agradece à sua família – a esposa Euclídia e os filhos, Flávio e Marina – pela paciência, compreensão e abnegação durante todos os anos nos quais as diversas edições deste livro foram se construindo e aperfeiçoando.

Lineu Belico dos Reis

APRESENTAÇÃO

Esta terceira edição do livro *Geração de energia elétrica* reflete uma evolução natural da edição anterior com vistas a incorporar novas facetas e avanços do cenário sempre dinâmico e evolutivo desta importante área do conhecimento. Para isso, mantém e atualiza as características básicas das edições anteriores – enfoque abrangente da geração elétrica no contexto da sustentabilidade; enfoque específico e aprofundado das tecnologias de geração visualizadas no cenário energético atual e; enfoque sistêmico das técnicas de planejamento e gestão voltadas ao dimensionamento e análise de viabilidade de projetos de geração para sua integração adequada aos sistemas elétricos.

Nesse contexto, a terceira edição tem os seguintes objetivos principais:

- Servir de base para cursos, estudos e desenvolvimento de projetos na área de geração de energia elétrica, suprindo uma das carências da literatura técnica do país.
- Servir de referência inicial para leitores não afeitos ao dia a dia da eletricidade, ou da energia, um tema que, em razão de sua importância para a humanidade, cada vez mais ultrapassa as fronteiras de um interesse predominantemente técnico ou econômico e assume seu caráter fortemente multidisciplinar.
- Apresentar as características técnicas e socioambientais, assim como roteiro para dimensionamento e estudos de viabilidade das diferentes tecnologias de geração elétrica existentes no cenário energético atual: centrais hidrelétricas, centrais termelétricas, sistemas solares para geração de eletricidade, sistemas eólicos de geração de energia elétrica, sistemas híbridos, energia dos oceanos e células a combustível.

- Apresentar um cenário dos principais impactos visualizados na área de geração elétrica devidos ao atual processo de aceleração da introdução de inovações e ao desenvolvimento esperado das " redes inteligentes" (*smart power – smart grid*).
- Apresentar as metodologias de análise, um roteiro para avaliação sistêmica da viabilidade da integração de projetos de geração aos sistemas de potência, e estudos de caso abrangentes, objetivos e atuais no contexto hidrotérmico para o qual caminha o sistema brasileiro, compreendendo a complementação termelétrica, a cogeração e as células a combustível.

Como nas edições anteriores, buscou-se desenvolver tais assuntos de forma simples, clara e acessível, ressaltando conceitos básicos e características fundamentais das principais formas de geração de eletricidade, sua inserção no contexto global do desenvolvimento humano e sua integração aos sistemas elétricos de potência. Para ilustrar a aplicação dos conceitos e fórmulas, são utilizados problemas típicos de cursos de geração elétrica, cuja solução é apresentada de forma lógica e comentada. Para orientar possíveis aprofundamentos nos assuntos enfocados, são sugeridas questões para reflexão e debates, além de bibliografia específica.

Após uma breve introdução, o livro apresenta três blocos de assuntos principais:

- Um bloco inicial, que apresenta a geração de energia elétrica no contexto de um cenário orientado à sustentabilidade e o enfoque das principais tecnologias disponíveis neste cenário.
- Um bloco intermediário é dedicado ao planejamento e integração da geração aos sistemas elétricos de potência.
- Um bloco final, que enfoca a avaliação econômica da geração de energia elétrica, por meio de estudos de caso e questões para reflexão e desenvolvimento.

Espera-se que este livro cumpra seus objetivos e venha a se tornar também um catalisador de novas edições e publicações voltadas a um enfoque mais abrangente da geração de energia elétrica, assunto de grande importância para o desenvolvimento da sociedade humana, e para a disseminação de conceitos, hábitos e ações voltadas à sustentabilidade.

Lineu Belico dos Reis

A energia desempenha um papel fundamental na vida humana: ao lado de transportes, telecomunicação e águas e saneamento, compõe a infraestrutura necessária para incorporar o ser humano ao denominado modelo de desenvolvimento vigente. Por isso, o tratamento dos temas energéticos no seio dessa infraestrutura será da maior importância para que se caminhe na busca da sustentabilidade. Isso vai requerer uma abordagem holística, multidisciplinar, num cenário composto por todas as dimensões do problema: tecnológicas, econômicas, sociais, políticas e ambientais.

Como a energia elétrica, uma das formas mais utilizadas de energia, insere-se nesse quadro, é muito importante integrar seu enfoque no contexto do denominado desenvolvimento sustentável. Assim, na busca da utilização harmônica e adequada dos recursos naturais, visualiza-se a maior eficiência da cadeia elétrica em si, desde a geração (produção) até a utilização (usos finais), passando pela transmissão (e subtransmissão, em alguns casos) e distribuição, assim como pela sua interação equilibrada (sustentável) com o meio ambiente, em seu conceito mais amplo.

Nesta nova edição, revisada, ampliada e atualizada, este livro mantém o enfoque na área da geração de energia elétrica com vistas a contribuir para a avaliação integrada, de forma a ressaltar os aspectos mais importantes a serem considerados quando se buscar a construção de um modelo humano de desenvolvimento sustentável. Ele também mantém o objetivo de servir de base para cursos voltados ao melhor conhecimento das diversas formas de geração de eletricidade, seus conceitos básicos, particularidades, problemas e benefícios, sugerindo questões básicas para discussões e reflexões em grupos de estudos e oferecendo soluções de alguns problemas típicos das principais formas de produção de energia elétrica. Inclui ainda atividades relacionadas com o levantamento de dados e informações disponíveis em sites da internet, apresentação de exercícios resolvidos, e um site do livro no portal da Editora Manole (www.manoleeducacao.com.br/geracaodeenergiaeletrica).

Para apresentar o roteiro seguido no livro, é importante abordar inicialmente a geração de energia elétrica por meio de seus aspectos principais relacionados com o contexto do planejamento energético, no qual se dará parte da avaliação integrada anteriormente referida, em que a eletricidade desempenha papel de grande importância.

O planejamento energético é hoje um dos aspectos estratégicos fundamentais para o desenvolvimento de qualquer região ou país. Assim, num contexto mais amplo, relaciona-se com a busca de convivência harmoniosa do homem com o mundo que o cerca e, consequentemente, com a busca da sustentabilidade. É importante lembrar que tais conceitos globais podem ser aplicados a delimitações cada vez menores dos sistemas energéticos, assim, fala-se em planejamento energético local de uma indústria, de uma fazenda, de um município, por exemplo. A harmonização das soluções energéticas obtidas nesses dois contextos, o global e o local, é o objetivo final de um planejamento energético bem executado.

O livro está dividido em três partes, a saber:

- Parte 1 – Geração de energia elétrica, sustentabilidade e tecnologias.
- Parte 2 – Planejamento e integração da geração aos sistemas elétricos de potência.
- Parte 3 – Estudos de caso: avaliação econômica da geração de energia elétrica integrada aos sistemas de potência.

A Parte 1 inicia-se por um capítulo que delineia os principais aspectos da inserção da eletricidade no contexto da energia, meio ambiente e desenvolvimento sustentável. A geração de energia – por causa de suas características específicas que identificam seus diversos tipos – é classificada como renovável, não renovável e renovável nova. O capítulo é complementado por uma visão abrangente do cenário brasileiro de geração de energia elétrica, enfocando as diversas fontes primárias utilizadas; os sistemas interligados e isolados; o planejamento centralizado e distribuído; a geração distribuída e a cogeração e a inserção ambiental dos projetos de geração elétrica.

E prossegue enfocando, em capítulos específicos, cada uma das principais formas de geração elétrica por meio de um roteiro orientado à sua avaliação no referido contexto.

Com esse objetivo, a seguinte orientação geral preside cada forma de geração:

- Apresentação da fonte primária (ou fontes primárias) de energia e do contexto maior em que se insere(m).
- Descrição dos principais tipos, configurações e componentes dos sistemas de produção de energia elétrica.
- Potência gerada e energia produzida.
- Aspectos básicos para inserção no meio ambiente.

As formas de geração são apresentadas de acordo com a classificação adotada inicialmente. O Capítulo 2 enfoca a geração hidrelétrica renovável, num cenário amplo, que trata também de recapacitação e operação com rotação ajustável. A seguir, o Capítulo 3 aborda a geração termelétrica – não renovável ou renovável – englobando as diversas formas desse tipo de geração, inclusive os sistemas de cogeração, e até mesmo a geração a partir da energia geotérmica, de difícil aplicação no país. Finalmente, são enfocadas as novas tecnologias renováveis de geração de energia elétrica, compreendendo os sistemas solares (fotovoltaicos e heliotérmicos ou termossolares) para geração de eletricidade (Capítulo 4); os sistemas eólicos de geração de energia elétrica (Capítulo 5); os sistemas híbridos (Capítulo 6); a energia dos oceanos (Capítulo 7) e as células a combustível (Capítulo 8).

Destes, os capítulos dedicados às formas de energia elétrica mais usadas no momento – hidrelétrica, termelétrica, solar e eólica – são complementados por exercícios resolvidos e informações de interesse para cálculos, servindo, assim, como orientação para aplicação do livro em cursos de geração elétrica. Além disso, todos os capítulos apresentam questões para desenvolvimento e atividades adicionais relacionadas ao levantamento de informações e dados.

A Parte 2 é formada pelos Capítulos 9 e 10 e são dedicados às análises relativas à inserção dos sistemas de geração elétrica nos sistemas de potência, no qual são abordadas todas as questões relacionadas com a integração da geração e avaliação de viabilidade. Nesse contexto, sumariam-se, inicialmente, conceitos básicos e procedimentos úteis para estudos de planejamento e operação de projetos de produção de energia elétrica; apresentam-se técnicas para melhorar a utilização da energia renovável; enfocam-se os avanços tecnológicos de maior interesse; abordam-se especificamente a geração distribuída e a cogeração.

A Parte 3 apresenta e discute estudos de caso ilustrativos, visando à sedimentação dos conceitos e aborda: inserção de grandes termelétricas em sistema eminentemente hidrelétrico; projetos de cogeração e um sistema de células a combustível; apresenta ainda questões para reflexão e desenvolvimento.

PARTE 1

GERAÇÃO DE ENERGIA ELÉTRICA, SUSTENTABILIDADE E TECNOLOGIAS

CAPÍTULO 1

CENÁRIO BRASILEIRO DA GERAÇÃO DE ENERGIA ELÉTRICA NO CONTEXTO GLOBAL DA SUSTENTABILIDADE

O objetivo primordial deste capítulo é apresentar uma visão geral do cenário da geração de eletricidade no Brasil no contexto da energia como um todo, da cadeia de suprimento de energia elétrica e da busca pela construção de um modelo sustentável de desenvolvimento, de modo a permitir um posicionamento adequado no cenário global do planejamento energético e da sustentabilidade.

FONTES DE ENERGIA: UMA VISÃO INTEGRADA

A Figura 1.1, além de ilustrar as fontes de energia e suas origens, fornece uma primeira visualização do papel da energia elétrica no contexto global do cenário energético.

Na figura, identificam-se facilmente as fontes básicas de energia na Terra, de acordo com suas relações no sistema solar e com o impacto do tempo, assim como as transformações que podem conduzir à geração de eletricidade. São elas:

- Transformação de trabalho gerado por energia mecânica, por meio do uso de turbinas hidráulicas (acionadas por quedas d'água ou marés) e cata-ventos (acionados pelo vento).

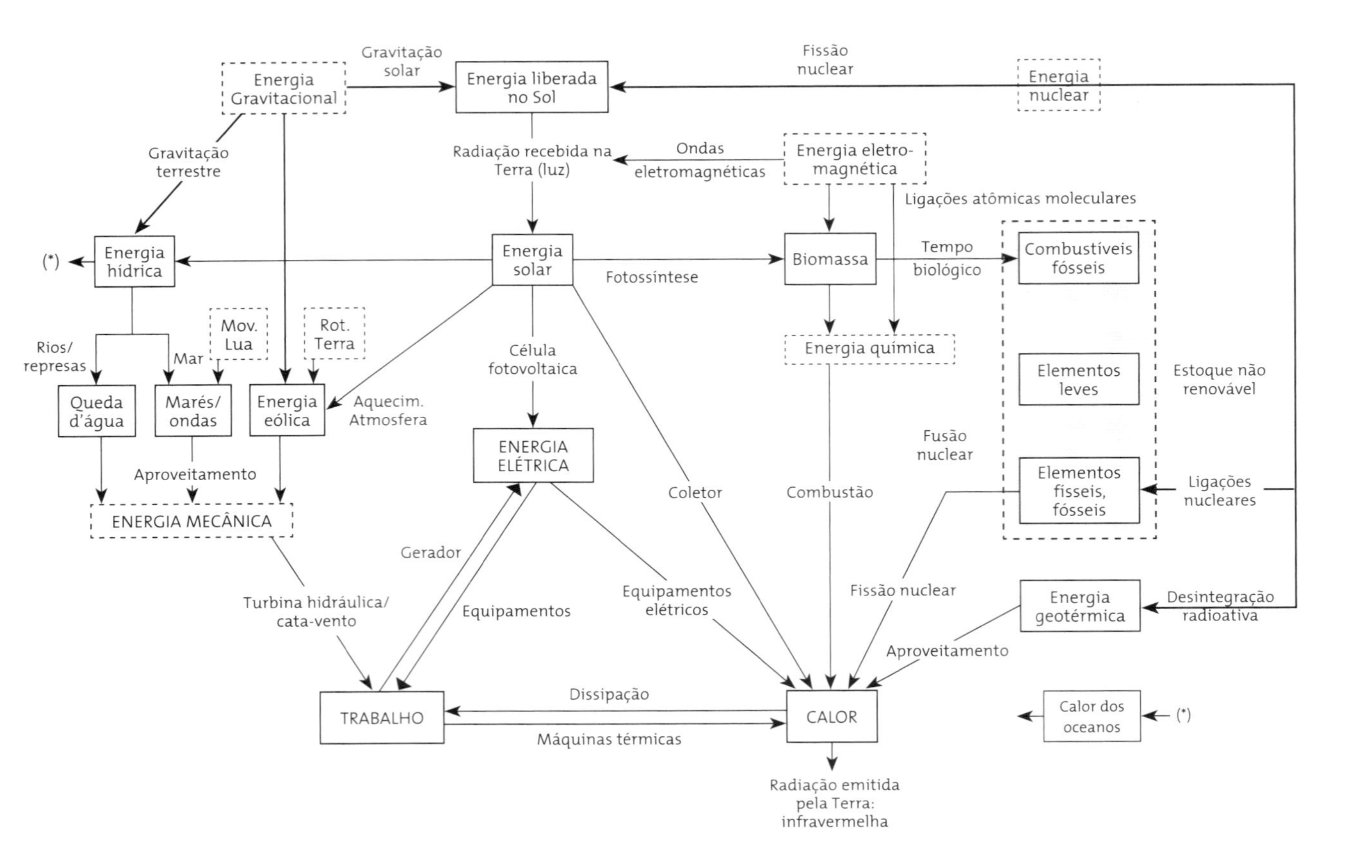

Figura 1.1 Fontes de energia: origens.

- Transformação direta da energia solar, por meio do uso de células fotovoltaicas, por exemplo.
- Transformação de trabalho resultante de aplicação de calor gerado pelo sol, por combustão (da energia química), fissão nuclear ou energia geotérmica, através do uso de máquinas térmicas.
- Transformação de trabalho resultante de reações químicas, através das células a combustível.

As fontes primárias usadas para a produção de energia elétrica podem ser classificadas em não renováveis e renováveis.

São consideradas fontes não renováveis aquelas passíveis de se esgotar por serem utilizadas com velocidade bem maior que os milhares de anos necessários para sua formação. Nessa categoria estão os derivados de petróleo, o carvão mineral, os combustíveis radioativos (urânio, tório, plutônio etc.) e o gás natural. Hoje em dia, a utilização de tais fontes para produzir eletricidade se dá principalmente por uma transformação da fonte primária em energia térmica, por exemplo, através da combustão ou fissão nuclear do átomo. Esse processo de obtenção de energia elétrica é conhecido como geração termelétrica.

Fontes renováveis são aquelas cuja reposição pela natureza é bem mais rápida que sua utilização energética (como as águas dos rios, marés, sol, ventos, a energia geotérmica) ou cuja gestão pode ser feita de forma compatível com as necessidades de sua utilização energética (como a biomassa: cana de açúcar, florestas energéticas e resíduos animais, humanos, industriais). A maioria dessas fontes apresenta características determinísticas e estocásticas, de certa forma cíclicas durante períodos de tempo compatíveis com requisitos de operação das usinas elétricas e inferiores a sua vida útil. Tais fontes podem ser usadas para produzir eletricidade, principalmente por meio de usinas hidrelétricas (que utilizam água), eólicas (que utilizam vento), solares (fotovoltaicas – que utilizam sol diretamente – e centrais termelétricas – que utilizam sol indiretamente, gerando vapor e biomassa renovável) e de geração geotérmica.

No caso do Brasil, a grande fonte de energia elétrica no início do século XXI é a geração hidrelétrica, o que deve perdurar por um longo tempo graças ao grande potencial ainda disponível. No entanto, é necessário ter precaução quando se reflete acerca dos diferentes números que têm sido apresentados no âmbito do setor energético para esse potencial, uma vez que eles não consideram o efeito da legislação ambiental sobre os projetos potenciais.

No início do ano de 2016, a geração termelétrica disponível para operação em condições normais apresentava uma participação de cerca de 29,2% (Aneel, 2016a) da potência total instalada. Essa participação, considerada acima do desejável em um país com abundância de fontes energéticas renováveis, se deve principalmente às políticas energéticas equivocadas orientadas, sobretudo, pela necessidade de racionamento de energia elétrica em 2001 e sua repercussão econômica, social e política. Esse assunto deverá ser abordado mais profundamente no Capítulo 9, voltado à integração da geração aos sistemas elétricos de potência. Por outro lado, projetos de cogeração a partir de biomassa (particularmente do bagaço de cana pelo setor sucroalcooleiro no estado de São Paulo) e do gás natural, assentados no paulatino aumento da rede de distribuição do gás nas regiões Sudeste, Sul e Centro-Oeste do país, têm aumentado sua participação e deverão colaborar significativamente para o suprimento de eletricidade na forma de geração distribuída (que será tratada em item específico deste capítulo). A participação da geração por meio de centrais eólicas e de biomassa, no início de 2016, apresenta um significativo aumento se comparado à situação no início do século XXI, enquanto a geração solar fotovoltaica apresenta crescimento significativo e a geração heliotérmica (termossolar) começa a ocupar espaço. Tais assuntos serão retomados na análise específica de cada tipo de geração.

É importante ressaltar aqui, quando se tenta visualizar as perspectivas da geração no país, a evolução das políticas energéticas nacionais provocada pelas mudanças no cenário da energia elétrica a partir de meados da década de 1990, que compreendem (ao menos em teoria):

- Abertura à competição.
- Entrada dos capitais privados.
- Revisão do papel do Estado, que se volta à regulação, regulamentação e fiscalização.
- Maior respeito à questão ambiental.

O fato é que, em sua dinâmica específica no país, o setor elétrico se desviou significativamente das mudanças previstas (por diversos motivos que não são objeto deste livro), de modo que o cenário atual comporta basicamente empresas privadas na distribuição e uma mistura de empresas estatais (federais e estaduais) na geração e transmissão. Além disso, não é possível identificar um processo de planejamento efetivo e confiável de longo prazo.

Em concordância com a classificação internacional atual da energia elétrica, com sua importância no Brasil e com suas perspectivas de evolução a longo prazo, neste livro, a geração elétrica será apresentada em três blocos principais:

- Energia hidrelétrica renovável.
- Energia termelétrica não renovável e renovável.
- Novas tecnologias renováveis para geração de energia elétrica, compreendendo centrais eólicas, solares fotovoltaicas, energia oceânica e células a combustível.

ENERGIA, MEIO AMBIENTE E DESENVOLVIMENTO SUSTENTÁVEL

Energia e desenvolvimento sustentável

A questão energética tem um significado bastante relevante no contexto ambiental e na busca pelo desenvolvimento sustentável. Ela tem influenciado muito as mudanças de paradigma que estão ocorrendo na humanidade, principalmente por dois motivos. Primeiro, porque o suprimento eficiente e confiável de energia é considerado uma das condições básicas para o desenvolvimento econômico – sem dúvida, isso ficou bem claro na década de 1970 em razão dos choques da crise do petróleo. Portanto, deveria ser natural que a questão energética – juntamente de outros setores de infraestrutura, como água, saneamento, transporte e telecomunicação – fizesse parte da agenda estratégica de todo e qualquer país. Segundo, porque vários problemas e desastres ecológicos e humanos das últimas décadas têm relação direta com o suprimento de energia, fato que serve de motivação e argumento em favor do desenvolvimento sustentável.

Nos últimos anos, a questão energética ocupou posição de destaque na agenda ambiental global, no âmbito das negociações da Convenção do Clima, principalmente por causa das mudanças climáticas. Isso porque a atual matriz energética mundial depende ainda de cerca de 86,2% (IEA, 2015) de combustíveis fósseis, cuja queima contribui para aumentar rapidamente a concentração de gases-estufa na atmosfera e resulta em diversos outros problemas ambientais relevantes. Porém, de modo geral, pode-se dizer que a importância da busca de maior eficiência energética e da transição para o uso de recursos primários renováveis tem sido ressaltada em qualquer avaliação sobre desenvolvimento sustentável, em um cenário bastante amplo, que obviamente está além da discussão, controversa para alguns, do impacto das ações antrópicas no aquecimento global.

Para que o setor energético se torne sustentável, é necessário que seus problemas sejam abordados de forma holística, incluindo não apenas o desenvolvimento e a adoção de inovações e incrementos tecnológicos mas também importantes mudanças que vêm sendo implementadas em todo o mundo, em um cenário que transcende o setor energético e deve incluir suas interfaces com os demais setores e áreas influentes na organização da vida humana na Terra.

No âmbito energético, essas mudanças envolvem, por um lado, políticas que tentam redirecionar as escolhas tecnológicas e os investimentos nesse setor tanto para o suprimento como para a demanda, bem como a conscientização e o comportamento dos consumidores. Por outro lado, abarca também importantes mudanças estruturais que têm transformado significativamente e com muita rapidez os sistemas operacionais e os mercados de energia, tais como: a maior integração de sistemas de produção, distribuição e da tecnologia da informação de forma a aumentar a flexibilidade e a participação no suprimento; a desverticalização; e a regulamentação e fiscalização cada vez mais voltadas aos interesses dos consumidores. Essas modificações enfatizam a necessidade de alinhamentos com a ordem internacional e têm sido aceleradas por forças do atual cenário mundial de globalização do mercado, embora tomem formas diversas em cada país.

Neste livro, procura-se apresentar uma base para o enfoque da geração de energia elétrica dentro de uma visão abrangente que aborde tanto as questões setoriais específicas já mencionadas como as questões sobre desenvolvimento, equidade e impactos ambientais. Embora tenha passado por transformações significativas durante os últimos anos, o setor elétrico brasileiro ainda precisará sofrer grandes mudanças em curto e longo prazos, devido não só às demandas ambientais e modificações dos mercados mas também ao novo cenário global que já redireciona fortemente o desenvolvimento tecnológico do setor. Esse redirecionamento, por sua vez, gera novas transformações internas de caráter competitivo e gerencial.

A seguir, será apresentada de forma resumida a questão da energia em relação aos assuntos ambientais e de desenvolvimento, com o objetivo de estabelecer o cenário global no qual se insere a geração de energia elétrica e suas implicações para o meio ambiente e para a busca de um desenvolvimento sustentável.

Energia e meio ambiente

O setor energético produz impactos ambientais em toda a sua cadeia de desenvolvimento, desde a captura de recursos naturais básicos para seus processos de produção até seus usos finais por diversos tipos de consumidores. Do ponto de vista global, a energia tem participação significativa nos principais problemas ambientais da atualidade. A seguir alguns deles serão discutidos brevemente.

A poluição do ar urbano

Este é um dos problemas atuais mais importantes do dia a dia da humanidade, atingindo diretamente grande parte da população, tanto em áreas mais desenvolvidas como em áreas menos desenvolvidas. Grande parte dessa poluição, largamente ligada ao uso de energia, deve-se ao transporte e à produção industrial. A produção de eletricidade a partir de combustíveis fósseis é uma fonte de óxido de enxofre (SO_x), óxidos de nitrogênio (NO_x), dióxido de carbono (CO_2), metano (CH_4), monóxido de carbono (CO) e partículas. As quantidades dependem das características específicas de cada usina e do tipo de combustível usado (gás natural, carvão, óleo, madeira, energia nuclear etc.). Há também problemas de poluição de interiores causados por emissões de CO durante atividades domésticas com uso de determinadas fontes energéticas, principalmente em áreas rurais.

A chuva ácida

A chuva ácida resulta do efeito de poluição causado por reações ocorridas na atmosfera com o dióxido de enxofre (SO_2) e os óxidos de nitrogênio (NO_x), que levam à concentração de ácido sulfúrico (H_2SO_4) e ácido nítrico (HNO_3) na chuva. O acúmulo desses ácidos nos solos provoca efeitos bastante negativos na vegetação e nos ecossistemas. O uso de carvão mineral, por exemplo, é um dos grandes causadores da chuva ácida na Europa.

O efeito estufa e as mudanças climáticas

Esses problemas, cerne do aquecimento global, se devem à modificação na intensidade da radiação térmica emitida pela superfície da Terra em razão do aumento da concentração dos gases-estufa na atmosfera. Acredita-se que esse aumento de concentração se deva principalmente a ações antropogênicas relacionadas a atividades industriais e de produção de energia. O dióxido de carbono (CO_2) é o mais significativo e preocupante entre os gases emitidos por essas ações por causa da quantidade e da longa duração de seus efeitos na atmosfera; suas emissões estão principalmente ligadas ao uso de combustíveis fósseis. Além dele, são também gases-estufa o metano (cujo impacto unitário é maior que o do CO_2, mas é produzido em quantidade menor), o óxido nitroso (N_2O) e os clorofluorcarbonetos.

O desflorestamento e a desertificação

Esses fenômenos se relacionam respectivamente com:

- A destruição de florestas devido à poluição do ar, à urbanização, à queima associada à expansão da agricultura e pecuária, à exploração de produtos florestais e à regeneração inadequada. Nesse contexto, embora o Brasil apresente uma matriz energética com grande participação de fontes renováveis, a frequente ocorrência de queimadas, principalmente nas regiões Centro-Oeste e Norte, faz com que o país se situe em quarto lugar mundial entre as nações que contribuem com o aquecimento global.
- A degradação da terra em áreas áridas, semiáridas e subúmidas secas devido ao impacto humano adverso relacionado com cultivo e práticas agrícolas inadequadas bem como com o desflorestamento, que tem influência no aquecimento global já que as florestas concentram grande poder de absorção dos gases-estufa.

A degradação marinha e costeira

Materiais poluentes descarregados nos cursos de água e na atmosfera são responsáveis por cerca de 75% da degradação marinha e costeira, assim como pela de lagos e rios. O restante é consequência da navegação, da mineração e da produção de petróleo.

O alagamento

O alagamento de áreas de terra agricultáveis ou de valor histórico, cultural e biológico está relacionado principalmente com o desenvolvimento de barragens e reservatórios, os quais podem ser criados para a geração de eletricidade. Hidrelétricas inundam áreas de terra e trazem problemas sociais relacionados com o reassentamento de populações. Esse assunto é tratado mais especificamente no Capítulo 2, sobre a geração hidrelétrica.

Energia e desenvolvimento

Na organização mundial atual, a energia pode ser considerada um bem básico para a integração do ser humano no desenvolvimento. Isso porque proporciona oportunidades e maior variedade de alternativas tanto para a comunidade como para o indivíduo. Sem fontes de energia de custo aceitável e de credibilidade garantida, a economia de uma região não pode se desenvolver plenamente, tampouco o indivíduo e a comunidade podem ter acesso adequado a diversos serviços essenciais à melhoria da qualidade de vida, tais como educação, saneamento e saúde pessoal.

A relação do consumo energético com a renda tem sido bastante estudada, levando à conclusão de que o acesso a uma determinada quantia de energia é fundamental para resolver os problemas de disparidade e permitir maior facilidade e segurança na busca pelo desenvolvimento sustentável. Cálculos e estimativas têm sido efetuados para determinar o consumo energético *per capita* que permitiria o atendimento das necessidades básicas dos seres humanos. O cenário atual mostra grandes disparidades de consumo energético entre os países do mundo, principalmente entre os denominados desenvolvidos e não desenvolvidos (incluindo os chamados emergentes). Essa disparidade segue praticamente o mesmo padrão da distribuição de renda.

Por outro lado, acredita-se que, para os países menos desenvolvidos, graus de desenvolvimento comparáveis aos melhores alcançados até o presente são possíveis sem que seja necessário um aumento semelhante na utilização de energia, como se verificou no processo de desenvolvimento dos países mais desenvolvidos. Isso quer dizer que, com um uso eficiente de formas renováveis de energia, é possível "disseminar" o desenvolvimento com desaceleração ou, em uma visão mais otimista, até mesmo com redução das pressões sobre o ecossistema.

Soluções energéticas para o desenvolvimento sustentável

De forma geral, as soluções energéticas voltadas ao desenvolvimento sustentável já defendidas há algumas décadas seguem determinadas linhas de referências básicas:

- Almeja-se a diminuição do uso de combustíveis fósseis (carvão, óleo, gás) e maior uso de tecnologias e combustíveis renováveis. O objetivo é alcançar uma matriz renovável em longo prazo.
- É necessário aumentar a eficiência do setor energético desde a produção até o consumo. Grande parte da crescente demanda energética pode ser suprida ao ser tomada essa medida, principalmente em países desenvolvidos, onde a demanda deve crescer de forma mais moderada.
- Mudanças no setor produtivo como um todo são necessárias para o aumento de eficiência no uso de materiais, transporte e combustíveis.
- O desenvolvimento tecnológico do setor energético é essencial no sentido de desenvolver alternativas ambientalmente benéficas, o que inclui melhorias nas atividades de produção de equipamentos e materiais para o setor e exploração de combustíveis.
- Políticas energéticas devem ser redefinidas de forma a favorecer a formação de mercados para tecnologias ambientalmente benéficas e cobrar os custos ambientais de alternativas não sustentáveis.
- Incentiva-se o uso de combustíveis menos poluentes. Num período transitório, por exemplo, o gás natural tem vantagens sobre o petróleo ou carvão mineral por produzir menos emissões.

Um fator de grande influência nos cenários energéticos é a implementação dos controles e ações previstos na Convenção do Clima, relacionada com o problema do aquecimento global. Negociações e discussões têm ocorrido em nível mundial em diversas reuniões, principalmente a partir do Protocolo de Kyoto (1997).

Nessas discussões, que continuam a acontecer com grande destaque na pauta mundial relacionada ao meio ambiente, tem-se buscado estabelecer compromissos que sejam ratificados pelas nações mundiais visando primordialmente ao controle de emissões dos gases-estufa, por meio da determinação de metas associadas à emissão desses gases. Embora essas discussões e reuniões venham acontecendo há mais de uma década, ainda não se alcançou um consenso global sobre o assunto. O que tem ocorrido é uma trajetória errática, plena de idas e vindas, de expectativas positivas se alternando com as negativas, não resultando em definição clara e implementação efetiva desses controles e ações, ao mesmo tempo que a degradação aumenta e a situação ambiental se encaminha ao que alguns especialistas consideram ponto de não retorno.

Nesse contexto, devem ser ressaltados os mecanismos relacionados com a possibilidade de os países reconhecidos como desenvolvidos "ganharem" direitos de emitir mais do que os limites acordados por meio de investimentos nos países reconhecidos como emergentes ou em desenvolvimento (conceitos de certa forma também variáveis ao longo do tempo). Isso é permitido desde que esses investimentos atuem para reduzir ou evitar o aumento das emissões dos gases-estufa, como os mecanismos de desenvolvimento limpo (CDM – Clean Development Mechanisms).

Esses mecanismos, que em dados momentos foram de grande interesse para os países não desenvolvidos (por incentivarem a utilização de recursos renováveis, em especial a biomassa), também se encontram hoje bem debilitados, havendo mesmo especialistas que afirmam sua inexistência em termos reais. A complexidade e instabilidade do tema são tão grandes que se optou por não o abordar aqui, embora afete fortemente todo o setor energético, incluindo em seu bojo a geração de energia elétrica. As diversas publicações sobre o assunto citadas neste livro se referem principalmente aos aspectos específicos das diferentes tecnologias de geração elétrica e correspondem apenas a uma ínfima parte do que está disponível sobre o assunto. Contudo, considera-se importante que se busque aprofundamento e se acompanhe a evolução das discussões mundiais da questão, devido ao seu impacto potencial na matriz de geração de eletricidade e à sua característica de possível fonte de financiamento para projetos de geração por meio de fontes renováveis. Para isso, sugere-se a busca de material específico no vasto universo de material disponível sobre o aquecimento global e as mudanças climáticas.

Dessa maneira, a influência do processo de descarbonização nos setores de infraestrutura pode ser bastante significativa. No setor de transportes, por exemplo, há um incentivo cada vez mais forte para:

- Uso de combustíveis menos poluentes, como aqueles advindos da biomassa vegetal (principalmente o etanol, o metanol e o biodiesel), e o gás natural (proveniente hoje de diferentes fontes).

- Desenvolvimento de veículos ambientalmente mais adequados, que utilizam novas formas de acionamento, por exemplo, veículos elétricos alimentados por células a combustível e/ou baterias de tecnologia avançada e sistemas híbridos elétrico-convencionais.

A redução dos impactos no setor de transportes pode ser obtida ainda por uma série de ações específicas, tais como:

- Aumento da eficiência térmica e mecânica das máquinas tradicionais.
- Tecnologias avançadas de transporte.
- Melhoria das estruturas de tráfego e da logística de transporte.
- Avanços na utilização e integração dos diferentes modais existentes.
- Políticas que visam diminuir o consumo de energia, como o incentivo ao transporte coletivo e aos transportes alternativos, principalmente nos grandes centros.

No setor elétrico, há o desenvolvimento de tecnologias para:

- Diminuir o impacto ambiental negativo de usinas baseadas no uso de carvão mineral e derivados usuais do petróleo.
- Aumentar a penetração do gás natural, ambientalmente mais limpo que outros combustíveis fósseis.
- Desenvolver centrais nucleares mais seguras e com diminiução dos problemas de resíduos.
- Incentivar o uso das fontes primárias renováveis, tais como hídricas, solares, eólicas e biomassa.

Existem no setor industrial mudanças tecnológicas que podem ter impacto significativo na conservação de energia, desde o uso de motores e iluminação mais eficientes e da automação até a implementação de novas soluções para processamento e gerenciamento de processos. Incentivos financeiros podem ainda ser criados para influenciar consumidores individuais a adquirirem produtos de maior eficiência energética, como aparelhos domésticos, sistemas de iluminação, aquecimento e refrigeração etc. Normalmente, tais políticas exigem um amplo trabalho de informação do grande público.

É importante lembrar que o potencial para aumento da eficiência energética não se limita apenas a setores modernos da economia. Mesmo tecnologias tradicionais baseadas no uso da biomassa podem ser significativamente melhoradas, como a utilização de fornos industriais para fabricação de tijolos ou mesmo em nível residencial. Pequenas modificações podem oferecer benefícios ambientais enormes, inclusive diminuindo a pressão sobre florestas, o que comumente leva ao desflorestamento, outro grande problema na pauta do aquecimento global e das mudanças climáticas.

SUPRIMENTO DA ENERGIA ELÉTRICA

De acordo com a organização atual do setor elétrico, a cadeia de suprimento de energia elétrica, considerada como aquela que cobre desde o processo de transformação da energia primária até a interface com cada tipo de consumidor, está dividida em geração, transmissão e distribuição.

A área de geração preocupa-se especificamente com o processo da produção de energia elétrica por meio de diversas tecnologias e fontes primárias. Apesar de existir uma gama muito grande de opções para geração de eletricidade, cada uma delas com características bem distintas e específicas em termos de dimensionamento apropriado, custos, tecnologia e impactos socioambientais, as fontes renováveis são, em princípio, mais adequadas a um desenvolvimento sustentável.

A transmissão está normalmente associada ao transporte de blocos significativos de energia a distâncias razoavelmente longas e caracteriza-se por linhas de transmissão com torres de grande porte e com condutores de grande diâmetro, que cruzam grandes distâncias, desde o ponto de geração até pontos específicos próximos aos grandes centros de consumo da energia elétrica.

A partir desses pontos, desenvolvem-se os sistemas de distribuição. Eles estão associados ao transporte da energia no varejo, ou seja, do ponto de chegada da transmissão até cada consumidor individualizado, seja ele residencial, industrial, comercial, urbano ou rural.

Cada uma dessas áreas – geração, transmissão e distribuição – tem características organizacionais, técnicas, econômicas e de inserção socioambiental bem específicas. Nesse contexto, as novas tecnologias, tanto para geração como para transmissão e distribuição de energia elétrica, representam importantes respostas para os recentes desafios na busca de um suprimento mais eficiente para esse tipo de energia, um dos aspectos fundamentais para a sustentabilidade do setor elétrico.

É nesse cenário de energia, meio ambiente e desenvolvimento que deverá se inserir a geração de energia elétrica, cujos aspectos básicos este livro procura apresentar e discutir, não sem antes mostrar uma visão das questões mais gerais da geração de energia elétrica no Brasil.

Conceitos básicos associados ao atendimento da carga do sistema elétrico

Para melhor entendimento das características necessárias para que a cadeia de suprimento possa cumprir seus diversos objetivos, atendendo da melhor forma possível os requisitos politicos, econômicos, tecnológicos e socioambientais, considera-se importante recordar aqui alguns conceitos básicos dos sistemas elétricos de potência: a carga do sistema elétrico, as curvas de carga e de produção (despacho) e os principais índices a elas associados – fator de carga e fator de capacidade.

Carga do sistema elétrico

Carga do sistema elétrico, também denominada **demanda** no jargão dos atores do setor elétrico, é o nome dado à potência consumida ao final da cadeia de suprimento. O comportamento dessa carga ao longo do tempo em um determinado período é o que se chama *curva de carga*, de vital importância para todo o processo da cadeia elétrica de suprimento. Por outro lado, considerando enfoque a partir da cadeia de suprimento, essa mesma curva de carga vai impactar a capacidade ao longo da cadeia de suprimento, para que a energia elétrica seja fornecida dentro de padrões preestabelecidos.

Essa dualidade requer o estabelecimento de dois conceitos básicos, nem sempre claramente entendidos por atores do setor elétrico: o fator de carga e o fator de capacidade.

Curva de carga

Uma característica importante a ser considerada na análise de um sistema elétrico de potência é o fato de a demanda de energia elétrica (carga) se comportar de forma variável ao longo do tempo, além de se diferenciar durante períodos (diários, semanais, sazonais).

Essa característica, associada à necessidade de a energia elétrica estar presente e garantida no mesmo instante de seu uso, faz com que seja de fundamental importância a alocação adequada, no tempo e no espaço, dos diversos sistemas de geração.

Dois requisitos básicos podem ser associados à carga suprida por um sistema elétrico:

- Os requisitos de energia, relativos ao consumo durante um intervalo de tempo.
- Os requisitos de demanda máxima instantânea, associados a cada momento da vida do sistema de potência.

Para identificação dessas variáveis, o sistema pode ser caracterizado ou pela curva de variação da carga no tempo ou pela curva de duração de carga, a qual é obtida da anterior e que indica a porcentagem do tempo em que a carga é superior a um determinado valor.

Exemplos desses tipos de curvas, no caso para as 24 horas de um dia, são apresentados na Figura 1.2, com indicação das variáveis importantes para a análise em andamento: **demanda média**, cuja integração no tempo fornece a energia consumida; e **demanda máxima**, que é o maior valor instantâneo da carga no período considerado.

Com relação à integração das alternativas de geração aos sistemas de potência, cada uma dessas variáveis afeta principalmente uma característica específica do dimensionamento do sistema gerador:

- A demanda média e a consequente energia se relacionam com a capacidade de o sistema gerador alimentar continuamente, no período considerado, a carga suprida, influenciando então o dimensionamento da denominada **energia firme** (aquela que o Sistema supridor garante por, no mínimo, 95% do tempo, como se verá nos capítulos específicos das diversas tecnologias de geração) ou as características do sistema de armazenamento (barragem/reservatório em hidrelétricas, por exemplo), no caso de fontes com características estocásticas ou, então, do **consumo de combustível**, no caso das demais fontes.
- A demanda máxima relaciona-se diretamente com a capacidade de o sistema gerador alimentar instantaneamente a carga, com a adequação da potência instalada.

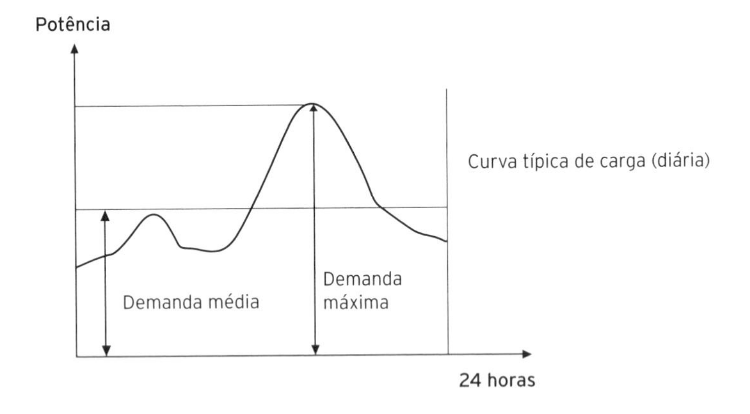

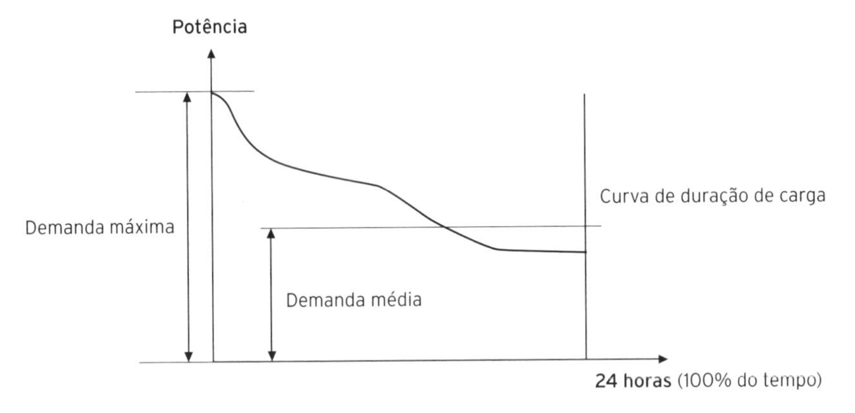

Figura 1.2 Curva de carga e curva de duração da carga.

Fator de carga

É definido, para uma determinada carga, como a relação entre a demanda média e a demanda máxima (pico da curva de carga), como ilustrado na Figura 1.3.

$$\text{Fator de carga} = \frac{D_m^c}{D_p^c} = \frac{\text{Demanda média}}{\text{Pico de carga}}$$

O fator de carga indica a relevância do pico de carga com relação à energia consumida, uma vez que a demanda média se relaciona com ela. Quanto maior o fator de carga, menor é a relevância do pico de carga em relação ao seu comportamento médio e vice-versa.

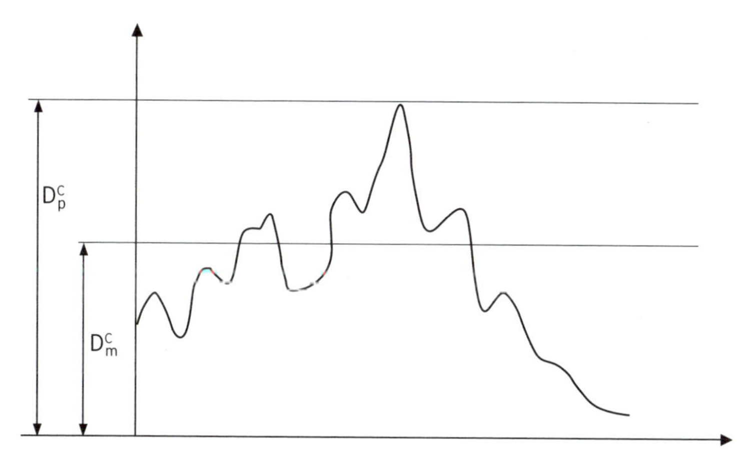

Figura 1.3 Ilustração das variáveis utilizadas na definição do fator de carga.

Curva de produção (despacho) da geração

A curva de produção (despacho) da geração revela a potência gerada ao longo do tempo. Assim como para a curva de carga, a curva de produção apresenta uma produção média e uma produção de ponta, limitada pela capacidade instalada (no sistema gerador ou na usina). A Figura 1.4 mostra a curva de produção (despacho) para uma usina, indicando as produções média e de ponta.

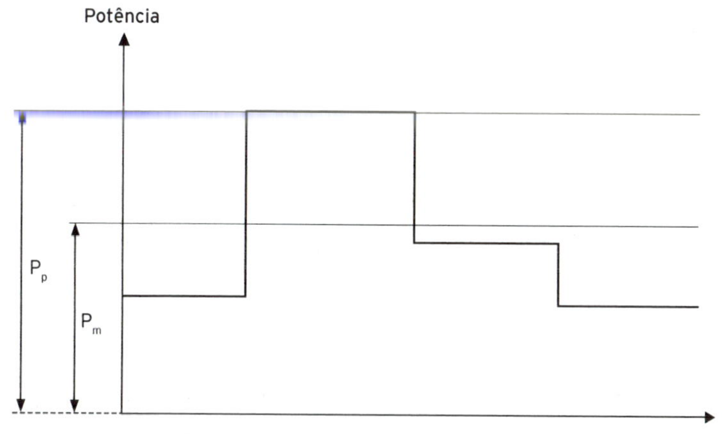

Figura 1.4 Curva de produção (despacho) de uma usina.

É importante notar que, para as usinas hidrelétricas, a produção média, relacionada com a energia, está em função da quantidade de água disponível, das vazões afluentes e das condições de estocagem nos reservatórios, enquanto a produção máxima está em função da capacidade instalada da usina.

Com as usinas termelétricas ocorre o mesmo, mas com uma diferença relacionada à disponibilidade do combustível, cujo armazenamento não depende tão diretamente de condições momentâneas: a não ser em situações extremas de crise, pode-se considerar o combustível das termelétricas como sempre disponível.

Já outras usinas – com geração baseada no uso de fontes renováveis de característica estatística/estocástica, tais como centrais solares fotovoltaicas e eólicas – apresentam características similares às hidrelétricas, com estocagem em baterias, por exemplo.

Fator de capacidade

O fator de capacidade de uma usina está relacionado com as características de sua produção para atendimento à curva de carga do sistema. Esse fator, tal como para carga, é definido como a relação entre a produção média e a produção de ponta (ou pico).

$$\text{Fator de capacidade da usina} = \frac{P^u_m}{Pp^u} = \frac{\text{Produção média}}{\text{Produção de pico (limitada pela pot. instalada)}}$$

Atendimento da carga

Efetuar o despacho de um sistema de geração para atender a uma determinada carga é estabelecer as condições de operação dos componentes (máquinas ou usinas) ao longo do tempo, para que a carga possa ser suprida com o mais alto nível de confiabilidade, em seu conceito mais amplo, englobando adequação (regime permanente) e segurança (regime dinâmico e transitório).

Se não forem consideradas as perdas e a influência de indisponibilidades e reservas (assuntos que serão abordados mais detalhadamente no Capítulo 9), assim como os índices de confiabilidade, a produção ideal do sistema de geração, ao longo do tempo, deve coincidir com a curva de carga. Ou seja, a produção global das usinas (ou componentes) do sistema deve ser coincidente com o consumo em cada instante. O mesmo não ocorre quando se visualiza a capacidade instalada de cada usina (ou unidade geradora de cada usina) em operação em determinado momento. Isso porque a variação dessa capacidade é efetuada de forma descontínua, devido às dimensões das unidades/usinas, que são determinadas segundo certas avaliações técnico-econômicas, as quais, na maioria das vezes, não consideram a operação integrada do sistema. Assim, a curva de capacidade instalada, na prática, supera a curva de carga, como indicado na Figura 1.5. Nela, não se considerou nenhum efeito de reserva ou indisponibilidades e é possível notar que os diversos componentes do sistema de geração deverão operar de forma diferenciada, de acordo com sua "posição" na curva de carga, verificando-se a possibilidade de operação na base, na ponta ou na posição intermediária (semibase). Essa figura permite verificar que as usinas, alocadas em uma curva de carga, vão operar com diferentes fatores de capacidade.

Por exemplo, considerando-se cada um dos cinco geradores da Figura 1.5, fica bem claro que o fator de capacidade tem relação com a posição da usina no atendimento à curva de carga. Baixos fatores de capacidade correspondem a geradores (ou usinas, quando se pensa no sistema como um todo) operando na ponta; e altos fatores de capacidade, a geradores (ou usinas) operando na base.

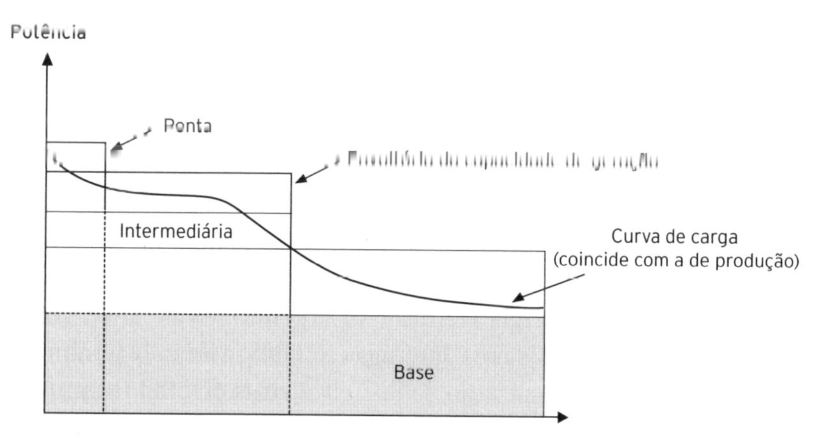

Figura 1.5 Despacho de geração para atendimento à curva de carga.

Alguns valores de fatores de capacidade típicos são apresentados a seguir:

- De ponta: 13 a 30%.
- De semibase: 30 a 75%.
- De base: 75 a 100%.

É interessante notar que o fator de capacidade de uma usina também pode ser estabelecido em função de uma relação entre seu tempo de operação e do período total de operação considerado para o sistema. Assim, uma usina que opera a plena carga durante t horas em um período de T horas pode ter seu fator de capacidade calculado pela relação t/T. Por exemplo, uma usina operando, em sua plena capacidade, apenas três horas durante o pico de uma carga diária (24 horas), terá fator de capacidade de 12,5% (3/24).

GERAÇÃO DE ENERGIA ELÉTRICA: O CENÁRIO BRASILEIRO

A seguir apresenta-se uma visão global e sucinta do cenário brasileiro da geração de energia elétrica em meados da segunda década do século XXI. Maior detalhamento pode ser obtido em diversas outras fontes disponíveis no país, desde publicações até páginas da internet das instituições e empresas do setor elétrico, dos governos estaduais e federal. Nesses materiais, encontram-se desde dados relativos à operação (situação atual) e planejamento (plano decenal e planejamento de longo prazo) até dados mais globais da energia como um todo (balanço e matriz energética). Como uma indicação inicial, para o referido detalhamento e até mesmo para acompanhamento da evolução futura, podem ser citados os sites das instituições federais envolvidas nos diversos processos organizacionais e de planejamento, regulação, operação e comercialização do setor elétrico brasileiro: Ministério de Minas e Energia (MME) (http://www.mme.gov.br); Empresa de Pesquisa Energética (EPE) (http://www.epe.gov.br); Agência Nacional de Energia Elétrica (Aneel) (http://www.aneel.gov.br); Operador Nacional do Sistema Interligado (ONS) (http://www.ons.org.br) e Câmara de Comercialização de Energia Elétrica (CCEE) (http://www.ccee.org.br).

Energia hidrelétrica: renovável

Por conta de suas grandes dimensões e potencial hídrico, o Brasil tem a maior parte de sua energia elétrica gerada por esse tipo de aproveitamento. Ao final da década de 1990, a energia hidrelétrica compreendia mais de 80% da potência elétrica instalada no país.

Ao final do século XX, a energia hidrelétrica no Brasil foi gerada com base na construção de grandes usinas. Quanto aos aspectos econômicos, houve um grande esforço de capitalização, que resultou em custos mais baixos de energia. Em meados da década de 1990, cerca de 15% da dívida externa do país relacionava-se com essas obras, entre as quais muitas apresentavam custos unitários nas faixas de 1.000 a 1.500 U$/kW, para capacidade, e de 20 a 30 mills/kWh (que equivalem, respectivamente, a 20 e a 30 US$/MWh), para energia.

Esses custos, atrativos mesmo com a inclusão da transmissão, e a priorização inadequada para a avaliação dos impactos ambientais e sociais dos projetos nos estudos de planejamento e nas decisões do setor elétrico resultaram não só na atenuação dos esforços para implantação de usinas de menor porte, como as pequenas centrais hidrelétricas (PCHs), atualmente consideradas até 30 MW, e mesmo micro/miniusinas, como também na desativação de diversos projetos desse porte.

É preciso ressaltar que, em dado momento, houve expectativa de grande crescimento do número e da potência instalada das PCHs. Algumas razões para isso foram o Programa de Incentivo às Fontes Alternativas (Proinfa), do governo federal, que criou uma série de facilidades para as PCHs, a possibilidade de inserção de muitos projetos nos Mecanismos de Desenvolvimento Limpo (MDL) e consequente atuação no mercado de créditos de carbono, que se apresentava em pleno funcionamento e atrativo no momento. No entanto, mudanças institucionais envolvendo as agências reguladoras e dificuldades relacionadas com pessoal e trâmite de documentação, tanto técnica como ambiental, resultaram em uma duração da ordem de nove anos do processo total de instalação de PCHs, inviabilizando a grande maioria de projetos e afugentando investidores potenciais. Essa situação perdurou até 2015, embora a cada ano surjam sinais de boas-novas e expectativas positivas relacionadas às PCHs, que acabam por não se concretizar. Atualmente, esforços têm sido dirigidos para incentivar a execução de usinas menores e locais e a recapacitação de centrais desativadas.

As grandes usinas, por sua vez, têm sido dimensionadas sem reservatórios de acumulação em razão das restições de ordem socioambiental, o que abriu espaço significativo para a complementação energética efetuada por usinas termelétricas, em sua maioria movidas a combustíveis fósseis. Além disso, a forte centralização de decisões e a adoção de diversas práticas equivocadas pelo governo federal resultaram em grande aumento do custo da energia elétrica para os consumidores e em dificuldades crescentes para a expansão e operação do sistema elétrico, devendo-se citar aqui também o problema ocorrido com as centrais eólicas, que poderiam ter forte colaboração na complementação energética, mas não foram aproveitadas por conta da falta de transmissão. Isso ocorreu porque o processo de leilões adotado não se preocupou seriamente em sincronizar as obras de geração eólica com as de sua transmissão até o ponto de entrega. Chegou-se, então, ao absurdo de a geração eólica estar pronta sem poder escoar, o que se refletiu em muitos problemas e dificuldades jurídicas para os investidores, as concessionárias, as agências reguladoras, o operador nacional e os operadores na CCEE. A respeito dos referidos equívocos e dificuldades relacionados ao setor elétrico, é importante citar a reversão da situação nos anos de 2015 e início de 2016, quando se inicia lenta redução dos custos de energia para o consumidor. Não por causa de novas políticas ou correção de rotas, e sim em virtude das ações citadas anteriormente, que resultaram em uma crise econômica sem precedentes no país, com fechamento de indústrias, empresas comerciais e outras, aumento do desemprego e consequente diminuição do consumo energético, além de grande judicialização dos problemas do setor energético.

De qualquer forma, investimentos em novas usinas hidrelétricas de grande porte continuam a ocorrer, porém, se não houver modificações, esses investimentos dependerão cada vez mais da participação do governo, por meio de suas concessionárias. Esse quadro pode ser bastante alterado em curto prazo, no âmbito da solução para a grande crise que está acontecendo no país, principalmente com ações políticas e judiciárias. Ainda assim, grandes usinas na Amazônia estão hoje em evidência, tais como:

- As usinas de Santo Antônio (3.568 MW) e Jirau (3.750 MW), no Rio Madeira, conectadas ao Sistema Sudeste, em Araraquara (São Paulo), por linhas de transmissão em Corrente Contínua em 600 kV e dois bipolos, com cerca de 2.400 km de extensão.

- A usina de Belo Monte (11.233,11 MW), cuja transmissão se dará em Corrente Alternada para o Sistema Nordeste e em Corrente Contínua para o Sistema Sudeste, com tensão de 800 kV e configuração em multiterminais.
- A usina de Teles Pires, com potência instalada de 1.819 MW (Aneel, 2016b).

No cenário elétrico, as grandes usinas ainda devem ocupar um espaço importante no suprimento de energia elétrica no Brasil por um longo período de tempo, pois até mesmo as previsões mais pessimistas de crescimento de carga indicam a impossibilidade de seu atendimento apenas com pequenas centrais ou outras formas de geração (mesmo levando em conta o sucesso total do esforço de conservação de energia) nas próximas décadas. No entanto, está previsto que, por conta do maior cuidado com os impactos socioambientais, esses aproveitamentos resultarão em montante bem menor que o planejado anteriormente.

Do ponto de vista das hidrelétricas, é importante citar também as usinas reversíveis (em que a água é bombeada para reservatório mais elevado durante a carga leve do sistema para posterior geração de eletricidade durante a carga pesada), com perspectivas de aplicação fortemente dependentes das questões ambientais[1] e da grande influência nas características de carga do sistema.

Além disso, há também a possibilidade do desenvolvimento bastante promissor de usinas hidrelétricas para operação com rotação ajustável, viabilizada pela eletrônica de potência, tecnologia em constante evolução, cujos custos estão caindo rapidamente.

Geração termelétrica: não renovável e renovável

Energia termelétrica a partir de fontes não renováveis

Significativa no país, principalmente a partir dos anos 1990, a geração termelétrica é composta pelas centrais nucleares, centrais a gás, centrais a vapor (majoritariamente projetadas para operação na configuração de ciclo combinado e no sistema de cogeração) e centrais a motor, na sua maioria movidas a diesel.

---

1 Num cenário estudado na década de 1980, a grande maioria dos projetos potenciais localizava-se na Serra do Mar, o que inviabiliza os mesmos atualmente.

Até o momento, a energia nuclear no Brasil limitou-se às centrais de Angra dos Reis. As usinas de Angra dos Reis I e II estão em operação e, mais recentemente, foi aventado o prosseguimento da construção da usina Angra III, que, a partir de então, também passou a fazer parte do cenário complexo e instável do setor de energia elétrica, com muitas idas e vindas. Além dos investimentos já feitos e dos equipamentos adquiridos, o aumento da segurança energética e a importância de manter e permitir a evolução da capacitação tecnológica já alcançada no Brasil, inclusive quanto ao ciclo do combustível nuclear, foram argumentos fortes para a decisão de se prosseguir com a construção da usina Angra III. Argumentos contrários se assentaram principalmente nos motivos citados internacionalmente contra a energia nuclear: segurança e disposição dos resíduos do denominado "lixo atômico" – tudo isso, em termos mundiais, sob a "supervisão" maior do risco de desenvolvimento de armamento nuclear.

Nesse contexto, é importante comentar, ao menos para orientar eventuais posicionamentos futuros, o que se pode chamar de reação da indústria da geração elétrica nuclear, que tem direcionado seus esforços de pesquisa e desenvolvimento para "melhorar" esse tipo de energia. Internacionalmente, novos conceitos de pequenas centrais nucleares, autosseguras e com lixo nuclear mais facilmente manejável, têm sido desenvolvidos com o argumento de que talvez se tornem atrativos e competitivos em médio e longo prazos. Desse modo, o futuro da energia nuclear no Brasil, assim como em termos mundiais, vai depender largamente da reação da indústria nuclear e de sua resposta aos desafios de segurança e tratamento do resíduo atômico.

Para as tecnologias de geração termelétrica baseadas no ciclo a vapor e/ou turbinas a gás (ou ainda sua combinação) no Brasil, os principais combustíveis fósseis em uso têm sido principalmente o gás natural, o óleo combustível (em sua maioria) e, em menor escala, o carvão mineral (majoritariamente na região Sul do país). No caso do carvão, a participação no conjunto total tem sido bastante pequena devido, entre outros motivos, aos custos mais elevados e à baixa qualidade do carvão disponível.

A geração a diesel tem sido aplicada, com maior frequência, nos sistemas isolados, principalmente na região Norte do país, e apresenta grandes problemas associados, sobretudo, às dificuldades de manutenção e suprimento de combustível.

Nesse cenário, o combustível não renovável com maiores perspectivas de aplicação no Brasil, em curto e médio prazos, é o gás natural, embora ainda existam importantes entraves relacionados ao preço do gás, sua capilaridade (disseminação maior nas regiões e áreas com maior potencial de utilização vantajosa) e, também aqui, políticas fortemente centradas em interesses federais. Assim, é importante ressaltar a potencialidade associada ao fato de o gás natural poder ser encontrado em quantias significativas nos nossos países vizinhos e no próprio Brasil, ainda que existam diversos obstáculos para uma política de integração energética desejável. Tratados de cooperação já firmados ou em estudo que visam permitir um grande número de projetos de utilização da geração elétrica a gás natural a partir de integração entre Bolívia, Argentina e, eventualmente, Peru e Venezuela ficam, assim, em compasso de espera. Além disso, deve-se ressaltar o curto tempo de implementação de centrais termelétricas a gás. Com relação ao Brasil, ainda não há informações precisas quanto à disponibilidade desse combustível, mas sabe-se que é muito significativa considerando as reservas de Urucu e Juruá na região amazônica, a bacia do pré-sal na costa sudeste brasileira e, mais recentemente, as perspectivas do gás de xisto. Por ser um combustível que permite a geração de eletricidade com impactos ambientais menores que os produzidos por outras formas de geração termelétrica baseadas na utilização de combustíveis fósseis, o gás natural poderá seguir, no Brasil, uma das estratégias preconizadas em longo prazo para o mundo: ele seria a ponte na transição para uma situação energética mais fundamentada em recursos renováveis e, portanto, sustentável.

Quanto às técnicas e tecnologias de aproveitamento termelétrico e ao desenvolvimento de pesquisas no sentido de melhorar principalmente o desempenho ambiental, o rendimento e o reaproveitamento de combustível em processos industriais, é possível citar a gaseificação do carvão, as centrais a ciclo combinado e a combustão em leito fluidizado.

Energia termelétrica a partir da biomassa renovável

Uma significativa parcela desse tipo de geração no Brasil se dá na cogeração industrial, a partir de resíduos do processo. Outro uso de resíduos com produção mais esparsa, tais como lenha, casca de arroz, restos de madeira etc., também tem ocorrido, principalmente em pequenos aproveitamentos, mas sua utilização na complementação térmica da hidreletricidade tende a aumentar ao longo do tempo, sobretudo no âmbito da geração e cogeração distribuída.

Um caso especial de utilização de biomassa na geração de energia, não só elétrica, no Brasil, é o do bagaço da cana-de-açúcar no setor sucroalcooleiro, no qual esse insumo é aproveitado em sistema de cogeração, produzindo vapor e eletricidade, prioritariamente para consumo próprio das usinas sucroalcooleiras e, adicionalmente, para venda de energia elétrica para a rede. No cenário atual da eletricidade no Brasil, há diversas usinas do setor sucroalcooleiro vendendo energia elétrica para o sistema e outras firmemente decididas a fazê-lo: só estão na dependência da definição mais clara das condições institucionais e econômicas relacionadas à oferta desse tipo de energia, uma vez que o excesso de eletricidade nessas usinas é um produto adicional, além dos principais, que são o açúcar e o álcool (utilizado também como combustível para o setor de transportes), cujos mercados apresentam características bem específicas, como será visto no Capítulo 3. As termelétricas à biomassa também fizeram parte dos incentivos do Proinfa, citado anteriormente, no enfoque das PCHs.

Projetos associados à geração de energia elétrica a partir da utilização de resíduos urbanos (lixo) também estão em fase de crescimento no Brasil, ancorados principalmente na Política Nacional de Resíduos Sólidos. Alguns projetos foram desenvolvidos utilizando os Mecanismos de Desenvolvimento Limpo, com consequente inserção no mercado de créditos de carbono. De acordo com a Aneel (2016a), a potência instalada desse tipo de geração chegava a 83,70 MW no início de 2016.

É importante lembrar que, com vistas a construir um modelo de desenvolvimento sustentável, a questão do tratamento dos resíduos, de qualquer tipo e proveniência, é hoje um dos principais desafios da humanidade. Essa é uma questão que deve ser tratada de forma integrada no contexto da infraestrutura, incorporada ao saneamento.

Para fortalecer a disseminação da conscientização sobre esse relevante assunto que envolve eficiência energética e ambiental, geração distribuída, segurança energética e tem forte relação com a saúde e educação da população, toma-se aqui a liberdade de continuar a ressaltar, como foi feito nas edições anteriores deste livro, o seguinte parágrafo sobre o assunto:

Examinando de forma integrada, constata-se que a geração de energia elétrica a partir do lixo urbano é um dos componentes da denominada Gestão Integrada de Resíduos (GIR), que apresenta outros aspectos importantes também relacionados à energia. Tomando como base dados do trabalho *Reciclagem de lixo sólido urbano e conservação de energia*, do qual o autor participou e que se encontra indicado na bibliografia, pode-se apresentar o seguinte sumário de aspectos importantes:

- A GIR tem como base as ações conhecidas como os três Rs, isto é, Redução, Reutilização e Reciclagem.
- Os objetivos principais são: aumentar a eficiência do uso de energia e recursos e reduzir a geração de resíduos ao mínimo
- Concorrem para alcançar estes objetivos as seguintes práticas, apresentadas na ordem decrescente do potencial de economia de energia:
  - Redução na fonte.
  - Reciclagem de materiais.
  - Incineração de resíduos com recuperação de energia (geração).
  - Geração de energia elétrica, pela coleta do gás metano, obtido através da decomposição anaeróbica, em aterros sanitários, por exemplo.
  - Compostagem de resíduos orgânicos.
- Quanto à reciclagem e conservação de energia:
  - A produção de uma tonelada de latas de alumínio através da bauxita consome por volta de 16 MWh de energia. Na reciclagem, utiliza-se somente 0,8 MWh, o que implica 95% de economia de energia.
  - Para barras de aço, a economia é de 74%; para o papel, 71%; e, para o vidro, de aproximadamente 13%. Para certos tipos de cimento, pode-se esperar economia de cerca de 53%.
- Quanto à incineração para produção de energia elétrica (outro método poderia ser a coleta do gás metano, por meio da decomposição anaeróbica): as grandes usinas, que queimam de 500 a 1.000 toneladas de resíduos por dia, têm a vantagem de economia e escala; enquanto as menores (50 a 200 t/dia, em municípios de 30 mil a 200 mil habitantes) apresentam maior flexibilidade de manutenção e de ajuste à demanda.
- Quanto à redução na fonte: essa talvez seja a questão mais complicada, uma vez que envolve questões educacionais e culturais, além de requerer significativas alterações em setores da cadeia produtiva.

Ressalta-se que, com relação aos resíduos, podem ser encontrados na bibliografia internacional dois outros tipos de sistemas baseados em gerenciamento cíclico: os 4 Rs (reduzir, reutilizar, reciclar, reparar) e os 5 Rs (reduzir, reutilizar, repensar, reciclar, recusar). Adotou-se aqui os 3 Rs para se manter a consistência com a referência seguida por este livro.

Além disso, deve-se comentar que, em certos países, como a Índia, é grande o uso de biomassa vegetal e animal para fins energéticos nas regiões mais pobres. No Brasil, esse tipo de utilização não passou de projetos-piloto e não obteve sucesso, principalmente por conta de problemas culturais, além de outros, associados ao tratamento adequado de projetos de eletrificação (ou energização) rural e de sistemas isolados. Mais detalhes sobre a geração a partir da biomassa e de resíduos em geral são apresentados no Capítulo 3.

Novas tecnologias renováveis para a geração de energia elétrica

Em seu cenário geral, as denominadas "novas tecnologias renováveis" mais importantes para o Brasil, no momento, em razão do recente crescimento do número de projetos e da capacidade instalada, são a energia eólica e a solar, que têm sido aplicadas tanto para operação conectada ao sistema elétrico de potências como para suprimento de sistemas isolados.

- Sua aplicação conectada com a rede é fortemente vinculada a aspectos econômicos, regulatórios, tecnológicos e, obviamente, à disponibilidade dos recursos naturais vento ou sol com características que a tornem viável. Resumidamente, em uma comparação preliminar, a geração eólica apresenta baixos custos de implementação, enquanto a geração solar ainda implica altos custos de implantação, mas que estão se reduzindo significativamente como se comenta logo em seguida.
- No caso dos sistemas isolados, tais formas de energia competem, em geral, com a extensão da rede elétrica, sendo muitas vezes mais vantajosas. Assim, seu uso tem sido bastante difundido para alimentação de comunidades distantes dos grandes centros, ilhas e locais de difícil acesso.

Com relação à geração solar fotovoltaica, é importante ressaltar que seus custos vêm decrescendo ao longo do tempo e apresentam significativo potencial de maior redução em razão do fator de escala: uma vez que a disponibilidade de sol é praticamente universal, esse tipo de geração vai se disseminando. Em busca de uma utilização integrada mais eficiente da energia elétrica, o uso de painéis solares fotovoltaicos individualizados em residências e prédios, associado a sistemas de automação e operando em paralelo com a rede, tem sido objeto de vários projetos-piloto no contexto da geração distribuída e do *smart grid*. No futuro, o uso maciço dessa forma de geração em locais mais desenvolvidos será uma realidade.

Energia eólica

A participação da tecnologia de geração elétrica a partir da energia eólica tem aumentado significativamente na matriz energética mundial, principalmente por conta do custo atrativo, do desempenho ambiental e da preocupação com a questão das mudanças climáticas. Em diversos países pode-se distinguir participação expressiva da geração eólica, podendo ser encontradas grandes fazendas eólicas na Alemanha, nos Estados Unidos, na Espanha, na Dinamarca, na Índia e na Holanda, por exemplo.

No Brasil, nos últimos tempos, a participação da energia eólica na matriz de energia elétrica apresentou significativo aumento não só em razão de seus custos competitivos mas também de programas de incentivo e políticas governamentais (como o Proinfa, já citado, e a execução de leilões específicos com grande ênfase na energia eólica). Nesse contexto, a partir de aplicações de pequeno porte, em geral de caráter experimental, a potência instalada no país cresceu de por volta de 17,25 MW no final de 2003 até 8.488 MW em março de 2016, correspondendo a 6% de toda a capacidade instalada no Brasil (Aneel, 2016a).

Energia solar

O uso da energia solar para geração de eletricidade pode se dar de duas formas:

- Diretamente, por meio do uso de painéis fotovoltaicos.
- Indiretamente, nos denominados sistemas termossolares ou heliotérmicos, por meio de diversas tecnologias baseadas no uso da energia solar para produzir energia térmica, que é, então, utilizada para gerar eletricidade.

A geração solar fotovoltaica tem tido muita aplicação não só em países desenvolvidos, como Estados Unidos, Japão, Alemanha e Espanha, entre outros, mas também em países menos desenvolvidos, tanto em sistemas de grande porte conectados à rede como em sistemas de pequeno porte conectados à rede, no âmbito da geração distribuída ou em sistemas autônomos para a alimentação de pequenos sistemas isolados, em projetos-piloto e na eletrificação de equipamentos solitários (radares, retransmissores de micro-ondas etc.). Seu custo está diminuindo rapidamente com a evolução tecnológica e massificação do uso. No Brasil, já se iniciou a instalação de diversos sistemas, com as mais diferentes características, indicando que em médio e longo prazos, a geração solar fotovoltaica deverá ocupar espaço significativo na geração de energia elétrica, o que realmente é de se esperar em um país tropical e com as dimensões do Brasil.

Existem diversos sistemas termossolares (heliotérmicos) instalados no mundo, alguns deles em projetos-piloto e outros em operação comercial. A aplicação de tais sistemas se dá em regiões com alta incidência de energia solar e existem estudos visualizando sua instalação em sistemas de grande capacidade em áreas desérticas, associados com transmissão à longa distância. Atualmente, há diversos projetos-piloto de pesquisa sobre sistemas termossolares pelo mundo, pois, apesar de, do ponto de vista estritamente econômico, ainda apresentarem custos unitários de energia elevados, eles se configuram como uma opção muito importante por se tratar da utilização de fonte renovável mundialmente mais disponível. No Brasil, apenas recentemente se passou a dar maior ênfase a esse tipo de tecnologia, já existindo diversos projetos-piloto que incluem energia heliotérmica associada à solar fotovoltaica, assim como pesquisa e concepção de projetos estritamente heliotérmicos.

Outras fontes

Outras formas de geração de energia elétrica – como a geotérmica, a maremotriz e a utilização da energia das ondas – não aparentam ser atrativas em médio prazo para aplicação no país, por conta principalmente do alto custo e da baixa, ou mesmo desconhecida, disponibilidade.

As células a combustível baseadas na tecnologia do hidrogênio, que têm sido introduzidas mundialmente no setor de transportes e em projetos de cogeração e geração elétrica de pequeno porte, já começam a fazer parte de projetos-piloto de geração de energia elétrica no Brasil e poderão, em médio ou longo prazos, tornarem-se atrativas para uso comercial, principalmente em aplicações de pequeno ou até mesmo médio porte, dependendo da evolução dos custos, no contexto da denominada geração distribuída, em sistemas de cogeração.

O PLANEJAMENTO DA GERAÇÃO E OS SISTEMAS INTERLIGADOS E ISOLADOS

Em sua forma mais simplista, o planejamento da geração em um sistema elétrico de potência pode ser entendido como a determinação do melhor cronograma de implementação das possíveis centrais elétricas, com vistas ao atendimento da carga do sistema. Como indicação do que seria a melhor solução, poderiam ser considerados, mais tradicionalmente, os aspectos técnicos e econômicos. Hoje acrescentam-se a eles os aspectos políticos e socioambientais.

Levando em conta todas as incertezas associadas às projeções do futuro (necessárias aos estudos de planejamento e usualmente associadas a cenários futuros), há um certo descompasso entre a distribuição temporal e geográfica das cargas e das possíveis alternativas de geração, pois estas últimas estarão vinculadas a locais determinados pela disponibilidade natural dos recursos e, principalmente, por suas características econômicas.

Assim, o que o planejamento busca é a integração mais adequada de um novo projeto de geração ao sistema de potências, de forma a utilizar da melhor maneira possível as características intrínsecas da geração focalizada. Daí pode-se entender a existência de grandes sistemas interligados, unindo diversas centrais de geração e diversas cargas, em um sistema de potências direcionado ao atendimento das necessidades, de forma econômica, segura e confiável. Um cenário simplificado desse planejamento e a descrição dos critérios e métodos normalmente usados para o atendimento desse objetivo serão apresentados nos capítulos 9 e 10 deste livro.

Mas os sistemas interligados nem sempre são desenvolvidos de forma a atender a todas as possíveis cargas, implementando assim o atendimento universal à população ou à equidade energética. Isso porque a distribuição heterogênea (às vezes até perversa) do desenvolvimento, principalmente nos países não desenvolvidos, faz com que a extensão da rede para o atendimento de pequenas cargas distantes nem sempre seja econômica. Como a grande massa da população privada do acesso à eletricidade reside nessas regiões, em algumas situações surgem os sistemas isolados com adoção de soluções locais, pelo menos até que a demanda de eletricidade cresça para justificar a extensão da rede.

Além dessa diferenciação entre os sistemas interligados e os isolados, o cenário do planejamento da geração para sua integração aos sistemas de potência apresenta como características importantes dois tipos básicos de planejamento: o centralizado e o descentralizado (ou local).

O planejamento centralizado da geração (e do sistema de potências) em um sistema predominantemente hidrelétrico como o brasileiro resulta, em geral, em centrais de grande ou médio porte, distantes das cargas alimentadas, às quais se conectam por meio de linhas de transmissão de alta tensão. São, em geral, centrais geradoras, que, do ponto de vista puramente econômico, podem ser mais atrativas que alternativas menores mais próximas aos grandes centros de carga, principalmente por conta do fator de escala. Estão, em geral, associadas a fontes primárias cujo aproveitamento é mais adequado ao local de ocorrência, tais como grandes hidrelétricas (no caso do Brasil), usinas na boca de minas de carvão (há vários exemplos nos Estados Unidos e na Índia) e usinas de gás natural (quando a transmissão elétrica for mais econômica que o gasoduto ou qualquer outra solução). Muitas vezes, usinas nucleares também se enquadram nesse conceito por conta da economia de escala e requisitos de refrigeração e segurança.

Esse tipo de planejamento é o mais usualmente associado aos estudos dos sistemas interligados. Note-se aqui que, quando se olha o sistema energético como um todo, pode-se considerar que o planejamento centralizado sempre (ou quase sempre) leva à construção de grandes obras de transporte: se no caso das usinas distantes há a necessidade de grandes obras de transmissão, mesmo nos sistemas eminentemente termelétricos, com termelétricas de grande porte junto às cargas, há uma grande rede de transporte do combustível, via oleodutos, gasodutos, transporte marítimo, ferroviário, rodoviário etc.

O planejamento descentralizado da geração, por outro lado, refere-se, em geral, a centrais de pequeno ou médio porte, desenvolvidas para atendimento do consumo local/regional, portanto, próximas às cargas. No âmbito da geração distribuída, nomenclatura adotada para a geração elétrica conectada às redes de distribuição, as PCHs, micro e mini-hidrelétricas, sistemas solares fotovoltaicos, sistemas eólicos e centrais térmicas de pequeno porte exemplificam tal tipo de geração, assim como centrais de médio porte em locais com maior consumo (cidades ou microrregiões de maior porte). Esse tipo de planejamento tem sido utilizado principalmente para sistemas isolados, mas também se aplica a soluções locais que poderão ser integradas a soluções globais, no caso dos sistemas interligados. O planejamento local integrado tem crescido em importância ultimamente por causa das perspectivas de aumento da geração distribuída e, em seu bojo, dos projetos de cogeração de pequeno e médio porte, assunto que será tratado adiante, neste mesmo item.

Dizer qual desses tipos de planejamento é o mais adequado seria continuar incorrendo nos erros de que se quer fugir para buscar o desenvolvimento sustentável. Privilegiar por muito tempo um aspecto do problema em relação ao seu oposto complementar dinâmico leva ao desequilíbrio. Foi o que aconteceu nos últimos tempos quando se deu, no Brasil e no mundo, ênfase à centralização, no caso do Brasil, das grandes hidrelétricas. Como resultado, houve problemas de degradação ambiental que trouxeram a preocupação atual com a sustentabilidade do modelo de vida humana. Privilegiar somente a descentralização, por outro lado, poderia levar ao desperdício ou ao uso ineficiente e antieconômico de fontes energéticas naturalmente atrativas (como algumas hidrelétricas potenciais na Bacia Amazônica brasileira e fontes de gás natural em países vizinhos ou blocos regionais).

A solução é a busca pelo equilíbrio dinâmico dos opostos: ações locais dentro de uma estratégia global. O ideal é coordenar e integrar um planejamento local participativo a um planejamento maior, estratégico e indicativo, com critérios globais.

Quando se mantém o enfoque na busca pelo desenvolvimento sustentável, deve-se considerar a tendência atual de interligações energéticas entre países ou blocos econômicos de nações. É preciso buscar a melhor integração dos projetos de grandes interligações energéticas com soluções locais. Para evitar o atropelamento pela realidade dos fatos e planos, é necessário agir com a maior urgência de maneira que a tendência à globalização energética – acompanhando a globalização da economia, da informação e da democracia – caminhe em direção a um desenvolvimento sustentável. Esse enfoque permite que se visualize, por exemplo, a integração energética do Brasil com países vizinhos da América do Sul, por meio de intercâmbio de gás natural, energia hidrelétrica secundária e conversores de frequência (com ou sem linhas de corrente contínua associadas), interligando seus sistemas[2]. Algumas dessas conexões e intercâmbios já existem, outras passaram ou ainda passam por etapas de planejamento, algumas em estágio mais avançado, outras menos, mas, como

---

2 O Brasil tem sistema elétrico na frequência de 60 Hz, e a grande maioria de países da América do Sul, na frequência de 50 Hz.

citado anteriormente, em um ambiente pleno de instabilidade, que indica a inexistência ou extrema fragilidade do processo de planejamento energético na região.

A solução e o planejamento local (descentralizado) são também da maior importância para o desenvolvimento sustentável. Esse tipo de sistema permite uma participação maior dos atores envolvidos, além de uma inserção social, política, ambiental e mesmo tecnológica mais adequada e democrática, que poderá até decidir por exportações ou importações de blocos maiores de energia, em um fórum mais amplo, como o da globalização energética, já mencionada. Em um dueto que será capaz de compor o desenvolvimento sustentável, essa gestão descentralizada equilibrará dinamicamente a tendência à globalização energética.

Geração distribuída e cogeração

Quando se enfoca o sistema elétrico como um todo, a denominada geração distribuída e os projetos de cogeração, nitidamente aqueles de pequeno porte, estarão muito mais associados a processos descentralizados de planejamento.

Como já adiantado, a expressão "geração distribuída" tem sido utilizada para caracterizar qualquer forma de geração elétrica (em geral de pequeno porte e conectada ao sistema em nível de tensão de distribuição), localizada próximo ao usuário final. Ela pode pertencer a um autoprodutor, um produtor independente de energia elétrica, à própria concessionária ou a parcerias dos mesmos. No caso da geração termelétrica, a geração de eletricidade poderá estar associada à produção de energia térmica para outros fins, no chamado processo de cogeração, que será enfocado a seguir.

A geração distribuída é caracterizada pela proximidade ao cliente consumidor, em geral com impacto apenas no sistema de distribuição local, o que pode levar à redução dos custos totais de investimento em geração (para alimentar uma determinada carga) em virtude da diminuição dos investimentos em transmissão e distribuição. Tal forma de geração pode atuar no sentido de aumentar a confiabilidade e a qualidade do suprimento, atender à demanda de ponta, funcionar como reserva operativa, compor esquemas de cogeração ou atender a áreas remotas com baixa densidade de carga. Dos pontos de vista institucional e operativo do sistema como um todo, a geração distribuída, incluindo a cogeração, apresenta algumas peculiaridades e dificuldades que poderão ter impacto significativo em sua viabilidade econômica. Esse assunto será tratado com maior profundidade no último capítulo deste livro, voltado à integração da geração aos sistemas elétricos de potência.

Uma política bem elaborada de incentivo à geração distribuída pode facilitar a utilização de energia proveniente de recursos naturais renováveis como vento, calor e luz do sol, quedas d'água e biomassa. A utilização desses recursos para a geração de energia elétrica, no entanto, depende da abundância, do nível de maturidade da tecnologia disponível, dos custos efetivos e, em alguns casos, do interesse e da aceitação dos consumidores finais.

Os sistemas de cogeração são aqueles em que se faz simultaneamente a geração de duas formas de energia, a elétrica e a térmica, de forma sequencial, a partir de um mesmo combustível, tais como os derivados de petróleo, o gás natural, o carvão ou a biomassa. Um sistema de cogeração bem dimensionado e balanceado do ponto de vista da porcentagem final de cada uma das duas formas de energia aumenta o rendimento global da utilização do combustível utilizado, atuando, assim, no sentido do incremento da eficiência energética.

Embora tenham voltado à discussão apenas mais recentemente, os primeiros sistemas de cogeração instalados ao redor do mundo datam da primeira década do século XX, quando o fornecimento de energia elétrica proveniente de grandes centrais ainda era raro.

Com a proliferação das grandes centrais elétricas, que conseguiam fornecer energia abundante e barata, os sistemas de cogeração foram gradualmente perdendo participação na matriz energética. Tal situação começou a ser modificada a partir da crise do petróleo em 1973, reforçada pela crise de 1978, que impulsionou, em diversos países, programas de conservação de energia, com incentivos que visavam reduzir o consumo e a dependência do petróleo importado, bem como a geração distribuída e os sistemas de cogeração.

Aplicações da cogeração

Além da geração de energia elétrica, os sistemas de cogeração produzem energia térmica, em geral na forma de vapor à baixa pressão, que pode ser usada para os mais diversos fins: alimentação de fornos; geração de vapor de baixa, média e alta pressões; secagem de grãos e de produtos;

aquecimento de óleos e fluidos industriais e sistemas de aquecimento e refrigeração; entre outras aplicações.

As indústrias química, petroquímica, de papel e celulose, sucroalcooleira, de alimentação e bebidas, farmacêutica, têxtil e cerâmica são usuárias típicas de instalações de cogeração.

Em instalações não industriais que utilizam cogeração, como hospitais, centros comerciais e edifícios de escritórios, é comum o emprego de *chiller* de absorção para ar-condicionado.

Além da utilização da cogeração em plantas industriais, conjuntos de escritórios e centros comerciais variados, existe um potencial de aplicação associado às centrais de geração de calor e frio que depende, para a geração de energia elétrica em plantas de termelétricas, da instalação de tubos para a distribuição de vapor.

Algumas características atrativas da cogeração distribuída

- Aumento da eficiência energética da utilização do combustível como um todo.
- Autossuficiência para o investidor e oportunidades de venda de excedentes de energia.
- Redução de custos no produto final, decorrente de menores custos com energia.
- Aumento da diversidade de geração no sistema elétrico, com redução de riscos.
- Aumento da possibilidade de uso de fontes renováveis, contribuindo para o desenvolvimento sustentável.
- Benefícios socioeconômicos para a região.

A cogeração apresenta algumas peculiaridades e dificuldades que poderão ter impacto significativo em sua viabilidade econômica não somente no âmbito das questões relativas à geração distribuída como também no das questões relacionadas ao aumento da participação de outros combustíveis na matriz energética nacional, em especial o gás natural. Esse assunto será tratado com maior profundidade no Capítulo 9, voltado à integração da geração aos sistemas elétricos de potência.

INSERÇÃO AMBIENTAL DE PROJETOS DE GERAÇÃO ELÉTRICA: INSTRUMENTOS PREVENTIVOS

Em um contexto integrado de energia, meio ambiente e desenvolvimento sustentável, a avaliação de projetos de geração de energia elétrica deverá enfatizar a inserção no meio ambiente.

A atitude ideal quando se analisa um processo sustentável de desenvolvimento é avaliar prioritariamente as relações específicas de cada tecnologia de geração de energia elétrica com o ambiente, pois elas podem ser a única razão do abandono de alguma alternativa.

É sempre bom lembrar que a avaliação prioritária de aspectos do meio ambiente capazes de gerar danos à qualidade de vida e ao equilíbrio dos ecossistemas, causados por empreendimentos de geração de energia elétrica ou por qualquer outra atividade, é um compromisso assumido por todos os países signatários da Carta da Terra, durante conferência da ONU – Meio Ambiente e Desenvolvimento – que ocorreu em 1992, na cidade do Rio de Janeiro – RIO 92 –, na qual se apresentam os princípios da precaução e da prevenção (entre outros):

Princípio 15

De modo a proteger o meio ambiente, o princípio da precaução deve ser amplamente observado pelos Estados, de acordo com suas capacidades. Quando houver ameaça de danos sérios ou irreversíveis, a ausência de absoluta certeza científica não deve ser utilizada como razão para postergar medidas eficazes e economicamente viáveis para prevenir a degradação ambiental.

Princípio 17

A avaliação do impacto ambiental, como instrumento nacional, deve ser empreendida para atividades planejadas que possam vir a ter impacto negativo considerável sobre o meio ambiente e que dependam de uma decisão de autoridade nacional competente.

Isso, no entanto, ainda está longe da realidade prática. Muitas dificuldades e reações terão de ser superadas para se chegar à situação ideal em que cada área do saber e do conhecimento encaminhe, com seus estudos e pesquisas, ações visando ao desenvolvimento sustentável, capaz de embasar políticas públicas que contemplem o bem-estar de todos.

Passos iniciais já foram dados. Entre eles, a legislação ambiental que exige o atendimento de uma série de requisitos para que um projeto seja aprovado e tenha sua execução liberada. Cada país procurou à sua maneira, e dentro de suas possibilidades, implementar as diretrizes da RIO 92.

No Brasil, a aplicação dessa legislação tem suscitado muitas dúvidas (há ainda grande influência de *lobbies* e grupos poderosos), mas, aos poucos, caminha-se no sentido do desejável. A consciência do profissional da área energética e sua participação efetiva no processo será de fundamental importância para que a legislação não só seja atendida como também aperfeiçoada ao longo do tempo.

O princípio da precaução teve pouca repercussão no Brasil. Escassas legislações fazem referências explícitas a essa diretriz. Porém, é adotada timidamente em alguns países por meio de procedimentos de cunho científico e técnico aptos para verificar as incertezas científicas relacionadas.

Por sua vez, o princípio da prevenção está atrelado às ações de cautela e de cuidado na conservação e preservação do meio ambiente, antes da execução de obras, atividades ou empreendimentos que possam alterar o equilíbrio ambiental ou mesmo macular a sadia qualidade de vida.

Avaliação de Impacto Ambiental, Estudo Prévio de Impacto Ambiental, Relatório de Impacto no Meio Ambiente e licenças ambientais

No Brasil, dentre os instrumentos aptos a contemplar a prevenção, destacamos a Avaliação de Impacto Ambiental (AIA), o Estudo Prévio de Impacto Ambiental (Epia) e as licenças ambientais. Além destes, ressalta-se o Relatório de Impacto no Meio Ambiente (Rima), com associação inerente ao Epia e de fundamental importância no processo como um todo.

A AIA é uma verificação sistemática, reprodutível e interdisciplinar do efeito de uma ação proposta e suas alternativas práticas. É o componente-chave do planejamento das mais variadas atividades que possam comprometer os atributos físicos, químicos, biológicos, culturais e socioeconômicos do meio ambiente.

O documento que retratará essa verificação é o Epia, que tem como base os ditames normativos próprios da cada país. A licença ambiental é um encadeamento de atos administrativos pelos quais o órgão ambiental competente estabelece as condições, restrições e medidas de controle ambiental a se obedecer para que possa ser realizado o empreendimento proposto.

Em outras palavras, a AIA é a atividade necessária para o planejamento; o Epia é o documento que relata as indicações estabelecidas em normas jurídicas e levantamentos técnicos e científicos; e a licença, o ato administrativo que valida ou não o empreendimento.

Passaremos a estudar cada um desses instrumentos, relacionando-os com as determinações legais que os implementam. A matéria não se esgota aqui, sobretudo quando se está diante de um sistema federativo que determina competências de cunho ambiental (tanto material como formal) para cada um dos entes da federação.

Avaliação de Impacto Ambiental (AIA)

São estudos realizados para identificar, prever, interpretar e prevenir os efeitos ambientais que determinadas ações, planos, programas ou projetos podem causar à saúde, ao bem-estar humano e ao ambiente (natural, cultural e artificial), incluindo alternativas ao projeto ou ação e pressupondo a participação pública.

A exigibilidade da AIA está inscrita na Política Nacional do Meio Ambiente – art. 9º da Lei n. 6.938/81. Esse documento normativo indica os objetivos, princípios, conceitos e instrumentos pelos quais o Brasil deve pautar o seu desenvolvimento.

O tema ambiental rege-se, no Brasil, pelo Princípio da Ubiquidade. Todos os planos, projetos e procedimentos devem considerar o meio ambiente em sua programação. É o que estabelece o art. 5º da Lei n. 6.938/81:

> O art. 5º desse diploma informa: As diretrizes da Política Nacional do Meio Ambiente serão formuladas em normas e planos, destinados a orientar a ação dos Governos, da União, dos Estados, do Distrito Federal, dos Territórios e dos Municípios no que se relaciona com a preservação da qualidade ambiental e manutenção do equilíbrio ecológico, observados os princípios estabelecidos no art. 2º desta Lei.
>
> § Único – As atividades empresariais públicas ou privadas serão exercidas em consonância com as diretrizes da Política Nacional do Meio Ambiente.

Nesse sentido, o inciso VI do art. 2º da Lei da Política Nacional estabelece, por exemplo, incentivos ao estudo e à pesquisa de tecnologias orientadas para o uso racional e a proteção dos recursos ambientais.

A Lei n. 8.666/93 – Lei de Licitações – indica no art. 12 que "nos projetos básicos e projetos executivos de obras e serviços, devem ser considerados requisitos como o impacto ambiental".

Além de ser um instrumento de gestão e preservação do dano ambiental, a AIA é um procedimento hábil no âmbito das políticas públicas e privadas para valorar a pertinência e o encaminhamento do empreendimento ante as condições ambientais de determinado bem ambiental, pois permite identificar parâmetros referentes à viabilidade da atividade, ao planejamento, ao monitoramento etc.

O Decreto n. 95.733/88, estipula, em seu art. 1º, que "no planejamento de projetos e obras, de médio e grande porte, executados total ou parcialmente com recursos federais, serão considerados os efeitos de caráter ambiental, cultural e social que esses empreendimentos possam causar ao meio considerado".

Essa norma apontada não esgota o teor e o alcance da AIA. Trata-se de um processo perene que serve para embasar políticas, planejamentos, inventários, diagnósticos, dar suporte a outras normas, como as auditorias ambientais, e até subsidiar normas de mercado, como é o caso da ISO 14000.

A avaliação de empreendimentos energéticos, especialmente os projetos de energia elétrica, em um contexto integrado de energia, meio ambiente e desenvolvimento sustentável, deverá apresentar uma ênfase maior na inserção no meio ambiente.

As relações específicas de cada tecnologia do setor de energia elétrica com o ambiente deverão ser avaliadas prioritariamente, podendo até mesmo ser a única razão do abandono de alguma alternativa. Essa é a postura ideal quando se visualiza um processo sustentável de desenvolvimento.

Além da tecnologia adotada, outros patamares e critérios devem ser computados na verificação ambiental quando o desenvolvimento sustentável é a opção adotada: localização do empreendimento, vocação regional, capacidade de suporte dos ecossistemas, verificação dos impactos nos diversos aspectos do meio ambiente natural, artificial, cultural e do trabalho, sistemas próprios de fiscalização e monitoramento, problemas socioambientais etc.

Estudo Prévio de Impacto Ambiental (Epia) e Relatório de Impacto no Meio Ambiente (Rima)

O Epia é um documento formal que registra os levantamentos, as avaliações e conclusões de atividades ou instalações de obras de significativo impacto sobre o meio ambiente. Entende-se por impacto ambiental qualquer alteração das propriedades físicas, químicas e biológicas do meio ambiente causada por qualquer forma de matéria ou energia resultante da atividade humana que afete direta ou indiretamente a saúde e o bem-estar da população, as atividades econômicas e sociais, a qualidade dos recursos ambientais etc.

A AIA permite a conclusão inicial sobre a não realização do empreendimento ao constatar, inclusive, a sua inviabilidade ambiental. Serve também para acompanhar e avaliar o desempenho ambiental durante e após o término de determinada atividade. Já o Epia é instrumento de teor constitucional que obriga as atividades que lesam a qualidade de vida e o equilíbrio ecológico de forma significativa a submeterem-se a esse documento.

No Brasil, em casos indicados na lei, a licença ambiental é precedida pelo Epia. O vínculo quanto à concessão da licença depende de formalidades legais que precedem a outorga do órgão ambiental.

Esse instituto recebeu tratamento constitucional no Brasil. O art. 225, § 1º, IV, preceitua:

> Incumbe ao Poder Público [...] exigir, na forma da lei, para instalação de obra ou atividade potencialmente causadora de significativa degradação do meio ambiente, estudo prévio de impacto ambiental, a que se dará publicidade.

Conforme visto, a Constituição Federal exige que a incumbência se dê na forma da lei; ora, como existe uma distinção entre normas constitucionais e normas regulamentadoras e o documento básico que regulamenta esse procedimento é a Resolução do Conselho Nacional do Meio Ambiente (Conama) n. 001/86, há um viés doutrinário que acredita que o preceito constitucional não está regulamentado. Por outro lado, outros autores entendem que o fundamento está inscrito na Lei de Política Nacional do Meio Ambiente, recebendo tratamento de norma ordinária, pois o texto menciona o poder deliberativo do Conama (art. 8º, II).

Outro problema de ordem jurídica é determinar a abrangência que o legislador adotou ao indicar o Epia somente para atividades de significativo impacto, pois na implantação de um projeto sempre haverá alteração adversa das características do meio ambiente. Por exemplo, quando um determinado projeto é implementado em situação próxima ao ponto de saturação ambiental de certa área, seu impacto, por menor que seja, não pode ser considerado insignificante. Persiste, nesse âmbito, a questão: qual é o teor valorativo do impacto ambiental significativo?

A publicidade do ato é outra exigência constitucional. No Brasil, ela acontece de forma oral e escrita conforme os patamares apresentados nas Resoluções do Conama n. 001/86 e n. 009/87, sobre estudos de impacto ambiental e audiências públicas. Em relação a este último instituto, a norma determina que o órgão ambiental as realize sempre que julgar necessário, por solicitação de uma entidade civil, do Ministério Público ou por 50 ou mais cidadãos. É importante destacar que, em função da complexidade do tema ou localização geográfica dos solicitantes, poderá haver mais de uma audiência sobre o mesmo projeto.

Incluem-se nas verificações apontadas os requisitos legais constantes na esfera de atuação e competência de cada um dos entes da federação.

É mister destacar por último que a diferenciação entre Epia e AIA no Brasil é um tanto dúbia. Entendemos que a AIA foi abarcada pelo Epia quando da promulgação do texto constitucional. Assim, todas as considerações para a AIA serão transcritas para o instituto do Epia.

O Epia brasileiro presta-se tanto a políticas como a planos. Um exemplo dessa verificação está no art. 7º, IV, do Decreto 99.274/90 (que regulamenta a Lei n. 6.938/81). Ele determina que

> [...] compete ao Conama, quando julgar necessário, o estudo sobre as alternativas e possíveis consequências ambientais de projetos públicos ou privados, requisitando aos órgãos federais, estaduais ou municipais ou a outras entidades, informações e apreciação de estudo de impacto ambiental em caso de dano potencial significativo.

O que se nota, *contrario sensu*, é que o Epia no Brasil está destinado a embasar processos de licenciamento ambiental, integrando-se no equacionamento de planos, processos e projetos públicos e privados.

No Brasil, os requisitos necessários para a instalação de obra ou atividade potencialmente causadora de significativa degradação ambiental

(§ 225, IV) se consubstanciam na exigência de elaboração e aprovação do Estudo de Inserção Ambiental (EIA) e do Rima.

O Epia constitui um conjunto de atividades científicas e técnicas que incluem: diagnóstico ambiental; identificação, previsão, interpretação, valorização e medição dos impactos; definição de medidas mitigadoras; e programas de monitoração dos impactos ambientais (necessários para sua avaliação)

O Rima constitui documento do processo de AIA e deve esclarecer, em linguagem corrente e simples, todos os elementos da proposta e do estudo, de modo que possam ser utilizados na tomada de decisão e divulgados para o público em geral (e, em especial, para a comunidade afetada). O Rima consubstancia as conclusões do Epia, devendo conter a discussão dos impactos positivos e negativos considerados relevantes.

O Epia e o Rima servem para estabelecer a avaliação do impacto ambiental. O processo de avaliação (AIA) é um instrumento de política ambiental formado por um conjunto de procedimentos que visa assegurar, desde o início do processo, a realização do exame sistemático dos impactos ambientais de uma determinada ação proposta (projeto, programa, plano ou política) e de suas alternativas. Isso deve ser efetuado de forma que os resultados sejam apresentados adequadamente ao público e aos responsáveis pela tomada de decisão, para que possam ser devidamente considerados como componentes integrados ao desenvolvimento dos projetos e como parte do processo otimizador de decisão, proporcionando uma retroalimentação contínua entre as conclusões (materialização) e a concepção da proposta.

Resta apresentar, agora, o que se considera **impacto ambiental**. Segundo o art. 1º da Resolução n. 1/86 do Conama, impacto ambiental é

> [...] qualquer alteração das propriedades físicas, químicas e biológicas do meio ambiente, causada por qualquer forma de matéria ou energia resultante das atividades humanas que, direta ou indiretamente, afetem: a) a saúde, a segurança e o bem-estar da população; b) as atividades sociais e econômicas; c) a biota; d) as condições estéticas e sanitárias do meio ambiente; e) a qualidade ambiental.

No Brasil, esse processo de inserção ambiental de projetos de geração de energia elétrica ainda se encontra sujeito a uma série de críticas e necessidades de aperfeiçoamento. Dentre os diversos pontos de conflito de interesses a serem esclarecidos, ressaltam-se, por sua importância relativa, alguns aspectos relacionados à abrangência e às limitações teóricas do processo de inserção ambiental.

Abrangência

Vários dos atuais projetos humanos em busca do desenvolvimento, como é comumente entendido, são empreendimentos associados a processos que aceleram de forma violenta a transformação do meio ambiente, em geral, degradando-o. Justifica-se, pois, a ampla necessidade de uma avaliação cuidadosa para determinação da abrangência dos estudos ambientais, para cada projeto, o que não tem sido feito, uma vez que é habitual limitar a avaliação ao entorno do projeto.

Limitações teóricas

Como todo estudo, o Rima também apresenta limitações por conta de considerações teóricas para sua elaboração:

- No caso de uma usina hidrelétrica, por exemplo, considerando-se uma bacia hidrográfica, certa porção de atmosfera ("bolha" ou calota aérea) e uma certa área de solo e subsolo, o somatório dos impactos descritos nos Rimas dos vários empreendimentos nela localizados podem não considerar a totalidade dos impactos efetivamente provocados pelos empreendimentos no meio ambiente (em função da sinergia entre diferentes impactos descritos isoladamente), uma vez que cada Rima poderá – ou não – considerar os demais empreendimentos; e até mesmo poderá haver impactos gerados por empreendimentos e ações, que, isoladamente, não serão avaliados por cada Rima, mas no somatório possuirão idêntica relevância. Nesse sentido, pode-se citar o art. 5°, IV, da Resolução Conama n. 001/86:

  > O estudo de impacto ambiental, além de atender à legislação, em especial os princípios e objetivos expressos na Lei da Política Nacional do Meio Ambiente, obedecerá às seguintes diretrizes gerais:
  > [...]
  > IV – considerar os planos e programas governamentais, propostos e em implementação na área de influência do projeto, e sua compatibilidade.

- O Rima apresenta limitações de ordem científica pelo estabelecimento de limites disciplinares na obtenção do conhecimento holístico (linguagens diferentes, especialização de profissionais, áreas isoladas etc.), na quantificação (que nem sempre é possível), na qualificação (ainda não há métodos, normas ou padrões para a detecção de certos elementos), na modelagem (nem sempre possível ou disponível) e no estabelecimento de previsões. Assim, o conhecimento completo e exaustivo do meio ambiente é dificilmente atingível, ainda mais dentro do escasso tempo destinado aos estudos de impacto ambiental.
- O problema do que venha a ser "impacto significativo" tende sempre a fazer aparecer alguns impactos que serão considerados irrelevantes para o empreendimento em questão, mas que, somados a outras "sobras", ou até mesmo isoladamente, poderão ter impactos não desprezíveis.

Neste aspecto, a Resolução n. 001/86, do Conama, estabelece:

> Art. 6º. O estudo de impacto ambiental desenvolverá, no mínimo, as seguintes atividades:
> [...]
> II – análise dos impactos ambientais do projeto e de suas alternativas, através de identificação, previsão da magnitude e interpretação da importância dos prováveis impactos relevantes, discriminando: os impactos positivos e negativos; imediatos e a médio e longo prazos; temporários e permanentes; seu grau de reversibilidade; suas propriedades cumulativas e sinergéticas; a distribuição dos ônus e benefícios sociais.

O *caput* do art. 225 é muito claro ao definir que o direito ao meio ambiente com qualidade é de todos, incluindo as futuras gerações, determina ainda que o dever de preservar o meio ambiente é do poder público e da coletividade. Essa constatação dá subsídios para que as aprovações de empreendimentos, obras ou atividades aconteçam com o consentimento de todos os segmentos sociais.

Se estivermos diante de uma incerteza científica que repercutirá na qualidade de vida e no equilíbrio ecossistêmico, será obrigatório que tal fato seja divulgado para a sociedade para que ela possa decidir, em conjunto com os organismos competentes, a viabilidade ou não do projeto. Lembrando que, nos casos ambientais, estamos tratando de pessoas de direito que ainda não nasceram, o que reforça uma decisão responsável e solidária.

A licença ambiental

A licença ambiental é um mecanismo de cunho institucional, com regras próprias, com peculiaridades específicas, no tocante às características de um ato administrativo. Sua natureza jurídica é híbrida (como será visto), ora se apresenta como um ato discricionário, ora como um ato vinculado. Além disso, a licença ambiental, como ato administrativo, é precedida de autorizações intermediárias, capazes de obstaculizar os próximos passos, com a possibilidade de inviabilizar o licenciamento ambiental.

Roteiro básico para a elaboração de estudos de impacto ambiental

A Resolução n. 001/86, do Conama, foi fixada para implementar a AIA em todo o Brasil, estabelecendo competências, responsabilidades, critérios técnicos e diretrizes básicas, além de especificar as atividades obrigatoriamente sujeitas a esses procedimentos: I – estradas de rodagem com duas ou mais faixas de rolamento; II – ferrovias; III – portos e terminais de minério, petróleo e produtos químicos; IV – aeroportos, conforme definidos pelo art. 48, I, Decreto-lei n. 32/66; V – oleodutos, gasodutos, minerodutos, troncos coletores e emissários de esgotos sanitários; VI – linhas de transmissão de energia elétrica, acima de 230 KV; VII – obras hidráulicas para exploração de recursos hídricos, tais como barragem para fins hidrelétricos, acima de 10 MW, de saneamento ou de irrigação, abertura de canais para navegação, drenagem e irrigação, retificação de cursos d'água, abertura de barras e embocaduras, transposição de bacias, diques; VIII – extração de combustível fóssil (petróleo, xisto, carvão); IX – extração de minério, inclusive os da classe II, definidos no código de mineração; X – aterros sanitários, processamento de destino final de resíduos tóxicos ou perigosos; XI – usinas de geração de eletricidade, qualquer que seja a fonte primária, acima de 10 MW; XII – complexo e unidade industriais e agroindustriais (petroquímicos, siderúrgicos, cloroquímicos, destilarias de álcool, hulha, extração e cultivo de recursos hídricos); XIII – distritos industriais e zonas estritamente industriais (ZEI); XIV – exploração econômica de madeira ou de lenha em áreas significativas em termos percentuais ou de importância do ponto de vista ambiental; XV – projetos urbanísticos, acima de 100 ha, ou em áreas consideradas de relevante interesse ambiental a critério da

Secretaria de Meio Ambiente (Sema) e dos órgãos municipais e estaduais competentes; XVI – qualquer atividade que utilize carvão vegetal, derivados ou produtos similares em quantidade superior a dez toneladas por dia; XVII – projetos agropecuários que contemplem áreas acima de 1.000 ha ou menores, neste caso, quando se tratar de áreas significativas em termos percentuais ou de importância do ponto de vista ambiental, inclusive nas áreas de proteção ambiental.

É interessante ressaltar que se trata de uma listagem meramente exemplificativa das atividades, tais como:

O art. 2º da Resolução citada diz que dependerá de Estudo de Impacto Ambiental e respectivo Rima o licenciamento de atividades modificadoras do meio ambiente.

O texto constitucional, por outro lado, também é bem claro ao exigir o Epia para obras ou atividades de significativo impacto, ou seja, quaisquer obras ou atividades estão sujeitas a essa obrigação se estiverem incluídas nas características apontadas.

A Resolução Conama n. 001/86 indica quais atividades devem ser cumpridas pelos empreendedores obrigados a realizar o Epia/Rima. O roteiro a seguir indica de forma metodológica esses procedimentos. Essa é uma base normativa de ordem geral, é necessário contabilizar as demais, de caráter estadual, municipal e até internacional.

Informações gerais

Identificação do empreendimento com: nome e razão social; endereço para correspondência; inscrição estadual e cadastro geral de contribuintes (CGC); histórico do empreendimento; nacionalidade da origem das tecnologias a serem empregadas, informações gerais que identifiquem o porte do empreendimento, tipos de atividades a serem desenvolvidas, incluindo as principais e secundárias; síntese dos objetivos do empreendimento e sua justificativa em termos de importância no contexto socioeconômico do país, da região, do estado e do município; localização geográfica proposta para o empreendimento, apresentada em mapa ou croqui, incluindo vias de acesso e bacia hidrográfica; previsão das etapas de implantação do empreendimento; empreendimento(s) associado(s) e decorrente(s); nome e endereço para contatos relativos ao Epia/Rima.

Caracterização do empreendimento

Apresentar a caracterização do empreendimento nas fases de planejamento, implantação, operação e, ser for o caso, de desativação.

Quando a implantação ocorrer em etapas, ou quando forem previstas expansões, as informações deverão ser detalhadas para cada uma delas, devendo apresentar também esclarecimentos sobre alternativas tecnológicas e/ou locacionais.

Áreas de influência

É preciso apresentar os limites da área geográfica a ser afetada direta ou indiretamente pelos impactos, denominar a área de influência do projeto, a qual deverá conter as áreas de incidência dos impactos, abrangendo os distintos contornos para as diversas variáveis enfocadas.

A Resolução Conama n. 001/86 determina que a análise, em todos os casos, deve considerar as bacias hidrográficas.

É necessário apresentar igualmente a justificativa da definição das áreas de influência dos impactos, acompanhada de mapeamento.

Diagnóstico ambiental da área de influência

Deverão ser apresentadas descrição e análise dos fatores ambientais e suas interações, caracterizando a situação ambiental da área de influência, antes da implantação do empreendimento. Esses fatores englobam: as variáveis suscetíveis de sofrer, direta ou indiretamente, efeitos significativos das ações executadas nas fases de planejamento, de implantação, de operação e, quando for o caso, de desativação do empreendimento; e as informações cartográficas com a área de influência devidamente caracterizada, em escalas compatíveis com o nível de detalhamento dos fatores ambientais estudados.

Qualidade ambiental

Em um quadro sintético, deve-se expor as interações dos fatores ambientais físicos, biológicos e socioeconômicos, indicando os métodos adotados para sua análise com o objetivo de descrever as inter-relações entre os componentes bióticos, abióticos e antrópicos do sistema a ser afetado pelo empreendimento.

Além do quadro citado, deverão ser identificadas as tendências evolutivas daqueles fatores importantes para caracterizar a interferência do empreendimento.

Fatores ambientais

Meio físico

Os aspectos a serem abordados serão aqueles necessários para a caracterização do meio físico, de acordo com o tipo e o porte do empreendimento e segundo as características da região. Serão incluídos aqueles cuja consideração ou detalhamento possam ser necessários. Por exemplo: clima e condições meteorológicas da área potencialmente atingida pelo empreendimento; qualidade do ar e níveis de ruído na região; formação geológica e geomorfológica da área potencialmente atingida pelo empreendimento; solos da região nessa mesma área; recursos hídricos, abordando-se hidrologia superficial, hidrogeologia, oceanografia física, qualidade das águas e uso da água.

Meio biológico

Os aspectos abordados serão aqueles que caracterizam o meio biológico, de acordo com o tipo e o porte do empreendimento e segundo as características da região. Serão incluídos aqueles cuja consideração ou detalhamento possam ser necessários, ou seja, os ecossistemas terrestres e aquáticos existentes na área de influência do empreendimento, espécies ameaçadas de extinção, área de preservação permanente, entre outros.

Meio antrópico

Segundo as características da região, serão tratados os aspectos necessários para caracterizar o meio antrópico, de acordo com o tipo e o porte do empreendimento. Essa caracterização deverá ser feita por meio das informações a seguir, considerando-se basicamente duas linhas de abordagem: uma que considera aquelas populações existentes na área atingida diretamente pelo empreendimento; outra que apresenta as inter-relações próprias do meio antrópico regional, passíveis de alterações significativas por efeitos indiretos do empreendimento. Quando procedentes, as variáveis enfocadas no meio antrópico deverão ser apresentadas em séries históricas significativas e representativas, visando à avaliação de sua evolução temporal.

Entre os aspectos cuja consideração e detalhamento possam ser necessários, incluem-se: dinâmica populacional na área de influência do empreendimento; uso e ocupação do solo com informações, em mapa, na área de influência do empreendimento; nível de vida na área de influência do empreendimento; estrutura produtiva e de serviços; organização social na área de influência; usos e ocupação do solo.

Análise dos impactos ambientais

Este item destina-se à apresentação da análise (identificação, valorização e interpretação) dos prováveis impactos ambientais ocorridos nas fases de planejamento, implantação, operação e, se for o caso, desativação do empreendimento sobre os meios físico, biológico e antrópico, devendo ser determinados e justificados os horizontes de tempo considerados.

Os impactos serão avaliados, segundo os critérios descritos no item "Diagnóstico ambiental da área de influência", como: impactos diretos e indiretos; benéficos e adversos; temporários, permanentes e cíclicos; imediatos e de médio e longo prazos; reversíveis e irreversíveis; locais, regionais e estratégicos.

A análise dos impactos ambientais inclui, necessariamente, identificação, previsão de magnitude e interpretação da importância de cada um deles, permitindo uma apreciação abrangente das repercussões do empreendimento sobre o meio ambiente, entendido na sua forma mais ampla.

O resultado dessa análise constituirá um prognóstico da qualidade ambiental da área de influência do empreendimento, útil não só para os casos de adoção do projeto e suas alternativas como também na hipótese de sua não implementação.

A análise, que constitui este item, deve ser apresentada em duas formas:

- Uma síntese conclusiva dos impactos relevantes de cada fase prevista para o empreendimento (planejamento, implantação, operação e desativação, em caso de acidentes), acompanhada da análise (identificação, previsão de magnitude e interpretação) de suas interações.

- Uma descrição detalhada dos impactos sobre cada fator ambiental relevante considerado no diagnóstico ambiental, a saber: sobre o meio físico; sobre o meio biológico; sobre o meio antrópico.

É preciso mencionar os métodos usados para identificação dos impactos, as técnicas utilizadas para a previsão da magnitude e os critérios adotados para a interpretação e análise de suas interações.

Proposição de medidas mitigadoras

Neste item serão explicitadas as medidas que visam minimizar os impactos adversos identificados e quantificados no item anterior, as quais deverão ser apresentadas e classificadas quanto a:

- Natureza preventiva ou corretiva, avaliando, inclusive, a eficiência dos equipamentos de controle de poluição em relação aos critérios de qualidade ambiental e aos padrões de disposição de efluentes líquidos, emissões atmosféricas e resíduos sólidos.
- Fase do empreendimento em que deverão ser adotados: planejamento, implantação, operação e desativação, para o caso de acidentes.
- Fator ambiental a que se destinam: físico, biológico ou socioeconômico.
- Responsabilidade pela implementação: empreendedor, poder público ou outro.
- Custo.

Deverão também ser mencionados os impactos adversos que não podem ser evitados ou mitigados.

Programa de acompanhamento e monitoração dos impactos ambientais

Neste item deverão ser apresentados os programas de acompanhamento da evolução dos impactos ambientais positivos e negativos causados pelo empreendimento, considerando-se as fases de planejamento, de implantação, operação e desativação e, quando for o caso, de acidentes.

Conforme o caso, poderão ser incluídas: indicação e justificativa dos parâmetros selecionados para a avaliação dos impactos sobre cada um dos fatores ambientais considerados; indicação e justificativa da rede de amostragem, incluindo seu dimensionamento e distribuição espacial; indicação e justificativa dos métodos de coleta e análise de amostras; indicação e justificativa da periodicidade de amostragem para cada parâmetro, segundo os diversos fatores ambientais; indicação e justificativa dos métodos a serem empregados no processamento das informações levantadas, visando retratar o quadro da evolução dos impactos ambientais causados pelo empreendimento.

Relatório de Impacto ao Meio Ambiente (Rima)

O Rima refletirá as conclusões do Epia. Suas informações técnicas devem ser expressas em linguagem acessível ao público, ilustradas por mapas com escalas adequadas, quadros, gráficos e outras técnicas de comunicação visual, de modo que se possam entender claramente as possíveis consequências ambientais e suas alternativas, comparando as vantagens e desvantagens de cada uma delas.

Em linhas gerais, ele deverá conter: objetivos e justificativas do projeto, sua relação e compatibilidade com as políticas setoriais, planos e programas governamentais; descrição do projeto e suas alternativas tecnológicas e locacionais, especificando cada uma delas, nas fases de construção e operação; área de influência, matérias-primas, mão de obra, fontes de energia, processos e técnicas operacionais, efluentes, emissões e resíduos, perdas de energia, empregos diretos e indiretos a serem gerados, relação custo/benefício dos ônus e benefícios socioambientais; síntese do diagnóstico ambiental da área de influência do projeto; descrição dos impactos ambientais, considerando o projeto, as suas alternativas, os horizontes de tempo de incidência dos impactos e indicando os métodos, técnicas e critérios adotados para sua identificação, quantificação e interpretação; caracterização da qualidade ambiental futura da área de influência, comparando as diferentes situações de adoção do projeto e de suas alternativas, bem como a hipótese de sua não realização; descrição do efeito esperado das medidas mitigadoras previstas em relação aos impactos negativos, mencionando aqueles que não puderem ser evitados e o grau de alteração esperado; programa de acompanhamento e monitoração dos impactos; recomendação quanto à alternativa mais favorável (conclusões e comentários de ordem geral).

No Rima deverá constar o nome e o número do registro na entidade de classe competente de cada um dos profissionais integrantes da equipe técnica que o elaborou.

Limitações dos EIAs/Rimas na prática brasileira

As principais limitações que podem ser identificadas na prática dos EIAs/Rimas dentro do atual sistema de AIA são da seguinte natureza:

- O quadro jurídico-institucional existente é baseado na legislação norte-americana (que utiliza os EIAs/Rimas como instrumento de planejamento) e a prática apoia-se na abordagem francesa, que utiliza os EIAs/Rimas como documento de licenciamento ambiental.
- A inexistência de monitoração, ao menos em escala compatível com as dimensões do Brasil e sua problemática ambiental. A monitoração é executada apenas em alguns casos isolados, em determinadas regiões.
- A inexistência histórica de trabalho em equipes multi, inter ou transdisciplinares, fragilidade que é elemento cultural do Brasil.
- A situação extremamente precária da maioria dos órgãos ambientais estaduais e municipais (ausência de monitoração, de informações, de recursos humanos, de condições operativas).
- Envolvimento do público na tomada das decisões, na maioria das vezes, formal, previsível e orientado.
- A sobreposição de interesses políticos às conclusões contidas nos EIAs/Rimas.
- A produção de documentos inadequados.

Documentos inadequados

No atual cenário brasileiro, a elaboração de documentos inadequados deve-se aos seguintes motivos:

- Documentos viciosos – resultantes de compromisso tácito da consultora com o empreendedor, eles acarretam informações distorcidas por interesses pecuniários: a consultora torna-se um advogado de defesa do empreendedor, em vez de manter a exigida imparcialidade técnico-científica. Além disso, as consultorias, mesmo não atreladas a quaisquer interesses específicas, ficarão, de certa forma, presas ao deferimento da licença, sob pena de não conseguir mais outros trabalhos.
- Documentos sem conteúdo científico (sem dados primários) – resultantes da denominada "indústria de Rimas": neles são utilizados dados secundários (muitas vezes estrangeiros) quanto ao empreendimento e ao meio ambiente.

- Documentos com informação insuficiente – podem ser consequência da falta de integração da equipe, resultando em um documento desconexo e sem a devida abrangência ambiental; de um longo relatório acadêmico-profissional sem objetividade e sem informações suficientes sobre o empreendimento e o meio ambiente; da falta de capacitação da equipe e/ou recursos insuficientes para realização de pesquisas, análises e estudos.
- Os termos de referência feitos pelo poder público e empreendedor não refletem as necessidades prementes, o que afinal exige complementação de estudos, atrasando o Epia/Rima e, consequentemente, as licenças. Em outras ocasiões, essa omissão leva o empreendimento a embates jurisdicionais.

LICENCIAMENTO AMBIENTAL

O licenciamento ambiental faz parte do rol de instrumentos da Política Nacional do Meio Ambiente (art. 9º, IV). É o ato que oficializa e legitima os encaminhamentos para que se possa realizar determinada obra.

Considerações a respeito da Resolução Conama n. 237/97

A Constituição Federal atribui à União, aos estados e ao Distrito Federal a missão de legislar sobre a proteção ao meio ambiente (competência concorrente). O município pode legislar em caso de interesse local (nesse sentido, deve ser dada a devida atenção para regras dos municípios envolvidos nas atividades do setor energético).

Para executar ações administrativas de combate à poluição (por exemplo, licenças ambientais e fiscalização) e preservação de florestas (por exemplo, vistorias para ratificar cumprimento da reserva legal), a competência é comum entre os órgãos e/ou entidades competentes da União, dos estados, municípios e Distrito Federal. Há ressalva por conta da regulamentação da Lei Complementar n. 140/2011. No que se refere à indicação de competências aos entes federados, as mesmas estão relacionadas nos artigos 7º ao 10º da Lei Complementar, fator que, de certa forma, contraria o texto constitucional do parágrafo único do art. 23, que determina cooperação e não separação de tarefas. Dos instrumentos de cooperação institucional, o art 4º enumera os consórcios públicos, convênios e acordos de cooperação técnica, delegações, entre outros. Aponta também a Comissão Tripartite, agente criado sem respaldo de sua participação no Sistema Nacional do Meio Ambiente (Sisnama). Outro ponto da Lei Complementar que altera a Resolução Conama n. 237/97 é a não vinculação dos pareceres técnicos de outros entes da federação quando a licença ou autorização está sendo conduzida por um deles. Em geral, os demais termos foram mantidos, como o art. 19 da Resolução Conama n. 237/97: os empreendimentos e atividades podem perder suas respectivas licenças ambientais no caso de violações a condicionantes legais, omissão de informação, superveniência e geração de graves riscos ambientais e de saúde.

Nesse caso, indaga-se: como ficariam as concessões outorgadas pelas agências reguladoras? Acompanhariam a decisão do órgão ambiental ou apostariam em práticas isoladas?

O licenciamento ambiental, conforme instituído pela citada norma e seus regulamentos, constitui um sistema que se define como o processo de acompanhamento sistemático das consequências ambientais de uma atividade que se pretenda desenvolver. Tal processo desenvolve-se desde as etapas iniciais do planejamento da atividade, pela emissão de três licenças – a licença prévia (LP), a licença de instalação (LI) e a licença de operação (LO) –, contendo, cada uma delas, restrições que condicionam a execução do projeto e as medidas de controle ambiental da atividade. O processo inclui, ainda, as rotinas de acompanhamento das licenças concedidas, vinculadas ao monitoramento dos efeitos ambientais do empreendimento, componentes essenciais do sistema.

O processo de licenciamento compreende três fases, descritas a seguir:

- Licença prévia (LP): é o documento que deve ser solicitado pelo empreendedor, obrigatoriamente, na fase preliminar do planejamento da atividade, correspondendo à etapa de estudos para a sua localização.
- Licença de instalação (LI): é o documento que deve ser solicitado, obrigatoriamente, pelo empreendedor do projeto antes da implantação do empreendimento. A solicitação da LI estará condicionada à apresentação de projeto detalhado do empreendimento. Sua concessão implica o compromisso do interessado em manter o projeto final compatível com as condições de seu deferimento. Para que essa fase se concretize, é necessário que todas as exigências constantes da LP tenham sido atendidas.
- Licença de operação (LO): é o documento concedido pelo órgão ambiental competente, devendo ser solicitado antes de o empreendimento entrar em operação. Sua concessão está condicionada à vistoria, ao teste de equipa-

mentos ou a qualquer meio de verificação técnica. A solicitação da LO é de caráter obrigatório, e sua concessão implica o compromisso do interessado em manter o funcionamento dos equipamentos de controle de poluição e/ ou programa de controle e monitoramento ambiental, atendendo às condições estabelecidas no seu deferimento. Para que essa fase se concretize, é necessário que todas as exigências relativas à LI tenham sido satisfeitas. Sendo aprovada essa etapa, a LO será concedida, devendo ser publicada. Uma vez concedida a LO, o órgão licenciador deverá renovar a licença periodicamente; o que ocorre após a realização de vistoria ao empreendimento para verificar a execução e os resultados dos programas.

A Resolução, em seu art. 12, prevê procedimentos simplificados em caso de empreendimentos de pequeno potencial de impacto ambiental. O art. 3º permite ao órgão ambiental competente verificar se a atividade não é potencialmente causadora de significativa degradação do meio ambiente e, assim, definir outros estudos ambientais pertinentes ao respectivo processo de licenciamento. Nesse caso, não será necessária a execução do Epia/Rima.

A norma indica os empreendimentos que obrigam o órgão ambiental competente a proceder ao licenciamento ambiental no art. 2º, § 1º, da Resolução n. 237/97 (ato administrativo vinculado – Anexo 1). As outras atividades não relacionadas estão sob a égide de discricionariedade do órgão ambiental competente, conforme preceitua o § 2º. O art. 3º diz que, para atividades que possam causar significativo impacto ambiental, serão exigidos, para a licença ambiental, o Epia e o Rima.

O procedimento de licenciamento ambiental, conforme preceitua o art. 10º, obedecerá às seguintes etapas: definição pelo órgão ambiental competente e o empreendedor dos documentos e estudos necessários que farão parte dos estudos e levantamentos – Termo de Referência; requerimento de licença; análise do documento pelo órgão ambiental; solicitação de esclarecimentos e complementações; audiência pública (se for o caso) e solicitação de esclarecimentos decorrentes dela; emissão de parecer técnico; e deferimento ou indeferimento, com a devida publicidade.

Os prazos estabelecidos para os procedimentos relativos ao licenciamento ambiental estão indicados nos artigos 14 a 18 da Resolução. A regra básica é que a conclusão do pleito ocorra em seis meses. Caso o empreendimento tenha Epia/Rima, o prazo será de até 12 meses. Admite-se alteração do prazo, desde que seja justificado o pedido e haja concordância entre o empreendedor e o órgão ambiental. A contagem dos prazos é suspensa nos casos em que o estudo for devolvido para complementação pelo empreendedor. A Lei Complementar n. 140/2011, em seu art. 14, oferece outras instruções, como a do parágrafo 3º, que diz que, no caso de decurso dos prazos de licenciamento sem a emissão da licença ambiental, não haverá implicação da liberação tácita nem autorização da prática de ato que dela dependa ou decorra, mas haverá instauração da competência supletiva. Sobre a renovação, no art. 15 consta que as licenças ambientais devem ser requeridas com antecedência mínima de 120 dias da expiração de seu prazo de validade, fixado na respectiva licença, ficando este automaticamente prorrogado até a manifestação definitiva do órgão ambiental competente.

Após mais de duas décadas de sua implantação, pode-se garantir que o Sistema de Licenciamento Ambiental (SLA) contribuiu para a construção de um novo paradigma envolvendo meio ambiente e desenvolvimento, mas ainda deve ser aperfeiçoado.

A Resolução Conama n. 6/87 dispõe sobre o licenciamento ambiental do setor de geração de energia elétrica. Essa norma estabelece que as concessionárias de exploração, geração e distribuição de energia elétrica, ao submeterem seus empreendimentos ao licenciamento ambiental perante o órgão estadual competente, deverão prestar informações técnicas sobre o empreendimento, conforme estabelecem os termos da legislação ambiental pelos procedimentos definidos nessa Resolução. Ficará a cargo do Instituto Brasileiro de Meio Ambiente (Ibama) supervisionar os entendimentos nesse sentido.

Por esse documento, caso algum empreendimento necessite ser licenciado por mais de um estado, os órgãos estaduais deverão manter entendimento prévio para uniformizar as exigências. Esse dispositivo parece ter perdido sua validade, uma vez que o art. 4º, II, da Resolução Conama n. 237/97 assim estabelece: "compete ao Ibama o licenciamento ambiental de empreendimentos e atividades de âmbito nacional ou regional, a saber: localizadas ou desenvolvidas em dois ou mais Estados". Esse dispositivo foi mantido na Lei Complementar n. 140/2011, em seu art. 9º, XIV, letra d.

O art. 3º da Resolução permite que os órgãos estaduais estabeleçam etapas e especificações adequadas às características dos empreendimentos; nesses casos, esses órgãos deverão obedecer aos limites impostos, por conta da competência da União em editar normas gerais.

Em relação às atividades alistadas no art. 2º da Resolução Conama n. 001/86, o estudo de impacto ambiental deverá ser entregue antes da LP, com o objetivo de apresentar aos órgãos estaduais um relatório sobre o planejamento dos estudos a serem executados para fins de instruções adicionais por parte dos estados-membros. É importante destacar que, por conta do art. 20 da Resolução Conama n. 237/97, os municípios também poderão proceder à licença ambiental.

Segundo o art. 8º, § 2º, a análise da LP somente será efetivada após a análise e aprovação do Rima. A norma oferece, ainda, regras para empreendimentos que entraram em operação antes e após 1986. No primeiro caso, a regularização se dará pela LO, sem Rima. No segundo, a regularização para obtenção da LO requer apresentação do Rima.

De acordo com as novas regras trazidas pela Lei n. 10.847/94, somente haverá concessão após a aprovação da LP pelo órgão ambiental competente e a disponibilidade hídrica concedida pela autoridade gestora de recursos hídricos. A empresa de pesquisas energéticas é a entidade responsável por providenciar esses documentos (ver a seguir).

A Instrução Normativa do Ibama n. 65/2005, com intuito de organizar os procedimentos de licenciamento ambiental dos empreendimentos geradores de energia elétrica e com a meta de garantir maior qualidade, agilidade e transparência, editou uma norma que trata de procedimentos para o licenciamento de usinas hidrelétricas (UHE) ePCHs, consideradas de significativo impacto ambiental. Esse documento cria também o Sistema Informatizado de Licenciamento Ambiental Federal (Sislic), módulo UHE/PCH.

A seguir, serão apontados os atos e procedimentos administrativos necessários ao licenciamento ambiental.

Documentos necessários ao licenciamento

O Quadro 1.1, a seguir, apresenta uma listagem exemplificativa dos documentos necessários ao licenciamento, uma vez que tanto os estados como o Distrito Federal e os municípios, conforme suas competências, podem determinar outros requisitos, desde que obedecidas as normas gerais da União.

Quadro 1.1 Documentos necessários ao licenciamento

TIPOS DE LICENÇA	HIDRELÉTRICAS	TERMOELÉTRICAS	LINHAS DE TRANSMISSÃO
Licença prévia (LP)	• Requerimento de LP. • Portaria do Ministério de Minas e Energia (MME) autorizando o estudo da viabilidade. • Rima sintético e integral, quando necessário. • Cópia da publicação de pedido da LP.	• Requerimento de LP. • Cópia da publicação de pedido da LP. • Portaria do MME autorizando o estudo da viabilidade. • Alvará de pesquisa ou lavra, quando couber. • Manifestação da prefeitura. • Rima (sintético e integral).	• Requerimento de LP. • Cópia da publicação de pedido da LP. • Rima (sintético e integral).
Licença de instalação (LI)	• Relatório do estudo de viabilidade. • Requerimento de LI. • Cópia da publicação do pedido de LI. • Cópia do decreto de outorga de concessão do aproveitamento hidrelétrico. • Projeto básico ambiental.	• Requerimento de LI. • Cópia da publicação da concessão de LP. • Cópia da publicação do pedido de LI. • Relatório de viabilidade aprovado pelos órgãos competentes. • Projeto básico ambiental.	• Requerimento de LI. • Cópia da publicação da concessão de LP. • Cópia da publicação do pedido de LI. • Projeto básico ambiental.
Licença de operação (LO)	• Requerimento de LO. • Cópia da publicação da concessão de LI. • Cópia da publicação do pedido de LO.	• Requerimento de LO. • Cópia da publicação da concessão de LI. • Cópia da publicação do pedido de LO. • Portaria de aprovação do projeto básico. • Portaria do MME autorizando a implantação do empreendimento.	• Requerimento de LO. • Cópia da publicação da concessão de LI. • Cópia da publicação do pedido de LO. • Cópia da Portaria de aprovação do projeto. • Cópia da Portaria do MME (servidão administrativa).

OUTROS ASPECTOS DE INTERESSE ESPECÍFICO DO SETOR ELÉTRICO

A Lei n. 10.847/2004 criou a Empresa de Pesquisa Energética (EPE) – empresa pública vinculada ao MME, ver art. 5º, II, do Decreto-Lei n. 200/67, e art. 5º do Decreto-Lei n. 900/69 –, com a finalidade de prestar serviços na área de estudos e pesquisas destinadas a subsidiar o planejamento do setor energético.

Dentre suas competências, podem-se destacar:

- A obtenção de licença prévia ambiental; a declaração de disponibilidade hídrica, ambas necessárias às licitações, envolvendo empreendimentos de geração hidrelétrica e de transmissão de energia elétrica selecionadas.
- O desenvolvimento de estudos de impacto social, a viabilidade técnico-econômica e socioambiental para empreendimentos de energia elétrica e de fontes renováveis.
- A promoção de estudos e a produção de informações para subsidiar planos e programas de desenvolvimento energético ambientalmente sustentável, inclusive de eficiência energética.

No que se refere às licitações para contratação de energia elétrica, segundo o art. 11 da Lei n. 10.848/2004, elas serão reguladas pela Aneel.

Incentivos à produção e instalação de equipamentos e à criação ou absorção de tecnologia voltados para a melhoria da qualidade ambiental

O art. 13 da Lei n. 6.938/81 – Política Nacional do Meio Ambiente (PNMA) – diz que o poder executivo incentivará as atividades voltadas para o meio ambiente, visando ao desenvolvimento de pesquisas no país e de processos tecnológicos destinados a reduzir a degradação da qualidade ambiental, e promoverá também a fabricação de equipamentos antipoluentes e outras iniciativas que propiciem a racionalização do uso de recursos ambientais. Em seu parágrafo único, a norma informa que os órgãos, programas e entidades do poder público destinados ao incentivo de pesquisas científicas e tecnológicas considerarão, entre suas metas, o apoio aos projetos que objetivem a aquisição e o desenvolvimento de conhecimentos básicos e aplicáveis na área ambiental e ecológica.

Criação de espaços protegidos

Com base no art. 225, III, da Constituição Federal, o poder público é incumbido, em relação a certas áreas e localidades bem como aos seus componentes, de zelar para que tenham proteção específica, proibindo quaisquer atividades que comprometam a integridade dos atributos que justifiquem sua proteção. A Lei n. 9.985/2000 cria o Sistema Nacional de Unidades de Conservação (Snuc), instrumento que regula os usos e as ocupações desses espaços especialmente protegidos. O Snuc protege áreas de entorno, corredores ecológicos e mosaicos, determinando limitações de usos e dividindo essas áreas em dois grupos: de proteção integral e de proteção sustentável.

Sistema Nacional de Informações (SNI)

O capítulo da Constituição Federal que trata dos direitos e deveres individuais e coletivos, art. 5°, XIV, indica que é assegurado a todos o acesso à informação e resguardado o sigilo da fonte necessário ao exercício profissional. Por sua vez, o art. 5°, XXXIII, diz que todos têm direito de receber dos órgãos públicos informações de seu interesse particular, coletivo ou geral, as quais serão prestadas no prazo da lei, sob pena de responsabilidade, ressalvadas aquelas cujo sigilo seja imprescindível para segurança da sociedade e do Estado.

A Lei n. 6.938/81, que determina a PNMA, cria pelo art. 9°, VII, o Sistema Nacional de Informações sobre o Meio Ambiente (Sinima).

A Lei n. 10.650/2003 dispõe sobre o acesso aos dados e informações existentes nos órgãos e entidades integrantes do Sisnama. A norma é direcionada aos órgãos e entidades da administração pública que sejam integrantes do Sisnama. Esses entes devem permitir o acesso público aos documentos, expedientes e processos administrativos que tratem de matéria ambiental e fornecer as informações ambientais que estejam sob sua guarda, em meio escrito, visual, sonoro ou eletrônico sobre qualidade do meio ambiente, emissoes de efluentes, acidentes etc.

A norma permite o sigilo (comercial, industrial e financeiro, ou qualquer outro protegido por lei). Para tanto, as pessoas físicas ou jurídicas que quiserem valer-se desse expediente devem indicar o intento de forma expressa e fundamentada.

Outros instrumentos da PNMA devem ser referenciados: o Cadastro Técnico Federal de Atividades e Instrumentos de Defesa Ambiental (CTF/Aida) e o Cadastro Técnico Federal de Atividades Potencialmente Poluidoras ou Utilizadoras de Recursos Ambientais (CTF/APP). Os dois são regulados pelo art. 17 da Lei n. 6.938/81.

Por fim, cumpre ainda registrar os instrumentos econômicos, como concessão florestal, servidão ambiental, seguro ambiental e as penalidades disciplinares ou compensatórias.

A Resolução Conama n. 371/2006 estabelece diretrizes aos órgãos ambientais para cálculo, cobrança, aplicação, aprovação e controle de gastos de recursos advindos de compensação ambiental, conforme a Lei n. 9.985/2000, que institui o Snuc e a Portaria MMA n. 416/ 2012, e cria, no âmbito do MMA, a Câmara Federal De Compensação Ambiental (CFCA). O Decreto n. 6.848/2009 altera e acrescenta dispositivos ao Decreto n. 4.340/2002 para regulamentar a compensação ambiental.

BENS AMBIENTAIS PROTEGIDOS

São indicados, em seguida, os bens ambientais protegidos no Brasil, na forma da classificação metodológica de meio ambiente natural, artificial, cultural e do trabalho.

Para a melhor interpretação no que diz respeito ao cumprimento das leis e dos sistemas de gestão, é preciso anotar com atenção qual é o conceito jurídico de meio ambiente no Brasil.

A Lei n. 6.938/81 (PNMA), em seu art. 3°, I, conceitua meio ambiente como "conjunto de condições, leis, influências e interações de ordem física, química e biológica que permite, abriga e rege a vida em todas as suas formas".

Adotando o entendimento de estudos clássicos do Direito Ambiental, metodologicamente, existem quatro aspectos do meio ambiente que devem ser observados em leituras e verificações para gestão, controle e penalização de atividades e atitudes que possam lesar ou ameaçar o bem de todos. São eles:

- Meio ambiente natural: constituído pelos recursos naturais, águas interiores, superficiais e subterrâneas; estuários; mar territorial, solo; subsolo; elementos da biosfera, fauna e flora (na forma do art. 3°, V, da Lei n. 6.938/81).
- Meio ambiente cultural: constituído pelo patrimônio histórico, artístico, arqueológico, paisagístico, turístico. As formas de expressão, os modos de criar, fazer e viver etc. (com base nos arts. 215 e 216 da Constituição Federal).
- Meio ambiente artificial: constituído pelo espaço urbano construído, conjunto de edificações e equipamentos públicos e coletivos (art. 182 da Constituição

Federal e o Estatuto da Cidade – Lei n. 10.257/2001). Embora não pertença à categoria de espaço urbano, a área rural mereceu destaque constitucional. O art. 186, II, diz que a propriedade rural cumpre sua função social na utilização adequada dos recursos naturais disponíveis e preservação do meio ambiente.

- Meio ambiente do trabalho: diz respeito à saúde (física, psíquica, emocional e intelectual) dos trabalhadores, de suas famílias, do bairro onde moram, trabalham etc. (supedâneo do art. 200, VIII).

Enumeram-se, a seguir as normas jurídicas que devem ser observadas pelo setor de energia no Brasil. Nota-se que o processo é dinâmico e não exaustivo, de modo que a relação apresentada não esgota outras normas jurídicas não mencionadas. Além disso, algumas delas são destinadas a todos os aspectos do meio ambiente, como é o caso da Lei n. 12.187/2009, que instituiu a Política Nacional sobre Mudança do Clima; da Lei n. 11.828/2008, que dispõe sobre medidas tributárias aplicáveis às doações em espécie recebidas por instituições financeiras controladas pela União e destinadas a ações de prevenção, monitoramento e combate ao desmatamento e de promoção da conservação e do uso sustentável das florestas brasileiras; e o Decreto n. 7.037/2009, que aprova o Programa Nacional de Direitos Humanos.

Nesse sentido, ainda é possível mencionar a Portaria n. 032/2010, que disciplina os procedimentos para análise de processos de licenciamento ou de atuação com passivo ambiental anterior a 2007; a Instrução Normativa n. 2/2012, do Ministério do Meio Ambiente (MMA), que estabelece as bases técnicas para programas de educação ambiental apresentados como medidas mitigadoras ou compensatórias, em cumprimento às condicionantes das licenças ambientais emitidas pelo Ibama.

Normas específicas

Nuclear

- A Lei n. 4.118/62 dispõe sobre a Política Nacional de Energia Nuclear e cria a Comissão Nacional de Energia Nuclear.
- A Lei n. 6.453/77 dispõe sobre a responsabilidade civil por danos nucleares e a responsabilidade criminal por atos relacionados com atividades nucleares.
- O Decreto-Lei n. 1.809/80 institui o Sistema de Proteção ao Programa Nuclear Brasileiro.

- A Lei n. 10.308/2001 dispõe sobre a seleção de locais, a construção, o licenciamento, a operação, a fiscalização, os custos, a indenização, a responsabilidade civil e as garantias referentes aos depósitos de rejeitos radioativos.

Recursos hídricos

A Lei n. 9.433/97 trouxe um novo teor em relação à gestão das águas no Brasil. Até então tratada quase como um bem particular e sob a égide do setor elétrico, essa lei migrou de um modelo burocrático de administração para a gestão participativa, instituindo a Política Nacional de Recursos Hídricos (PNRH) e o Sistema Nacional de Gerenciamento de Recursos Hídricos (Singreh). Dentre seus fundamentos, destacam-se:

- A água é um recurso natural limitado, dotado de valor econômico.
- Em situação de escassez, o uso prioritário dos recursos hídricos é o consumo humano e a dessedentação de animais.
- A gestão dos recursos hídricos deve sempre proporcionar o uso múltiplo das águas.
- A bacia hidrográfica é a unidade territorial para implementação da PNRH e atuação do Singreh.
- A gestão dos recursos hídricos deve ser descentralizada e contar com a participação do poder público, dos usuários e das comunidades.

Dentre os objetivos da norma, destacam-se a prevenção e a defesa contra eventos hidrológicos críticos de origem natural ou decorrentes do uso inadequado dos recursos naturais. No que concerne às diretrizes da PNMA, a gestão dos recursos hídricos deve adequar-se às diversidades físicas, bióticas, demográficas, econômicas, sociais e culturais das diversas regiões do país. Prevê ainda a gestão integrada com a gestão ambiental, zonas costeiras, com o uso do solo etc.

A lei aponta cinco instrumentos para implementação da PNRH: os planos de recursos hídricos; o enquadramento dos corpos de água em classes, segundo os usos preponderantes da água; a outorga dos direitos de uso de recursos hídricos; a cobrança pelo uso de recursos hídricos; e o sistema de informações sobre recursos hídricos.

Interessam particularmente ao setor elétrico os procedimentos de outorga de direito de uso de recursos hídricos. Nesse caso, a exigência traduz-se nos casos de derivação ou captação de parcela existente em um corpo de água, os lançamentos de resíduos líquidos ou gasosos (por exemplo, as termoelétricas) e o aproveitamento dos potenciais hidrelétricos.

A Lei n. 9.433/97 cria uma interessante composição de gestão, integrando vários setores da sociedade, segmentos públicos e privados, com deveres direcionados à administração harmônica da água. Integram o Singreh: o Conselho Nacional de Recursos Hídricos (CNRH), a Agência Nacional de Águas (ANA), os Conselhos de Recursos Hídricos dos estados e do Distrito Federal, os Comitês de Bacia Hidrográfica e os órgãos dos poderes públicos federal, estadual, municipal e do Distrito Federal, cujas competências relacionam-se com a gestão de recursos hídricos.

Conforme indicado no capítulo que trata das referências constitucionais, os corpos de água do Brasil podem ser de domínio federal ou estadual. Portanto, no que se refere à gestão e, notadamente, quanto à outorga de direito de uso de recursos hídricos, é preciso verificar a área do corpo de água para identificar a dominialidade.

A ANA é responsável por proceder ao pedido de declaração de reserva de disponibilidade hídrica e à outorga de direito de uso de recursos hídricos para águas de domínio da União. Notadamente em relação ao setor elétrico, a ANA tem como incumbência a definição e a fiscalização das condições de operação de reservatórios por agentes públicos e privados, visando garantir o uso múltiplo dos recursos hídricos das respectivas bacias hidrográficas. Nesse caso, as condições de operação dos reservatórios de aproveitamento hidrelétricos serão avaliadas em articulação com o Operador Nacional do Sistema Elétrico (ONS).

No que tange às outorgas direcionadas ao uso de potencial de energia hidráulica, o art. 7º da Lei n. 9.984/2000 determina que, para licitar a concessão ou autorizar o uso de potencial de energia hidráulica em corpo de água de domínio da União, a Aneel deverá promover, junto à ANA, a prévia obtenção de declaração da reserva de disponibilidade hídrica. No caso de o potencial hidráulico localizar-se em corpo de água de domínio dos estados ou do Distrito Federal, a declaração de reserva de disponibilidade hídrica será obtida com a devida articulação da entidade gestora de recursos hídricos desses entes federados.

A declaração de disponibilidade hídrica será transformada automaticamente pelo respectivo poder outorgante em outorga de direito de uso de recursos hídricos à instituição ou empresa que receber da Aneel a concessão ou a autorização de uso do potencial de energia hidráulica.

A Resolução ANA n. 131/2003, como já mencionado, dispõe sobre procedimentos à emissão de declaração da reserva de disponibilidade hídrica e de outorga de direito do uso de recursos hídricos para uso de potencial de energia hidráulica superior a 1 MW em corpo de água de domínio da União.

ASPECTOS INTERNACIONAIS

O Direito Internacional divide-se em público e privado. Não há o reconhecimento explícito do direito e interesse difuso. O tema ambiental é acolhido no âmbito do Direito Internacional Público, embora existam encaminhamentos que podem ser efetivados no âmbito privado. As fontes de Direito Internacional são: a doutrina, os princípios, os tratados, os costumes e a jurisprudência.

Embora possam ser citados pactos e sentenças internacionais na área ambiental, advindos do início do século XX, somente após a Conferência de Estocolmo, ocorrida em 1972, o tema consolidou-se na égide internacional. A partir daí, os princípios ali enunciados, bem como os fatos ocorridos pós-conferência, acabaram por iluminar todo arsenal jurídico-ambiental dos países. A RIO-92, na verdade, conseguiu que o assunto se popularizasse, uma vez que teve grande índice de participação da sociedade civil e foi a reunião em torno do tema que contou com a presença do maior número de chefes de Estado, que acabaram consignando, em seus países, as conquistas da Conferência. As conferências seguintes relativas ao tema ambiental sob a égide e importância das Nações Unidas, tanto em 2002 (Johanesburgo) quanto em 2012 (Rio+20), em nada contribuíram para a evolução dos compromissos internacionais.

O tema ambiental encontra grandes obstáculos na esfera internacional pela diversidade de sistemas jurídicos dos Estados. A soberania dos Estados é um entrave para o caminho harmônico necessário, considerando os bens ambientais compartilhados entre países que devem ser cuidados; a poluição transfronteiriça, que lesa países sem que se garanta o retorno da responsabilidade do dano e que fragiliza cada vez mais bens ambientais; e também a preocupação quanto a bens comuns da humanidade (por exemplo, fundos marinhos) ou mesmo bens de preocupação comum da humanidade (como é o caso da biodiversidade), que são ainda tratados de forma segmentada.

Outro problema é a penalização internacional. Ainda que se admita todo um arsenal internacional para sancionar atos contrários ao bem-estar e ao equilíbrio ecológico, a efetivação ainda é frágil, tendo em vista a supremacia econômica de alguns Estados em detrimento de outros.

O certo é que, em sede internacional, o Direito Ambiental é ainda muito incipiente, necessitando de estudos profundos para poder alcançar o consenso planetário a respeito da vida de toda humanidade.

O Brasil possui acordos bi e multilaterais e adota quase todos os princípios internacionais enunciados nas conferências internacionais ambientais. Os tratados assinados devem passar por um complexo caminho interno. Basicamente, devem ser ratificados pelo poder legislativo e, depois, promulgados pelo executivo. A Constituição de 1988, em seu art. 5º, § 2º, determina que os direitos e as garantias assinaladas (direitos individuais e coletivos expressos no capítulo I) não excluem outros decorrentes dos tratados internacionais em que a República Federativa do Brasil seja parte. O § 3º diz que os tratados e convenções internacionais sobre direitos humanos que forem aprovados, em dois turnos, em cada Casa do Congresso Nacional, por três quintos dos votos dos respectivos membros, serão equivalentes a emendas constitucionais.

É importante ressaltar que, apesar das dificuldades apontadas, os países, sobretudo com interesses econômicos comuns, têm procurado agregar-se por meio de pactos de integração (ainda que de cunho econômico). Parece que, apesar da vertente econômica, a harmonização ambiental é indispensável, considerando a competitividade entre os países-membros que pretendem a parceria. Dessa forma, os blocos regionais iniciam a construção de aparatos jurídicos capazes de assegurar a efetividade do bloco.

Nesse diapasão, os empreendimentos que podem causar danos a outros Estados devem respaldar suas atividades na obediência dos diversos documentos assinados pelo Brasil na área ambiental.

A AVALIAÇÃO AMBIENTAL ESTRATÉGICA

A Avaliação Ambiental Estratégica (AAE) foi aceita na década de 1980 como uma política do Banco Mundial que estabeleceu que as questões ambientais deveriam ser consideradas parte de uma política global em vez de projetos isolados. A mesma filosofia da AAE ecoou no Relatório Brundtland e na Conferência das Nações Unidas do Rio de Janeiro, que recomendavam a extensão dos princípios da AIA para políticas, planos e programas (Wood, 1997).

A avaliação ambiental de políticas, planos e programas, também designada pela AAE, constitui uma nova vertente do processo de AIA. Trata-se de um instrumento adicional de avaliação ambiental, apoiado nos princípios e abordagens no âmbito da AIA, dirigido não à avaliação de projetos específicos, mas à avaliação ambiental de níveis mais estratégicos de decisão, como os instrumentos de política, de planejamento e programáticos.

Diretrizes, critérios e procedimentos de AAE têm sido adotados em diversos países com o objetivo de encontrar as abordagens mais adequadas e adaptadas aos sistemas decisórios vigentes. De modo geral, reconhece-se o papel potencial que a AAE pode desempenhar no desenvolvimento de práticas mais sustentáveis à etapa da formulação de políticas, planos e programas e como um instrumento crucial no processo de melhoria da prática da avaliação e gestão ambiental.

A aplicação prática da AAE tem evoluído a passos largos nos últimos anos. Enquanto alguns poucos países têm regulações formais de AAE, alguns têm estabelecido normas para a sua elaboração. Regulações e normas têm surgido mundialmente, incluindo muitos países da Europa e também a Austrália.

Reconhecem-se atualmente benefícios significativos da AAE que claramente justificam o seu papel e a sua contribuição em termos de aumento de eficácia ambiental em um processo decisório. As vantagens significativas da AAE são as seguintes: assegurar que suficiente atenção seja concedida aos aspectos ambientais no nível do desenvolvimento de políticas, planos e programas, integrando o meio ambiente e o desenvolvimento no processo decisório; facilitar a elaboração de políticas, planos e programas ambientalmente sustentáveis; melhorar as condições de eficácia da AIA de projetos ao identificar previamente os impactos e requisitos de informações; esclarecer questões de cunho estratégico e reduzir o tempo e o esforço para conduzir revisões; permitir a identificação e a abordagem dos impactos acumulativos e sinérgicos; facilitar a consideração de um grande número de alternativas, em vez do que é normalmente possível em uma AIA de um projeto específico; levar em conta, quando possível, efeitos acumulativos e mudanças globais.

Por outro lado, muitas das dificuldades que são apontadas para a adoção de procedimentos formais de AAE devem-se à incerteza e à insegurança associadas ao papel potencial que a AAE pode desempenhar nos processos de tomada de decisão. Essas dificuldades são significativamente influenciadas pelas características políticas e institucionais particulares de cada sistema político e econômico: falta de conhecimento e experiência relativamente ao âmbito de fatores ambientais a considerar, tipos de impactos que podem ocorrer e como integrar a avaliação de impactos com a formulação de políticas de planos; problemas institucionais e logísticos, dado que é fundamental assegurar articulação e coordenação eficazes e responsáveis entre divisões diferentes de um mesmo setor governamental e entre setores governamentais distintos; falta de recursos (de informação, técnicos e financeiros); falta de diretrizes e mecanismos que assegurem total implantação; insuficiente responsabilização e comprometimento político na implantação da AAE; obstáculos na fundamentação e clara enunciação de políticas gerais e setoriais e na definição de quando e como a AAE deveria ser aplicada; metodologias específicas inexistentes; envolvimento público limitado; falta de procedimentos de verificação transparente na aplicação de processos de AAE; o fato de a experiência existente com a AIA de projetos não ser necessariamente aplicável à AAE e estar inibindo o desenvolvimento de abordagens específicas à AAE.

A AIA de projetos deve continuar e ser fortalecida. Em particular, ela deve influenciar no desenho do projeto. A análise de alternativas e a implantação das medidas e dos planos de mitigação durante a contratação e operação dos projetos devem ser mais efetivas.

A AAE regional e a avaliação de impactos acumulativos devem continuar a ser fortalecidas e mais frequentemente interligadas. A AAE setorial deve ser conduzida de forma a reduzir o custo e aumentar a eficiência dos benefícios da AIA em nível de projeto. O estudo setorial é uma arma poderosa para ajudar na seleção de projetos e melhorar na análise de custo/benefício.

No setor elétrico, os instrumentos que podem ser utilizados como AAE no processo de planejamento hidrelétrico são (The World Bank, 2008):

- Nível de política: AAE para a matriz energética; AAE para estratégia de recursos hídricos.
- Nível de plano: AAE para o plano hidrelétrico para 10 anos e AAE para planos de recursos hídricos de bacias.
- Nível de programa: AAE para o programa de desenvolvimento hidrelétrico de bacias.

Exemplos significativos de AAE para o setor de energia são os Planos Decenais de Energia (PDE), que representam um dos principais instrumentos de planejamento da expansão eletroenergética do país. Desde 2007, esses planos têm ampliado a abrangência dos estudos, incorporando uma visão integrada da expansão da demanda e da oferta de diversos energéticos, além da energia elétrica.

A AAE é um instrumento de gestão ambiental destinado à fase de planejamento do desenvolvimento, ao contrário da AIA, que é aplicada a projetos, atuando praticamente sobre uma base de informações preestabelecida.

A AIA é comumente conhecida pelo EIA combinado ao Rima. A AIA, na sua concepção original, incorpora todos os níveis de decisão, não somente o nível de projeto, usualmente seu principal enquadramento de aplicação. Isso traz uma subutilização dessa ferramenta (EIA/Rima) para planejamentos, abrindo espaço para um instrumento mais específico, no caso, a AAE.

A primeira referência legal quanto à AAE encontra-se na legislação ambiental norte-americana, estabelecida pela National Environmental Policy Act (Nepa), recomendando a avaliação dos efeitos ambientais das mais variadas propostas de legislação (MPF, 2005). Essa lei surgiu no ano 1969 e demandava a avaliação prévia de impactos provenientes de **qualquer ação** que possa afetar significativamente a qualidade de vida do ser humano. Somente no início da década de 1990 a AAE se firmou como um campo de atividades destacado da AIA de projetos, principalmente pelas contribuições metodológicas vindas da Holanda e do Canadá (Sanchez, 2008).

Pode-se dizer, assim, que a AAE se desenvolveu como evolução da AIA, privilegiando sua aplicação em níveis estratégicos de decisão para permitir melhor acompanhamento dos projetos implantados mediante planos e programas estudados previamente pela AAE. Dessa forma, a AAE não pode ser compreendida como algo pontual, e sim contínuo. Deve ser parte atuante do planejamento, integrando o desenvolvimento do escopo pré-estudado.

A AAE tem um caráter "voluntário", sem ser uma exigência legal como o EIA/Rima, necessário para o licenciamento ambiental de obras e/ou atividades potencialmente causadoras de impactos ambientais cumulativos, configurando-se como uma iniciativa de planejamento.

Nos países onde a AAE tem uma exigência legal, as implicações ambientais precisam ser avaliadas de maneira prévia, antes da tomada de decisão sobre a implantação de política, plano ou programa, devendo a autoridade responsável integrar a AAE ao seu processo de planejamento, verificando os resultados conforme se der a etapa de aplicação das decisões propostas.

QUESTÕES PARA DESENVOLVIMENTO

1. Os sistemas de produção, a organização da sociedade humana e a utilização dos recursos naturais são componentes fundamentais do modelo de desenvolvimento da humanidade. Para cada um desses componentes, cite uma característica atual que colabora para a não sustentabilidade do modelo de desenvolvimento. Justifique.
2. Esboce um quadro sucinto da evolução das questões relativas ao meio ambiente e ao desenvolvimento desde a Conferência de Estocolmo, em 1972, até a Unced 92, no Rio de Janeiro, passando pela publicação do Relatório *Our Common Future*. Enfatize as disparidades entre os países e a evolução para o conceito de desenvolvimento sustentável.
3. Após a reunião do Rio de Janeiro, em 1992, já houve diversas reuniões voltadas à discussão da questão do aquecimento global. Quais foram os principais pontos e aspectos discutidos e delineados nessas reuniões?
4. Quais são os três principais problemas ambientais que têm alcance global? Quais são suas características básicas e como têm sido manejados no contexto das nações?
5. Quais são as relações dos três problemas ambientais de alcance global citados na questão anterior com a utilização da energia pela humanidade? Explique.
6. Comente sobre a melhor forma de tratamento de aspectos globais/aspectos locais; centralização/descentralização, quando se visualiza a construção de um modelo sustentável de desenvolvimento.
7. Analise a importância do envolvimento social para viabilizar a sustentabilidade de qualquer projeto em uma pequena comunidade.
8. Um dos aspectos fundamentais a serem considerados para a construção de um modelo sustentável de desenvolvimento é a equidade. Explique a conceituação de equidade e como ela se reflete no contexto da energia.
9. Comente sobre os principais problemas ambientais relacionados à energia e cite outros além daqueles apresentados no texto.

10. Quanto da energia primária utilizada no mundo se destina à produção de eletricidade? Explique sucintamente por que o rendimento médio dessa transformação é da ordem de apenas 33%.
11. Cite seis possíveis soluções energéticas para o desenvolvimento sustentável, indicando os possíveis benefícios de um enfoque integrado destas.

CAPÍTULO 2

CENTRAIS HIDRELÉTRICAS

Fundamental para a sobrevivência humana, a água é também utilizada para saneamento, transporte, irrigação, lazer, indústria e produção de energia. Apesar dessa multiplicidade de usos e também por essa grande quantidade de finalidades, ela é um dos maiores problemas do mundo hoje em dia em virtude das dificuldades do homem em conviver harmoniosamente com a natureza, em função do paradigma de desenvolvimento adotado e atualmente questionado. Avaliações sérias sobre o futuro da humanidade endossam a importância da água e há quem a aponte como o mais provável motivo de guerras no futuro, assim como foi no passado. A questão da água deve ser, por isso, enfrentada desde já para evitar catástrofes irreparáveis.

Como consequência, já há um consenso: para estabelecer, de um ponto de vista macro (global), qualquer estratégia com vistas a um desenvolvimento sustentável, é necessário que se encaminhe, por meio de ações locais, a solução da questão da água.

Focalizando o problema um pouco mais de perto, pode-se visualizar um dos motivos da degradação atual dos principais recursos hidráulicos: a fragmentação dos usos e do sentido do relacionamento humano com a própria água. De forma geral, cada uma das utilizações desse recurso natural vem sendo concebida e dimensionada de maneira individual e desintegrada. Além disso, em grande parte das vezes, tira-se o máximo da água sem maiores preocupações com sua degradação e a do meio ambiente circundante, deixando-se de lado sua característica principal: o bem comum. A tarefa prioritária do presente, para que não se enfrentem graves problemas no futuro, é a reversão dessa degradação, o que vai exigir de nós uma mudança de postura e de hábitos arraigados, além de uma reeducação de nós mesmos e dos demais.

Recente em alguns países e já mais antiga em outros, a preocupação em resolver esses problemas faz parte de um mesmo tema e desafio: a gestão da água.

Quando se busca o desenvolvimento sustentável, é nesse contexto que é preciso enfocar a geração hidrelétrica. Como o tema é amplo, multidisciplinar e transcende o objetivo deste livro, aqui serão salientados apenas alguns aspectos básicos, mais evidentes, para orientar voos mais altos, quando desejados.

Iniciando-se por uma breve visualização do problema da eletricidade no contexto do uso da água, este capítulo aborda alguns temas de ordem geral. Ao final, são apresentados, em item específico, os aspectos básicos a serem considerados na avaliação da inserção ambiental das hidrelétricas em uma visão integrada do uso da água.

Assim, voltado às usinas hidrelétricas, são destacados a seguir os principais temas que fundamentam a tecnologia da produção de energia hidrelétrica: noções básicas de hidrologia, regularização de vazões e reservatórios e produção de energia elétrica.

A ELETRICIDADE NO CONTEXTO DO USO DA ÁGUA

Embora o planejamento da produção de energia elétrica devesse estar sempre inserido no contexto dos usos múltiplos da água, não é o que tem ocorrido normalmente.

No Brasil, a dissociação entre os projetos de geração hidrelétrica e os relativos a outros usos da água é histórica e tem um grande amparo no arcabouço institucional e legal, que, mais recentemente, vem sendo aperfeiçoado, a fim de que essa situação se modifique. Podem ser citadas, nesse sentido, as exigências e ações relacionadas com a inserção ambiental – Estudo de Inserção Ambiental (EIA) e Relatório de Impacto no Meio Ambiente (Rima) – dos projetos hidrelétricos, a criação dos Comitês de Bacias Hidrográficas, já implantados e em pleno funcionamento em alguns estados do Brasil, e a criação da Agência Nacional de Águas (ANA). Com o objetivo de apresentar um roteiro para melhor tratamento e aprofundamento dessa problemática, a seguir são enfocados sucintamente os aspectos básicos da questão do uso das águas. Antes, porém, é importante apresentar as seguintes considerações de ordem geral:

- Para que seja completamente implementada, a questão da água ainda vem encontrando uma série de obstáculos, que vão de dificuldades burocráticas até pressões de interesses contrários, passando por problemas de sustentação econômica e de insuficiência de pessoal e recursos dos órgãos e instituições encarregados do licenciamento, fiscalização e acompanhamento.
- O cenário descrito levou à ocorrência de grandes equívocos no país. Hoje, por exemplo, podem ser reconhecidas diversas situações em que o aproveitamento hidrelétrico não pode mais ser pleno em razão das restrições ambientais do uso da água surgidas ao longo do tempo e desconsideradas no projeto. Essa limitação poderia ter sido evitada se houvesse, desde o início, um enfoque global. Há também situações opostas, em que projetos de outros usos hidráulicos deixaram de considerar a possibilidade de produzir eletricidade, ou ainda projetos hidrelétricos que não aproveitaram a oportunidade para gerar outros benefícios, como lazer, pesca, navegação fluvial etc., ou inundaram grandes belezas naturais. Há rios com diversos aproveitamentos hidrelétricos em cascata, com menor eficiência energética em razão dos projetos terem sido concebidos individualmente, sem considerar o rio como um todo. Há hidrelétricas que alagaram quantidade desproporcional de terra em relação à energia que geram e outras que desalojaram grandes populações das áreas inundadas. Esses exemplos refletem situações que não poderiam ter sido evitadas considerando a legislação e as condições vigentes na época de implementação dos projetos. O importante é tomar essas experiências como lição para evitar a repetição desses erros no futuro.
- Como consequência desse cenário, avaliar a eletricidade no contexto da água é dar importância à multidisciplinaridade envolvida na questão e aos outros usos e problemas relacionados com a adequada gestão da água. É também incluir seriamente no planejamento dos aproveitamentos hidrelétricos os cuidados necessários para sua correta inserção ambiental.

HIDRELÉTRICAS E OUTROS USOS DA ÁGUA: PRIORIDADES, ASPECTOS TÉCNICOS, JURÍDICOS E AMBIENTAIS NO BRASIL

O gerenciamento dos recursos hídricos tem utilizado a implantação de reservatórios como uma importante ferramenta para atender aos usos múltiplos das águas e satisfazer às necessidades humanas. No entanto, com o crescimento acentuado da demanda de energia elétrica e da água destinada ao abastecimento público (em termos mundiais, o consumo *per capita* de água por ano tem crescido em proporção maior que o dobro do crescimento da população), industrial e agrícola, o uso múltiplo das águas vem provocando o surgimento de conflitos que envolvem tanto aspectos ambientais como operacionais.

Entre os usos conflitantes dos reservatórios, podem-se destacar: abastecimento de água (humano, animal, industrial, agrícola); irrigação; recreação; regularização de vazão mínima para controle da poluição; navegação; geração de energia elétrica. Dentre esses usos, o abastecimento de água e a irrigação, diferentemente da geração de energia elétrica, se caracterizam pelo aspecto primordial de consumo, ou seja, o retorno da água para o curso principal de onde foi retirada é mínimo. É importante ressaltar também que, em uma avaliação integrada dos usos da água, os mesmos devem ser considerados não só pelo seu impacto atual, como também pela futura utilização potencial.

Historicamente, no Brasil, o uso da água até a chegada dos portugueses era regido por uma situação de liberdade total de sua utilização. Somente com as regras advindas do modelo colonizador os usos da água passaram a determinar um tipo de gestão segundo a concepção legal e científica estrangeira. O antigo Código de Águas, Decreto n. 24.643/34, foi elaborado em legislações vigentes na Europa, onde predominam países de clima úmido.

Não foi muito diferente com a atual lei das águas – Política Nacional de Recursos Hídricos, Lei n. 9.433/97. Ainda que assegurado um modelo inovador de gestão, próprio para o Estado Democrático de Direito e perfilhado pelas necessidades ecológicas e sociais do Brasil, o espírito europeu ainda está presente, pois o modelo brasileiro seguiu a orientação da legislação francesa. De pronto, juridicamente, esse modelo trouxe um grande problema, pois a França adota a forma unitária de Estado, diferentemente do Brasil, que optou pela forma federativa. Acrescenta-se o modelo americano de regulação na administração de bens, no qual o Brasil também se espelhou.

O Brasil é o grande reservatório de água do mundo. Segundo os dados do GEO Brasil, a vazão média anual dos rios em território brasileiro é de cerca de 80 mil m^3/s, valor que corresponde a aproximadamente 12% da disponibilidade mundial de recursos hídricos (Philippi Jr e Reis, 2016). A energia hídrica corresponde a cerca de 15% da matriz energética brasileira. O petróleo concorre com cerca de 37%, e o biocombustível com cerca de 32%. Com relação à energia elétrica, contudo, a energia hídrica concorre com cerca de 74% da oferta.

Seguindo as instruções da Declaração de Dublin, a Lei de Recursos Hídricos do Brasil passou a adotar alguns princípios importantes acabando com a hegemonia do setor elétrico, até então o protagonista nos usos da água. Dentre os princípios, destacam-se os usos múltiplos da água, a bacia hidrográfica como unidade de gestão e a participação comunitária. A prioridade de usos da água passou a ser, em situação de escassez, o consumo humano e a dessedentação de animais.

Mesmo com essa prioridade presente, é inegável o valor da água para o desenvolvimento do país. A água, elemento que integra um complexo sistema ecológico planetário, também é capaz de gerar energia. O seu uso antrópico para esse fim pode se dar de forma simples, por exemplo, a roda d'água para prover energia para pequenas comunidades que vivem de subsistência. Pode acontecer, igualmente, que determinadas massas de água contenham uma quantidade tal de energia que permita realização de trabalho suficiente para gerar eletricidade para um número bem expressivo de necessidades antrópicas.

Nesses casos, esse uso deverá ser precedido de estudos de técnicos especialistas em diversas áreas do saber objetivando que o empreendimento tenha um custo razoável e factível para toda a sociedade, sem macular bens e pessoas, e que seja tecnicamente eficiente.

Para o aproveitamento hidráulico de um curso d'água, muitos estudos, medições e trabalhos de campo são efetivados com vistas a levantamentos e análises que poderão redundar na construção de uma usina hidrelétrica de pequeno, médio e grande porte.

Essas pesquisas são feitas em etapas: (1) estimativa do potencial hidrelétrico; (2) estudos de inventário hidrelétrico (estudo de engenharia: potencial hidrelétrico, estudo de divisão de quedas e definição do aproveitamento ótimo); (3) estudo de viabilidade – verificação da otimização técnico-econômica e ambiental; (4) projeto básico: nessa fase o aproveitamento é detalhado e tem definido seu orçamento, com maior precisão, de forma a permitir à empresa ou ao grupo vencedor da licitação de concessão a implantação do empreendimento. Nessa etapa, se realiza também o Projeto Básico Ambiental, em que são detalhados os programas sociais e ecológicos definidos nos estudos de viabilidade. Trata-se, portanto, de aprofundar o conhecimento sobre as medidas necessárias à prevenção, mitigação ou compensação dos impactos identificados até o nível de projeto, preparando-o para a imediata implantação. (5) O projeto executivo é o estágio em que se processa a elaboração dos desenhos de detalhamento das obras civis e dos equipamentos hidromecânicos e eletromecânicos, necessários à execução da obra e à montagem dos equipamentos; e, por último, (6) na fase normalmente simultânea com a anterior, as obras civis são executadas, os equipamentos instalados e testados, estando, no final dessa etapa, a central hidrelétrica pronta para operar com potência total ou sendo aumentada gradativamente no decorrer da etapa.

Sempre atentando para os diversos aspectos do meio ambiente (natural, cultural e artificial), cada uma das etapas, na medida e grau de levantamento técnico propostos, deve ao menos relacionar as adversidades ambientais causadas pelo aproveitamento hidráulico.

As normas que embasam as autorizações e licenças para viabilizar os Aproveitamentos Hidrelétricos (AHEs) dão o endereçamento dos dados técnicos que devem ser disponibilizados obrigatoriamente. Os detalhamentos ficam por conta das especificidades ecológicas e sociais da região onde o empreendimento ou atividade está sendo proposto.

As regras para o setor elétrico implicam uma intricada leitura de procedimentos e normas jurídicas. Procurando o aperfeiçoamento do sistema, diversas alterações legais vêm mudando ao longo do tempo, assim como os sistemas de comando e administração do setor elétrico e suas regras técnicas. Acrescenta-se todo o arsenal legal voltado para o uso da água para gerar eletricidade. Basicamente, o empreendedor deverá obter a concessão para geração hidrelétrica, intermediada pela licença ambiental, e a outorga de direito de uso de recursos hídricos.

No plano internacional, a Carta de Dublin (1992), assinada por diversos países durante reunião que ocorreu um pouco antes da Rio-92, considerou, pela primeira vez, o valor econômico da água como princípio, consagrando a mulher como agente imprescindível na gestão da água. No Brasil, as indicações da Carta de Dublin foram agregadas na Lei da Política Nacional de Recursos Hídricos (Lei n. 9.433/97), excetuando a questão de gênero.

Além dos princípios de Dublin, outros fundamentos internacionais asseguram um endereçamento para a água como um bem ambiental, como é o caso dos princípios do desenvolvimento sustentável, da precaução, da prevenção, da participação pública, da informação, do poluidor-pagador, entre outros.

Do ponto de vista do direito internacional, mesmo diante de princípios reconhecidos e internamente aplicados nos diversos países, a frágil coercibilidade dos acordos e o pouco respeito aos princípios e aos bens compartilhados ainda são realidade. Por exemplo, o Estudo Prévio de Impacto Ambiental (Epia) das AHEs Santo Antônio e Jirau, que excluiu do projeto os possíveis impactos diretos no território boliviano.

Na seara nacional, notadamente a partir da edição da Política Nacional do Meio Ambiente (PNMA), da promulgação da Constituição Federal (CF) de 1988 e da Lei da Política Nacional de Recursos Hídricos (PNRH), as novas práticas jurídicas são encaminhadas e reverenciadas em medidas preventivas e coercitivas. A absorção desse novo modelo requer, para as atividades que se utilizam de recursos ambientais, a adoção, de uma vez por todas, de posturas de gestão e planejamento integrado no trato do bem comum de todos de forma sustentável.

CONSTITUIÇÃO FEDERAL, ÁGUA E HIDRELÉTRICAS

A Constituição Federal de 1988, em diversos dispositivos, aponta o intuito de proteção ao meio ambiente, regrando competências e domínio dos bens ambientais e, pela primeira vez, dedicando um capítulo específico ao tema. Em linhas gerais, no capítulo que trata dos direitos fundamentais, nomeia diversos interesses individuais e coletivos (art. 5º), fato que assevera um novo modelo de gestão agregando a participação pública e entendimento legal dos direitos e interesses metaindividuais, também conhecidos como direitos de terceira geração.

Esse direcionamento implica a sistêmica interpretação do direito daquilo que nossa Carta Maior menciona como bens de domínio da União ou estado, como é o caso da água. Aqui reside o novo endereçamento, pois a partir do mencionado entendimento dos direitos coletivos, o poder público passa a ser o guardador e administrador dos direitos e interesses de todos. A alteração reside em conceber a água não como um bem dominical da União ou dos estados-membros, ou seja, a União não tem o direito real, não é dona do bem. É o que se chama de domínio iminente.

No que concerne à competência dos diversos agentes estatais para administrar os bens e sobretudo a água, o art. 21, XIX, diz ser de **competência exclusiva** da União a definição de critérios de outorga de direito de uso de recursos hídricos e a instituição do Sistema Nacional de Gerenciamento de Recursos Hídricos (Singreh). Já para legislar sobre a água, o legislador constitucional indica a competência privativa da União (art. 22, IV), admitindo que, por Lei Complementar (até hoje não editada), os estados legislem sobre o assunto, embora muitos deles já venham regrando a matéria, fato que torna esses endereçamentos, em tese, inconstitucionais.

O trato da água no âmbito de recurso hídrico é diferenciado em sua dimensão ambiental. Nessa seara, o art. 23 enumera as competências comuns entre os entes federados, e o art. 24 registra as competências concorrentes entre a União e os estados para legislarem sobre o meio ambiente. No primeiro caso, tendo em vista a competência comum, a Lei complementar n. 140/2011, ainda que cheia de lacunas e erros jurídicos, regulamentou o parágrafo único que determina a cooperação visando ao Pacto Federativo. Quanto ao art. 24, a regra estabelecida é que a União determina normas gerais, sendo que os estados poderão legislar conforme suas peculiaridades ou suplementar quando da ausência de regra geral. Outro ponto importante foi a opção do legislador constitucional em direcionar a gestão brasileira para a descentralização, admitindo que os municípios legislem em assuntos de interesse local.

No corpo de nossa Carta Magna, outros dispositivos devem ser observados, como o art. 170, VI, que trata dos princípios econômicos do país; os arts. 215 e 216, sobre a proteção aos bens e manifestações culturais; o art. 200, que abarca a proteção ao meio ambiente do trabalho, entre outros.

Alguns dispositivos ainda carecem de regulamentação, o que vem gerando conflitos jurídicos. É o caso do § 3º do art. 231, que estabelece que o aproveitamento de recursos hídricos em terras indígenas só poderá ser efetivado com a autorização do Congresso Nacional, a oitiva das comunidades afetadas e a participação nos resultados dos lucros. Tal conflito foi evidenciado no AHE Belo Monte. Ali foi levantada a ausência da oitiva pontual das comunidades sendo contestada sob a alegação de que as audiências públicas (próprias do licenciamento) já haviam atendido a esse quesito na ocasião da audiência pública relativa ao Epia. O tema foi levado para a Organização dos Estados Americanos, que recomendou a suspensão do empreendimento, fato não aceito pelo Brasil.

Já no capítulo do meio ambiente (art. 225), em seu *caput*, se encontram os princípios balizadores para o tema: aplica-se o direito para todos os brasileiros e estrangeiros residentes no país; abraça-se o entendimento de que o meio ambiente é um bem de uso comum do povo; indicam-se dois patamares para o meio ambiente, equilíbrio ecológico e qualidade de vida saudável; e, ao final, convalidam-se os princípios do desenvolvimento sustentável e da participação pública.

O capítulo pode ser dividido, metodologicamente, em quatro partes: a primeira estabelece princípios e fundamentos do meio ambiente; a segunda, deveres do poder público (§ 1º); a terceira, proteção específica a bens e biomas (§ 2º, 4º e 6º); e a quarta, o sistema de responsabilização (§ 3º). Cabe aqui referenciar o instituto afeto ao tema do presente compêndio, o Epia.

O instituto é abrigado pela Constituição Federal com as seguintes afirmações: "exigir na forma da lei, para instalação de obra ou atividade potencialmente causadora de significativa degradação do meio ambiente, estudo prévio de impacto, a que se dará publicidade". Ou seja, deve ser feito antes do início do empreendimento de significativo impacto na forma da lei e ter publicidade. Não há indicação constitucional de que esse instrumento seja parte do licenciamento ambiental, mas não é o que acontece. O Epia, no Brasil, é solicitado na licença ambiental prévia e em algumas legislações. Ao avesso da Constituição, é descartado ou recebe uma menor exigência, como é o caso dos relatórios ambientais simplificados. Questiona-se essa prática por ausência de base legal e constitucional.

Entende-se por degradação ao meio ambiente as alterações de suas características. O termo *significativo* dá ideia de algo relevante de forma subjetiva. Portanto, a incidência do Epia deve ser submetida à apreciação de todos os interessados, uma vez ser o meio ambiente um bem comum de todos. Somente assim pode-se ter a certeza da dimensão subjetiva de sua relevância ou não.

Dessa maneira, os estudos para determinar o melhor rendimento de um reservatório, além de estarem ligados à hidrologia, ao desempenho do sistema interligado e aos requisitos ambientais, incluem as orientações legais. No que concerne aos requisitos do licenciamento ambiental e à outorga de direito de uso de recursos hídricos, parte-se para a visão geral do que diz respeito às políticas do meio ambiente e de recursos hídricos e depois da legislação pontual de cada um dos bens (flora, fauna, comunidades tradicionais, entre outras). Tudo sob a égide da cautela, considerando que existe um árduo procedimento de responsabilização civil, penal e administrativo.

VAZÃO ECOLÓGICA E OUTROS ASPECTOS AMBIENTAIS ESPECÍFICOS

Etimologicamente, o termo *ambiente* advém do latim, *amb* + *ire*, ou seja, "ir em volta de". A palavra *meio* é entendida como algo que está no centro. Portanto, *meio ambiente* é tudo que está em volta de algo. Nesse sentido, a PNMA define, em seu art. 3°, I, que *meio ambiente* "é o conjunto de condições, leis, influências e interações de ordem física, química e biológica, que permite, abriga e rege a vida em todas as suas formas".

Como se vê, nossa lei admite textualmente a visão sistêmica e, nesse âmbito, a água (superficial e subterrânea) é considerada pelo mesmo diploma legal da PNMA, em seu art. 3°, V, um recurso ambiental.

Não obstante, a água será disponibilizada segundo interesses e limites indicados na PNRH, sob a égide da gestão dos recursos hídricos. Portanto, do ponto de vista jurídico, a preservação e conservação da água está sob o manto das leis ambientais, enquanto sua utilização e exploração está sob os auspícios dos órgãos gestores de recursos hídricos.

Um exemplo do conflito de afazeres na seara ambiental e hídrica é o levantamento da vazão ecológica de determinado empreendimento que se utiliza das correntes hídricas. Por exemplo, para o licenciamento ambiental, a vazão usada para gerar as turbinas não poderá comprometer o pulso hidrológico a jusante do empreendimento, ou seja, a vazão vertida deve proporcionar o equilíbrio ecológico e a qualidade de vida saudável rio abaixo, preservando e conservando as interações do meio ambiente e protegendo os diversos bens ambientais. O uso da água para garantir a vazão turbinável e de referência não poderá alterar as condições de qualidade da água a montante. O ambiente lêntico dos reservatórios e os sedimentos ali depositados alteram as condições ecológicas e econômicas rio acima e rio abaixo. O impedimento físico da fluidez da água, uma vez construída a usina hidrelétrica, compromete o ecossistêmico daquele curso d'água. Esse e outros aspectos indicam a necessária articulação entre os agentes públicos em suas atribuições.

Em certos casos, os impactos são significativos de tal forma que não valerá a pena investir no empreendimento pretendido, pois a inviabilidade ambiental é nítida. E ao final, mesmo considerando que o setor elétrico tem planos e projetos próprios para o país, à questão ambiental, pelo princípio da ubiquidade, prevalece o cômputo legal, fixando a obediência aos instrumentos jurídicos sob pena de responder penal, civil e administrativamente pela ameaça ou por danos ao meio ambiente.

POLÍTICA NACIONAL DO MEIO AMBIENTE – LEI N. 6.938/81

Esse documento foi a primeira iniciativa realmente voltada para regulamentar os princípios, objetivos, diretrizes e instrumentos para a gestão dos bens ambientais. A lei segue a seguinte estrutura: (1) princípios (art. 2°); (2) definições (art. 3°); (3) objetivos (4°); (4) diretrizes; (5) agentes públicos que fazem parte do sistema de gestão – Sistema Nacional do Meio Ambiente (Sisnama) (artigos 6° e seguintes); (6) instrumentos da política (artigos 9° e seguintes; (7) outras instruções (a partir do art. 12). Todos os dispositivos merecem atenção para a geração, transmissão ou distribuição de energia elétrica, ou quaisquer outros tipos de empreendimento. No caso da geração que utiliza como fonte a água, cabe especificamente indicar os elementos ligados a um dos mecanismos de gestão, a licença ambiental.

O licenciamento e a revisão das atividades efetiva ou potencialmente poluidoras constituem instrumentos da PNMA, segundo o art. 9°, IV, da Lei n. 6.938/81.

O art. 10 do mesmo diploma legal determina que a construção, instalação, ampliação e o funcionamento de estabelecimentos e atividades utilizadores de recursos ambientais, considerados efetiva e potencialmente poluidores, bem como os capazes, sob qualquer forma, de causar degradação ambiental, dependerão de prévio licenciamento de órgão ambiental estadual competente, integrante do Sisnama, e do Instituto Brasileiro do Meio Ambiente e dos Recursos Naturais Renováveis (Ibama), em caráter supletivo, sem prejuízo de outras licenças.

Veja-se que, com o advento da Constituição Federal, todos os entes federados se tornaram agentes capazes de proceder ao licenciamento ambiental, por conta da competência comum do art. 23, apesar das alterações pretendidas pela Lei Complementar n. 140/2011, pois aqui o legislador alterou o sistema de competências incidindo em grave afronta à Constituição Federal.

Em que pesem as distorções, parte das Resoluções do Conselho Nacional de Recursos Hídricos (Conama) n. 001/86 e 237/97 ainda prevalece.

Dentre as diretrizes da Resolução Conama n. 001/86, destaca-se para o Epia: (1) contemplar todas as alternativas tecnológicas e de localização do projeto, confrontando-o com a hipótese de sua não execução; (2) identificar e avaliar sistematicamente os impactos ambientais gerados nas fases de implantação e operação da atividade; (3) definir os limites da área geográfica a ser, direta ou indiretamente, afetada pelos impactos, denominada área de influência do projeto, considerando, em todos os casos, a bacia hidrográfica na qual se localiza; e (4) considerar os planos e programas governamentais, propostos e em implantação na área de influência do projeto, e sua compatibilidade. O parágrafo único dá permissão aos estados e municípios envolvidos de agregarem solicitações por conta das peculiaridades regionais ou locais.

Os conflitos advindos dessas condicionantes são muitos, como a ausência de endereçamento a respeito dos limites das áreas geográficas que afetam o empreendimento, direta ou indiretamente, uma vez tomada em conta a bacia hidrográfica. Um exemplo real é o caso da AHE São Manoel. Essa usina, com 700 MW, estava prevista para ser construída no rio Teles Pires, na divisa dos estados Mato Grosso e Pará, porém o processo de licenciamento ambiental foi inativado pelo Ibama em 2013, e teve diversos distúrbios relacionados com protestos indígenas pelo país antes da sua retomada. Tais distúrbios estão associados ao possível alagamento de Terra Kayabi, com comunidades que vivem nas margens do rio.

A Resolução n. 001/82 ainda oferece um rol exemplificativo de atividades que devem se submeter ao Epia (art. 2º). Diz também que o processo de licenciamento ambiental deve ser compatibilizado com as etapas de planejamento e implantação dos projetos (art. 4º). Com esse dispositivo, o licenciamento liga-se com o Epia (tome-se em conta que uma resolução não é lei, conforme determina o art. 225, § 4º, IV, da Constituição Federal). No art. 9º encontram-se as instruções referentes ao Rima, documento que visa disponibilizar análises, de forma simples, aos interessados e não especialistas no estudo realizado.

Já a Resolução Conama n. 237/97, no art. 2º, § 1º, nomeia as atividades e empreendimentos sujeitos ao licenciamento ambiental. Essas atividades e empreendimentos estão relacionados no Anexo 1 da citada resolução, entre as quais destacamos: barragens e diques. Os procedimentos e critérios para geração elétrica estão relacionados na Resolução Conama n. 6/87. O art. 3º dessa resolução determina que os órgãos ambientais estaduais e os demais integrantes do Sisnama envolvidos no processo de licenciamento estabeleçam etapas e especificações adequadas às características dos empreendimentos. O art. 8º, § 2º da Resolução, por sua vez, diz que a emissão da licença prévia somente será concedida (se for o caso) após análise do Rima.

A Resolução Conama n. 279/2001 trata de procedimentos simplificados de licenciamento para empreendimentos elétricos de pequeno porte. O art. 2º, § 2º, dispõe que a licença prévia somente será concedida mediante a apresentação, se for o caso, da outorga de direito de recursos hídricos ou da reserva de disponibilidade hídrica. O enquadramento do empreendimento no procedimento do licenciamento simplificado será dado, segundo o art. 4º, pelo órgão ambiental competente após decisão fundamentada do órgão técnico.

O art. 10 traz uma interessante determinação e responsabilidade legal para os técnicos que conduzem os estudos ambientais: "as exigências e as condicionantes estritamente técnicas das licenças ambientais constituem obrigação de relevante interesse ambiental".

Voltando para a regra básica do licenciamento ambiental, o art. 2º, § 2º, da Resolução Conama n. 237/97 dá liberdade aos órgãos gestores competentes para definirem critérios de exigibilidade, o detalhamento e a complementação do Anexo 1 da referida Resolução, levando em consideração as especificidades, os riscos ambientais, o porte e outras características do empreendimento. Trata-se de ato administrativo discricionário, ou seja, as atividades não relacionadas ficam à mercê desse critério. É mister observar que estamos falando de normas gerais e, nesse contexto, os estados e municípios podem determinar normas jurídicas mais restritivas.

Segundo as regras do art. 3º da Resolução n. 237/97, a licença ambiental dependerá da análise e da aprovação do Epia para empreendimentos e atividades considerados efetiva ou potencialmente causadores de significativo impacto ambiental. É esse documento que dará subsídio para o deferimento ou não da licença prévia. Nele serão apresentados, avaliados e discutidos os diversos aspectos ligados ao trato dos bens ambientais, em seus diferentes vieses: meio ambiente natural, artificial, cultural e do trabalho, considerando sempre as determinações do equilíbrio ecológico e da qualidade de vida saudável para as gerações presentes e futuras.

O art. 10 da Resolução n. 237/97 enuncia as etapas do licenciamento. O ponto mais importante desse procedimento está no inciso I, quando o órgão ambiental competente define, em conjunto com o empreendedor, os documentos e estudos que se farão necessários para a análise no escopo da licença ambiental. Trata-se do Termo de Referência. Um dos pontos criticados desse procedimento é a ausência dos demais interessados em definir os estudos que se farão necessários, fato que impediria ações judiciais futuras.

O art. 19 da Resolução n. 237/97 enumera os casos passíveis de cancelamento ou suspensão da licença: violação ou inadequação das condicionantes ou normas legais, omissão ou falsa descrição de informações relevantes e a superveniência de graves riscos e de saúde.

Uma das características marcantes nos procedimentos de licenciamento ambiental é a realização de audiência pública para discussão do documento (Rima). Nesse aspecto, é preciso destacar que sua não realização, quando convocada conforme a Resolução Conama n. 9/87, inviabilizará a licença ambiental.

POLÍTICA NACIONAL DE RECURSOS HÍDRICOS

Por meio da Lei n. 9.433/97, foi editada a "Lei das águas", ou seja, foi instituída a PNRH e o Singreh. Os capítulos têm a seguinte estrutura: (1) fundamentos; (2) objetivos; (3) diretrizes; (4) instrumentos de gestão; (5) ação do poder público; (6) sistema nacional de gerenciamento; e (7) infrações e penalidades.

Em cada um desses temas há muito a comentar, porém, o endereçamento para o setor elétrico privilegia os temas direcionados para esse uso da água. A respeito, é importante destacar a opção pelos usos múltiplos da água, a bacia hidrográfica como unidade de gestão e a convocação para gestão descentralizada e participativa.

Também deve-se prestar atenção para os objetivos da lei, que, dentre outros aportes, determina o respeito ao transporte aquaviário e, dentre suas diretrizes, insitui a gestão sistemática dos aspectos relacionados à qualidade e quantidade de água, as interfaces de articulação e integração com a gestão ambiental, planos, uso do solo e dos sistemas estuarinos.

Por conta do art. 12, IV, da lei, o aproveitamento dos potenciais hidrelétricos está sujeito ao regime de outorga de direito de uso de recursos hídricos. Para a consolidação do ato administrativo desta, é obrigatório o cumprimento do art. 13, que condiciona a outorga às prioridades estabelecidas no Plano de Recursos Hídricos, à verificação da classe de enquadramento, à manutenção do transporte aquaviário e à preservação dos usos múltiplos.

A Lei n. 9.984/2000 (Lei de Criação da ANA), dispõe em seu art. 7º que, para licitar a concessão ou autorizar o uso de potencial de energia hidráulica em corpo de água de domínio da União, a Agência Nacional de Energia Elétrica (Aneel) deverá promover, junto à ANA, a prévia obtenção de Declaração de Reserva de Disponibilidade Hídrica (DRDH), que será transformada, automaticamente, pelo poder outorgante, em outorga de direito de uso de recursos hídricos a quem receber da Aneel a concessão ou autorização, devendo sempre obedecer às condicionantes do art. 13 da Lei n. 9.433/97 (comentada anteriormente).

A ANA, por meio da Resolução n. 131/2003, dispõe sobre procedimentos referentes à emissão de declaração de reserva de disponibilidade hídrica e de outorga de direito de uso de recursos hídricos para uso de potencial de energia hidráulica superior a 1 MW em corpo de água de domínio da União.

O Sistema de Gerenciamento de Recursos Hídricos, a partir do art. 32 da Lei n. 9.433/97, proporciona a administração das águas visando a um sistema integrado, cooperativo e negociado de gestão, a saber:

> Art. 32. Fica criado o Sistema Nacional de Gerenciamento de Recursos Hídricos, com os seguintes objetivos:
> I – coordenar a gestão integrada das águas;
> II – arbitrar administrativamente os conflitos relacionados com os recursos hídricos;
> III – implementar a Política Nacional de Recursos Hídricos;
> IV – planejar, regular e controlar o uso, a preservação e a recuperação dos recursos hídricos;
> V – promover a cobrança pelo uso de recursos hídricos.

Integram o Sistema Nacional de Gerenciamento: o Conama, a ANA, os Conselhos de Recursos Hídricos dos Estados e Distrito Federal, os Comitês de Bacia Hidrográfica, os órgãos dos poderes públicos federal, estaduais, do Distrito Federal e municípios cujas competências se relacionem com a gestão de recursos hídricos e as Agências de Água. Cada um tem sua atribuição específica enumerada na lei. A Lei n. 9.433/97 indica uma série de infrações e penalidades administrativas referentes à utilização inadequada de recursos hídricos superficiais e/ou subterrâneos.

Ao final, é preciso ter em mente que esse novo modelo de gestão, trazido pelo tema ambiental e incorporado nas regras jurídicas brasileiras, não ganhará efetividade se essas regras não forem agregadas pelo setor energético e conciliadas pelos gestores da área e de recursos hídricos. Podemos renegá-las, considerá-las extremamente rígidas ou entraves para o desenvolvimento, mas, sem sombra de dúvida, possuem uma legitimação de difícil e temerosa quebra, pois está em jogo o sistema democrático e o bem-estar das presentes e futuras gerações.

OUTORGA E COBRANÇA DOS USOS DA ÁGUA

Dos princípios básicos da Lei n. 9.433, que se aplicam à outorga, podem-se destacar: o controle pelo setor público, a gestão participativa e descentralizada, a gestão por bacia hidrográfica e a gestão conjunta dos aspectos qualitativos e quantitativos.

Como a água é um bem público, a lei, no art. 12, remete à efetivação do ato de outorga ao poder público. No entanto, essa decisão deve ser compartilhada com os Comitês de Bacia. Assim, a gestão por bacia hidrográfica aponta para um trabalho interligado entre todas as autoridades outorgantes em uma dada bacia.

Entre as entidades integrantes do SNGRH com participação no processo da outorga, convém salientar, além do poder público, representado pelas autoridades outorgantes, o Conselho Nacional ou Conselhos Estaduais de Recursos Hídricos, os Comitês Estaduais de Recursos Hídricos, os Comitês de Bacias Hidrográficas e as Agências de Água.

A cobrança pelo uso da água foi formalmente estabelecida no Brasil pela Lei n. 9.433/97. Está prevista a cobrança pela derivação da água ou pela introdução de efluentes nos corpos d'água, tendo em vista sua diluição, transporte e assimilação, dependendo da classe de enquadramento do corpo d'água em questão.

A cobrança do uso da água tem sido apontada como uma das ferramentas para indução do uso eficiente desse recurso, principalmente na irrigação, que é o setor em que se encontra a maior parcela de desperdício. Além do uso eficiente, outro aspecto tão ou mais importante refere-se ao tratamento de efluentes (domésticos, industriais ou agropecuários) despejados nos cursos d'água, para os quais preveem-se cobranças especiais. No caso da geração de energia elétrica, essa cobrança constituirá um custo adicional, similar ao dos combustíveis das usinas termelétricas.

UMA VISÃO GERAL CONCLUSIVA DO PROBLEMA

As reservas mundiais de água potável atingem níveis críticos, causando problemas econômicos, sociais e políticos e dificultando as relações entre cidades, regiões e países. Uma forma de superar esses problemas e reverter as tendências é garantir que o desenvolvimento aconteça dentro de um enfoque ecologicamente sustentável: os habitantes de uma determinada área precisam ser incorporados à plena cidadania não só pelo desenvolvimento social e econômico equitativamente distribuído, mas também pela integração adequada dos sistemas administrativos, políticos, energéticos e ambientais, de forma que as alterações no meio ambiente não afetem ou causem limitações às gerações futuras.

Embora o Brasil seja um dos países mais bem dotados pela natureza em recursos hídricos, assume o 23º lugar no planeta quando se considera a disponibilidade desses recursos renováveis para a população deles dependente para a sobrevivência.

A gestão adequada dos recursos hídricos é um dos maiores desafios da administração pública brasileira, já que não existe um planejamento integrado de oferta e de utilização desses recursos nem um sistema de gerenciamento integrado que analise a oferta e o uso da água dentro de um contexto do destino múltiplo desse bem. Na verdade, cada setor se utiliza dos recursos hídricos (abastecimento urbano, irrigação, geração de energia hidrelétrica, abastecimento industrial e outros) sem se importar com as restrições que esteja causando aos demais usuários dos mananciais de água doce.

É, portanto, fundamental que cada profissional envolvido em projetos associados ao uso da água tenha consciência dessa responsabilidade, que vai além dos limites usuais de sua profissão.

Depois dessas reflexões de profundo significado e grande repercussão no futuro, inicia-se a seguir um enfoque mais técnico da geração hidrelétrica, mas, sempre que necessário, os conceitos globais apresentados serão retomados. Esse enfoque técnico começa com a apresentação, de forma sucinta e objetiva, dos principais aspectos da hidrologia que devem ser considerados nos estudos de um projeto de geração hidrelétrica.

HIDROLOGIA: NOÇÕES BÁSICAS

Um bom conhecimento de hidrologia é fundamental para que haja um maior aproveitamento dos recursos hídricos. Nesse campo, os problemas propostos e suas soluções têm muito em comum: essas questões interessam a especialistas no campo das ciências políticas, ambientalistas, geólogos, engenheiros, químicos, biólogos, economistas e especialistas em ciências sociais e naturais. Isso acontece porque cada projeto de aproveitamento hídrico supõe um conjunto de condições físicas, sociais e ambientais às quais deve ser condicionado. Além disso, cada aproveitamento de recursos hídricos requer concepção, planejamento, projeto, construção e operação de meios para o domínio e utilização das águas, determinados pelas condições naturais e sociais em que se encontram. Essa é a razão pela qual dificilmente podem ser aproveitados projetos padronizados como soluções para problemas relativos a recursos hídricos.

Não é necessário enfatizar aqui a importância e vastidão desses estudos que por si sós formam uma das grandes áreas do conhecimento da humanidade. No entanto, não é intenção deste livro abordar o assunto além da profundidade necessária para que se possa transmitir a ideia de como o dimensionamento e o projeto das usinas hidrelétricas se inserem nesse contexto.

Nas áreas da engenharia, os estudos mais aprofundados da hidrologia são desenvolvidos no âmbito da Engenharia Civil, que contém a Engenharia Hidráulica. Algumas outras áreas da engenharia aprendem noções básicas de hidrologia, relacionadas principalmente com as necessidades do engenheiro em sua vida prática. É o caso, por exemplo, da Engenharia Elétrica, cujos profissionais deverão interagir, dentre outros, com engenheiros civis e engenheiros mecânicos em praticamente quaisquer projetos de energia elétrica, principalmente na geração hidrelétrica.

Para isso, serão relembradas sucintamente algumas noções básicas de hidrologia, envolvendo ciclo hidrológico, conceito de bacia hidrográfica, volume de água em reservatório, área inundada pelo reservatório, tipos de regularização de vazões. Serão apresentadas as variáveis mais importantes usadas nos projetos e as curvas e os gráficos representativos associados. Comentários adicionais referentes ao tratamento estatístico das referidas variáveis são também acrescentados quando considerados necessários ao melhor entendimento do assunto sendo abordado.

Ciclo hidrológico

Praticamente todo o abastecimento de água doce do mundo é resultante da precipitação e da evaporação das águas dos mares, lagos e rios. O processo de transferência dessa água para os continentes e sua volta aos mares e mananciais de água doce é conhecido por **ciclo hidrológico**. Cerca de dois terços da precipitação que atingem a superfície do solo são devolvidos à atmosfera por evaporação a partir das superfícies de água, do solo e da vegetação, bem como pela transpiração vegetal. O resto volta aos mares por vias subsuperficiais, superficiais e subterrâneas. O ciclo hidrológico está representado esquematicamente e de forma simplificada na Figura 2.1. A hidrologia dedica-se a estudar a velocidade com que a água passa pelas diversas fases do ciclo e as variações dessa velocidade em função do tempo e do espaço. Esse estudo fornece os dados necessários ao projeto de aproveitamento de recursos hídricos.

Conceito de bacia hidrográfica

Bacia hidrográfica (ou bacia imbrífera) de um curso d'água é a área da superfície do solo capaz de coletar a água das precipitações meteorológicas e conduzi-la ao curso d'água. A sua determinação é feita por meio de cartas topográficas com curvas de nível e identificação dos espigões. Para

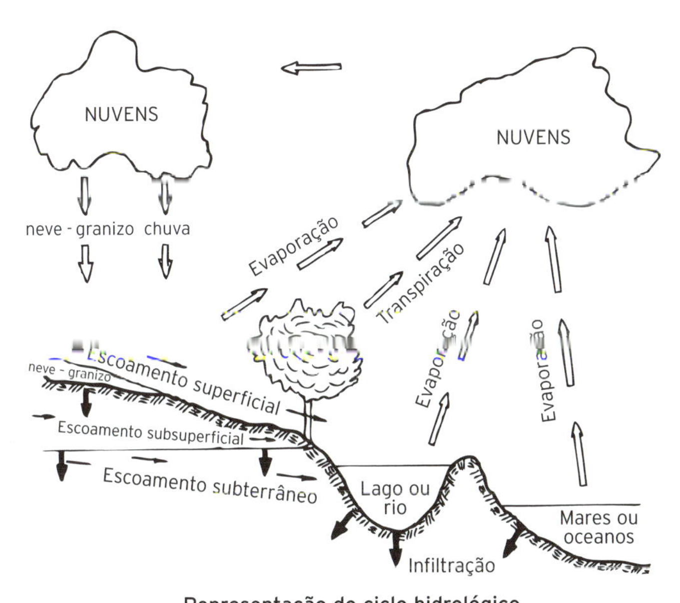

Figura 2.1 Representação do ciclo hidrológico.
Fonte: Souza et al. (1983).

determinação das bacias hidrográficas, deve-se considerar sempre áreas a montante do local onde se analisa o aproveitamento. A superfície obtida é também denominada **área de drenagem**.

Existem vários fatores ligados à bacia hidrográfica que condicionam o fluxo d'água à seção desejada. Dentre esses podem-se citar:

- Área da bacia hidrográfica.
- Topologia da bacia: declividades, depressões.
- Superfície do solo e condições geológicas: vegetação, cultivos, geologia (rochas, camadas geológicas).
- Obras de controle e uso d'água a montante: irrigação, retificação do curso d'água, barragens.

Em uma visão mais simples, a bacia hidrográfica de um rio (em geral um rio principal) é formada por toda a área de terra que conduz as precipitações ao mesmo rio e a seus afluentes. É importante notar que se pode definir qualquer rio como bacia hidrográfica, sendo ela menor conforme menos água e afluentes tiver o rio considerado.

Vazão em um curso d'água

Uma característica de um curso d'água, importante para seu aproveitamento adequado, é a vazão, ou seja, o volume de água que passa em uma seção reta na unidade de tempo. Essa variável, usualmente medida em m^3/s, em conjunto com a queda d'água disponível em uma seção do rio, determinará a potência elétrica que pode ser obtida nesse ponto, conforme se verá adiante. Uma grande quantidade de informações sobre a vazão é importante para seu maior aproveitamento. Um processo usual para obtenção de um registro contínuo das vazões, em determinada seção de um rio, é o estabelecimento da relação entre os valores da vazão e o nível de água do rio naquele local. Para isso, é necessário registrar o nível d'água e medir, no mesmo instante e na mesma seção, a vazão do curso d'água. É possível medir a vazão em pequenos rios utilizando um vertedor ou uma calha medidora aferida em laboratório. Em grandes cursos d'água, a medição de vazões com dispositivos calibrados em laboratório é impraticável. Nesses casos, devem-se utilizar métodos mais apropriados, alguns baseados na medição direta da vazão e outros na medição da velocidade do escoamento em diversos pontos da seção reta e sua integração na mesma seção. Dentre esses métodos citaremos aqui o dos flutuadores e o dos molinetes, ambos baseados na medição da velocidade do escoamento, principalmente por conta de sua facilidade de uso (dos flutuadores, principalmente para pequenos aproveitamentos) e de seu grande uso (dos molinetes)[1]. Obtido o registro das vazões, é possível construir uma curva do nível de água em função da vazão (Figura 2.2) ou curva-chave, relacionando os níveis da água no momento da medição com as respectivas vazões. Uma vez conseguida a curva-chave, pode-se dotar o posto de medição de apenas um medidor de nível, obtendo-se a vazão por meio da referida curva. Se o posto de medição estiver localizado logo a montante de qualquer seção de controle natural, é possível obter correspondência precisa e permanente. Em alguns casos, em pequenos rios são construídas seções artificiais de controle formadas por vertedores de pouca altura com a finalidade de obter uma correspondência precisa. Esses postos de medição, existentes em diversos locais das bacias hidrográficas, recebem o nome de posto fluviométrico.

Conceito de transposição

Quando a medição da vazão na seção reta de rio escolhida para a implantação da usina se torna muito trabalhosa ou até impraticável, pode-se obter a vazão de um posto fluviométrico da bacia hidrográfica em questão (disponível, por exemplo, em instituições governamentais ligadas à área hidrológica: IBGE, exército, universidade etc.) e depois estimar a vazão desejada, aproximadamente, assumindo-a como proporcional à área de drenagem, por meio da transposição (Figura 2.3). Sendo Q a vazão em m^3/s, a transposição é executada da seguinte forma:

$$QB = QA * [Area(B)/Area(A)]$$

Conceito de fluviograma

Em certos casos, é necessário calcular o volume total do escoamento de uma bacia em um período de tempo determinado. Entretanto, é mais

1 Maiores detalhes sobre esse assunto podem ser encontrados em livros e artigos que tratam especificamente da hidrologia, principalmente no âmbito da engenharia hidráulica.

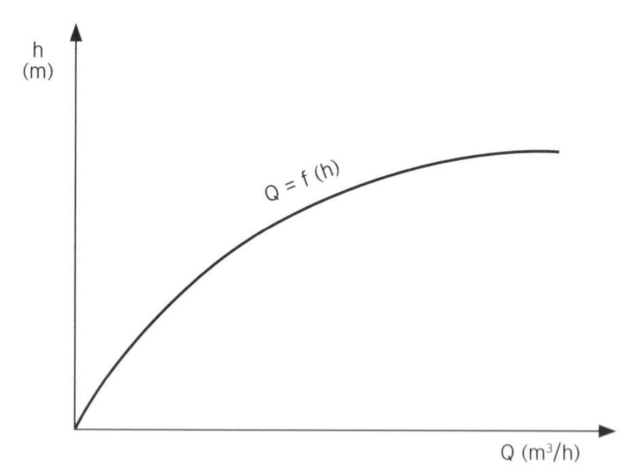

Figura 2.2 Exemplo de uma curva-chave.
Fonte: Souza et al. (1983).

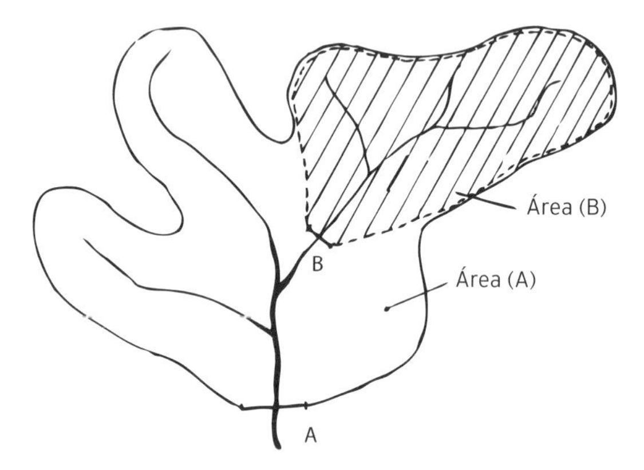

Figura 2.3 Exemplo de medição de vazão aplicando o conceito de transposição.
Fonte: Souza et al. (1983).

frequente um projeto exigir o cálculo do valor máximo instantâneo da vazão. Para isso, utiliza-se o fluviograma, que representa o comportamento da vazão em uma seção reta (local) do rio ao longo do tempo.

O fluviograma, exemplificado na Figura 2.4, pode ser apresentado para diversos períodos de tempo: dia, mês, ano ou períodos arbitrários. Correspondentemente, podem ser utilizadas vazões médias horárias, diárias, mensais etc.

Com relação a este fluviograma ou curva de vazões, é importante ressaltar alguns aspectos bastante específicos e interessantes:

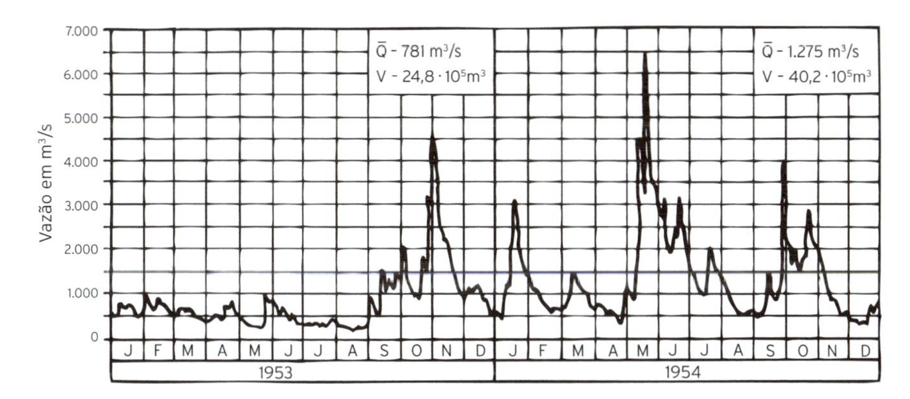

Figura 2.4 Exemplo de fluviograma típico.
Fonte: Souza et al. (1983).

- A curva representa o comportamento das vazões no Rio Tietê durante dois anos consecutivos, 1953 e 1954.
- Essa curva não representa o comportamento típico do regime de chuvas na bacia hidrográfica, nem do rio, e sim um período atípico de pouca chuva, representativo do denominado período crítico.
- O conhecimento do período crítico da geração hidrelétrica é extremamente importante em um sistema elétrico com predominância de hidrelétricas como o brasileiro, pois o mesmo é fundamental para o tratamento da complementação termelétrica ou por outras tecnologias baseadas na utilização de recursos naturais renováveis.
- A análise mais aprofundada do período crítico e suas consequências é efetuada em diversas oportunidades ao longo do texto deste livro, principalmente neste capítulo e no Capítulo 9, que enfoca mais especificamente o desempenho global integrado de um sistema elétrico de potências.
- As curvas típicas que podem ser consideradas predominantes no caso das usinas existentes ou em projetos, em geral, apresentam características similares àquela do estudo de caso deste capítulo (ver exemplo 2 do item Exemplos Resolvidos, mais adiante).
- Curvas similares, em sua forma, a esta do período crítico no rio Tietê, se repetiram nos anos de 2014 e 2015 e acabaram por afetar o fornecimento de água no estado de São Paulo, como foi amplamente divulgado na imprensa.

Curvas de duração ou permanência

As características do regime natural de um rio são frequentemente sintetizadas em **uma curva de duração (ou persistência) de vazões** (também chamada **curva de permanência ou frequência**), que indica a porcentagem de tempo durante o qual a vazão é igual, inferior ou superior a certos valores durante o período em estudo. O principal inconveniente das curvas de permanência de vazões como ferramenta de projeto é que elas não apresentam as vazões em sua sequência natural, portanto, não se pode saber se as menores vazões ocorreram em períodos consecutivos.

As curvas de duração são muito úteis, tanto em estudos preliminares de projetos de aproveitamento hídrico como para efeito de comparação entre cursos d'água. A Figura 2.5 apresenta, para exemplo, a curva de duração de vazões para dois rios diferentes. Pode-se notar que o rio R2 pode fornecer pelo menos 3 m^3/s para aproveitamento direto, enquanto o rio R1 não mantém uma vazão significativa por um longo tempo. O rio R1 só poderá manter uma vazão mínima a maior parte do tempo se dispuser de reservatório de regularização, como se verá adiante.

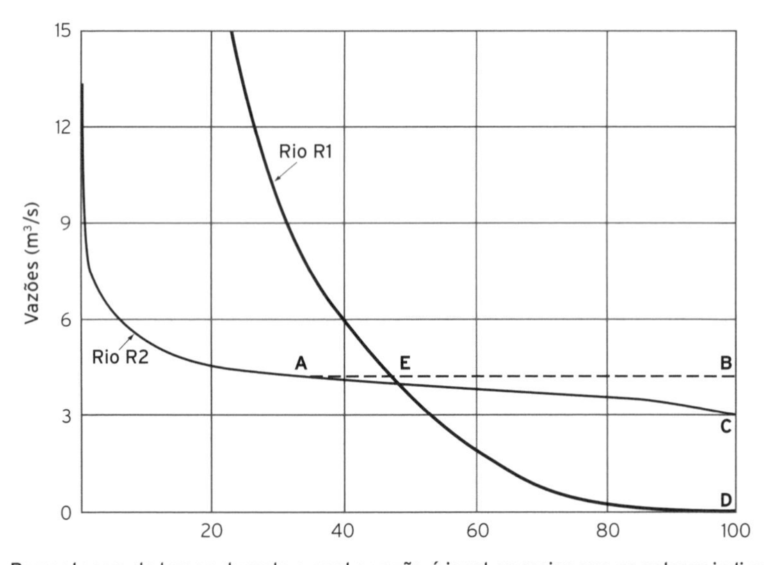

Figura 2.5 Exemplos de curvas de duração de vazões-chave.
Fonte: Linsley e Franzini (1978).

Regularização de vazões: capacidade de um reservatório

Considerando-se o comportamento variável das vazões no rio, pode-se concluir que, se nada for feito, apenas uma vazão muito pequena poderia ser usada na maior parte do tempo. Se os aproveitamentos d'água fossem feitos com base unicamente nessa vazão, iriam se tornar, em geral, antieconômicos, pois grande parte da água disponível não seria utilizada.

Em muitos casos, então, é conveniente que se armazene água de forma a permitir o uso mais constante de uma vazão média d'água superior àquela garantida apenas pelo comportamento natural do rio. Isso é feito através de barragens de acumulação (e consequentes reservatórios) que permitem o armazenamento da água para uso em modo e momento mais convenientes. Tais barragens, obviamente, implicam, por um lado, aumento de custos, mas, por outro, benefícios advindos do fato de se poder obter uma vazão média mais alta. Do ponto de vista socioambiental, também podem ocorrer vantagens e desvantagens. Tais custos, benefícios, vantagens e desvantagens, entre outros aspectos, deverão fazer parte da avaliação técnico-econômica e socioambiental de cada projeto. A vazão (ou vazões) média(s) obtida(s) após a instalação da barragem no rio recebe(m) o nome de **vazão** (vazões) **regularizada**(s). O processo de armazenamento da água e obtenção da(s) vazão (vazões) regularizada(s) recebe o nome de **regularização do rio**.

Diversos aproveitamentos podem ser efetuados no mesmo rio, e, no caso da hidreletricidade, aproveitamentos de rios diferentes podem ser interligados por meio da rede elétrica. Dessa maneira, dois tipos de aproveitamentos podem ser desenvolvidos:

- Aproveitamentos denominados a fio d'água, sem regularização de vazões (embora possam dispor ou não de reservatórios), usando a vazão primária do rio (vazão disponível, sem regularização, entre 90 e 100% do tempo). A energia associada a essa vazão recebe o nome de energia primária.
- Aproveitamentos com regularização de vazão, nos quais se associa o nome de energia firme àquela energia que pode ser garantida durante quase todo o tempo. Para os aproveitamentos a fio d'água, a energia firme coincide com a energia primária.

Qualquer que seja o tamanho do reservatório ou a finalidade da água acumulada, sua principal função é a de agir como um regulador, visando à regularização da vazão dos cursos d'água ou visando atender às variações da demanda dos usuários.

Como a função primordial dos reservatórios é proporcionar acumulação, sua característica mais importante é a capacidade de armazenamento ou volume do reservatório. A capacidade dos reservatórios construídos em terrenos naturais é calculada, em geral, com base na altura máxima de operação do reservatório a partir do levantamento topográfico. Na ausência de bons mapas topográficos, há outros processos menos precisos de cálculo.

Obtidos os dados relativos ao reservatório, pode-se traçar a curva Área X Altitude e a curva Capacidade X Altitude. Ambas as curvas podem ser vistas na Figura 2.6. A curva Área X Altitude, que permite a obtenção da área inundada pelo reservatório em função do nível máximo da água, tem grande importância, pois por meio dela pode-se ter visualização preliminar de parte dos impactos ambientais e sociais provocados pela obra executada (população deslocada, inundação de áreas históricas e sítios arqueológicos, inundação de belezas naturais).

O nível normal dos reservatórios é a cota máxima até a qual as águas se elevarão em condições normais de operação. O nível mínimo dos reservatórios é a cota mínima até a qual as águas baixam em condições normais de operação. Em caso de usinas hidrelétricas, esse nível é determinado pelas condições operacionais de melhor rendimento das turbinas. O volume

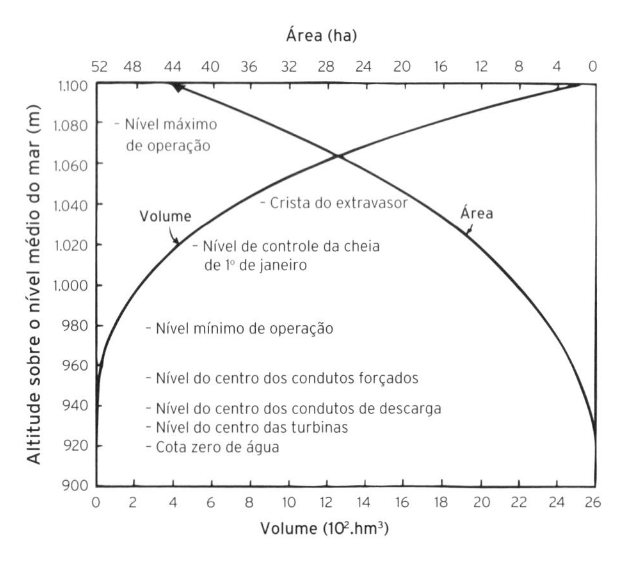

Figura 2.6 Exemplos de curvas Capacidade X Altitude.

Fonte: Linsley e Franzini (1978).

armazenado entre os níveis normal e mínimo é denominado volume útil do reservatório e tem como principais funções a capacidade para acumulação de água e para atenuação de cheias.

A **caudabilidade** indica a quantidade de água que pode ser fornecida pelo reservatório em determinado período de tempo. Esse período pode variar de um dia (para pequenos reservatórios de distribuição) a um ano (para grandes reservatórios de acumulação). Desse modo, a caudabilidade pode ser dada tanto em km^3 por ano como em m^3 por dia. A caudabilidade de um reservatório pode variar a cada ano (ou a cada período) porque depende das vazões de entrada, as denominadas vazões afluentes.

É denominada **vazão firme** a vazão máxima que pode ser garantida durante um período crítico de estiagem, ou, de outro ponto de vista, aquela vazão que pode ser garantida praticamente durante todo um período em que a operação desse aproveitamento não se altera. Considerando-se que os sistemas, assim como as estratégias operativas, evoluem, o valor dessa vazão varia ao longo do período de vida útil do reservatório. Devem-se, portanto, utilizar recursos probabilísticos para determinar o valor da vazão com maior precisão.

Determinação da capacidade de reservatórios pluviais

Para a determinação da capacidade de reservatórios deve ser feita uma análise operacional, ou seja, deve-se simular as operações do reservatório durante um certo período, de acordo com uma série de diretrizes estabelecidas. Essa análise pode ser feita apenas em um período de estiagem extrema ou em um período completo, quando se dispõe de mais dados fluviométricos. No primeiro caso, o estudo se restringe apenas à determinação da capacidade suficiente para suportar a seca de projeto; no segundo caso, o estudo avalia o volume de água (energia) aproveitável em cada um dos anos. Um estudo ainda mais completo pode ser feito para indicar a probabilidade de maior ou menor escassez de água, o que constitui um fator importante no planejamento econômico e na inserção do projeto em um sistema integrado.

Vazão regularizada

O diagrama de Rippl (ou de massas) é um gráfico em que se marcam os volumes acumulados ao longo do tempo, em uma seção reta de rio.

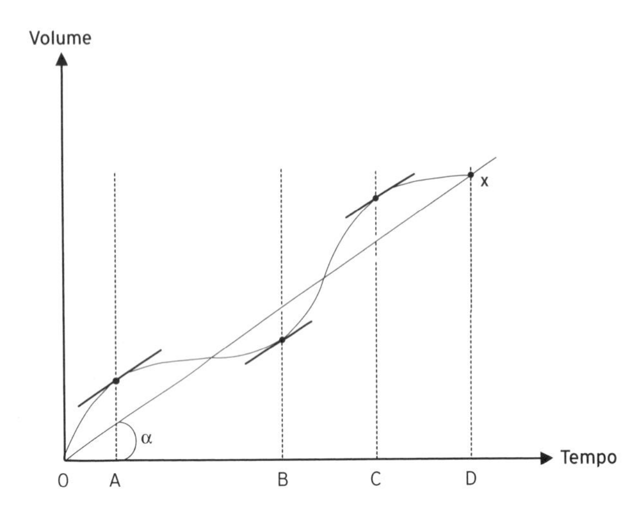

Figura 2.7 Diagrama de Rippl.

Dessa forma, tal diagrama é uma integração, no tempo, do fluviograma ou da curva de duração. De posse de um diagrama de massas, pode-se fazer uma análise visando ao cálculo da vazão regularizada. A Figura 2.7 mostra um diagrama de Rippl.

Esse diagrama permite a verificação de algumas características importantes:

- A vazão regularizada máxima que seria possível obter continuadamente do reservatório, durante todo o período analisado. É fornecida pela relação entre o volume Dx e o período de tempo OD, ou seja, pela tangente do ângulo μ da figura. Essa é a **vazão regularizada total**.
- A tangente ao diagrama de Rippl, em qualquer ponto, é a vazão natural afluente à seção reta do rio em análise. Se neste local for construída uma usina hidrelétrica que use sempre a vazão regularizada total para gerar energia, toda vez que a vazão natural afluente for maior que a regularizada, o reservatório estará enchendo. Analogamente, se a vazão afluente for menor que a regularizada, o reservatório esvazia. A vazão com que o reservatório se enche ou esvazia é dada pela diferença entre as vazões em questão.
- Assim, na figura anterior, o reservatório está se enchendo nos períodos OA e BC e esvaziando nos períodos AB e CD.

Pode-se traçar o correspondente diagrama de volumes disponíveis no reservatório ao longo do tempo, como apresentado a seguir, na Figura 2.8.

É importante comentar que essa curva está linearizada apenas por facilidade, para dar ideia da variação do volume da água entre os extremos mínimo e máximo, assim como permitir melhor visualização desses limites. Na realidade, a curva da variação do volume, na faixa de operação do reservatório, acompanha a curva da vazão afluente, descontando-se ou adicionando-se a vazão turbinada.

O gráfico dessa figura apresenta o reservatório começando e terminando com o mesmo volume d'água armazenado: isso acontece porque, no período de tempo analisado, todo o volume de água que entra no reservatório é igual ao volume que sai, o que está evidenciado na própria definição da vazão regularizada total.

A diferença entre os volumes máximo e mínimo do gráfico é a **capacidade de armazenamento** que o reservatório deve ter para operar corretamente. Em outras palavras, essa diferença é o volume mais econômico que permite a execução da regularização total do reservatório.

Regularização parcial

Se dispuséssemos de um **volume do reservatório** (capacidade de armazenamento) menor do que o volume do reservatório determinado na análise efetuada no caso anterior (regularização total), não seria possível dispor da mesma vazão regularizada o tempo todo, mas, por outro lado, teríamos menores custos de investimento (na barragem, por exemplo) e menores impactos ambientais. Entretanto, é possível se obter, com

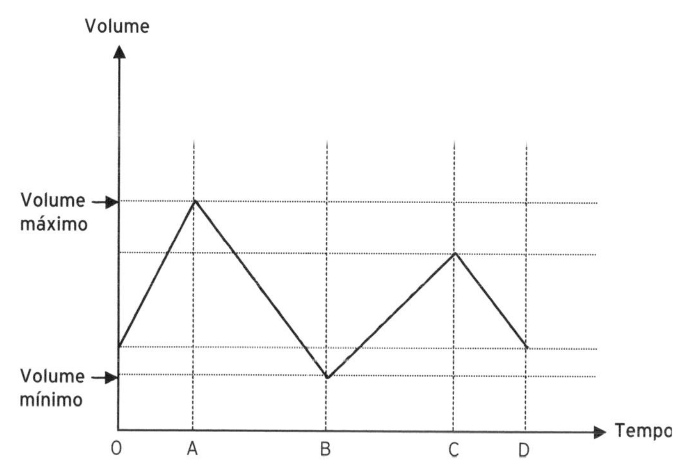

Figura 2.8 Variação do volume de água disponível em um reservatório.

o volume menor, várias vazões regularizadas cuja média é igual à vazão regularizada total.

O processo para determinar essas diversas vazões regularizadas se baseia na aplicação de técnica desenvolvida por Conti-Vallet, cuja demonstração pode ser encontrada em documentos específicos de hidrologia, entre eles os livros aqui citados.

Essa técnica, que não é aprofundada aqui mais do que o necessário para direcionar algumas discussões envolvendo regularização total e regularização parcial, é aplicada na solução do estudo de caso apresentado mais adiante neste capítulo.

A técnica de Conti-Vallet, também denominada **do fio estendido**, é composta pelas seguintes etapas:

- Constrói-se uma curva paralela ao diagrama de Rippl, distante dessa do volume V (menor que o volume máximo) em estudo, no eixo vertical (dos volumes). Esse volume V é um volume determinado como viável para o reservatório, depois de análises socioambientais, por exemplo.
- Considera-se, no método de Conti-Vallet, um volume de água no reservatório igual à metade de V, no início e no fim do período de regularização, com base na hipótese de que a situação do reservatório deve ser a mesma no início e fim de cada período de regularização.
- Determinam-se as vazões regularizadas parciais por meio de semirretas que tangenciarão as duas curvas paralelas (curva A diagrama de Rippl e curva B paralela ao diagrama de Rippl, distante V acima), partindo do ponto correspondente a V/2 no início do período e terminando no ponto correspondente a V/2 no fim do período, conforme pode ser visto na Figura 2.9. Em seu conjunto, as semirretas, formadas pelos pontos P, R, S, T da figura, corresponderão ao fio estendido citado.
- As vazões regularizadas parciais (Q1, Q2 e Q3, no caso) serão as tangentes dos ângulos dessas retas com a horizontal, também indicados na Figura 2.9.

Deve-se notar que:

- Quanto maior o volume V, menos vazões regularizadas serão obtidas, até chegar ao mínimo de uma vazão, que corresponderá à vazão regularizada total, a qual não poderá ser superada em qualquer hipótese, uma vez que a quantidade de água afluente não poderá ser aumentada.
- Quanto menor o volume V, mais vazões regularizadas serão obtidas.

- Os dados e informações estatísticas usadas num projeto, em geral, não se referem a um ano (ou anos) específico, sendo valores estatísticos determinados para o projeto por meio de tratamentos estatísticos desenvolvidos com base em conjunto de dados históricos de vazões.

No sistema como um todo, considerando que há possibilidade de interligação de usinas via sistema elétrico e até mesmo complementação do fornecimento de energia por outros tipos de geração (térmica, eólica, solar etc.), a ideia é sempre determinar a melhor solução global. Isso é feito por meio de estudos que consideram aspectos relativos à carga, ao sistema elétrico, às diversas formas de geração e obedecem a critérios econômicos, técnicos, sociais e ambientais bem estabelecidos. Tem-se então a "melhor" operação do sistema de energia elétrica, interligando hidrelétricas com reservatórios, hidrelétricas a fio d'água, termelétricas, centrais solares, eólicas etc.

Assim, operando-se em sistemas interligados, é possível, no conjunto, superar a eventual desvantagem de não se ter uma só vazão regularizada, ao mesmo tempo que se desfruta das vantagens (custos e impacto ambiental) da regularização parcial.

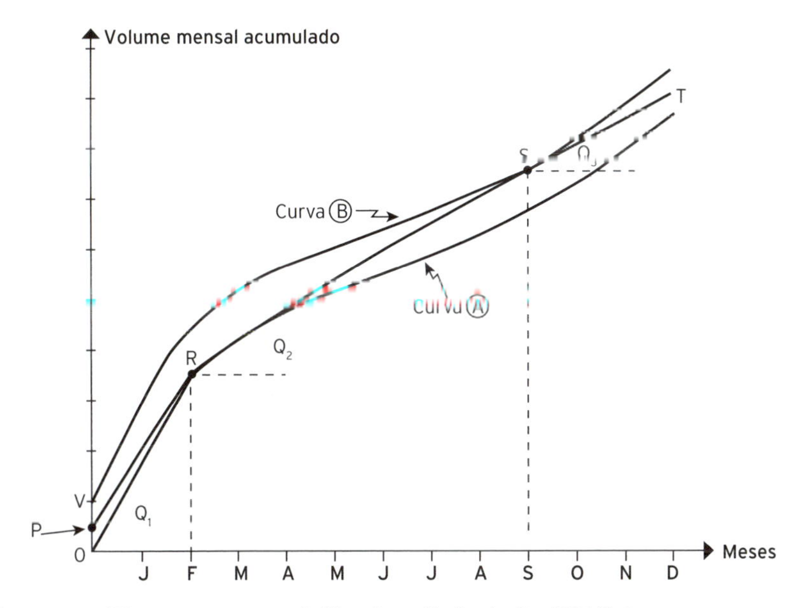

Figura 2.9 Diagrama representativo do método de Conti-Vallet para regularização anual.

Dispondo-se, então, de um volume do reservatório menor que aquele usado na regularização total, pelo método de Conti-Vallet pode-se determinar o melhor **conjunto de vazões regularizadas parciais**. Os itens "Questões para Desenvolvimento" e "Exemplos Resolvidos" deste capítulo permitem melhor experiência da aplicação do método de Conti-Vallet por meio da solução de um exercício de aplicação.

Um reservatório que trabalha com um conjunto de vazões parciais regularizadas apresenta várias vantagens nos mais diversos aspectos: a menor capacidade de armazenamento diminuirá sensivelmente o custo das obras civis; por permitir a utilização de diversas vazões regularizadas, o reservatório possui maior flexibilidade para operar de forma interligada ao sistema; finalmente, os impactos ambientais não desejáveis são diminuídos.

Produção de energia elétrica

O ser humano descobriu, desde épocas imemoriais, que a força da água resultante de um desnível do terreno por onde ela passa produz uma energia capaz de realizar trabalho, e que este trabalho tanto pode ser destrutivo como construtivo. Assim, desde a construção dos equipamentos mais simples, como o monjolo e a roda d'água, até a tecnologia atual de grandes **turbinas** hidráulicas, o homem aprendeu a dominar a força da água e a transformá-la para seu benefício. A pequena **potência** gerada pelo monjolo e pela roda d'água era capaz de produzir trabalho suficiente para a trituração de grãos alimentícios.

O desenvolvimento tecnológico ao longo do tempo chegou ao seu auge com a construção de um equipamento, a turbina hidráulica, capaz de transformar a energia cinética e potencial da água em energia mecânica, que é, então, transformada em energia elétrica por meio de geradores elétricos, que nada mais são do que conversores eletromecânicos de energia. Nos dias de hoje, a grande **potência** que pode ser gerada por uma turbina hidráulica é capaz de abastecer a iluminação e o consumo de cidades inteiras.

Como consequência, a potência de um aproveitamento hidrelétrico depende diretamente da magnitude da queda d'água (energia potencial) e da vazão de água passando pela turbina (energia cinética). Essa vazão, medida em metros cúbicos por segundo (m^3/s), recebe o nome de **vazão turbinada**.

A análise energética de um aproveitamento hidrelétrico permite verificar que a potência elétrica possível de ser obtida é dada por:

$$P = \eta_{TOT} * g * Q * H$$

Em que: η_{TOT} é o rendimento total do conjunto, considerando as perdas em todas estruturas que estão no circuito hidráulico e equipamentos da usina que estão no circuito de energia; g: aceleração da gravidade: 9,8 m/s^2; Q: vazão (m^3/s); H: queda bruta (m); P: potência elétrica (kW).

O valor da vazão turbinada e suas características ao longo do tempo estão relacionados com o regime fluvial do rio onde se localiza a usina, o tipo de aproveitamento (que pode ser a fio d'água ou com reservatório de regularização), a regularização da vazão (se existente) e com um cenário que considere as outras formas de utilização da água. Se o aproveitamento for totalmente voltado à produção de energia elétrica, toda a vazão regularizada poderá ser turbinada. Já em um aproveitamento que contemple outros usos da água, como irrigação, navegabilidade e geração de energia elétrica, por exemplo, a vazão turbinada poderá ser apenas parte da vazão regularizada total.

Como apresentado em "Hidrologia: noções básicas", o regime fluvial natural do rio, que determina a vazão que pode ser utilizada para gerar energia elétrica, é bastante variável, dependendo de diversos fatores, entre eles o regime pluvial da bacia hidrográfica à qual pertence.

Nesse contexto, as centrais hidrelétricas podem utilizar apenas a vazão mantida pelo rio a maior parte do tempo, nas centrais denominadas "a fio d'água", ou a vazão resultante de regularização por meio de reservatórios.

Centrais hidrelétricas "a fio d'água" são aquelas que não têm reservatório de acumulação ou cujo reservatório tem capacidade de acumulação insuficiente para que a vazão disponível para as turbinas seja muito diferente da vazão estabelecida pelo regime fluvial. Nessas condições, podem estar situadas as centrais de pequeno porte, tais como mini-hidrelétricas (e também micro-hidrelétricas) com potências iguais a ou menores que 1 MW; parte das Pequenas Centrais Hidrelétricas (PCHs), que são centrais com potência de até 30 MW; assim como centrais de grande porte que utilizam tecnologias específicas, como no caso das usinas de Santo Antônio e Jirau, no rio Madeira, onde se utilizam turbinas do tipo bulbo. Há também usinas hidrelétricas com reservatório de acumulação, que operam a maior parte do tempo "a fio d'água", ou seja, sem utilizar sua capacidade de regulação e turbinando a vazão estabelecida pelo projeto, como é o caso da usina de Itaipu.

Centrais hidrelétricas que efetuam regularização da vazão, por sua vez, estão associadas à construção de reservatórios que permitem o armazenamento da água e o controle da vazão, e até mesmo a obtenção de uma (ou mais de uma, no caso da regularização parcial) vazão constante durante certo período. Essa vazão é garantida pelo armazenamento de água durante o período de chuvas, para encher o reservatório, que será esvaziado durante o período de seca (ou de poucas chuvas). O reservatório resulta da construção de uma barragem, cuja altura determina a área inundada pela usina e o volume da água contida no próprio reservatório. O máximo volume teórico efetivo de um reservatório seria aquele que permitisse a obtenção de apenas uma vazão regularizada durante o período de análise, utilizando toda a água que passasse no local onde está construída a barragem. Qualquer volume maior que esse máximo teórico não aumentaria a vazão regularizada e seria menos econômico em razão da maior altura da barragem.

Na prática, pelos aspectos técnicos e econômicos, na definição da melhor altura da barragem, sempre foram considerados critérios que, geralmente, resultaram em dimensionamento menor que o correspondente ao maior volume teórico. O aumento da importância dos aspectos sociais e ambientais tem enfatizado ainda mais a importância do compromisso entre a altura da barragem, os limites relacionados com a área inundada e o volume do reservatório, o que tem conduzido a projetos com regularização parcial (diferentes vazões regularizadas em diferentes períodos) e, consequentemente, a menores áreas inundadas e volumes.

Além de aspectos ambientais e sociais específicos, o uso múltiplo das águas deve ser considerado no estabelecimento dos limites de área inundada e volume. Além disso, o conjunto possível de vazões regularizadas pode ser avaliado pelo desempenho da usina no sistema elétrico interligado, que permite maior flexibilidade operativa na utilização dos diversos aproveitamentos ao ser usado como "circuito hidráulico virtual".

As primeiras centrais hidrelétricas do mundo foram construídas como aproveitamentos de quedas naturais já existentes no curso dos rios onde foram instaladas. No Brasil, o primeiro aproveitamento hidrelétrico para atendimento público, considerado também a primeira central elétrica da América do Sul, denominada Marmelos, foi construída no ano de 1889 para atendimento da cidade de Juiz de Fora, com a potência de 250 kW. Nessa época, a geração de energia elétrica tinha basicamente o objetivo de suprir iluminação residencial e iluminação pública. A energia elétrica para acionamento de motores só ocorreu mais tarde, com o avanço tecnológico.

No Brasil, o conceito de usina hidrelétrica (UHE) compreende usinas geradoras de energia com mais de 30 MW de potência instalada. Usinas com potência entre 3 MW e 30 MW são consideradas PCHs, usinas com potência inferior a 75 kW são comumente chamadas de microcentrais hidrelétricas, e usinas com 75 kW até 3 MW de potência instalada são chamadas de minicentrais hidrelétricas. Estas últimas podem ser utilizadas com **geradores** do tipo assíncrono, que são máquinas mais acessíveis do ponto de vista econômico, mas que, por motivos técnicos, não podem ser utilizadas em grandes usinas.

Conhecer essa classificação é importante uma vez que as leis e regulamentações existentes, estabelecidas tanto pela Aneel como pelos órgãos e entidades ambientais, seguem essa divisão estabelecida de acordo com a potência instalada.

Para a Aneel, um dos pontos mais importantes é o aproveitamento integral das quedas d'água existentes ao longo do rio. Assim, o rio é dividido em quedas d'água aproveitáveis para a construção de usinas, e cada usina aproveita o máximo da queda d'água do seu local de instalação.

Com relação aos reservatórios, aqueles de maior porte, associados a maiores problemas socioambientais, são usualmente encontrados nas grandes e médias centrais. Em alguns casos, as PCHs também podem apresentar reservatórios, mas bem menores.

Além de possível retirada de água para irrigação, as centrais hidrelétricas contêm vertedouros que permitem extravasar água acima de certo limite, quando necessário, de forma similar ao "ladrão" da caixa d'água; comportas que propiciam o desvio da água para que ela não passe pelas turbinas; eclusas que facilitam a navegação fluvial; e escadas de peixes que permitem a piracema.

A determinação das melhores características de um reservatório depende de diversos fatores, que incluem os apontados anteriormente, relacionados com a hidrologia, o dimensionamento mecânico e elétrico, desempenho no sistema elétrico interligado, os requisitos ambientais e sociais e usos múltiplos da água. Trata-se de uma tarefa multidisciplinar e interativa.

ESQUEMAS, PRINCIPAIS TIPOS E CONFIGURAÇÕES

Em uma central hidrelétrica, a água aciona uma turbina hidráulica que movimenta o rotor de um gerador elétrico para produção de energia elétrica. A água utilizada, identificada pela sua vazão (m^3/s), pode ser totalmente liberada pelo aproveitamento – com reservatório de acumulação ou não – ou liberada apenas em parte, nos casos em que a geração de energia elétrica é apenas um dos componentes do uso múltiplo da água.

A turbina hidráulica efetua a transformação da energia hidráulica em mecânica. Seu funcionamento, conceitualmente, é bastante simples: é o mesmo princípio da roda d'água que, movimentada pela água, faz girar um eixo mecânico. O gerador elétrico tem seu rotor acionado por acoplamento mecânico com a turbina e transforma energia mecânica em elétrica em razão das interações eletromagnéticas ocorridas em seu interior. Em geral, são usados geradores síncronos, porque os sistemas de potência devem operar com frequência fixa (controlada como constante). Para controlar a potência elétrica do conjunto, são usados reguladores:

- De tensão, que controlam a tensão nos terminais do gerador, atuando na tensão aplicada (e, portanto, na corrente) no enrolamento do rotor (enrolamento de excitação).
- De velocidade, que controlam a frequência por meio da variação de potência, atuando na válvula de entrada de água da turbina.

As Figuras 2.10 a 2.15 apresentam, de forma simplificada, esquemas de centrais hidrelétricas com seus principais componentes e o diagrama dos equipamentos finais na produção de energia elétrica.

Principais componentes da central hidrelétrica

A finalidade de cada um dos principais componentes de uma central hidrelétrica (apresentados nas Figuras 2.10 e 2.11) é brevemente descrita a seguir:

As **barragens** têm como principais finalidades:

- Represar a água para captação e desvio.
- Elevar o nível d'água para aproveitamento elétrico e navegação.
- Represar a água para regularização de vazões e amortecimento de ondas de enchentes.

A central hidrelétrica em desvio, como diz o próprio nome, baseia-se no desvio d'água em certo local do rio – associado ao Nível de Montante (NM), para produção de energia elétrica e retorno d'água ao rio em local com menor altitude – associado ao Nível de Jusante (NJ). De forma geral, tal configuração é mais utilizada para centrais de pequeno porte, as PCHs, como mostra a Figura 2.12.

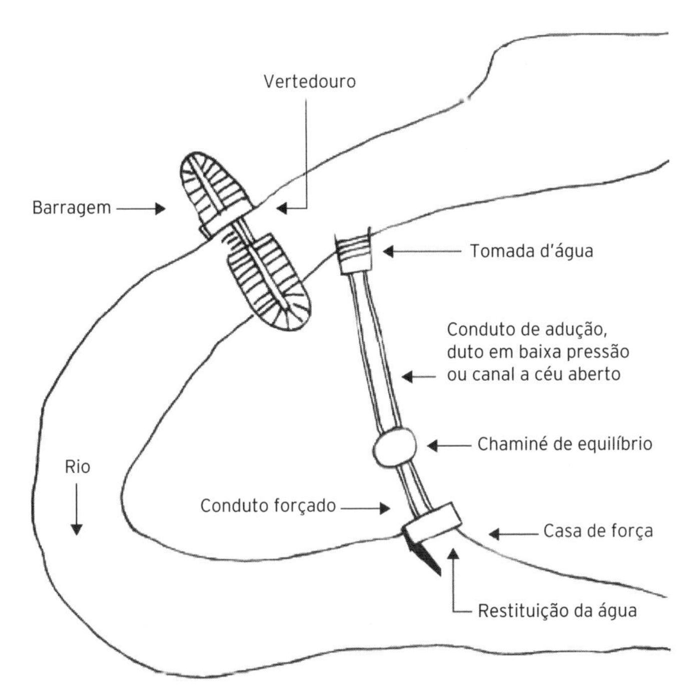

Figura 2.10 Central hidrelétrica em desvio.
Fonte: Philippi Jr e Reis (2016).

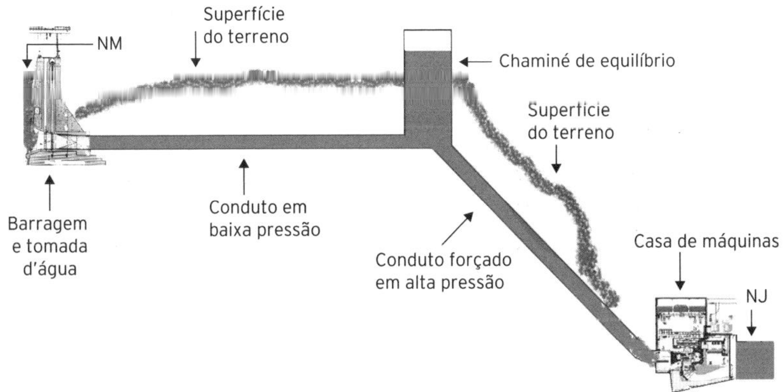

Figura 2.11 Central hidrelétrica em desvio.
Fonte: Philippi Jr e Reis (2016).

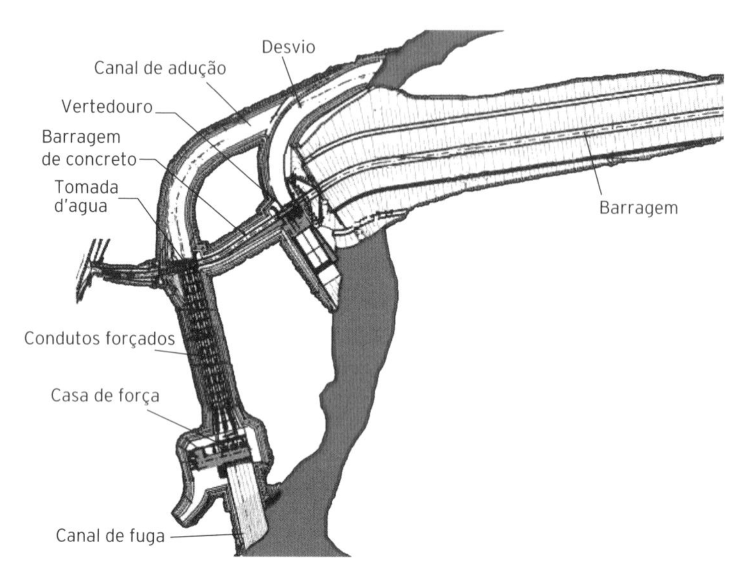

Figura 2.12 Configuração típica de PCH.
Fonte: Philippi Jr e Reis (2016).

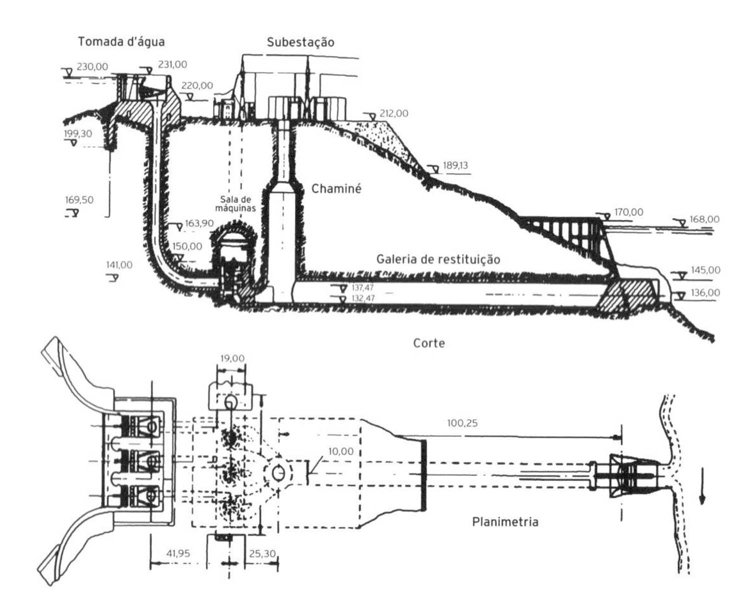

Figura 2.13 Central hidrelétrica em barramento.
Fonte: Souza et al. (1983).

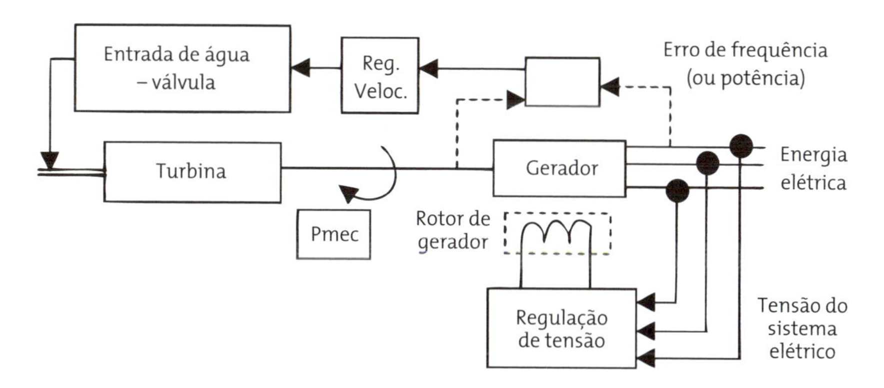

Figura 2.14 Diagrama geral de uma hidrelétrica e dos sistemas de regulação de tensão e velocidade.

Esse diagrama apresenta a turbina e o gerador acoplados mecanicamente pelo eixo, no qual se desenvolve a potência mecânica (Pmec), assim como ilustra os dois reguladores fundamentais para operação e controle da central: o regulador de tensão e o de velocidade (controlador da frequência).

Além das usinas a fio d'água e das com reservatórios de regularização de vazões, devem ser citadas as usinas reversíveis, embora não exista nenhuma em operação no Brasil, atualmente.

A usina reversível é usada para gerar energia para satisfazer à carga máxima, porém, durante as horas de demanda reduzida, a água é bombeada de um represamento no canal de fuga para um reservatório a montante para posterior utilização. As bombas funcionam com energia extra de qualquer outra usina do sistema. Em certas circunstâncias, essas usinas representam um complemento econômico de um sistema de potência: servem para aumentar a produção de outras usinas do sistema e proporcionam potência suplementar para atender às demandas máximas. Como há perda de energia na operação dessas usinas, é necessário um planejamento estratégico para obtenção de rendimento econômico na operação global do sistema: essas usinas têm valor por converterem potência de baixo valor das horas de baixa demanda em potência de alto valor nas horas de pico. A Figura 2.15 apresenta o esquema de uma usina desse tipo.

A escolha do melhor tipo de barragem para uma determinada seção é um problema tanto de viabilidade técnica como de custo. A solução téc-

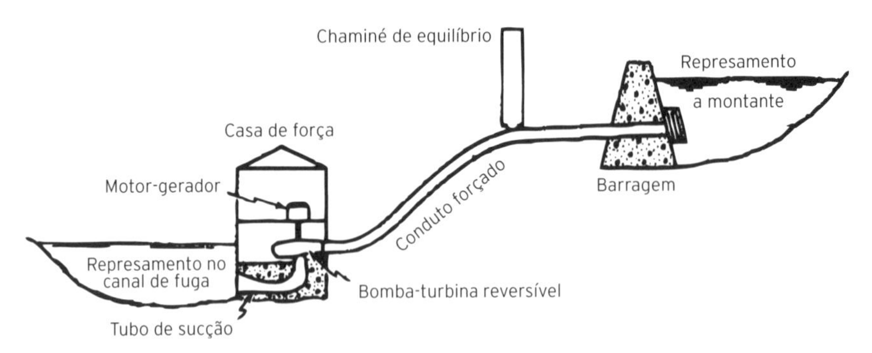

Figura 2.15 Esquema de uma central hidrelétrica reversível.
Fonte: Franzini et al. (1978).

nica depende do relevo, da geologia e do clima. O custo dos vários tipos de barragens depende principalmente da disponibilidade de materiais de construção próximo ao local da obra e da acessibilidade de transportes. Há diferentes tipos de barragens – de gravidade, em arco e de gravidade em arco – cuja avaliação e escolha são efetuadas por meio de considerações técnicas e econômicas, afeitas principalmente à engenharia civil.

Os **extravasores**, dispositivos que permitem a passagem direta de água para jusante, são necessários para descarregar as cheias e evitar que a barragem seja danificada; representam, portanto, a segurança da barragem. Um extravasor deve ser capaz de descarregar as maiores cheias sem prejudicar a barragem ou qualquer uma de suas estruturas auxiliares e, ao mesmo tempo, permitir que se mantenha o nível das águas no reservatório abaixo de um certo nível máximo prefixado.

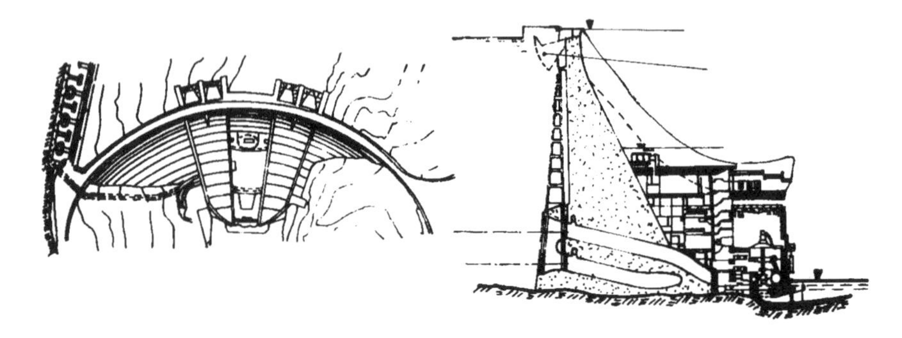

Figura 2.16 Barragem de gravidade e arco.
Fonte: Souza et al. (1983).

O **extravasor-vertedor**, ou simplesmente **vertedor**, é uma seção da barragem projetada para permitir a passagem livre de água sobre sua crista. São muito comuns em barragens de gravidade e barragens em arco.

As **comportas** (Figura 2.17) são os componentes que permitem isolar a água do sistema final de produção da energia elétrica, tornando possíveis, por exemplo, trabalhos de manutenção.

A **tomada de água** tem por principal função permitir a retirada de água do reservatório e proteger a entrada do conduto de danos e obstruções provenientes de congelamento, tranqueira, ondas e correntes.

Os **condutos**, vias por onde escoa a água, são classificados como condutos livres e condutos forçados. Os livres podem ser em canais (a céu aberto) ou aquedutos. Os forçados são aqueles nos quais o escoamento se faz com a água a plena seção. Dependendo da diferença de pressão entre seus terminais (queda útil de água), há condutos forçados de baixa pressão e de alta pressão, nos quais geralmente se concentra a queda útil da central.

Um problema associado aos condutos é a perda de carga, que pode ser refletida como uma diminuição na queda útil de água, em razão de fenômenos do escoamento da água, tais como atrito, características do encanamento etc. A determinação dessa perda é uma parte importante do

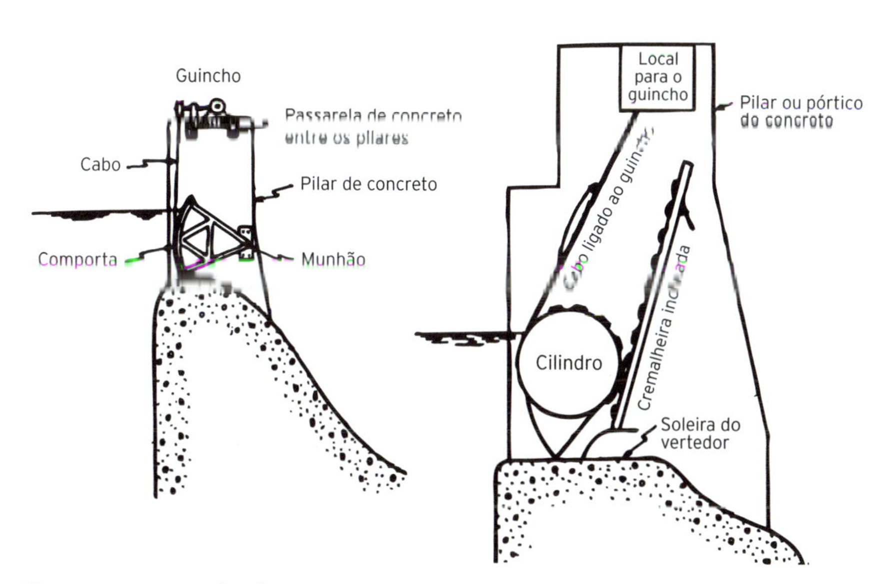

Figura 2.17 Exemplos de comportas.
Fonte: Souza et al. (1983).

projeto e depende largamente do material utilizado na tubulação: aço, concreto, ferro fundido, cimento amianto, entre outros.

A instalação de **chaminés de equilíbrio** ou de **câmaras de descarga** em grandes canalizações tem duas funções. A primeira delas é aliviar o excesso de pressões causado pelo golpe de aríete, que ocorre quando o escoamento de um líquido por uma tubulação é abruptamente interrompido pelo fechamento de uma válvula. Assim, a energia dinâmica converte-se em energia elástica, e uma série de ondas de pressão positiva e negativa percorre a tubulação nos dois sentidos até ser amortecida pelo atrito. A segunda função é proporcionar suprimentos de água capazes de reduzir depressões se houver qualquer operação abrupta. As câmaras de descarga apresentam funções similares às das chaminés de equilíbrio, apenas com diferentes características construtivas. A escolha de uma ou outra será função dos parâmetros e características do aproveitamento hidrelétrico considerado.

As **casas de força** são os locais de instalação de turbinas hidráulicas, geradores elétricos, reguladores, painéis e outros equipamentos do sistema elétrico da geração. As configurações das casas de força variam largamente segundo as características dos aproveitamentos hidrelétricos, tais como porte da central, tipo do aproveitamento, tipos de turbinas e geradores utilizados etc.

As Figuras 2.18a e 2.18b apresentam dois tipos característicos de arranjo: o de eixo horizontal e o de eixo vertical.

Um aspecto importante no projeto das centrais hidrelétricas, que influencia o arranjo da casa de força, é a determinação da **turbina** mais apropriada a cada tipo de aproveitamento.

A turbina hidrelétrica, equipamento que efetua a transformação da energia hidráulica em mecânica, nada mais é que uma roda d'água moderna, projetada para uso mais eficiente, em função das características do aproveitamento.

Finalmente, deve ser citado o **gerador** elétrico, que transforma a energia mecânica em elétrica, e que, na grande maioria das centrais (tanto hidrelétricas como termelétricas) é do tipo síncrono, embora geradores de indução (assíncronos) sejam utilizados em pequeno número de projetos, em geral de pequeno porte.

Embora não existentes na maioria das usinas hidrelétricas mais antigas, mas previstas nas novas usinas, principalmente nas de grande porte, por conta dos requisitos de melhor inserção ambiental, devem ser citadas as

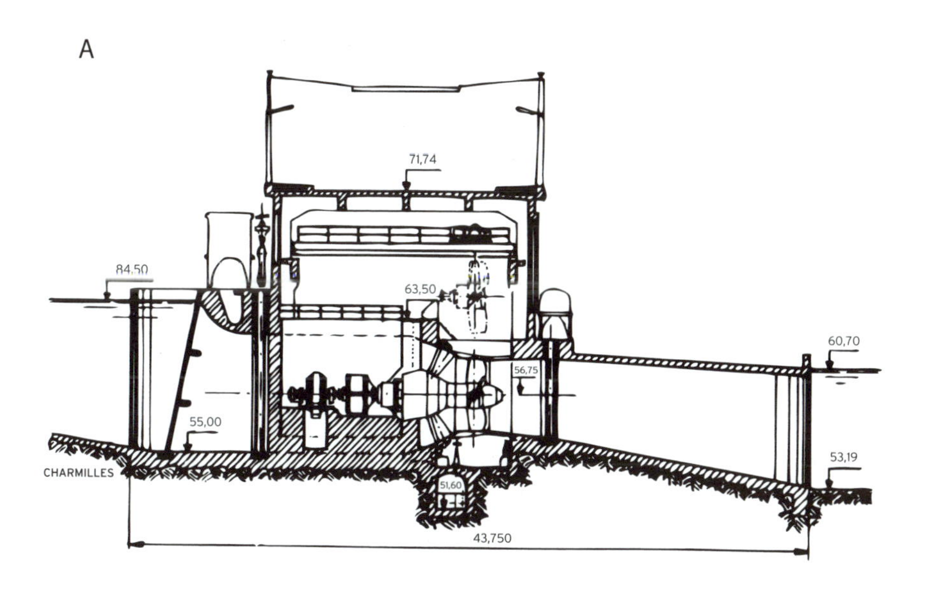

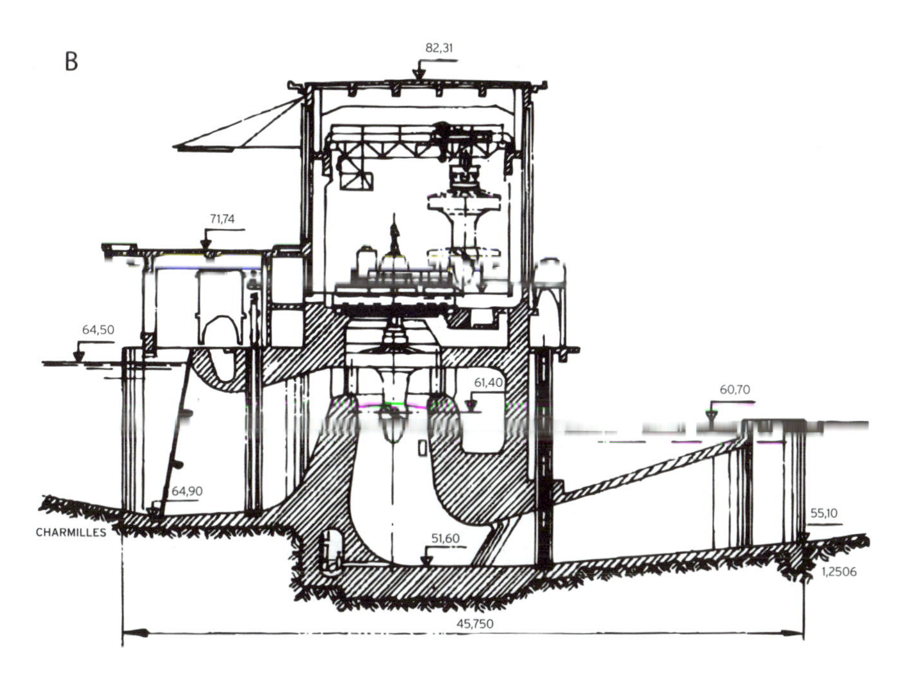

Figura 2.18a e 2.18b Configurações de casas de força.

Fonte: Souza et al. (1983).

eclusas, que permitem a navegação no rio, e as escadas e elevadores de peixes, previstos para não interferir com a piracema.

Uma forma de aproveitar melhor a energia hídrica potencial de um rio ou bacia hidrográfica é a construção de várias centrais hidrelétricas em um mesmo rio ou mesma bacia. Para que isso seja feito adequadamente, é necessário levar em conta o planejamento integrado de recursos hídricos da bacia hidrográfica. Nesse planejamento, aspectos de operação e construção são enfocados de forma integrada para determinar o melhor posicionamento das centrais e as respectivas vazões turbinadas para obtenção do melhor aproveitamento energético. A operação do conjunto de centrais assim determinadas é denominada operação em cascata.

A Figura 2.19 mostra uma divisão de quedas em um rio.

Do ponto de vista ambiental, no caso de diversas centrais no mesmo rio ou bacia, é importante considerar o efeito acumulativo dos impactos socioambientais na região influenciada. Recentemente, na região do Pantanal, no Brasil, essa questão foi levantada em virtude da existência de um grande número de PCHs em operação, construção ou fase de projeto no local. Como o processo de licenciamento ambiental é aplicado à cada central em separado, está sendo solicitada uma avaliação integrada do impacto causado por elas na região. Isso pode ser feito por meio da Avaliação Ambiental Integrada (AAI) e da Avaliação Ambiental Estratégica (AAE).

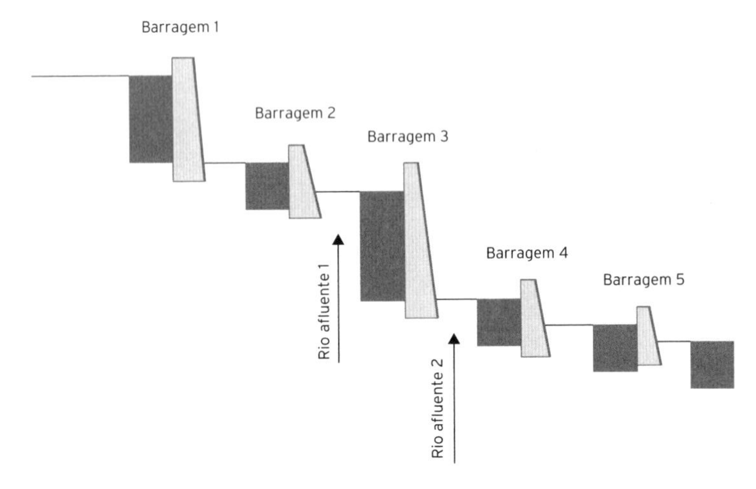

Figura 2.19 Divisão de quedas em um rio.
Fonte: Philippi Jr e Reis (2016).

Especificação das turbinas: considerações gerais

Os quatro tipos de turbinas mais utilizadas em usinas hidrelétricas são a Pelton, a Francis, a Kaplan e a Propeler. A escolha da turbina depende de dois parâmetros: a queda e a vazão de água. Simplificadamente, pode-se dizer que a turbina Pelton é mais utilizada em grandes quedas, por exemplo, a UHE Henry Borden, situada na Serra do Mar, em Cubatão, que possui cerca de 700 m de queda. A turbina do tipo Francis é utilizada em quedas médias, que vão de 40 a 500 m, como a UHE Ilha Solteira, no Rio Paraná, com queda de referência igual a 41,5 m. A turbina Kaplan é utilizada em quedas baixas, como a UHE Jupiá, com 21,3 m de queda de referência. A Propeler, também utilizada em quedas baixas, difere da Kaplan pelo fato de ter as pás fixas, enquanto as pás da Kaplan são reguláveis.

Na turbina Pelton, utilizada em grandes quedas, a energia é produzida pela alta velocidade dos jatos de água que incidem tangencialmente sobre suas pás. Conceitualmente, são similares às famosas rodas d'água encontradas em antigas fazendas, consideradas as precursoras das turbinas Pelton.

As demais turbinas, Francis, Propeler e Kaplan, desenvolvem potência (capacidade de produzir trabalho) pela combinação da ação da pressão constante da água e de sua velocidade. São as chamadas turbinas de reação.

Hoje em dia, para baixas quedas, existem também as turbinas tipo S e as turbinas tipo Bulbo. As turbinas tipo S têm o eixo na posição horizontal e o conduto forçado de entrada de água e o tubo de sucção (saída de água) formam um S deitado. As turbinas tipo Bulbo são as que alojam o gerador dentro de uma carcaça em formato de um bulbo totalmente vedado, com a água passando pelo seu lado externo para o acionamento da turbina por meio de suas pás.

As Figuras 2.20, 2.21 e 2.22, a seguir, apresentam exemplos de aplicação dessas turbinas.

A escolha e o projeto de uma turbina são pontos muito importantes do desenvolvimento de uma central hidrelétrica. Envolvem análise e estudo de fenômenos relativamente complexos, como desempenho dinâmico da água, turbilhonamento, cavitação etc. Esses estudos podem ser bastante especializados e exigir grande participação de equipes de engenharia hidráulica e mecânica, principalmente. O desenvolvimento a partir de modelos em miniatura é uma prática habitual dos projetistas de turbinas.

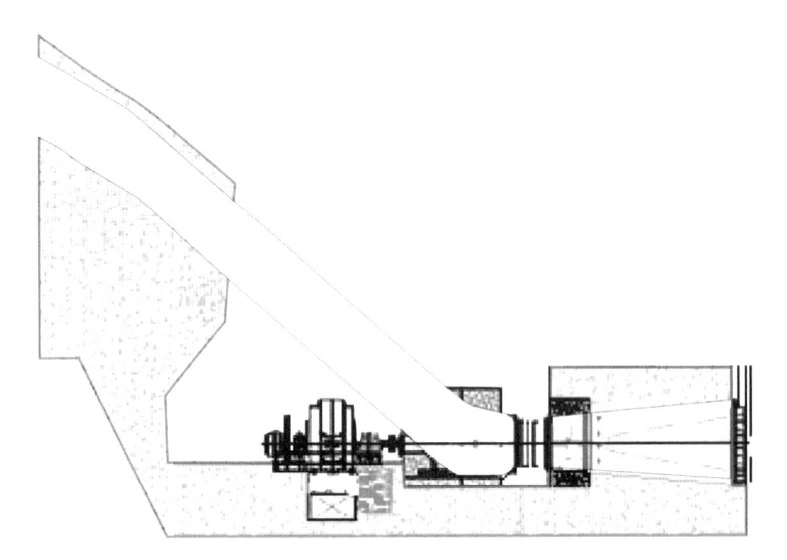

Figura 2.20 Turbina S com gerador a montante.
Fonte: Philippi Jr e Reis (2016).

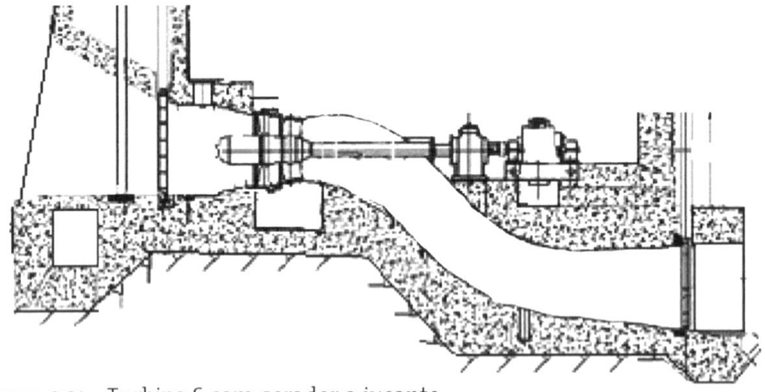

Figura 2.21 Turbina S com gerador a jusante.
Fonte: Philippi Jr e Reis (2016).

A Figura 2.23 reproduz uma visão das faixas de aplicação dos diversos tipos de turbina, em função da queda H e da rotação específica, variável usada para caracterização das turbinas.

Rotação específica: $nq = 10^3 xNx \frac{Q^{\frac{1}{2}}}{(gH)^{\frac{3}{4}}}$ em rps, sendo N a rotação da turbina em rps; Q a vazão (m^3/s); H a queda (m) e g, a aceleração da gravidade.

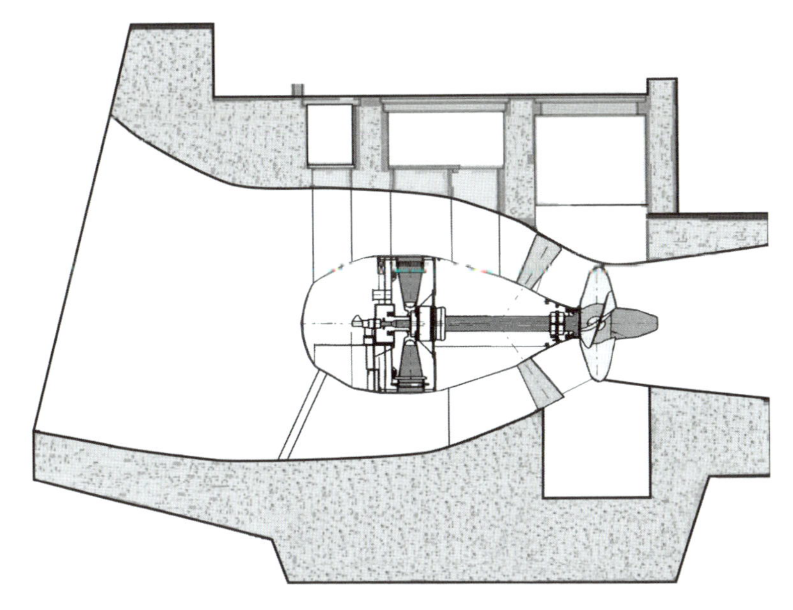

Figura 2.22 Turbina tipo Bulbo.
Fonte: Philippi Jr e Reis (2016).

As informações apresentadas na Figura 2.23 confirmam que, de modo geral, para grandes alturas e pequenas vazões, são mais apropriadas as turbinas Pelton (nas quais a força correspondente ao empuxo da água atua perpendicularmente às pás da turbina). Para pequenas alturas e grandes vazões, são mais apropriadas as turbinas a hélice ou Kaplan (nas quais a força correspondente ao empuxo da água atua axialmente nas pás da turbina). Para valores intermediários de altura e vazão, as mais usadas são as turbinas Francis (nas quais a força tem uma componente perpendicular e outra axial, sendo que a proporção da componente axial vai aumentando na medida em que a altura cai e a vazão cresce). A figura cita ainda as turbinas Dériaz (que não apresentam grande número de aplicações – não há nenhuma no Brasil) e as turbinas Bulbo, para quedas bastante baixas (mesmo caso das turbinas Straflo, "*straight flow*", que serão enfocadas no Capítulo 7, nas usinas maremotrizes). As turbinas Bulbo (e as Straflo), que trabalham imersas no rio, apresentam algumas vantagens, dentre as quais se ressalta, do ponto de vista ambiental, um alagamento praticamente inexistente de áreas adjacentes à usina. Principalmente por esse motivo, foram desse tipo as turbinas utilizadas nos projetos das usinas de Santo

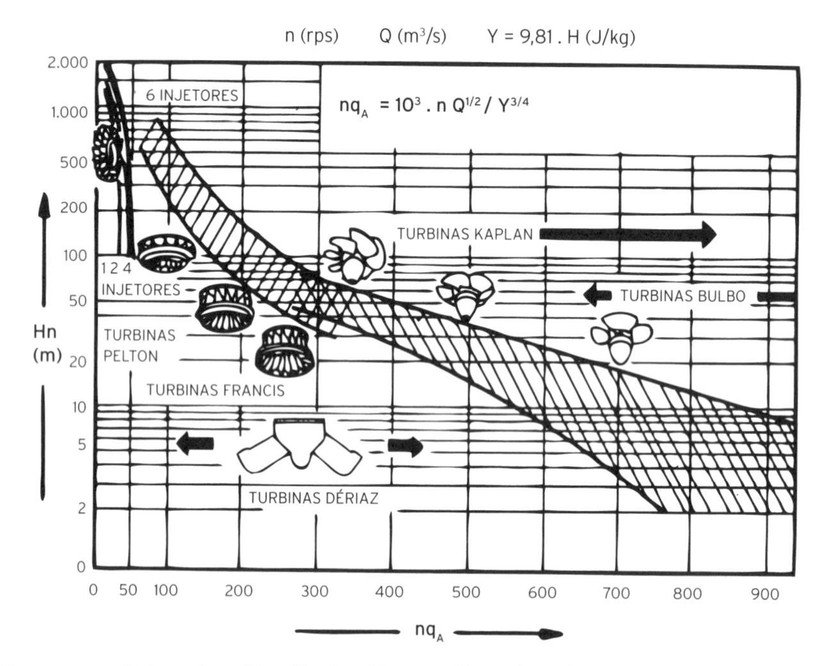

Figura 2.23 Faixas de aplicação dos diversos tipos de turbinas.

Antônio e Jirau, no Rio Madeira, na Amazônia brasileira, que se encontram atualmente em construção. Essas usinas, próximas a Porto Velho, RO, terão potências instaladas de 3.568 MW e 3.750 MW e serão interligadas ao sistema elétrico da região e, principalmente, ao sistema Sudeste (em Araraquara, SP) por meio de dois bipolos em corrente contínua, com as linhas mais longas do mundo nessa tecnologia (2.400 km).

Ressalta-se que os tipos de turbina acima comentados configuram a grande maioria das turbinas em operação no mundo. Alguns outros tipos específicos poderão ser encontrados, principalmente em aplicações de pequeno porte (míni e microusinas, ver "Tipos de centrais hidrelétricas", mais adiante), nas quais a simplicidade e criatividade das soluções são muito importantes para garantir economia e desempenho adequados à aplicação (em geral, comunidades isoladas, fazendas, sítios). Sobre esse tipo de geração (pequenos projetos), existe uma significativa bibliografia que pode ser utilizada para maiores detalhes.

Considerações sobre a operação das hidrelétricas

Certas características de usinas hidrelétricas são muito importantes, pois servem de subsídio para o planejamento de expansão de geração e para a operação adequada de sistemas de potência.

A produção de energia elétrica pode ser limitada pelos usos múltiplos da água, por exemplo, irrigação, navegação, controle de inundações, suprimento de água e recreação. Considerando-se as centrais hidrelétricas, o planejamento de expansão do sistema elétrico precisa ser adaptado aos usos diversos da água.

Ao contrário das centrais termelétricas, as hidrelétricas apresentam incertezas para o fornecimento de energia e para a capacidade de suprir a demanda na ponta, pois dependem das propriedades de certa forma aleatórias das vazões naturais dos rios. Para sistemas de potência em que as centrais hidrelétricas desempenham um papel importante, os efeitos aleatórios e estocásticos das vazões devem ser estudados com cuidado. A geração anual é limitada pela quantidade de água captada anualmente e pelo tamanho do reservatório (se existir); ao contrário das centrais termelétricas, cuja geração anual é primordialmente determinada pelas possíveis horas anuais de operação da central.

Há três maneiras básicas de melhorar a contribuição de centrais hidrelétricas dentro de sistemas de potência:

- Aumentar a potência de pico, ampliando a capacidade instalada em centrais já existentes.
- Aumentar a produção total de energia, ampliando a vazão por meio do gerenciamento de recursos hídricos da bacia em questão, ou aumentar a capacidade de armazenamento do reservatório, ampliando a altura das barragens já existentes.
- Construir, em longo prazo, novas centrais hidrelétricas, considerando a possibilidade de expansão do parque gerador.

Para construção e operação de várias centrais hidrelétricas em um mesmo rio, é necessário levar em conta o planejamento integrado de recursos hídricos da bacia hidrográfica. O planejamento de operação e construção de centrais precisa avaliar a melhor maneira de posicioná-las para gerar a maior quantidade de energia possível, pois um certo volume de água pode proporcionar geração de muito mais energia do que outro, dependendo da altura (H). No caso da construção, deve-se avaliar a melhor divisão das quedas do aproveitamento. No caso da operação, devem-se avaliar as vazões turbinadas para obter uma operação em cascata otimizada. Um dos benefícios do planejamento e da operação em cascata eficientes é o fato de que as centrais a montante aumentam a energia firme das centrais a jusante, pois podem aumentar o nível mínimo de água dos reservatórios destas últimas.

As UHEs dividem-se basicamente em três grandes grupos: grandes UHEs, médias UHEs e PCHs, dependendo de seu porte. As médias UHEs têm características intermediárias entre os outros dois tipos de usinas. O conjunto de atividades envolvidas no planejamento, na elaboração do projeto e no processo de operação de uma central hidrelétrica produz conhecimento necessário para se implantar o aproveitamento e para fazer com que essa central hidrelétrica gere energia. Como os problemas envolvidos na implantação da central são interdisciplinares, esse conhecimento produzido no processo também está relacionado a vários ramos das ciências. As PCHs, por serem de menor porte, têm como principal vantagem, em relação às outras usinas, uma maior simplicidade na concepção e operação. Logo, as etapas de projeto e implantação desse tipo de central são mais simples.

As grandes UHEs caracterizam-se por:

- Providenciar não só reserva girante para situações de emergência ocorridas no sistema, mas também condições de suprir o pico de demanda.
- Apresentar altas economias de escala: em particular, para instalações com grandes reservatórios, o custo marginal de capacidade adicional de geração tende a ser irrisório.
- Possuir grande energia firme.
- Apresentar maiores problemas ambientais.

As principais características das PCHs são:

- Possuir rápida entrada no sistema de potência e flexibilidade para mudar rapidamente a quantidade de energia fornecida ao sistema em razão das mudanças na demanda. Usinas com essa característica são especialmente úteis para aumentar o rendimento e melhorar o desempenho de um sistema elétrico interligado.
- Apresentar baixos custos de operação e manutenção.
- Apresentar características mais suaves (*soft*) de inserção ambiental.

Quando uma PCH entra em operação em um sistema isolado, precisa estar apta a garantir ao seu mercado consumidor dois requisitos básicos: permanência de potência adequada à curva de carga e energia firme. Entende-se por energia firme (ou garantida) a energia disponível com segurança predeterminada, que garante ao produtor ter um contrato para fornecer energia. Convém notar que o mercado demanda energia garantida.

Entretanto, quando uma PCH opera em um sistema interligado, ela pode ter uma enorme compensação cumprindo esses dois requisitos: a valorização da energia firme. A energia garantida por uma PCH a fio d'água pode até triplicar de valor quando integrada em um sistema hidrotérmico de geração.

Mesmo que a operação se dê em sistemas isolados, há necessidade de reserva ou complementação do fornecimento de energia elétrica por outra fonte de energia. Atualmente, essa complementação é feita por sistemas térmicos (principalmente a diesel). O preço de venda é (geralmente) estabelecido em US$/MWh de energia garantida. Assim, o fundamental para se estabelecer o preço para o consumidor final é avaliar a energia garantida associada à usina, seja em regiões com grandes sistemas interligados, seja em regiões providas com sistemas isolados.

Tipos de centrais hidrelétricas

As usinas hidrelétricas são, em geral, classificadas quanto ao uso das vazões naturais, à potência, à forma de captação de água e à função no sistema.

Quanto ao uso das vazões naturais, existem: centrais a fio d'água, centrais de acumulação e centrais com armazenamento por bombeamento ou com reversão (centrais reversíveis).

- A usina a fio d'água, embora possa ter grande reservatório de acumulação, não é utilizada para armazenamento de água e, portanto não atua no sentido de regularizar as vazões; em geral, utiliza somente a vazão natural do curso d'água. Algumas dessas usinas podem ter um pequeno reservatório para represar água durante as horas que não são de pico para utilizá-la nas horas de pico do mesmo dia. No Brasil, embora disponha de um grande reservatório, a usina de Itaipu, binacional Brasil – Paraguai, com capacidade instalada de 14.000 MW, opera a fio d'água.

- A usina com reservatório de acumulação tem um reservatório de tamanho suficiente para acumular água na época das cheias para uso na época de estiagem. Pode, portanto, dispor de uma vazão firme substancialmente maior que a vazão mínima natural.
- A usina reversível é usada para gerar energia para satisfazer à carga máxima, porém, durante as horas de demanda reduzida, a água é bombeada de um represamento no canal de fuga para um reservatório a montante para posterior utilização. As bombas funcionam com energia extra de qualquer outra usina do sistema. Sob certas circunstâncias, essas usinas representam um complemento econômico de um sistema de potência: servem para aumentar o fator de carga de outras usinas do sistema e proporcionam potência suplementar para atender às demandas máximas. Como há perda de energia na operação dessas usinas, é necessário um planejamento estratégico para obtenção de rendimento econômico na operação global do sistema: essas usinas têm valor por converterem potência de baixo valor das horas de baixa demanda em potência de alto valor nas horas de pico.

Quanto à potência, as centrais podem ser:

- Micro – $P \leq 75$ kW.
- Míni – $75 < P \leq 3.000$ kW.
- Pequenas – $3.000 < P \leq 30.000$ kW.
- Médias – $30.000 < P \leq 100.000$ kW.
- Grandes – $P \geq 100.000$ kW.

Nesse contexto, deve ser dada ênfase às PCHs, com potência na faixa de 3 a 30 MW e área de reservatório de até 3 km^2 (a área poderá ser maior, até 13 km^2, dependendo do atendimento de certos critérios técnicos[2]), que, em razão do grande número de locais inventariados, do impacto no atendimento a cargas locais e regionais e de uma melhor adequação ambiental, têm tido a utilização incentivada em programas governamentais. Além disso, os requisitos relacionados ao licenciamento ambiental são bem mais simples que para as usinas maiores. As míni e microusinas, em virtude de suas pequenas dimensões e áreas de influência, também têm tratamento diferenciado em relação às exigências da Aneel: as míni devem

2 Ver site da Aneel. Disponível em: <http://www.aneel.gov.br/>. Acesso em: 27 ago. 2016.

ser comunicadas apenas ao órgão regulador (Aneel), e as micro não devem cumprir nenhum requisito com relação à Aneel.

A queda pode ser definida como:

- Baixíssima – $H \leq 10$ m.
- Baixa – $10 < H \leq 50$ m.
- Média – $50 < H \leq 250$ m.
- Alta – $H \geq 250$ m.

A forma de captação de água pode ser classificada como:

- Desvio e em derivação.
- Leito de rio, de barramento ou de represamento.

A função no sistema, por sua vez, pode ser:[3]

- Operação na base (da curva de carga).
- Operação flutuante.
- Operação na ponta (da curva de carga).

Recapacitação

Um aspecto importante no caso das centrais hidrelétricas é a possibilidade de recapacitação de usinas antigas, já próximas ou até mesmo além do fim de sua vida útil de projeto. Embora a recapacitação possa ser visualizada também para outros tipos de centrais (termelétricas, por exemplo), vamos nos ater às usinas hidrelétricas, em razão da grande possibilidade de sua aplicação no Brasil, onde diversos projetos de recapacitação já estão em andamento ou já foram efetivamente realizados.

De forma geral, todo o setor elétrico internacional está voltado aos estudos e projetos para a modernização e reabilitação de usinas hidrelétricas.

Muitas vezes, condicionantes de ordem econômica podem inviabilizar qualquer modificação na usina, levando o proprietário a continuar operando até a sua exaustão ou a desativá-la completamente. No entanto, existe

---

3 Ver Capítulo 1.

sempre a possibilidade de planejar o serviço de tal forma que possa ser executado ao longo de vários anos, conforme a disponibilidade econômica.

Sempre há real possibilidade de execução desses projetos em antigas usinas hidrelétricas, visto o baixo investimento para reabilitação de uma central elétrica que opera em situação precária e ineficiente.

A reabilitação de usinas hidrelétricas tem-se constituído um atrativo aos empresários voltados para o setor. Alguns benefícios desses investimentos são aqui sintetizados:

- Repotenciação: aumento da potência de saída e/ou do valor da eficiência da turbina e do gerador.
  - Beneficiamento marginal: por meio de modificações limitadas, pode-se atingir uma sobrepotência de até 15%.
  - Beneficiamento substancial: mediante modificações, tais como substituição de componentes vitais da turbina, pode-se chegar, em alguns casos, a uma sobrepotência de até 50%.
- Tempo de parada: redução do tempo de parada para manutenção, preditiva e não preditiva.
- Sobrevida: aumento da vida útil dos equipamentos principais da usina.
- Disponibilidade: redução de problemas com vibração e cavitação, além de redução de problemas mecânicos que poderiam resultar em uma falha catastrófica.

Com relação à repotenciação, no entanto, aspectos regulatórios têm diminuído o interesse dos empreendedores, uma vez que esbarram sempre na dificuldade que o empreendedor tem em modificar o valor da energia garantida da usina, pois é este valor que define o quanto será pago pela energia gerada.

No caso brasileiro, em que os atrasos no programa de execução de novas usinas hidrelétricas estão, cada vez mais, levando à deterioração da qualidade do produto – energia elétrica –, a repotenciação de usinas antigas torna-se atrativa. Isso porque os gastos de capital empregados e o tempo de reabilitação e modernização são bem menores do que a execução de uma nova obra. Parte-se do fato de que inovações tecnológicas verificadas nos últimos anos – na área de projetos de equipamentos, de sistemas de isolação e de materiais – propiciam a consideração de soluções que preconizam a melhora das unidades geradoras. Outro aspecto importante de tais projetos é que, pelo fato de se relacionarem com instalações já existentes, eles têm tido facilidade para inserção nos Mecanismos de Desenvolvimento Limpo (MDL) da Convenção do Clima e, portanto, no mercado dos créditos de carbono.

Hidrelétricas operando com rotação ajustável

As usinas hidrelétricas devem gerar energia adequada ao suprimento das cargas e com características que permitam sua conexão aos sistemas interligados, ou seja, com níveis de tensão e valores de frequência bem determinados. A necessidade de um valor fixo de frequência impõe que as turbinas hidráulicas, acopladas aos eixos dos geradores, operem em rotação fixa.

Essa necessidade de operar com rotação fixa, as características naturais de uma turbina e as variações das condições elétricas e hidráulicas ao longo do tempo de operação de uma usina podem resultar em redução da eficiência por longos períodos.

Uma turbina hidráulica é projetada para operar sob uma certa altura de queda d'água, com rotação definida, produzindo nessas condições sua potência nominal. Variações na altura de queda ou no regime de vazões, por conta de sazonalidades próprias do aproveitamento, também são levadas em consideração no projeto da turbina quando se busca maximizar a energia gerada; o que, no entanto, pode representar uma solução de compromisso com o máximo valor de rendimento do equipamento.

Muitas vezes, os engenheiros projetistas de turbinas alegam que a necessidade de operação em rotação fixa impõe limitações e até dificuldades (em alguns casos) para o projeto e operação de uma turbina.

Quando uma turbina encontra-se em operação, apenas a rotação deve manter-se invariável. A altura de queda d'água varia em função das características topográficas do reservatório e do regime de vazões afluentes e defluentes, podendo permanecer por longos períodos fora da região de máximo rendimento.

Do ponto de vista tecnológico, a evolução da eletrônica de potência nas últimas décadas viabiliza, hoje, a produção de dispositivos e equipamentos capazes de realizar o acoplamento entre subsistemas de diferentes frequências – gerador e transporte/consumidor. Tal acoplamento pode ser viabilizado por um elo de transmissão em corrente contínua (CC), por um sistema *back to back*, ou, ainda, por arranjos com conversores estáticos de frequência.

A partir dessas constatações e do resultado de um levantamento de aplicações e estudos sobre os possíveis esquemas que permitiriam a operação com rotação ajustável, diversos trabalhos de pesquisa foram desenvolvidos, no início da década de 1990, em termos internacionais e no âmbito do Departamento de Engenharia de Energia e Automação Elétricas da Escola Politécnica da Universidade de São Paulo, nas áreas de operação de hidrelétricas com rotação ajustável e conexão unitária em Corrente Contínua em Alta Tensão (CCAT), ou, no cenário internacional, High Voltage Direct Current (HVDC).

Essa área de estudo, naquele momento, constituiu pesquisa de ponta em nível mundial, pela qual procurou-se avaliar a viabilidade da utilização da rotação ajustável na geração hidrelétrica como forma de ampliar a eficiência energética do aproveitamento.

O referido departamento foi um dos líderes das pesquisas e estudos sobre a conexão unitária e suas aplicações a sistemas de transmissão CC de grande porte, além de ter atuado na coordenação e participado ativamente de grupo internacional do CIGRÉ sobre o assunto, como se pode verificar na bibliografia apresentada neste livro sobre o assunto.

Nesse contexto, embora houvesse, na época, certo consenso com relação à incorporação de alternativas de rotação variável, quando adequadas, a projetos hidrelétricos no país, existindo até mesmo a ideia de implantação de projeto piloto, isso não ocorreu, principalmente em razão dos aspectos de quebra de paradigmas associados a esse avanço tecnológico.

No entanto, perspectivas relacionadas com o desenvolvimento futuro de novos projetos de hidrelétricas (ou também de recapacitação) no Brasil, e mesmo mundialmente, indicam que a operação com rotação ajustável continua a ser uma possível alternativa a ser considerada em diversos projetos. Assim, optou-se por manter o assunto em evidência neste livro de geração.

É importante citar também que a evolução dessas pesquisas poderá incluir outros aspectos, delineados nessa fase inicial: alguns configurando uma extensão da pesquisa, como a aplicação do esquema para centrais termelétricas (turbinas a vapor e gás e geradores de polos lisos), e outros configurando novos desenvolvimentos tecnológicos, tais como projeto de turbinas já adequadas para operação com rotação ajustável e máquinas menores e mais leves projetadas para operar com frequência variando em torno de um valor múltiplo do usual (na faixa de 120 a 180 Hz, sendo o limite máximo imposto pelo tipo de equipamento eletrônico utilizado e necessidades de comutação).

Na pesquisa enfocada, os benefícios energéticos decorrentes da operação em rotação ajustável foram estimados a partir de um programa computacional que simula a operação de uma usina hidrelétrica em ambos os regimes de rotação.

Do ponto de vista ambiental, analisou-se a redução dos níveis operativos do reservatório, com consequências diretas sobre o grau de impacto ambiental provocado pelo aproveitamento. A variável observada nesse caso foi a área inundada pelo reservatório.

Pelos resultados obtidos, a operação de uma usina hidrelétrica em regime de rotação ajustável mostra potencial de ganhos energéticos e ambientais significativos, mas a avaliação deve ser realizada caso a caso, dada a grande influência das características particulares de cada aproveitamento nos benefícios energéticos e/ou ambientais obteníveis.

A seguir, são apresentados aspectos básicos dos temas, os trabalhos mais relevantes desenvolvidos em torno deles são indicados na bibliografia deste livro.

Usinas hidrelétricas em rotação ajustável: fundamentos

A forma clássica de operação

A necessidade de um valor fixo, a não ser por pequenas oscilações de frequência, impõe que as turbinas hidráulicas, mecanicamente acopladas ao eixo dos geradores, devam operar em rotação também fixa, estabelecendo o que pode ser caracterizado por uma espécie de camisa de força ao aproveitamento desses recursos energéticos. O valor dessa rotação síncrona é dado pela expressão:

$$N = \frac{f}{p} \times 60 \quad (1)$$

Nessa expressão, N representa a rotação síncrona do gerador em rpm; f, a frequência do sistema em Hz; e p, o número de pares de polo do gerador.

Por essa razão, uma turbina hidráulica para um determinado aproveitamento é, normalmente, projetada para operar sob uma certa altura de queda d'água, com rotação definida, produzindo, nessas condições, a potência P_p correspondente à vazão Q_p. Considerando-se que a condição associada a P_p e Q_p corresponde ao maior rendimento da turbina e projetando-se para a altura de queda d'água e vazão mais frequentemente esperadas, visualiza-se o melhor uso dessa turbina. Para condições diferentes de altura de queda d'água e vazão, o rendimento será, normalmente, menor, conforme pode ser visto na Figura 2.24.

A figura apresenta as curvas de colina normalizadas para uma turbina hidráulica e é bastante cômoda para ilustrar as vantagens da operação com rotação ajustável.

De acordo com o exposto, quando a turbina encontra-se em operação, as condições físicas não reproduzem as de projeto durante todo o período, apenas a rotação deve manter-se invariável.

Além dessas variações da altura de queda d'água e vazões, a potência fornecida pela usina também varia em função de alterações de carga do sistema elétrico ou de requisitos operativos.

Assim, o ponto de operação da turbina pode afastar-se do ponto de máximo rendimento por longos períodos. Esse afastamento pode ser maior conforme as variáveis básicas – carregamento elétrico, altura de queda d'água e vazão – se afastarem das condições de projeto.

O conceito de operação em rotação ajustável

A operação de usinas hidrelétricas com rotação diferente da síncrona é um tema pouco explorado na literatura técnica específica. A adoção dessa forma de operação pode ser pensada, a princípio, em termos de pequenas e minicentrais hidrelétricas que operam isoladas dos sistemas

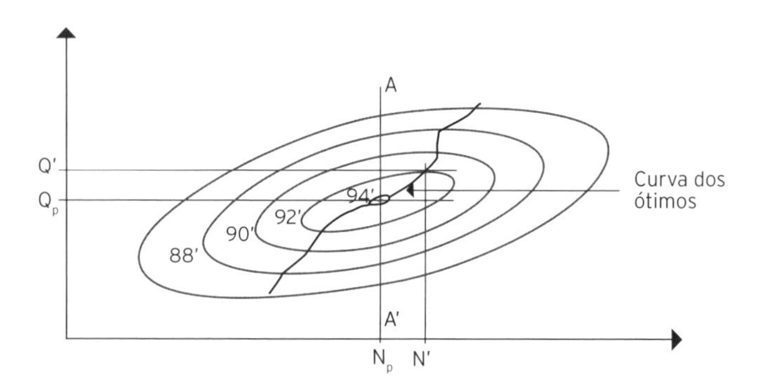

Figura 2.24 Curvas de colina da turbina.

interligados ou naqueles casos que façam uso de tecnologias que permitam desvincular a frequência de geração da frequência do sistema.

O princípio conceitual da operação em rotação ajustável consiste em ajustar a rotação da turbina, em função das condições operativas do momento, potência elétrica, vazão e, principalmente, da altura de queda d'água existente, visando operar no ponto de maior rendimento possível. A Figura 2.24, apresentada anteriormente, permite visualizar o princípio de operação em rotação ajustável.

Suponha-se a turbina operando no ponto (Np, Q'), sob o regime de rotação fixa. Esse ponto de operação corresponde à altura de queda H, relacionada com a rotação N e o diâmetro D pela expressão (2):

$$N_{11} = \frac{N.D}{\sqrt{H}} \quad (2)$$

Assim, para N fixo, um dado valor de H define um segmento de reta, perpendicular ao eixo das abcissas, como o lugar geométrico dos possíveis pontos de operação, e qualquer variação de H resulta na translação horizontal desse segmento.

Como pôde ser observado na Figura 2.24, qualquer variação de Q, e portanto de P, desloca o ponto de operação sobre o segmento de reta AA', anteriormente definido.

Na operação em rotação ajustável, pode-se quebrar a vinculação com a altura de queda disponível, por meio de atuação na rotação. Assim, para um dado valor de vazão disponível ou desejável, busca-se o ponto de operação que resulte em maior rendimento e só então define-se a rotação de trabalho.

Retornando à Figura 2.24, o novo ponto de operação passa a ser (N', Q'). O conjunto de pontos de máximo rendimento, definido para cada valor de vazão, constitui a curva ótima de rendimento da turbina, que deve estar impressa no regulador de velocidades.

Tecnologias disponíveis para adoção da rotação ajustável

As principais tecnologias já disponíveis que permitem a quebra de vínculo entre as frequências de diferentes sistemas são brevemente apresentadas a seguir.

A conexão unitária gerador-conversora

O princípio básico da conexão unitária gerador-conversora consiste em conectar diretamente o gerador síncrono (ou mesmo assíncrono) à ponte conversora Corrente Alternada – Corrente Contínua (CA-CC), sem a necessidade de um estágio de transformação anterior. A Figura 2.25 apresenta um diagrama esquemático dessa configuração.

Nessa configuração, o barramento CA foi eliminado, conectando-se diretamente o conjunto turbina-gerador ao transformador conversor. Assim, no terminal retificador, podem ser dispensados os filtros CA, os elementos de chaveamento CA, bem como os dispositivos de proteção associados, o transformador elevador e o disjuntor do gerador, elementos presentes na configuração convencional.

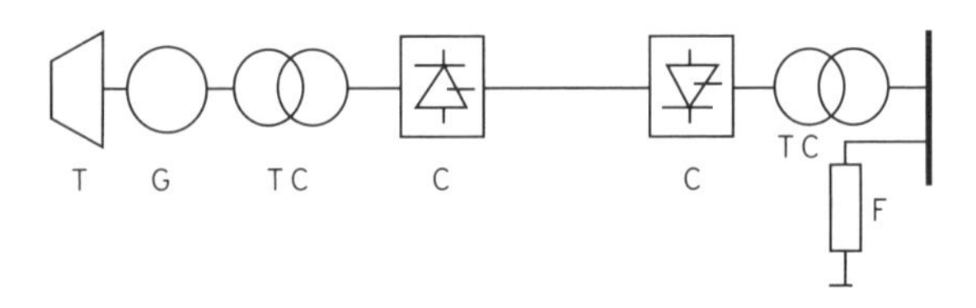

Figura 2.25 Esquema básico de conexão unitária.

A representação anterior indica apenas as simplificações impostas a esquemas básicos, visto que, para grandes aproveitamentos, há necessidade de compatibilizar o número de unidades geradoras com o nível de tensão escolhido para transmissão, o que pode propiciar arranjos mais complexos. Tal complexidade, ainda que de outra maneira, atinge também os sistemas convencionais.

Esse esquema pode ser usado tanto para linhas em corrente contínua a longa distância como também para sistema sem linha CC. Nesse caso, seria usado o esquema *back to back*, com retificador e inversor localizados lado a lado e conexão à rede via linha CA.

O cicloconversor

O cicloconversor é um conversor CA-CA que, acoplado por meio de anéis ao rotor bobinado da máquina assíncrona, alimenta-o com tensão na frequência equivalente à diferença entre a rotação síncrona e a rotação mecânica do rotor (Figura 2.26). Essa tecnologia tem sido utilizada principalmente em usinas reversíveis, atingindo até centenas de MegaWatts.

Uma vantagem do cicloconversor em relação à conexão unitária pode estar no dimensionamento de sua capacidade, que deve ser equivalente à potência de escorregamento da máquina.

Assim, para operação com baixo valor de escorregamento, a potência do sistema eletrônico pode ser reduzida a 10 ou 15% da potência da unidade geradora, contra a potência nominal, no caso da conexão unitária ou *back to back*. É importante lembrar, no entanto, que esse esquema apresentará sobrecustos no gerador, em razão da necessidade de enrolamento trifásico no rotor, afetando também as dimensões do próprio estator.

O cenário internacional da operação com rotação ajustável

A operação de usinas hidrelétricas com rotação ajustável constitui uma alternativa cada vez mais considerada e, embora aplicada a um pequeno número de aproveitamentos, apresenta forte tendência de crescimento.

Para permitir uma visualização do cenário atual dessa tecnologia, que indica claramente a possibilidade de sua aplicação imediata, sumarizam-se, a seguir, algumas aplicações e resultados significativos mais recentes.

Com relação às aplicações, podem-se citar a utilização do cicloconversor para controle da rotação em usinas no Japão com máquinas de até 400 MW e o uso do cicloconversor em conjunto com a mudança do número de polos, como no aproveitamento de Pan Jia Kou, na China. Além disso, alternativas com rotação ajustável têm sido visualizadas e cotadas em concorrências atuais.

No que se refere às técnicas, métodos de análise e especificação e estudos de simulação, um considerável número de trabalhos tem sido realizado. Nesse sentido, e sempre voltados ao uso da conexão unitária, podem ser citados os trabalhos de pesquisa efetuados no Brasil, por meio de convênio da Universidade de São Paulo (USP) com a Eletrobrás, trabalhos conjuntos de grupos do Brasil com o Canadá e pesquisas do Grupo de

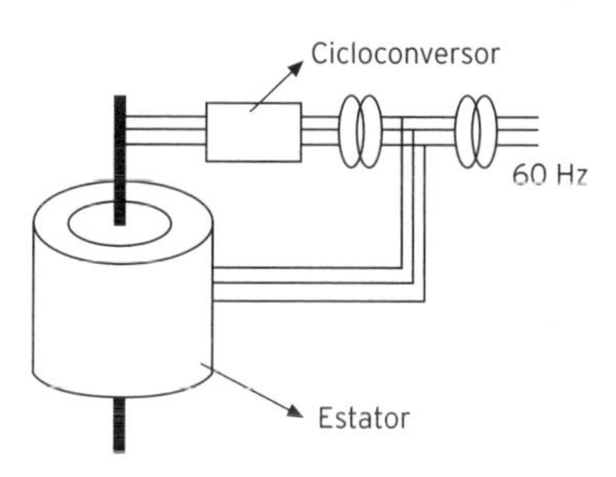

Figura 2.26 Esquema do cicloconversor.

Trabalho em Conjunto – Joint Working Group (JWG) – 11/14-09 do Comitê Nacional Brasileiro de Produção e Transmissão de Energia Elétrica (Cigré), em que houve grande participação de profissionais brasileiros.

Estudos para avaliação de viabilidade

Nos casos em que se justifica a transmissão em corrente contínua a longa distância, a conexão unitária se impõe quase que automaticamente, devido à economia que traz à casa de máquinas e às estações conversoras. Mesmo que haja cargas a serem alimentadas em CA próximas à geração, deve ser avaliada a possibilidade de dedicar um ou mais geradores (de qualquer porte) a essas cargas e construir o restante da geração no esquema da conexão unitária.

Nos casos em que não há linha de transmissão CC, a avaliação da viabilidade do uso da rotação ajustável com relação ao sistema tradicional, de uma maneira simples, pode ser vista como uma comparação dos custos adicionais (eletrônica de potência, rotores maiores e mais potentes, eventuais sobrecapacidades necessárias etc.) na geração com os benefícios de maior produção de energia e/ou ganhos ambientais. Por conta das características específicas de cada aproveitamento, a análise deverá ser efetuada considerando operação com rotação fixa ou com rotação ajustada. Avaliações desse tipo são apresentadas a seguir.

Avaliações efetuadas e resultados

A partir de um programa computacional que permite simular a operação de uma usina hidrelétrica em regimes de rotação fixa e ajustável, foi possível estimar os benefícios energéticos decorrentes dessa nova forma de operação.

O programa usa, para representação da turbina, a curva de colina digitalizada, os valores médios mensais de vazões e as características operacionais da usina, adotando a carga representada por uma curva de carga diária com até três patamares.

Uma série de simulações, com dados de usinas existentes, indicou que as vantagens da operação com rotação ajustável serão maiores quanto maior for a variação da queda útil durante a vida da usina.

Aproveitamento de médio porte

Para avaliar os benefícios da rotação ajustável em aproveitamento de médio porte, foram utilizados os dados da UHE Caconde. Essa usina tem potência instalada total de 80 MW com duas unidades, queda de referência de 101 m, vazão nominal 94 m³/s, variação operativa da cota de 24,3% e fator de capacidade 0,65.

A escolha desse aproveitamento justifica-se, pois a utilização de regimes de operação com rotação ajustável é potencialmente maior em aproveitamentos com grande variação da altura de queda.

A princípio, procurou-se avaliar a possibilidade de ganho energético frente à operação em rotação ajustável quando comparada com a forma convencional de operação. Assim, para vários padrões de curvas de carga, com diferentes valores máximos, o aproveitamento foi simulado operando no regime de rotação fixa e, a seguir, mantendo-se no mínimo as mesmas condições de solicitação, operando no regime de rotação ajustável. A Tabela 2.1 resume os principais resultados obtidos nessa simulação. Nela, a coluna "Energia diária" indica a solicitação diária imposta ao aproveitamento, tomada como referência para a operação em rotação fixa.

Na operação em rotação ajustável é possível gerar mais energia com a mesma quantidade de água. Assim, a solicitação imposta é maior. O ganho anual de energia foi obtido por meio da comparação entre a energia gerada em ambas as condições, procurando igualar a quantidade de água turbinada nos dois modos durante o intervalo de simulação.

Tabela 2.1 Resultados UHE Caconde

ENERGIA DIÁRIA ROTAÇÃO FIXA (MWH)	FATOR DE CARGA	GANHO ANUAL DE ENERGIA (%)	FAIXA DE VARIAÇÃO DA ROTAÇÃO (%)	
			SUPERIOR	INFERIOR
1.443	0,75	3,2	−6,1	−17,0
1.224	0,75	4,1	−5,5	−17,0
1.251	0,65	3,7	−3,9	−17,0
1.[illegible]	0,65	3,0	−2,4	−17,0
1.059	0,65	1,6	−0,2	−12,7

Esses resultados mostram que o ganho anual de energia obtido pode ser bastante significativo, acima de 4,1% do total da energia transmitida.

A integração ambiental foi analisada qualitativamente, como se demonstra a seguir. Para isso, avaliou-se a possibilidade de redução dos níveis operativos do reservatório. Foi simulada a operação da usina, sob rotação ajustável, com valor da cota máxima do reservatório inferior àquele adotado na rotação fixa, porém, com a mesma solicitação energética.

Os resultados obtidos são dependentes das características físicas do reservatório representadas pelas funções que relacionam a cota do reservatório com seu volume e com a área ocupada pelo espelho d'água. As simulações apontam, nesse caso, possível redução de até 6% da área alagada com o mesmo valor de energia gerada.

Essa tabela mostra o quão significativa pode ser a redução da área alagada no caso da usina de Caconde. Convém lembrar que, para uma usina em fase de projeto, a redução do nível do reservatório implica uma redução dos custos da obra civil. Além disso, outras simulações foram implementadas a fim de verificar a influência de diferentes tipos de turbinas no aumento de eficiência da usina de Caconde. Segundo opiniões e sugestões de especialistas, se a turbina for projetada desde o início para trabalhar com rotação ajustável, é plenamente possível obter curvas de eficiência com valores máximos mais elevados e mínimas características desfavoráveis. Assim, simulou-se uma situação considerando o uso das curvas de eficiência com valores máximos mais elevados do que as características usuais (acréscimo de 1,5%).

Os resultados mostram que ganhos acima de 1% podem ser obtidos e revertidos em uma redução do nível ou da área alagada do reservatório. Verifica-se que, nesse caso, a redução da área alagada pode chegar a mais de 8,5% do total.

Aproveitamento de grande porte

A UHE Cachoeira Porteira, em fase de projeto preliminar, foi utilizada como exemplo de aproveitamento de grande porte. Ela tem capacidade instalada de 700 MW, quatro unidades, queda de referência de 61 m, vazão nominal de 1.808 m e variação operativa da queda de 30,8%.

Esse aproveitamento foi avaliado para diferentes condições de vazão afluente e de carga. Por ser um aproveitamento de grande porte, seu comportamento foi avaliado para valores médios mensais de vazão afluente em três condições, para cada uma das quais foram impostas diferentes solicitações de carga.

Os resultados obtidos estão na Tabela 2.2 e ilustram que os possíveis ganhos são extremamente dependentes das características dos aproveitamentos. Nesse caso, embora os valores sejam menores que os de Caconde, ainda são significativos.

Considerando-se o valor da cota máxima, as simulações realizadas apontaram a possibilidade de redução de até 2 m nessa cota, sem diminuição significativa da energia gerada. Essa redução significa diminuir a área alagada em 12,3%.

Tabela 2.2 Resultados para UHE Cachoeira Porteira

ENERGIA DIÁRIA (GWH)	FATOR DE CARGA	GANHO ENERGÉTICO ANUAL			FAIXA DE VARIAÇÃO DA ROTAÇÃO	
		MÉD. Q (1931-88) (%)	MÁX. Q (1983) (%)	MÍN. Q (1971) (%)	SUPERIOR (%)	INFERIOR (%)
11,76	0,7	1,6	1,0	---	−6,0	−24,3
10,08	0,6	1,0	0,84	1,5	−10,2	−17,1
8,40	0,5	1,5	1,2	2,4	−7,0	−28,1
6,72	0,4	1,1	1,0	2,1	−14,9	−19,6
5,04	0,3	---	---	1,2	−15,1	−16,9

Finalmente, as simulações realizadas consideraram dados de uma possível usina reversível brasileira – Usina de Pedra do Cavalo –, para a qual foram feitos somente estudos preliminares. Neles foram consideradas uma capacidade total de geração de 620 MW (quatro unidades de 155 MW), uma capacidade de bombeamento de 300 MW (duas unidades) uma barragem de 106 m e turbinas Francis. Diferentes ciclos de operação foram simulados considerando as estações seca e úmida. Esses resultados mostraram que ganhos anuais significativos de energia, em um intervalo de 3 a 4%, podem ser obtidos se a operação em rotação ajustável for considerada. Convém notar que esquemas reversíveis podem implicar um papel significativo no sistema elétrico brasileiro interligado, uma vez que aumentam a flexibilidade de operação, com a transferência de pacotes de energia de uma região para outra, onde podem ser armazenados em usinas reversíveis mais bem localizadas. Além disso, o país tem um grande potencial para esse tipo de usina. Estudos realizados recentemente (1986) mostram isso: somente na região Sudeste, uma capacidade acima de 43 GW pôde ser vislumbrada.

Considerações a respeito da operação com rotação ajustável

Os resultados da pesquisa mostram que ganhos significativos em eficiência energética podem ser obtidos da operação em rotação ajustável de usinas hidrelétricas. Além disso, essa eficiência pode ser revertida em uma diminuição do nível máximo do reservatório da hidrelétrica, resultando em uma diminuição da área alagada com consequente diminuição do impacto ambiental do empreendimento. Uma ponderação entre os ganhos e os benefícios obtidos deve ser estudada durante a análise do projeto.

Os resultados mostram também que as perspectivas de benefícios são extremamente dependentes das características específicas de cada projeto e, usualmente, quanto maior o desnível d'água, maiores os benefícios. Assim, a operação em rotação ajustável é indicada como uma alternativa séria para a solução do projeto.

As diferentes configurações apresentadas, baseadas nas tecnologias de CCAT e cicloconversores, permitem às usinas hidrelétricas operarem em rotação ajustável. Para grandes pacotes de energia e longas distâncias de transmissão, o sistema CCAT (HVDC) aparece como solução natural e sugere-se o esquema de conexão unitária e operação em rotação ajustável para que benefícios significativos sejam obtidos. Para outros projetos com capacidade mais baixa ou distâncias menores, uma análise econômica será necessária a fim de verificar se os benefícios energéticos são suficientes para cobrir os custos das duas possíveis alternativas de configurações: conexão unitária/*back to back* e cicloconversores. Esse balanço deve ser cuidadosamente avaliado, excetuando-se casos em que aspectos ambientais sejam suficientemente fortes e os benefícios ambientais justifiquem, de antemão, o uso de rotação ajustável.

Finalmente, os resultados mostram que outros benefícios ainda podem ser obtidos se, conforme sugerem os especialistas em turbinas, essas máquinas forem projetadas desde o início para operar em rotação ajustável, o que significa uma mudança nos critérios e metodologias usados atualmente.

POTÊNCIA GERADA E ENERGIA PRODUZIDA

Conforme já apresentado, as principais variáveis de uma central hidrelétrica que atuam diretamente na potência elétrica possível de ser gerada são a altura de queda d'água e a vazão da água passando pelas turbinas. A análise energética de um aproveitamento hidrelétrico permite verificar que a energia útil será relacionada praticamente apenas com a energia potencial disponível e que a potência elétrica possível de ser obtida é dada por:

$$P = \eta_{TOT} \times g \times Q \times H$$

Em que: η_{TOT}: rendimento total do conjunto; g: aceleração da gravidade: 9,8 m/s^2; Q: vazão (m^3/s); H: queda bruta (m); P: potência elétrica (kW).

O rendimento total (η_{TOT}) pode ser dado por $\eta_{TOT} = \eta_H \times \eta_T \times \eta_g$, sendo η_H o rendimento do sistema hidráulico; η_T, o rendimento da turbina e η_g, o rendimento do gerador.

Valores típicos são:

$$0{,}76 \leq \eta_{TOT} \leq 0{,}87 \text{ com } \eta_H \geq 0{,}96$$
$$0{,}94 \geq \eta_T \geq 0{,}88$$
$$0{,}97 \geq \eta_g \geq 0{,}90$$

A energia produzida por essa central, durante um ano, é dada por:

$$E = P \times FCU \times 8.760 \text{ horas}$$

Em que: P é a potência máxima fornecida durante o ano (que pode confundir-se com a potência instalada); FCU é o Fator de Capacidade da Usina, ou seja, a relação entre a potência média no ano e a potência máxima (de pico); 8.760 é o número de horas no ano.

ASPECTOS BÁSICOS PARA INSERÇÃO NO MEIO AMBIENTE

Para orientar um projeto rumo ao desenvolvimento sustentável, será necessário alterar o paradigma atual de desenvolvimento e integrar a análise técnica e econômica a uma avaliação global que considere os benefícios e impactos sociais e ambientais que os projetos sob análise irão causar nas comunidades afetadas. Devem-se abordar os problemas de uma forma multidisciplinar e holística, procurando sempre atingir um conjunto de objetivos que atenda a um número cada vez maior de interesses. No caso da engenharia de recursos hídricos, é fundamental ter em mente diversos aspectos de importância: o inter-relacionamento entre a poluição do ar, da água e dos resíduos sólidos; a influência do abastecimento de água na concentração e dispersão da população; correlações entre sistemas de abastecimento de água e sistemas de produção de energia hidrelétrica. Além disso, é fundamental dar extrema atenção à necessidade de atendimento à regulamentação existente e à sua evolução, e também à criação e ao aperfeiçoamento de organismos que possam planejar e gerenciar adequadamente aspectos relativos aos recursos hídricos, dando suporte financeiro e político para o sucesso dos empreendimentos.

Identificação e análise dos principais impactos ambientais

A avaliação de impactos ambientais de projetos que usam recursos hídricos é um tema extremamente amplo e depende largamente de características específicas de cada caso. Dessa forma, não há, nem pode haver, pretensão de aprofundar esse assunto em um livro com o objetivo aqui perseguido. Um cenário mais abrangente que o aqui apresentado pode ser encontrado em algumas referências apresentadas ao final deste livro, tais como os livros *Energia elétrica e sustentabilidade* (Reis e Santos, 2014) e *Hidrelétricas, meio ambiente e desenvolvimento* (Müller, 1996).

No entanto, para dar uma ideia de sua importância e extensão, sumariza-se a seguir o conjunto dos principais tópicos constantes de alguns Estudos de Impacto Ambiental (EIA) elaborados para a construção de hidrelétricas.

Meio físico: biótico

Geologia e geomorfologia

Estabilidade das encostas

As oscilações sazonais de níveis d'água, principalmente se acentuadas, devem ser avaliadas, pois poderão, em função do local e do material de sua formação, provocar escorregamentos ou deslizamentos de terra nas margens dos lagos formados.

Assoreamento

As tendências de assoreamento dos reservatórios devem ser avaliadas em função das características do curso d'água e dos materiais e formação geológica de seu leito e da região.

Com base em estudos e análises de forte característica geológica, devem ser tomados cuidados especiais com aspectos expressivos relacionados ao assoreamento.

Aspectos paisagísticos

Verifica-se, na área em estudo, a situação do rio em questão e de seus tributários mais significativos com relação à retenção das águas quando do barramento fluvial, com vistas às áreas inundáveis.

Em certas situações, mesmo que as áreas inundadas possam ser consideradas pequenas, é necessário ressaltar os casos em que a formação do reservatório possa criar áreas isoladas, limitadas, por um lado, pelo próprio reservatório e, por outro, por quebras de relevo. Essas áreas, que apresentam barreiras naturais constituídas pelas quebras de relevo, favorecem a reconstituição da paisagem, por meio da recomposição da vegetação local, mesmo que essa vegetação tenha se apresentado degradada a princípio.

Recursos minerais

Com a formação de reservatórios, podem ser inundados depósitos de materiais naturais usados em construção, pequenas indústrias etc., existentes ao longo do rio e de seus tributários.

Apenas para exemplificar, pode-se citar, no estado de São Paulo, o caso de reservatórios que inundaram depósitos de materiais argilosos usados por indústrias oleiro-cerâmicas da região. Nesses casos, a formação dos reservatórios acarretou também uma dificuldade maior de extração de areia nos diversos portos desse material. Com a criação dos reservatórios propostos, esses depósitos, submersos ao longo do rio, ficaram situados em profundidades maiores.

Hidrogeologia

As condições de ocorrência e distribuição das águas subterrâneas, na área de influência dos reservatórios, também devem ser avaliadas. Em um projeto estudado, por exemplo, foram previstos os seguintes principais impactos ambientais:

- Alteração do regime das águas subterrâneas, com elevação do nível do lençol freático.
- Aumento de disponibilidade de águas subterrâneas.
- Possibilidade de contaminação do aquífero por resíduos de agrotóxicos.

A elevação do nível freático provocará o surgimento de novas nascentes e zonas úmidas e/ou alagadas em propriedades rurais e, sobretudo, problemas de drenagem.

Qualidade das águas

A avaliação do efeito dos reservatórios na qualidade das águas é também de grande importância. O resumo dos resultados obtidos em um EIA para dois reservatórios previstos em um mesmo rio exemplifica, a seguir, esse tipo de avaliação.

Como os dois reservatórios enfocados apresentam baixo tempo de residência, os impactos na qualidade da água provenientes de outros reservatórios a montante destes, não será relevante. Entretanto, deve-se atentar para o risco de contaminação durante o enchimento, por conta da inundação de propriedades e áreas agrícolas e da vegetação. O impacto na qualidade da água causado pela entrada de agrotóxicos utilizados em atividades agrícolas deve ser cuidadosamente avaliado e controlado, pois poderá perdurar durante a vida útil dos reservatórios.

Solos

Os impactos esperados sobre os solos estão ligados ao conjunto das obras de engenharia, tais como instalação do canteiro de obras, abertura das estradas de serviço, áreas de empréstimo e de deposição de descartes, estrada de interligação das usinas e, finalmente, a própria formação dos reservatórios. Dessas ações, a formação do reservatório pode, muitas vezes, ser a mais importante, por significar, por exemplo, perda de importante produção agrícola, de recursos minerais etc.

Vegetação e fauna

Apresenta-se aqui, como exemplo, um resumo dos reservatórios citados anteriormente.

A perda de vegetação das pequenas faixas de mata ciliar e de várzea e de pequenas propriedades, por causa da formação do lago, pode aumentar a pressão sobre outras áreas ainda remanescentes. Porém, se houver ações para reintroduzir espécies nativas, criar faixa de segurança ecológica ou implantar santuários com preservação de ecossistemas, poderá haver impactos positivos. Com a formação dos reservatórios, espera-se redução no número de peixes, causando menor impacto naqueles com hábitos mais sedentários e redução ainda maior no que se relaciona com mamíferos e aves, uma vez que a redução da vegetação ainda existente irá afetar seus abrigos, ninhos e fontes de alimento.

Socioeconomia

Visando principalmente ilustrar a extensa gama de assuntos a serem abordados de forma holística, multidisciplinar e integrada com os outros aspectos já citados, os impactos socioeconômicos da construção e operação de novas hidrelétricas podem abranger uma enorme gama de aspectos, alguns dos quais são enfatizados a seguir.

- É importante avaliar o impacto dos novos projetos no perfil da região do ponto de vista demográfico, enfocando, por exemplo, a população total e a participação das populações rurais e urbanas.
- Deve-se enfatizar não só o efeito do processo desapropriatório que ocorrerá na área, provavelmente degradando a qualidade de vida de pequenos proprietários, moradores e arrendatários, como também o da chegada de população atraída por possibilidades de empregos no empreendimento.
- A qualidade de vida da população poderá deteriorar-se pela dificuldade de obtenção de emprego, durante e após o período das obras, e pelo aumento da demanda por serviços sociais básicos.
- As oportunidades de trabalho geradas pelos empreendimentos durante a construção poderão ser preenchidas por população proveniente de fora da região, não sendo, portanto, criadoras de novos empregos locais.
- A desapropriação de terras produtivas implicará mudanças na vida econômica dos municípios e dos pequenos proprietários, moradores e arrendatários. Essa população será provavelmente deslocada para regiões distantes e sofrerá impacto, não só em função do forte significado cultural e afetivo que tem a ligação com a terra, como também pelo rompimento de relações de vizinhança.
- Durante o período de construção, alterações de várias ordens irão ocorrer, provocando transtornos à população local: a alocação na área de trabalhadores solteiros que, em momentos de lazer, se dirigirão aos núcleos urbanos ou povoados próximos e normalmente associarão ao lazer, nessas situações, o alcoolismo, a prostituição e a violência.
- As obras das represas produzirão acidentes de trabalho, aumento de doenças sexualmente transmissíveis e da violência. Esses fenômenos resultarão em um aumento da demanda por serviços de saúde, pressionando a infraestrutura existente. A possível ampla dispersão das infecções intestinais pode trazer aumento da mortalidade infantil.
- O incremento do tráfego, sobretudo de veículos pesados, poderá acarretar um aumento de acidentes de trânsito.

- A restrição de áreas normalmente utilizadas para o lazer, principalmente os ranchos de pesca, é outra consequência dos empreendimentos.
- O enchimento dos reservatórios levará a um aumento dos acidentes com animais peçonhentos.
- Uma vez cheio o lago, haverá a formação de ambientes propícios à proliferação de diversos outros vetores, como os de febre amarela, malária, esquistossomose, doença de Chagas, leishmaniose etc.
- Do ponto de vista econômico, a construção das hidrelétricas poderá criar potencial para promover o desenvolvimento regional, desde que se criem condições e incentivos para atração de investimentos que poderão ser realizados em função das vantagens locacionais.
- Nesse caso, deve-se atentar para o problema associado ao maior valor de mercado das terras da região, que dificultará a permanência dos desapropriados em suas atividades econômicas originais, acentuando a concentração de terras existentes.
- Além disso, deve-se levar em conta, prioritariamente, a vocação econômica da região.
- Ao término das obras de implantação das usinas, as cidades que receberem as vilas residenciais e os locais onde forem construídos os canteiros de obras disporão de uma infraestrutura que poderá ser reaproveitada sob diversas formas, a serem definidas.

Durante a construção, poderá haver um aumento das doenças sexualmente transmissíveis, em função do afluxo de trabalhadores do sexo masculino que ficarão afastados de suas famílias. O seu relativo confinamento favorecerá a ampla transmissão de doenças infectocontagiosas e parasitárias na região, podendo também afetar a população em derredor.

Perspectivas futuras

As perspectivas futuras das hidrelétricas, tanto de grande porte como PCHs, no sistema brasileiro dependem fortemente do encaminhamento das questões socioambientais e dos problemas regulatórios associados a esse tipo de usina, cuja construção tem encontrado forte resistência, justamente em razão desses problemas.

Nesse contexto, tais perspectivas não dependerão somente da introdução de avanços no desenvolvimento tecnológico e no tratamento das questões socioambientais das hidrelétricas, enfocados neste capítulo, mas também da avaliação integrada considerando diferentes alternativas de produção e de complementação de energia elétrica enfocadas no Capítulo 9 deste livro.

QUESTÕES PARA DESENVOLVIMENTO E EXEMPLOS RESOLVIDOS

Questões para desenvolvimento

1. Os aproveitamentos hidrelétricos, em um contexto de desenvolvimento sustentável, deveriam integrar-se em um processo maior, o da gestão da água. Cite as principais características dessa gestão, os outros principais usos da água e apresente como as hidrelétricas deveriam ser enfocadas nesse contexto.
2. Quais as grandes consequências de se efetuar o planejamento e dimensionamento de usinas hidrelétricas de forma fragmentada, fora do contexto da gestão da água?
3. Descreva sucintamente as principais características e possíveis benefícios dos Comitês de Bacias Hidrográficas.
4. Cite os principais aspectos sociais e ambientais a serem considerados no planejamento e dimensionamento de usinas hidrelétricas.
5. Quais grandezas básicas definem a potência instalada de usinas hidrelétricas? Quais dessas grandezas (variáveis) levam especificamente à identificação da energia hidrelétrica como renovável? Por quê?
6. Cite alguns métodos usuais para medição da vazão em um curso d'água. Descreva o método dos molinetes. Considerando que a maioria dos métodos mede velocidade, como se obtém a vazão?
7. O que é curva chave de uma determinada seção reta de um rio? Qual sua principal utilidade?
8. Explique sucintamente o conceito de transposição, que permite estimativa da vazão em uma seção reta de um rio como função da vazão em um posto de medição e de outras características da bacia hidrográfica.
9. O que é a regularização do rio? Como e por que é efetuada?
10. O que são aproveitamentos hidrelétricos a fio d'água e com regularização de vazão? O que é a energia firme de um aproveitamento hidrelétrico? Qual a diferença entre energia firme de aproveitamento se ele for desenvolvido a fio d'água ou com regularização da vazão?

11. O que são as curvas Área x Altitude e Volume x Altitude? Para que servem?
12. Apresente sucintamente o diagrama Rippl para uma seção reta de um rio e explique como se obtém a vazão média, no caso de regularização total da vazão. Explique, indicando na figura, as situações em que há enchimento e esvaziamento do reservatório.
13. Com base no diagrama de Rippl (ver questão 12), explique sucintamente como se efetua a regularização parcial da vazão.
14. Compare, apontando as vantagens e desvantagens:
    a) regularização total da vazão;
    b) regularização parcial da vazão.
15. Indique as principais partes componentes de um aproveitamento hidrelétrico e a função principal de cada uma.
16. O que são as centrais hidrelétricas reversíveis? Qual a sua principal função?
17. Como são classificadas as usinas hidrelétricas quanto à potência? Cite alguns aspectos das pequenas, míni e microcentrais hidrelétricas que fazem com que difiram largamente das médias e grandes centrais hidrelétricas.
18. Quais os principais grupos de turbinas hidráulicas? O que é a rotação específica?
19. Como as turbinas hidráulicas podem adequar-se melhor aos aproveitamentos com:
    a) grandes quedas d'água e pequenas vazões;
    b) quedas d'água e vazões intermediárias;
    c) pequenas quedas d'água e grandes vazões.
20. Indique o tipo mais adequado a cada situação.
21. Dispondo-se de uma série histórica de vazões em um posto de medição A, deseja-se obter o conjunto de vazões regularizadas parciais na seção reta B de um rio da mesma bacia, assim como a área inundada e o volume do reservatório, para uma barragem de altura H (correspondente a uma cota ou altitude). Com base na lista de cálculos ou ações abaixo, indique a ordem certa para obtenção das informações desejadas.
    a) Curva Volume X Altitude.
    b) Integração da curva de vazões – cálculo do volume d'água passante na seção reta.
    c) Curva Área X Altitude.
    d) Aplicação da fórmula de transposição de vazões.
    e) Construção de curva paralela à curva de vazões integradas, distante da original de uma distância correspondente ao volume V do reservatório.

f) Aplicação do método Conti-Vallet.

22. O que é o fenômeno da cavitação? Como ele afeta o desempenho das turbinas hidráulicas? Como se deve agir em relação a ele?

Exemplos resolvidos

1. Em um aproveitamento hidrelétrico, o nível de montante encontra-se na cota de 890 m; e o de jusante, na de 750 m. Sabendo-se que a vazão é de 60 m³/s, o comprimento equivalente do encanamento de adução de 4,50 m de diâmetro é de 1.000 m; o rendimento total da turbina, 0,92; e do alternador, 0,94, determine:

   a) as quedas e os trabalhos específicos bruto e disponível;

   b) as potências bruta, disponível, no eixo e elétrica;

   c) os rendimentos do sistema de admissão e total do aproveitamento.

   Assumir adução com encanamento de aço soldado, com λ = 115.

Solução

A queda bruta, no caso, é:

$H = 890 - 750 = 140$ m

$Q = 60$ m³/s

As perdas nos condutos H_P podem ser calculadas, no caso, pela seguinte fórmula empírica:

$$H_p = 10{,}643 \times \left(\frac{Q}{\lambda}\right)^{1,85} \times D^{-4,87} \times L =$$

$$= 10{,}643 \times \left(\frac{60}{115}\right)^{1,85} \times 4{,}5^{-4,87} \times 1000 = 2{,}1$$

Então podem ser efetuados os cálculos pedidos:

a) Trabalho específico – Bruto: $Y = g \times H = 9{,}81 \times 140 = 1.373{,}4$ J/kg

   Disponível: $Y_d = g \times Hd = g \times (140 - 2{,}1) = 1.352{,}8$ J/kg

b) Potência

   Potência Bruta:

$$P_b = \rho Q Y = \frac{1.000\ \text{kg}}{\text{m}^3} \times 60\ \text{m}^3/\text{s} \times 1.373{,}4\ \text{J/kg} = 82.404\ \text{kW}$$

Potência disponível: $P_d = \rho Q Y_d = 81.168$ kW.

Potência no eixo: $Pot_{eixo} = P_{disponivel} \times \eta_{Turb} = P_{disp} \times 0{,}92 = 74.675$ kW.

Potência elétrica: $P_{el} = Pot_{eixo} \times \eta_{geração} = Pot_{eixo} \times 0{,}94 = 70.195$ kW.

c) Rendimentos

Do sistema de admissão: $\eta_{admissão} = 137{,}9 / 140 = 0{,}985$.

Do sistema total:

$$\eta_{total} = 0{,}985 \times 0{,}92 \times 0{,}94 = \frac{\text{Pot. elétrica}}{\text{Pot. bruta}} = \frac{70195}{82404} = 0{,}852$$

2. Na Tabela 2.3, a seguir, constam as vazões médias mensais de um ano hidrológico típico de um determinado rio, em uma dada seção na qual se deseja construir um aproveitamento hidrelétrico.

O diagrama h = f(V) mostra os volumes acumuláveis em função da cota de inundação (nível d'água).

Tabela 2.3 Vazões médias mensais

MÊS	NÚMERO DE DIAS	VAZÕES MÉDIAS MENSAIS (M^3/S)
Jan	31	62,0
Fev	29	79,0
Mar	31	36,0
Abr	30	16,0
Mai	31	14,0
Jun	30	9,0
Jul	31	18,0
Ago	31	9,0
Set	30	13,0
Out	31	20,0
Nov	30	28,0
Dez	31	29,0

a) Admitindo-se que a máxima cota utilizável do reservatório esteja a 812,50 m, determine a máxima vazão regularizada que se pode conseguir por meio desse reservatório.

b) Qual o valor da vazão regularizada que se pode obter, que tenha uma permanência de, pelo menos, 50% do tempo?

c) Suponha que a análise integrada dessa hidrelétrica no sistema indicou que ela deveria ser motorizada para poder operar na ponta de carga, com fator de capacidade de 0,46 em qualquer época. Admitindo-se um desnível líquido máximo de 45 m, determine a potência a ser instalada.

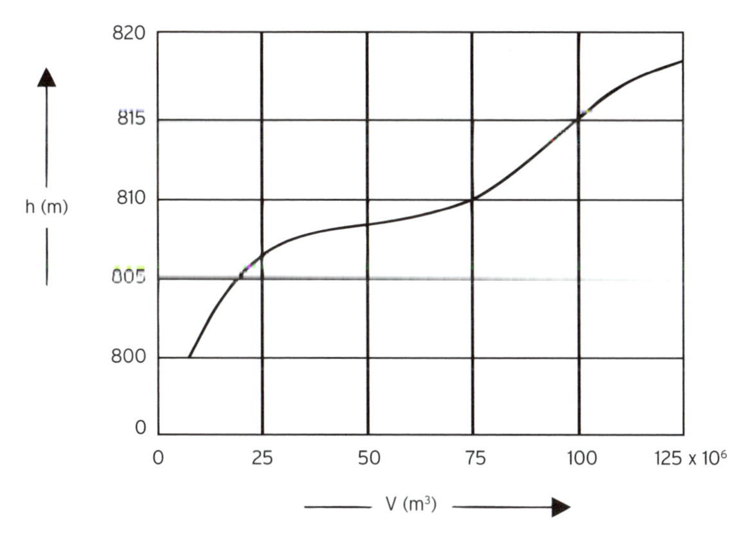

Figura 2.27 Diagrama h (cota) *versus* V (volume).

d) Qual a produção de energia possível no ano hidrológico típico? Assuma que a cota mínima do reservatório é 800 m.

Solução

I) Construção do diagrama de Rippl.

Calcular o volume mensal: vazão média mensal × nº de dias × 24h × 3600s.

Acumular esse volume, de janeiro a dezembro. Tem-se:

Tabela 2.4 Volume mensal e acumulado*

MÊS	VOLUME MENSAL (10^6 M³)	ACUMULADO
Jan	166,06	166,06
Fev	197,94	364,00
Mar	96,42	460,42
Abr	41,47	501,89
Mai	37,50	539,39
Jun	23,33	562,72
Jul	48,21	610,93
Ago	24,11	635,04
Set	33,7	668,74

(continua)

Tabela 2.4 Volume mensal e acumulado* (*continuação*)

MÊS	VOLUME MENSAL (10^6 M³)	ACUMULADO
Out	53,57	722,31
Nov	72,58	794,89
Dez	77,67	872,56

(*) Obs: o ano é bissexto. Fevereiro tem 29 dias.

Constrói-se o diagrama.

II) Para a máxima cota h = 812,5, da curva-chave h = f (V), obtém-se

$$V = 87{,}5\ 10^6\ m^3$$

III) Para determinação das vazões parciais obtidas com o referido volume, utilizam-se os procedimentos apresentados anteriormente no tópico "Regularização parcial".

Inicia-se por construir o diagrama de Rippl e uma curva paralela, distante V (87,5 · 106 m³) do mesmo. Aplica-se, então, o método de Conti-Vallet para obtenção das diversas vazões regularizadas parciais a serem obtidas (no caso da melhor utilização da água) com um reservatório de volume V, menor que o reservatório que permitiria a regularização total. Esse método, também denominado de fio estendido, considera um volume de água no reservatório igual à metade de V, no início e fim do período (considerando que depois o mesmo se repetirá). As vazões regularizadas parciais são obtidas por meio de retas que tangenciarão as duas curvas paralelas (diagrama de Rippl), partindo do ponto correspondente a V/2 no início do período e terminando no ponto correspondente a V/2 no fim do período, conforme pode ser visto na Figura 2.28 a seguir.

As vazões regularizadas parciais serão as tangentes dos ângulos dessas retas com a horizontal.

Obtém-se (com as devidas aproximações, na Figura 2.28), três possíveis vazões regularizadas:

Q_1 = 61,8 m³/s durante janeiro e fevereiro.

Q_2 = 21,2 m³/s de março a setembro, inclusive.

Q_3 = 20,1 m³/s em outubro, novembro e dezembro.

Daí, pode-se construir o gráfico de permanência de vazões regularizadas:

Dessas vazões, 61,8 podem ser mantidas por 60 dias, ou 16,4% do tempo; 21,2, por 274 dias, ou 74,9% do tempo; e 20,01, por 366 dias, ou 100% do tempo.

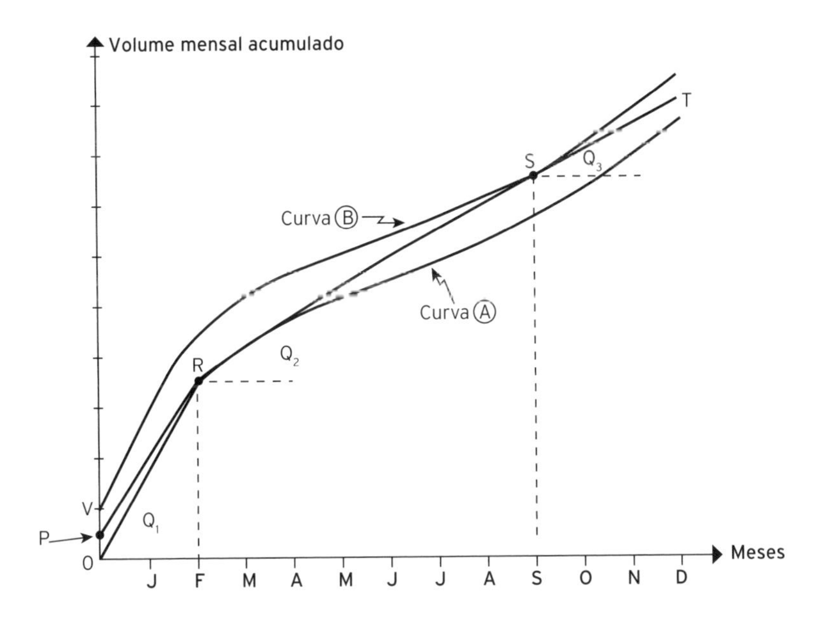

Figura 2.28 Diagrama de Rippl e método de Conti-Vallet. A escala do Volume Mensal Acumulado tem máximo de 1.000 milhões de m³ (1.000×10^6 m³).

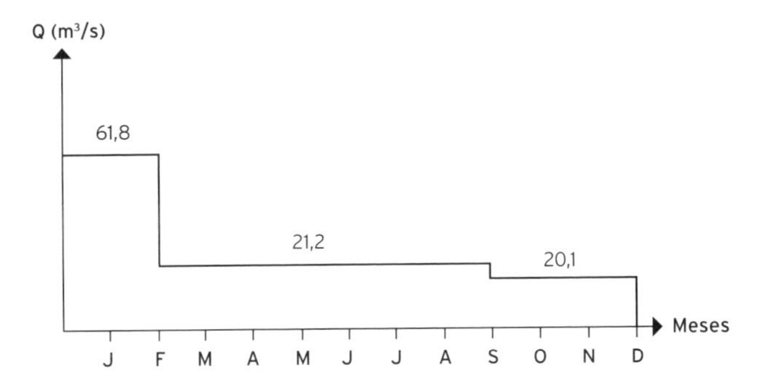

Figura 2.29 Gráfico de permanência de vazões regularizadas.

Obtém-se, então:

a) Máxima vazão regularizada: 61,8 m³/s.

b) A vazão regularizada de 21,2 m³/s será aquela com permanência de, pelo menos, 50% do tempo.

c) A motorização da usina determina a potência instalada nela ou, indiretamente, o fator de capacidade. Nesse caso, sabe-se que a vazão média a ser considerada para dimensionamento da capacidade da usina, nas condições assumidas para determinar a motorização, ou seja, em qualquer época do ano, é 61,8 m^3/s. Com fator de capacidade 0,46 e máximo desnível de 45 m, tem-se:

Potência a instalar: $P = \eta \times 9{,}81 \times 61{,}8 \times 45/0{,}46 = \eta \times 59308$

Se $\eta = 0{,}78$ (assumido)

$P = 46260$ kW = 46,3 MW

d) Energia:
$P(t) \times dt = 0{,}78 \times 9{,}81 \times \bar{h} \times Q(t) \times dt$

Nessa expressão, adota-se $\bar{h}$ como um valor médio (senão, deveria ser efetuada a integração, em função do volume):

Se 800 é a cota mínima do reservatório, vai-se assumir aqui, por facilidade e aproximação, a cota média do reservatório como a média entre 800 m e 812,50 m. Assumindo a cota média de jusante igual a 767,50 (correspondente à cota de montante 812,50 e desnível máximo de 45 m), pode-se estimar o valor médio $\bar{h}$ por:

$$\bar{h} = 800 + \left(\frac{812{,}5 - 800}{2}\right) - 767{,}50 = 39 \text{ m}$$

É importante notar que, na prática, a cota de jusante também varia em função da vazão turbinada, o que não é considerado na aproximação aqui adotada.

A vazão média da figura $Q = f(t)$ é:

$$\frac{(61{,}8 \times 60 \text{ dias}) + (21{,}2 \times 214) + (20{,}1 \times 92)}{366} = 27{,}8 \text{ m}^3/\text{s}$$

Então, a energia:

$E_n = 0{,}78 \times 9{,}81 \times 39 \times 27{,}8 \times 8784$ (horas/ano) = 72.872 MWh

É importante notar que, na prática, diversos fatores técnicos e econômicos – como integração na operação interligada com outras usinas (hidrelétricas ou não), custos de motorização, número econômico de unidades na usina, fator de capacidade operativo (calculado considerando a real demanda máxima, ao longo do ano ou período) etc. – devem ser considerados para dimensionamento da capacidade instalada. Além disso, já estão disponíveis diversos programas de simulação digital que permitem a avaliação detalhada da operação do sistema, da usina, do reservatório e que suprirão a necessidade das aproximações adotadas nesta solução.

3. Uma central hidrelétrica possuirá, para uma de suas turbinas Francis, uma tubulação forçada de aço de 1,30 m de diâmetro por 980 m de comprimento. Essa turbina deverá ser adquirida para uma vazão de 9 m³/s, quando trabalhar em uma queda bruta de 110 m. Admitindo-se um afogamento máximo de 3 m, sendo a altitude do local da casa de máquina (HL) 150 m, determinar:

   a) a altura nominal da turbina;

   b) a rotação da turbina e sua rotação específica;

   c) a potência hidráulica e a potência no eixo da turbina, supondo seu rendimento 0,92.

Solução:

Tubulação forçada de aço → $\lambda = 115$ (ver exercício 1).

$D = 1{,}3$ m; $L = 980$ m; $Q = 9{,}0$ m³/s; $H = 110$ m.

Afogamento máximo permitido para o eixo de saída d'água da turbina → $h_s = -3{,}0$ m.

O afogamento ou nível máximo permitido para a turbina está ligado ao problema da cavitação no canal de fuga. Se o eixo da turbina, em relação ao nível da água a jusante, estiver acima de $h_{smáx}$, aumenta o risco de cavitação.

I) Para cálculo da queda disponível:

$Hp = 10{,}643 \times Q^{1{,}85} \times D^{-4{,}87} \times \lambda^{-1{,}85} \times L \approx 26$ m

Então $H_d = 110 - 26 = 84$ m.

II) Escolha das características da turbina.

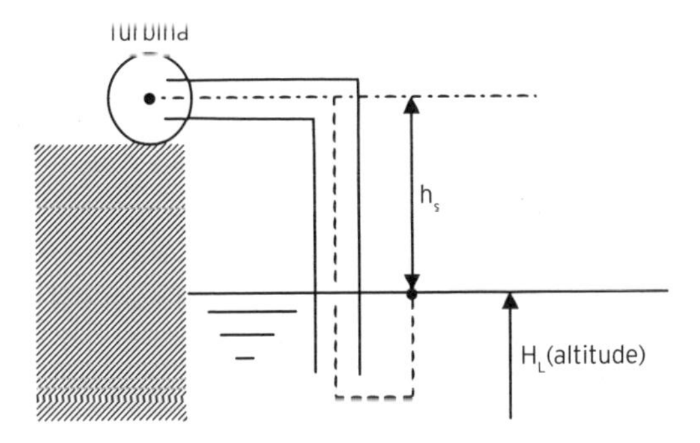

Figura 2.30 Posição do eixo da turbina em relação ao nível da água.

uma das fórmulas empíricas para obter uma indicação da rotação da turbina, que pode ser adotada neste exemplo, é:

$\eta = A \times Y^{B} \times Q^{-0,5}$

Em que: η = rotação da turbina em rps; $Y = gH_d$, sendo H_d a queda disponível; Q é a vazão em m^3/s; A e B são constantes que dependem do tipo de turbina. Para a Francis (lenta) A = 5,58 e B = 0,265.

Daí,

$\eta = 5{,}58 \times (g \cdot H_d)^{0{,}265} \times 9^{-0{,}5} \approx 11{,}02$ rps.

11,02 rps ≈ 12 rps ≈ 720 rpm.

Essa velocidade corresponde a: $p = \dfrac{3.600}{720} = 5$ pares de polos ou 10 polos para o gerador, $Z_p = 5$.

III) Verificação da altura de sucção máxima:

A altura de sucção máxima admissível é função de diversos fatores. Um dos mais importantes é a rotação do conjunto turbina/gerador. O cálculo dessa altura de sucção máxima pode ser efetuado por meio de fórmulas empíricas, que variarão com o tipo de turbina. Nesse caso, serão usadas fórmulas aplicáveis a turbinas do tipo Francis. Veja o roteiro de cálculo a seguir:

a) Rotação específica:

$$n_{qa} = 10^3 \times n \times \frac{Q^{1/2}}{(g \times H)^{3/4}} = \frac{10 \times 12 \times \sqrt{9}}{(9{,}81 \times 84)^{3/4}} = 234{,}07$$

usando-se n = 12 rps.

b) Nível da saída d'água (tubo de sucção).

$H_{L\ água} \leq H_C$ + afogamento = 150 + 3 = 153

Isso, nesse caso, em que a turbina trabalhará afogada. O afogamento corresponderá a h_S, que seria a altura do eixo da turbina em relação ao nível da casa de máquinas. Essa altura, acrescida do nível da casa de máquinas, deverá ser sempre maior que $H_{L\ água} + h_{S\ máx}$, para evitar a cavitação.

c) Cálculo de $h_{Smáx}$.

Para turbina Francis, pode-se usar a seguinte expressão empírica:

$h_{smáx} = 10 - 0{,}00122 \,.\, H_{Lágua} - \sigma_{mín}\ 3\ H_d$,

em que $\sigma_{mín}$ é o coeficiente de Thoma, dado por:

$\sigma_{mín} = 25 \times 10^{-3} \times (1 + 10^{-4} \times n_{qa}^{2}) = 0{,}162$.

Daí,

$h_{smáx} = 10 - 0{,}00122 \times 153 - 0{,}162 \times 84 = -3{,}79$

Nesse caso, haverá risco de cavitação, uma vez que, para evitar esse fenômeno, a turbina deveria estar mais afogada que os três metros permitidos (por algum outro critério econômico, construtivo etc.). Essa turbina não é adequada ao caso em vista. Deve-se, então, diminuir sua rotação.

Assumindo-se: Z_p = 6 pares de polos e, repetindo as contas, com n = 10 rps, tem-se:

$n_{qa} = 195$

$\sigma_{mín} = 0{,}12$

e $h_{smáx} = -0{,}27$, que é aceitável.

IV) Escolhida a turbina, com rotação n = 10 rps, pode-se responder às questões efetuadas:

a) altura nominal da turbina ≈ 84 m;

b) rotação: 10 rps ou 600 rpm;

rotação específica: n_{qa} = 195 rps;

c) potência hidráulica: $9{,}81 \times 9 \times 84$ m = 7.417 kW

potência no eixo da turbina:

assumindo-se $\eta_{turb} = 0{,}92$

$P_{eixo} = 0{,}92 \times 7.417 = 6.823$ kW, ou aproximadamente 6,8 MW.

Atividades adicionais: levantamento de informações e dados

Essas atividades visam orientar o leitor na busca por maiores informações e dados relacionados ao sistema elétrico brasileiro. Para isso, faz-se referência aos sites das principais instituições envolvidas no setor de energia elétrica: o Ministério de Minas e Energia (MME)[4]; a Aneel[5]; Empresa de Pesquisa Energética (EPE)[6]; o Operador Nacional (NOS) do Sistema Interligado Nacional (SIN)[7]; e Petrobras[8].

1. Com base nas informações disponíveis nos sites citados, qual a capacidade instalada de usinas hidrelétricas no Brasil como um todo e nas regiões Norte (N), Nordeste (NE), Sudeste e Centro-Oeste (SE-CO) e Sul (S)?

---

4 Disponível em: <www.mme.gov.br>. Acesso em: 27 ago. 2016.

5 Disponível em: <www.aneel.gov.br>. Acesso em: 27 ago. 2016.

6 Disponível em: <www.epe. gov.br>. Acesso em: 27 ago. 2016.

7 Disponível em: <www.ons.org.br>. Acesso em: 27 ago. 2016.

8 Disponível em: <www.petrobras.com.br>. Acesso em: 27 ago. 2016.

2. Qual o total de MW das hidrelétricas em construção? Quais são essas hidrelétricas, a capacidade instalada de cada uma e onde se situam?
3. Existe alguma forma de acompanhar o andamento do licenciamento ambiental de usinas hidrelétricas que ainda se encontram na fase de obtenção da licença? Onde?
4. Que novas hidrelétricas estão previstas para entrar em operação até 2020 no Brasil? Citar o nome, o rio em que se localizam, o ano previsto para início de operação e a capacidade instalada em MW.
5. Quais são as 10 maiores usinas hidrelétricas em construção e/ou operação no Brasil, na data de sua pesquisa? Compare o resultado obtido com o apresentado na Tabela 2.5, a seguir, relativa a agosto de 2016. Das usinas em construção citadas na questão 2, alguma(s) alteraria(m) essa lista? Qual(is)? Em que rio se encontra(m)? Qual sua(s) capacidade(s) instalada(s)? Note que na Tabela 2.5 só se considerou a parte brasileira da usina de Itaipu (que na verdade tem um total instalado de 13.000 MW, sendo 7.000 brasileiros e 7.000 paraguaios).

Tabela 2.5 As dez maiores hidrelétricas brasileiras (agosto de 2016)

USINA	RIO	CAPACIDADE INSTALADA (MW)
Belo Monte	Xingú	11.233,10
Tucuruí I e II	Tocantins	8.535
Itaipu	Paraná	7.000 (parte brasileira)
Jirau	Madeira	3.750
Santo Antônio	Madeira	3.568
Ilha Solteira	Paraná	3.444
Xingó	São Francisco	3.162
Paulo Afonso IV	São Francisco	2.462,4
Itumbiara	Paranaíba	2.082,0
Teles Pires	Teles Pires, MT	1.819

Fonte: Aneel (2016).

Cenário global

Os países em que existe um maior número de usinas hidrelétricas são: Brasil, Canadá, Rússia e China. As maiores usinas do mundo encontram-se nesses países. No Brasil, a maior usina existente é Itaipu, com a potência total de 14.000 MW, considerada também a maior do hemisfério sul. A Tabela 2.6, a seguir, apresenta algumas das maiores usinas hidrelétricas do mundo, em 2013.

Tabela 2.6 Maiores hidrelétricas do mundo (em 2013)

USINA	POTÊNCIA (MW)	PAÍS
Três Gargantas	18.400	China
Itaipu	14.000	Brasil
Simon Bolivar	10.055	Venezuela
Tucuruí	8.370	Brasil
Sayano Susheskaya	6.500	Rússia
Grand Coulee	6.495	Usa
Longtan	6.426	China
Krasnoyarsk	6.000	Rússia
Churchill Falls	5.429	Canadá
Bourassa	5.328	Canadá

Fonte: Philippi Jr e Reis (2016).

CAPÍTULO 3

CENTRAIS TERMELÉTRICAS

O processo fundamental de funcionamento das centrais termelétricas baseia-se na conversão de **energia térmica** em **energia mecânica** e esta em **energia elétrica**. A conversão da energia térmica em mecânica se dá por meio do uso de um fluido que produzirá, em seu processo de expansão, trabalho em turbinas térmicas. O acionamento mecânico de um gerador elétrico acoplado ao eixo da turbina permite a conversão de energia mecânica em elétrica.

A produção da energia térmica pode se dar pela transformação da energia química dos combustíveis, por meio do processo da combustão, ou da energia nuclear dos combustíveis radioativos, com a fissão nuclear. Centrais cuja geração é baseada na combustão são conhecidas como **termelétricas**; as centrais termelétricas baseadas na fissão nuclear são chamadas de **centrais nucleares**.

As centrais termelétricas são classificadas de acordo com o método de combustão utilizado:

- **Combustão externa**: o combustível não entra em contato com o fluido de trabalho. Esse processo é usado principalmente nas centrais termelétricas a vapor, nas quais o combustível aquece o fluido de trabalho (em geral água) em uma caldeira até gerar o vapor que, ao se expandir em uma turbina, produzirá trabalho mecânico. As centrais nucleares, embora não utilizem combustão e sim fissão nuclear, como se verá, de certo modo se adequam a essa classificação, uma vez que o processo de fissão não entra em contato direto com o fluido de trabalho.

- **Combustão interna**: a combustão se efetua sobre uma mistura de ar e combustível. Dessa maneira, o fluido de trabalho será o conjunto de produtos da combustão. A combustão interna é o processo usado principalmente nas turbinas a gás e nas máquinas térmicas a pistão (motores a diesel, por exemplo).

A Figura 3.1 apresenta um diagrama simplificado de uma central termelétrica com combustão externa (a vapor). A queima de combustível gera calor que transforma o líquido em vapor na caldeira. O vapor se expande (a pressão passa de alta a baixa) na turbina, que movimenta um gerador elétrico. O vapor que sai da turbina vai ao condensador, onde o calor é retirado e se obtém líquido. O líquido é bombeado de volta à caldeira, fechando o ciclo.

Os principais combustíveis usualmente aplicados nas centrais a vapor são o óleo, o carvão, a biomassa (madeira, bagaço de cana, lixo etc.) e derivados pesados de petróleo. Os principais combustíveis usados nas máquinas térmicas com combustão interna são o gás natural e o óleo diesel.

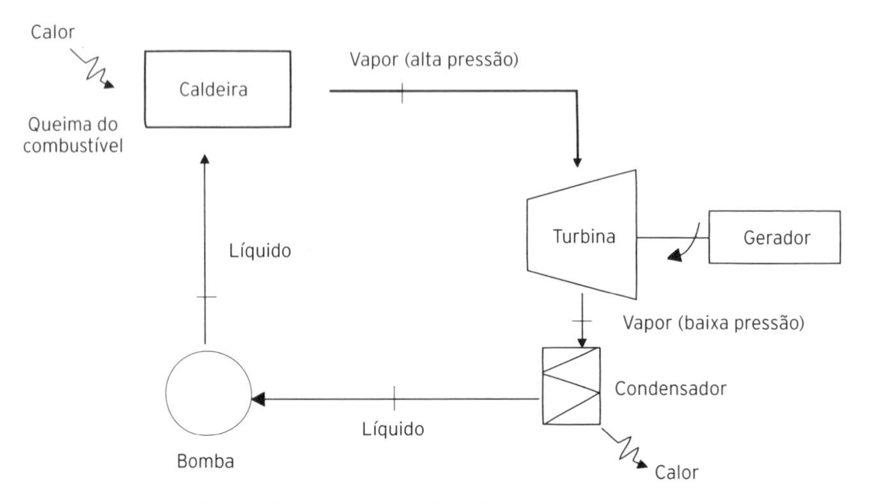

Figura 3.1 Central termelétrica com combustão externa (a vapor).

No caso da central nuclear, o calor para o aquecimento da água não é produzido por processo de combustão, mas sim pela energia gerada pelo processo de fissão nuclear (reação nuclear controlada em cadeia). Na Figura 3.2, que apresenta um tipo de reator nuclear, o Reator à Água Pressurizada – Pressurized Water Reactor (PWR) –, pode-se visualizar, no interior do edifício do reator, o gerador de vapor que, conectado ao reator nuclear, produz calor. O restante do esquema é similar ao das centrais termelétricas convencionais a vapor.

As centrais a vapor, a gás, nucleares e os motores formam os grandes grupos de centrais termelétricas. Como se verá a seguir, há outros tipos de configurações ou processos, mas sempre baseados nestes principais ou em uma combinação apropriada deles. Além disso, em muitas aplicações, centrais termelétricas são utilizadas, no sistema de cogeração, para produção conjunta de eletricidade e vapor para uso no processo.

A grande diversidade da geração termelétrica está principalmente nos combustíveis utilizados, que compreendem uma variada gama de recursos energéticos primários não renováveis e renováveis.

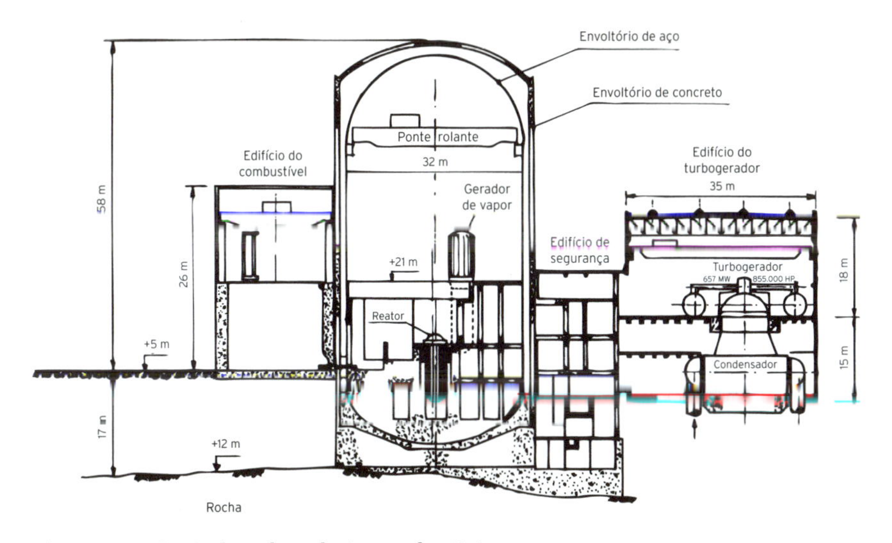

Figura 3.2 Central nuclear de Angra dos Reis.

COMBUSTÍVEIS

Os combustíveis mais usuais das centrais termelétricas são:

- Derivados do petróleo.
- Carvão mineral.
- Gás natural.
- Nucleares.
- Biomassa.

Nesse cenário, pode ser citado o aproveitamento da energia geotérmica renovável; assim como da energia solar, que, além de poder ser diretamente utilizada para geração de energia elétrica, como ocorre no caso dos painéis fotovoltaicos, pode também ser fonte direta de calor para uma usina termelétrica, nas denominadas centrais heliotérmicas ou termossolares. Esse tipo de geração não é tratado aqui, mas é descrito com os detalhes compatíveis ao objetivo deste livro, no Capítulo 4, sobre a energia solar.

Nota-se que a maioria desses combustíveis é fóssil (derivados de petróleo, carvão mineral, gás natural e elementos radioativos: urânio, tório, plutônio) e classificada como fonte primária não renovável, em razão do enorme tempo necessário para sua reposição pela natureza, comparativamente à velocidade de sua utilização. Os demais recursos energéticos apresentados, a energia geotérmica, a solar e a da biomassa (em geral advinda de plantações manejadas ou atividades organizadas de coleta e tratamento, tais como as florestas energéticas, o bagaço de cana-de-açúcar e o lixo urbano), são renováveis.

Os combustíveis não renováveis e os renováveis são enfocados separadamente a seguir, principalmente por conta de suas características conflitantes quanto ao aquecimento global e à construção de um modelo sustentável de desenvolvimento para (e pela) humanidade.

Combustíveis não renováveis (fósseis)

Atualmente, a grande maioria dos combustíveis utilizados no mundo é fóssil, com participação do petróleo (primeiro lugar), carvão mineral (segundo lugar) e gás natural (terceiro lugar) na faixa de 80% do total da energia primária ofertada. Essa porcentagem tem apresentado variações ao longo do tempo, mas estas não têm sido muito significativas. É interessante notar que, na produção de energia elétrica, o carvão mineral tem sido mais utilizado que o petróleo. No âmbito da energia como um todo, o petróleo aumenta significativamente sua participação por conta do setor de transportes.

Outro aspecto importante a ser considerado é que as reservas mundiais de petróleo, de gás natural e de carvão mineral indicam que a influência dos combustíveis fósseis na matriz energética mundial ainda pode durar um longo tempo se não ocorrerem mudanças drásticas motivadas pelos problemas ambientais, dentre os quais se ressalta a produção de gases-estufa.

O item "Atividades adicionais, levantamento de informações e dados", apresentado no final deste capítulo, apresenta informações sobre o assunto e propõe levantamentos na matriz energética mundial e de dados internacionais dos setores de petróleo, gás natural e carvão mineral que permitirão ao leitor conhecimento mais detalhado e atualizado das porcentagens de participação na matriz e das referidas reservas.

Todas as previsões atuais de evolução da matriz energética mundial, mesmo nos cenários mais otimistas para o desenvolvimento sustentável, que preconiza aumento da participação das fontes renováveis, indicam que os combustíveis fósseis ainda preencherão uma porcentagem significativa dessa matriz neste século XXI.

Nesse contexto, há considerações de que uma transição maciça para as fontes primárias renováveis, se e quando ocorrer, terá como ponte de conexão o gás natural. Essas perspectivas vêm sendo aventadas internacionalmente no âmbito dos estudos do aquecimento global, efetuados pelo International Panel on Climate Change (IPCC), já há mais de duas décadas, embora modificações efetivas não tenham ocorrido ou ocorreram de forma muito tímida e desordenada.

Para mais informações sobre esse assunto, sugere-se o acompanhamento das ações internacionais relativas ao aquecimento global, utilizando, por exemplo, informações relacionadas ao Protocolo de Kyoto, disponíveis em diversas referências e sites internacionais, uma vez que o assunto não é o objetivo deste livro, mas deve ser de conhecimento de quem estuda a geração de energia elétrica, que tem grande influência no aquecimento global.

Tendo isso em vista, há, obviamente, correntes associadas às indústrias dos combustíveis fósseis que defendem que a transição para fontes renováveis não precisaria ser tão significativa ou poderia ser balanceada com tecnologias já desenvolvidas ou em desenvolvimento para tornar os efeitos dos combustíveis fósseis menos deletérios ao meio ambiente. Algumas dessas tecnologias são a captura do CO_2 e seu armazenamento (em cavernas ou em poços já utilizados de combustível fóssil) e a utilização de reatores nucleares cuja reação em cadeia se extingue pelo próprio processo no caso de acidente de alto grau e com resíduos finais menos perigosos. Certamente o efetivo papel dessas tecnologias e seu desempenho e impacto ao longo do tempo ainda não estão provados ou mesmo claros. Tal postura vem colocar mais confusão no cenário do aquecimento global, ao mesmo tempo que as recentes alterações climáticas vêm indicando a urgência de decisões concretas em termos globais.

No Brasil, o petróleo e o gás combustível (em escala bem menor) apresentam uma expressiva influência na matriz energética, sobretudo no setor de transportes, apesar de que, nesse setor, ao contrário do restante do mundo, há expressiva participação da biomassa renovável (álcool, biodiesel). Na geração de eletricidade, contudo, a participação do petróleo e do gás natural tem aumentado de forma significativa, principalmente como energia complementar ou de reserva, com vistas a aumentar a segurança (de suprimento) do sistema elétrico.

Relativamente recentes, as descobertas de enormes reservas de petróleo e gás natural em grandes profundidades marítimas na camada de pré-sal (profundidades da ordem de 7.000 m) na costa da região sudeste brasileira vieram ressaltar contradições nas políticas energéticas do país.

Isso porque, na realidade, o Brasil não apresentou um planejamento energético digno desse nome, praticamente em nenhum momento da história mais recente[1]. No cenário brasileiro, enquanto há alguns anos se colocou (ingenuamente?) o país como a grande esperança mundial das fontes renováveis, por causa, principalmente, do uso de biomassa no setor de transportes, mais recentemente chegou-se a colocar a grande esperança do país nos combustíveis fósseis, que se apresentam em desacordo com as soluções alternativas consideradas mais adequadas para atenuação (em curto prazo) e solução (em longo prazo) dos problemas do aquecimento global e para a busca de um modelo sustentável (para o mundo). Um planejamento energético mais adequado deve considerar a possível exploração das reservas do pré-sal como alternativa (diferenciando possíveis papéis estratégicos do petróleo e do gás natural) em um contexto bem mais amplo, que inclua também alternativas como o aumento do uso da

1 Para melhor entendimento desse fato, é preciso não confundir planejamento energético nacional com o planejamento setorial da eletricidade e o planejamento estratégico da Petrobrás.

biomassa e de diversas tecnologias mais recentes de transporte, como os veículos elétricos e híbridos.

Por outro lado, o carvão mineral não tem tido grande participação no cenário energético brasileiro, por motivos que serão enfocados adiante neste capítulo. Um panorama sucinto da situação atual desses combustíveis é apresentado a seguir, enfatizando-se as condições do Brasil.

Deve-se acrescentar que, no item "Atividades adicionais: levantamento de informações e dados", no final deste capítulo, são apresentadas informações mais específicas sobre o assunto. Assim como são sugeridos levantamentos no balanço energético nacional, na matriz energética brasileira e em dados dos setores de petróleo, gás natural, carvão mineral e biomassa que conduzirão o leitor a informações e dados sempre mais atualizados relativos ao nosso país.

Petróleo e seus derivados

O petróleo, também conhecido como óleo cru, é encontrado na maioria das vezes em depósitos subterrâneos dos quais é retirado por meio de poços. É formado basicamente por hidrocarbonetos, de fórmula geral CnHn, dos quais saem seus inúmeros derivados por destilação nas refinarias de petróleo. Sua utilização como combustível implica danos ambientais atmosféricos, pois emite óxidos de enxofre, nitrogênio e carbono, contribuindo para o efeito estufa, além de outros danos socioambientais relacionados a vazamentos, tanto de petroleiros como de oleodutos.

O primeiro poço para utilização comercial de petróleo foi perfurado em 1859, nos Estados Unidos. O querosene extraído destinava-se basicamente à iluminação, porém, com o advento do motor a diesel e com a aceleração da indústria automobilística, o mineral passou a ocupar um papel de fundamental importância no mundo.

Hoje, o petróleo é o principal componente da matriz energética mundial, pois apresenta baixo custo (sob o ponto de vista econômico), comparativamente às demais alternativas energéticas, e uma ampla gama de utilização em diversos setores. Seu uso, no entanto, apresenta problemas como custos decorrentes de sua importação, danos ambientais e vulnerabilidade estratégica dos países desenvolvidos em relação aos do Oriente Médio, onde se encontram as maiores reservas de petróleo do mundo. Essa vulnerabilidade foi comprovada historicamente com as crises do petróleo de 1973, quando o preço do barril passou de US$ 3,00 para US$ 11,70; e de 1979, quando o preço do barril passou para US$ 35,00, retornando, após a crise, para o patamar de aproximadamente US$ 15,00. Tais crises e, mais recentemente, a preocupação com o meio ambiente, sobretudo com o aquecimento global associado à emissão dos gases-estufa (o CO_2 é o carro-chefe), estimularam a busca por alternativas energéticas que vêm sendo estudadas e aperfeiçoadas. Dentre tais alternativas, o recente avanço na exploração das reservas de areias betuminosas e gás de xisto, principalmente nos Estados Unidos e no Canadá, resultaram em expressivo aumento na produção do denominado *shale oil*, o que estabelece uma nova crise, ao baixar de forma bastante significativa os preços no mercado mundial, a despeito das controvérsias associadas aos impactos ambientais resultantes da exploração dessas reservas.

Há cerca de uma década, os grandes mercados exportadores eram o Oriente Médio e os países da Federação Russa (antiga União Soviética), detentores da grande maioria de todas as reservas mundiais de petróleo. Entre os principais mercados importadores se destacavam os Estados Unidos, o Japão, a China, a Índia e a Coreia. Atualmente, em razão do impacto da crescente exploração das reservas de areias betuminosas e gás de xisto e do aumento da capacidade de comercialização do gás natural liquefeito (GNL), os Estados Unidos e a Austrália, além do Catar, passam a ser os maiores exportadores de gás natural. Essa nova reviravolta do mercado resultou também em forte queda dos preços do petróleo. Esse cenário impacta atualmente a viabilização da exploração das bacias do pré-sal, diminuindo as perspectivas relacionadas à produção de petróleo, mas, por outro lado, aumentando as perspectivas da produção de gás natural, que continua a ser visto como a ponte energética para uma futura predominância de fontes renováveis.

É importante ressaltar que, no contexto geral desses combustíveis fósseis, muitos países com alta demanda por determinado derivado têm de importar o petróleo bruto, mas ocorre o excedente de outros derivados, que é exportado, fazendo com que tais países sejam ao mesmo tempo importadores e exportadores de derivados do petróleo. Isso porque a produção de derivados tem sua flexibilidade limitada por causa das características técnicas das refinarias em operação.

De qualquer forma, mesmo considerando todos os problemas associados ao seu uso, a dupla petróleo e gás natural deve ser a principal componente da matriz energética mundial por um longo período. Isso porque seus custos se mantêm mais baixos que os dos combustíveis e alternativas tecnológicas concorrentes; suas reservas têm aumentado sistematicamente desde o começo de sua utilização comercial e, de um modo geral, já têm uma rede de distribuição consolidada.

Em 2015, a utilização dos derivados de petróleo era direcionada principalmente para o setor de transportes (60%). A indústria consumiu 10,3%, com um uso não energético de 12,5%, referente a outros setores (incluindo a energia elétrica), e perdas de 17,2% do consumo brasileiro (EPE, 2016).

No Brasil, as reservas de petróleo têm expandido fortemente nas duas últimas décadas, crescendo de 5,4 bilhões de barris de óleo equivalente (boe) em 1994 para 15,6 bilhões de boe em 2013 (BP, 2016). Grande parte desse potencial se localiza na plataforma continental, particularmente na Bacia de Campos, enquanto outra parte significativa se encontra em águas profundas.

Mais recentemente, como já citado, a descoberta de enormes reservas de petróleo e gás natural em águas muito profundas (cerca de 7.000 m de profundidade) na camada de pré-sal na costa sudeste brasileira aumentou a relevância do Brasil no cenário do petróleo. Porém, desacertos gerenciais de grande monta na empresa nacional Petrobrás, a falta de planejamento energético estratégico adequado (como já comentado) e a reviravolta do mercado causada pelo *shale oil*, *shale gas*, reduziram largamente essa relevância. Hoje, dentre as maiores necessidades do Brasil na área energética como um todo, incluindo a geração elétrica, se ressaltam as necessidades de recuperar o equilíbrio, corrigir erros muitas vezes primários, estabelecer um processo de planejamento e um marco regulatório estáveis e sustentáveis em longo prazo e recuperar a confiança do mercado. Tarefas extremamente complexas no cenário atual, não só do país, como também mundial.

No Brasil, a aplicação da tecnologia do petróleo na geração termelétrica se dá por meio dos seus derivados. Os principais são a gasolina, o óleo diesel e o óleo combustível.

A geração elétrica com base no diesel ocorre principalmente em áreas rurais e mesmo urbanas em regiões isoladas, como a Amazônia e o Centro-Oeste. Esse tipo de geração tem apresentado grandes problemas associados à manutenção dos equipamentos e à logística de suprimento do combustível. Acredita-se que deverá ser desalojada com a entrada do gás natural, o mesmo ocorrendo com a geração à gasolina. Quanto a esse assunto, ver também o Capítulo 6, sobre sistemas híbridos com fontes renováveis e minirredes para alimentação elétrica de comunidades isoladas. Um aspecto interessante que faz com que, pelo menos em número de unidades, a geração a diesel chegue a quantidades enormes é sua utilização como energia de *backup* em praticamente todas as unidades de consumo de médio ou grande porte. Por exemplo, hospitais, shopping centers, subestações elétricas, indústrias e prédios confiam na geração a diesel como reserva para utilização em casos de emergência ou, às vezes, na ponta de carga, quando a tarifa elétrica é, em geral, maior.

Carvão mineral

Apesar de já conhecido e utilizado na China em 1100 a.C., o carvão mineral só passou a ser difundido como fonte de energia para as máquinas a vapor com o advento da Revolução Industrial, no século XVII. Sua utilização foi necessária por conta da crise da madeira combustível no século XVI.

Hoje, o carvão mineral ocupa a segunda posição na matriz energética mundial em razão de seu baixo custo, que varia de região para região, em função principalmente do peso que o transporte tem no seu custo final. Por se tratar de um combustível sólido, o carvão apresenta maiores custos de transporte que o petróleo, que é líquido e pode ser transportado por meio de oleodutos, e que o gás natural, transportado nos gasodutos. Essa diferença de custos e a característica rígida da produção de carvão fazem com que apenas uma pequena parcela da produção mundial seja comercializada internacionalmente. Os principais mercados exportadores, segundo dados da International Energy Agency (IEA) referentes a 2013, são a Indonésia (32,6%) e a Austrália (30%); e os principais importadores, a China (22,1%) e a Índia (18,4%).

O carvão mineral é altamente poluente e grande parte do seu consumo mundial é voltada para a geração de energia termelétrica. Embora as emissões de NO_x e SO_x possam ser reduzidas, a grande quantidade de CO_2 emitida traz enormes impactos sobre o meio ambiente, ao contrário da biomassa, que absorve o CO_2 emitido. Assim evidenciam-se as vantagens ambientais de substituir tal combustível na geração de energia elétrica. Por outro lado, foram desenvolvidas técnicas para obter melhor desempenho das termelétricas a carvão, tanto do ponto de vista de eficiência como de diminuição das emissões, sendo possível citar a queima em leito fluidizado e a gaseificação do carvão.

No Brasil, o carvão mineral é encontrado em cinco grandes regiões: Alto Amazonas, Rio Fresco, Tocantins-Araguaia, Piauí Ocidental e Brasil

Meridional. Destas, a região do Brasil Meridional é a única, na situação atual, economicamente interessante à exploração. No estado do Rio Grande do Sul encontra-se a maioria dos recursos carboníferos identificados na região do Brasil Meridional (Sul).

O carvão mineral tem tido uma participação bastante reduzida na geração de energia elétrica no país por conta de sua pouca ocorrência, das características "pobres" do carvão disponível (baixo poder calorífico) e dos impactos ambientais negativos (poluição atmosférica). As usinas elétricas a carvão natural significativas existentes no Brasil se localizam no Rio Grande do Sul e em Santa Catarina.

Gás natural

Basicamente composto pelo metano (seu principal componente), etano, propano, butano e outros mais pesados, o gás natural é o nome dado a uma mistura de hidrocarbonetos e impurezas. Estas e os contaminantes (dióxido de carbono e gás sulfídrico) são removidos antes de sua utilização comercial.

O mercado mundial de gás natural (GN) evoluiu lentamente até os anos de 1950, apresentando um rápido crescimento a partir da década de 1960 por motivos econômicos e ambientais confirmados pelas crises do petróleo de 1973 e 1979, quando o GN se mostrou um ótimo substituto do petróleo em diversas aplicações. A comercialização do denominado *shale* gás, conforme já apresentado, configurou uma nova revolução no mercado energético mundial.

O gás natural é hoje o terceiro combustível na matriz energética mundial e pode, com exceção do querosene de aviação, substituir qualquer combustível sólido, líquido ou gasoso. Embora seja uma fonte não renovável, apresenta vantagens ambientais relevantes quando comparado ao petróleo e ao carvão mineral, pois sua composição faz com que seja pouco poluente, restringindo seus efeitos basicamente à emissão de CO_2. O maior entrave à sua utilização é o alto custo inicial da construção da malha de gasodutos, que o encarece frente aos preços do petróleo e do carvão mineral, por isso sua substituição vem ocorrendo mais lentamente do que o desejável. Segundo dados da IEA relativos a 2013, o GN é responsável por 21,7% de toda a energia elétrica gerada mundialmente, parcela maior que a geração hidráulica, que participa com 16,3%. A tendência é de aumento desse número, seja por questões ambientais, seja para diminuição da dependência do petróleo e do carvão mineral.

No Brasil, hoje, o crescimento do consumo de gás natural parece ter como fatores limitantes os investimentos necessários à sua produção e à pequena rede de distribuição existente.

Um aspecto importante a ser considerado na utilização do gás natural é a ênfase em projetos de cogeração, com produção de eletricidade e vapor para processos, fazendo com que a eficiência do uso do GN aumente significativamente em comparação com a eficiência muito baixa para apenas gerar energia elétrica.

Os maiores mercados de interesse e para onde certamente se deve canalizar a expansão do gás natural no Brasil são os mercados industrial, comercial e residencial (em nível de geração distribuída) para uso em sistemas de cogeracão, além do mercado do GNV (gás natural veicular) no setor de transportes. Isso depende, no entanto, da instalação da malha de distribuição de gás, ainda em fase de evolução. À medida que o uso do gás natural como combustível industrial e comercial de maior interesse econômico e de mais fácil penetração no mercado começar a se disseminar mais fortemente, aumentará o interesse na comercialização dos demais usos do gás.

Combustíveis nucleares

A energia nuclear aproveita a propriedade de certos isótopos de urânio de se dividirem, liberando grande quantidade de energia térmica em um processo conhecido como fissão nuclear.

A energia atômica também pode ser gerada por meio de um processo conhecido como fusão nuclear, baseado não na quebra, mas na junção de núcleos atômicos. Embora a quantidade de energia liberada seja muito alta, esse processo ainda está em fase de evolução e certamente demandará tempo até que se atinja um avanço tecnológico que permita seu aproveitamento comercial.

O urânio se apresenta, na natureza, associado a outros elementos, tendo valor comercial dentro da faixa de 500 a 4.000 ppm. Para sua utilização, é necessário um processo conhecido como enriquecimento do urânio, que demanda tecnologia sofisticada. O conhecimento de tal processo é estratégico. Hoje os grandes mercados de enriquecimento de urânio são Estados Unidos, Europa Ocidental e Japão.

Na década de 1970, quando se projetaram estimativas de crescimento muito maiores que as realmente alcançadas hoje, a tecnologia nuclear foi vista como uma das principais alternativas para a geração de energia elétrica. No entanto, embora não haja emissão aérea de poluentes, os resíduos nucleares mantêm a produção de radioatividade de forma quase permanente, representando risco constante ao meio ambiente. Além disso, em comparação com a imagem social de outras alternativas energéticas, a das usinas nucleares é muito ruim. Nenhuma outra forma de geração enfrenta tantas pressões populares contra sua implantação, em razão principalmente da associação imediata que as pessoas fazem à bomba atômica e ao risco de vida e de doenças mortais ao longo do tempo.

Essas percepções negativas foram reforçadas por três acidentes de grande proporção em usinas nucleares geradoras de energia elétrica: Three Miles Island, nos Estados Unidos, em março de 1979; Chernobyl, na Rússia, em abril de 1986; e Fukushima, no Japão, em março de 2011.

Atualmente há um forte movimento mundial contra as usinas nucleares, embora alguns países, dentre os quais se ressaltam a França e o Japão, ainda se apoiem neste tipo de geração. A indústria nuclear, por sua vez, responde com desenvolvimento tecnológico, no âmbito do qual podem ser citadas as pequenas centrais nucleares, as usinas nucleares eminentemente seguras, os reatores regeneradores, que reaproveitam o combustível utilizado ("lixo atômico") etc.

Tais características fizeram com que o crescimento esperado da construção de usinas nucleares, na década de 1970, frustrasse as expectativas. Aproximadamente 75% da produção mundial de urânio é objeto de trocas internacionais. A pequena taxa de crescimento dos programas nucleares fez com que houvesse um excedente do produto, que hoje apresenta baixos preços. Além disso, o custo do urânio tem pouca influência no custo do kWh da energia nuclear e existe a dependência com relação aos países que dominam a tecnologia para seu enriquecimento.

No Brasil houve um programa nuclear com previsão de diversas usinas, iniciado na década de 1960, mas que não foi levado a cabo. Estão atualmente em operação as usinas Angra I (640 MW) e Angra II (1.350 MW). Há algum tempo, se decidiu pelo término da usina Angra III, o que não se transformou em realidade e tem originado fortes debates. O mesmo também acontece com relação à retomada de algum programa nuclear anterior ou o estabelecimento de um novo programa no país.

Biomassa renovável e energia geotérmica

A biomassa é aproveitada energeticamente por meio do uso do etanol, bagaço de cana, carvão vegetal, óleo vegetal, lenha e outros resíduos (dentre os quais o lixo urbano). Historicamente, desde o século XVI, com a crise da madeira combustível na Inglaterra, ela vem sendo substituída pelos combustíveis fósseis.

Fonte de energia renovável (quando manejada adequadamente), a biomassa plantada apresenta vantagens ambientais inexistentes em qualquer combustível fóssil. Como não emite óxidos de nitrogênio e enxofre, e o CO_2 lançado na atmosfera durante a queima é absorvido na fotossíntese para crescimento das plantas, apresenta balanço praticamente nulo de emissões. Tais características devem, futuramente, reverter a tendência de troca de combustíveis, e a biomassa vai retomar espaços ocupados pelo petróleo e pelo carvão mineral.

Embora ainda não disponha de uma avaliação que permita quantificar confiavelmente sua participação atual na matriz energética mundial, a biomassa tem maior participação na matriz dos países não desenvolvidos. Nos países desenvolvidos, em meio a um cenário de preservação ambiental, apresenta importância crescente como fonte de energia renovável.

O crescimento do uso da biomassa na produção de energia tem como principal fator limitante o enfoque meramente econômico, segundo o qual os custos dos combustíveis fósseis são bem menores. A inclusão, nessa avaliação, de fatores associados ao aquecimento global e à geração de empregos, principalmente nos países não desenvolvidos, por exemplo, altera a comparação em favor da biomassa. Contra seu uso há, no entanto, outro argumento bastante debatido que é o fato desta concorrer com a produção de alimentos, tanto física como economicamente.

No Brasil, o uso mais importante da biomassa no setor energético se relaciona com o desenvolvimento da frota de veículos a álcool (de cana-de-açúcar), que criou uma alternativa mais promissora e mais adequada ambientalmente que os derivados do petróleo. Embora o programa mais importante desse cenário, o Proálcool, tenha sido descontinuado, o país ainda mantém significativa participação da biomassa no setor de transportes, comos veículos *flex fuel* e o biodiesel, por exemplo.

No caso do uso da biomassa para produção de energia elétrica, se ressaltam:

- Alguns setores industriais de grande porte, tais como o setor sucroalcooleiro (com aproveitamento de resíduos e produtos advindos da cana-de-açúcar), e o setor de papel e celulose.
- A biomassa florestal.
- O aproveitamento de resíduos agrícolas e de pequenas indústrias em nível local.
- O aproveitamento dos resíduos sólidos urbanos (lixo)

O bagaço de cana é o resíduo sólido proveniente da moagem ou difusão da cana-de-açúcar, após a extração da sacarose. Como os resíduos de cana apresentam baixa densidade energética, devem preferencialmente ser aproveitados em locais não muito distantes da usina. As indústrias do setor sucroalcooleiro, que têm produção sazonal, utilizam vapor em um esquema de cogeração, na produção simultânea e sequencial de energia térmica (vapor para energia mecânica, aquecimento e secagem, por exemplo) e de energia elétrica (que pode atender às necessidades da própria usina e permitir geração de excedentes durante a safra).

É importante notar que, no estado de São Paulo, um dos líderes nacionais da produção do setor sucroalcooleiro, a safra da cana-de-açúcar ocorre no período de poucas chuvas, o que permite que a geração elétrica excedente possa ser visualizada para complementação da geração hidrelétrica das usinas do rio Tietê, rio que praticamente cruza o estado de leste a oeste.

Diante desse quadro, a geração de energia a partir dos resíduos de cana fica claramente associada à complementação da energia hidrelétrica e a projetos de cogeração, com eventual venda de excedentes para o setor elétrico.

No Brasil, existem florestas energéticas implantadas para o suprimento das indústrias siderúrgicas e também das fábricas de papel e celulose, colocando o país na vanguarda do conhecimento mundial em tecnologia florestal.

A energia elétrica também pode ser obtida a partir da gaseificação da madeira proveniente de plantações de espécies vegetais de curto tempo de rotação agrícola, próprias para fins energéticos, em conjunto com a tecnologia de turbina a gás, assim como a partir das novas gerações de tecnologias de biomassa.

Embora o Brasil esteja desenvolvendo projetos-piloto e até mesmo apresente alguns projetos já em operação nessas tecnologias mais avançadas, ainda está distante de atingir maturidade em termos comerciais,o que pode ser visto de forma positiva, como um desafio importante a ser vencido pelo Brasil no sentido da sustentabilidade, dada a importância da biomassa nesse cenário e o imenso potencial agrícola do país.

Nesse contexto, visando ressaltar alguns aspectos importantes do tema e em razão de sua importância no cenário da aplicação da biomassa para geração de energia elétrica, apresenta-se a seguir um cenário introdutório geral da indústria da cana-de-açúcar e um enfoque da geração elétrica a partir de resíduos de biomassa e resíduos sólidos urbanos (RSU).

Indústria da cana-de-açúcar: cenário introdutório geral

A cana-de-açúcar, hoje, é uma importante fonte financeira nas áreas rurais do Brasil, cobrindo milhões de hectares de terra e produzindo centenas de milhões de toneladas de cana, que são industrializadas para produção de açúcar, álcool e energia (elétrica e térmica) para uso próprio e (em muitos casos) para venda no mercado energético.

De um ponto de vista geral, a indústria da cana-de-açúcar requer muitas ações específicas para evitar práticas que levam à degradação socioambiental, tais como o uso extensivo de áreas agrícolas, técnicas de monocultura, uso intensivo de fertilizantes e pesticidas, alto consumo de água, queimadas durante a colheita e emprego de baixa qualidade. Para superar tais problemas do modelo convencional de agronegócio, a evolução da indústria de cana no Brasil se baseou na adoção de métodos avançados de gestão e ênfase à pesquisa e ao desenvolvimento, o que conduziu ao cenário atual, no qual a maioria destes problemas foi resolvida ou, ao menos, tem sua solução direcionada.

Características básicas da indústria da cana-de-açúcar no Brasil

Para entender melhor essa indústria em particular, é importante enfocar suas principais atividades. Muitas delas se relacionam ao gerenciamento da produção de cana-de-açúcar, por exemplo: aquisição de terra e equipamento; projetos de engenharia civil e industrial; construções; conservação convencional do solo (preparação mecânica); plantação (manual); aplicação de agroquímicos; irrigação; colheita (queima e corte manual ou colheita mecanizada); e rotação da plantação.

Outras atividades se relacionam especificamente aos principais produtos da indústria. Elas são: produção industrial de açúcar; produção industrial de álcool; produção de energia; transporte para os locais de consumo (diferente para cada tipo de produto); e usos finais do produto. Essas atividades, embora ocorram fora dos limites da indústria, são muito importantes, uma vez que estabelecem as relações dos produtos da indústria com os mercados.

Dois estágios básicos comuns das produções industriais de açúcar e álcool são a preparação da cana-de-açúcar (lavagem) e a moagem (extração do suco). Produtos da moagem são o suco, a torta resultante da filtragem (*filter cake*) e o bagaço. A torta é usada como fertilizante, e o bagaço é queimado para produzir eletricidade e vapor em usinas de cogeração. O suco segue para os processos industriais: tratamento (decantação), fermentação e, então, para a produção de açúcar ou produção de álcool por meio da destilação. A Figura 3.3 apresenta um diagrama dos principais estágios e atividades da indústria da cana-de-açúcar.

A indústria da cana-de-açúcar no Brasil apresenta ainda alguns aspectos peculiares, que influenciam significativamente na sua gestão. Os principais são: a característica sazonal da indústria (a produção ocorre usualmente de maio a novembro), as grandes interfaces ambientais e sociais e os mercados bastante flutuantes de seus produtos.

As características sazonais influenciam o desempenho da indústria como um todo. Os aspectos ambientais e sociais são de fundamental importância para a indústria e a sustentabilidade e serão enfocados especificamente a seguir.

A influência dos mercados é muito importante para a gestão da indústria e está associada aos seus três principais produtos: açúcar, álcool e energia (térmica e elétrica).

Principais produtos da indústria e respectivos mercados

O Brasil é um dos mais importantes atores do mercado mundial de açúcar, que apresenta a característica de sofrer fortes flutuações.

O mercado do álcool também é de grande importância para a indústria da cana-de-açúcar e para o país, em razão de sua utilização no setor de transportes com vistas à minoração da poluição atmosférica por meio dos veículos a álcool ou bicombustível. O cenário mundial atual acena com aumento da utilização de biomassa para produção de combustíveis para a frota veicular. O álcool produzido da cana-de-açúcar, como no Brasil, é visto como um ator de peso nesse cenário, mas, ao contrário do que ocorre internamente no país, nesse momento (uma vez que ainda não está

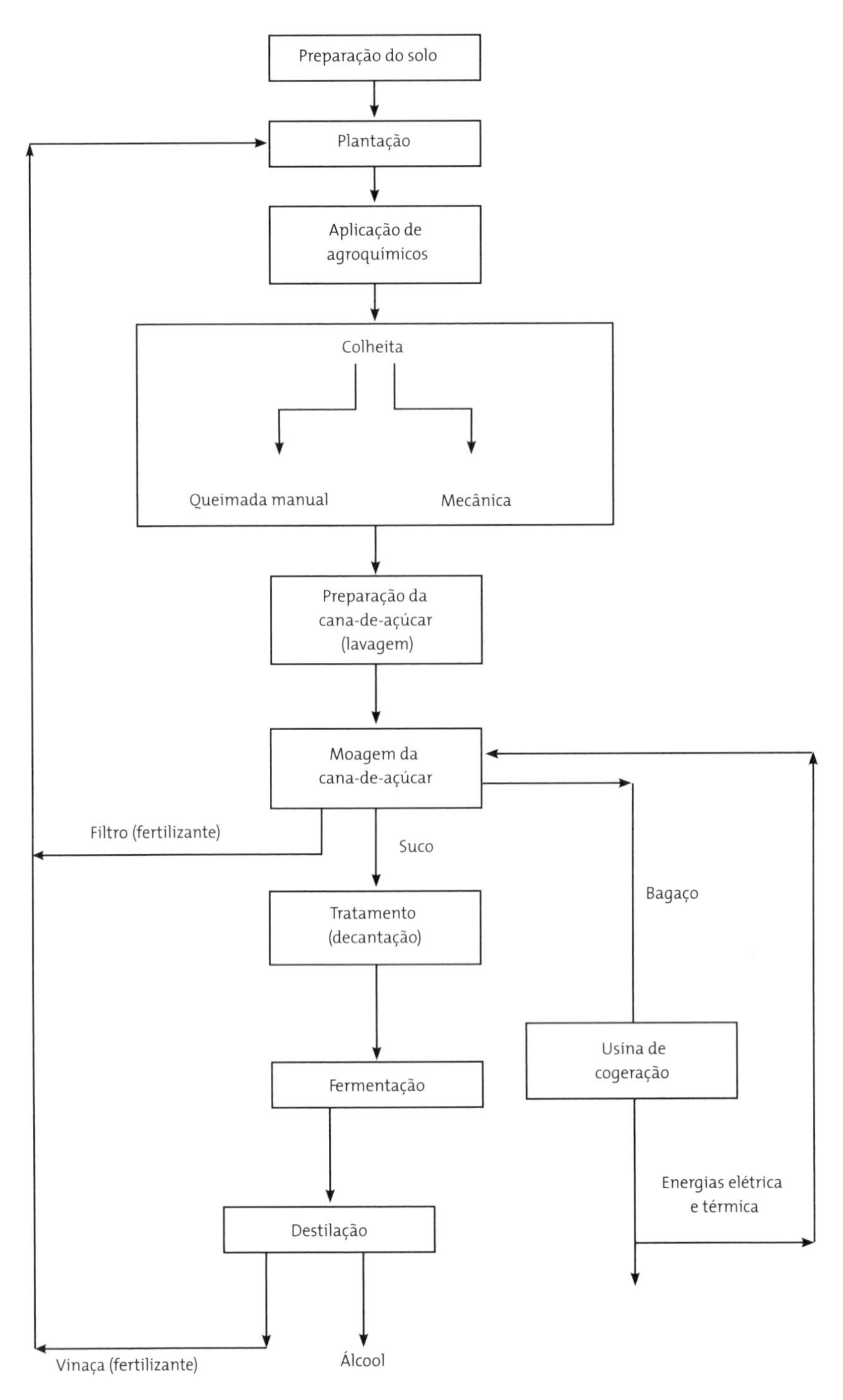

Figura 3.3 Principais estágios e atividades da indústria da cana-de-açúcar.

muito clara a influência da descoberta de petróleo e gás natural do pré-sal no mercado automotivo), as perspectivas de aumento do mercado mundial ainda não podem ser claramente estabelecidas. Ou seja, o mercado do álcool também apresenta características não definidas que podem ser associadas a riscos econômicos.

O mercado de energia elétrica e térmica para as usinas sucroalcooleiras se fortaleceu apenas após a abertura do setor elétrico. Antes disso, embora um grande número de usinas usasse o bagaço como combustível para uso interno, não havia atratividade econômica para venda da energia excedente. Portanto, também não havia interesse dos usineiros em investir para aumentar sua produção energética. Na medida em que as tarifas de venda de energia (elétrica e térmica) foram se tornando atraentes, as usinas passaram a ter uma nova opção mercadológica a ser inserida em seu complexo processo de gestão, cuja complexidade pode ser ilustrada pela existência de produtos básicos extremamente dependentes de políticas governamentais para o setor de transportes e de produtos sujeitos às expressivas variações do mercado internacional de *commodities*. Nesse contexto, a venda direta de energia produzida com utilização do bagaço, um resíduo do processo como um todo, deve ser efetuada em mercados (para energia elétrica e energia térmica) que também apresentam forte dependência de políticas governamentais. Tudo isso se reflete como muitas incertezas e indefinições, complicando a gestão da indústria da cana-de-açúcar. De qualquer forma, existem muitos estudos e planos que consideram diferentes tecnologias para aumento da produção de energia, cada um com condições específicas de viabilidade. Do ponto de vista prático, no entanto, graças a incentivos governamentais, por meio do Proinfa e de leilões específicos de energia elétrica que enfocam o uso de biomassa, uma quantia razoável de MW foi e vai sendo adicionada ao sistema elétrico; mas é uma quantia ainda pequena quando comparada às diversas perspectivas visualizadas se a aplicação das tecnologias estudadas for viabilizada.

A Figura 3.4 apresenta uma visão geral da indústria da cana-de-açúcar e seus principais mercados.

O cenário das tecnologias para produção de energia das usinas sucroalcooleiras

Atualmente, o bagaço da cana-de-açúcar é queimado em centrais de cogeração para produzir energia térmica e energia elétrica, como é mostrado na Figura 3.5.

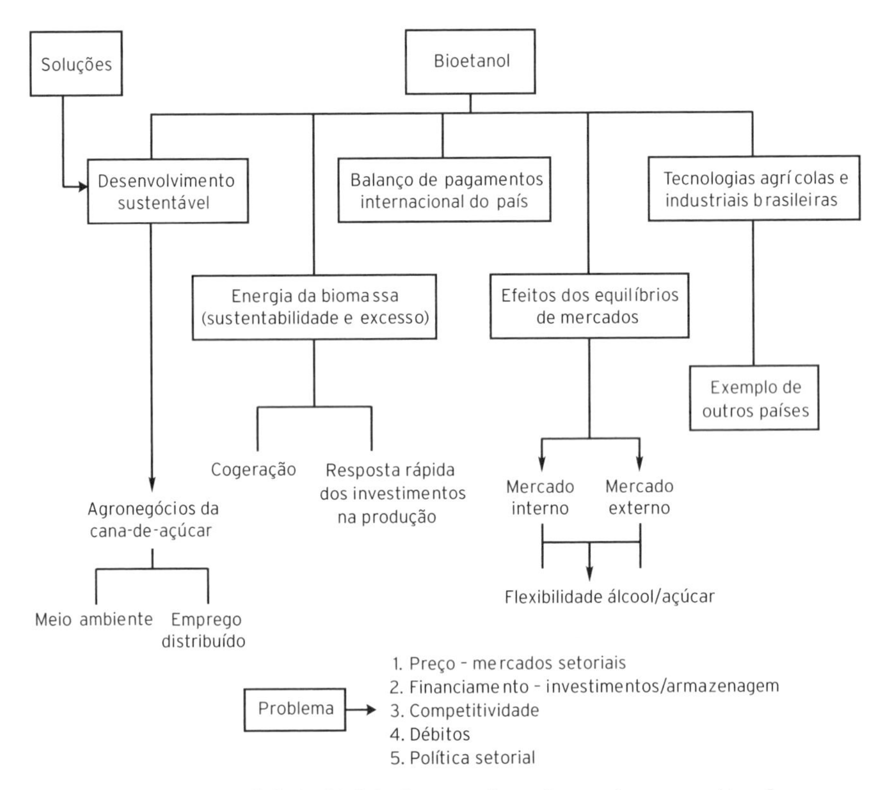

Figura 3.4 Vista geral da indústria da cana-de-açúcar pela perspectiva do bioetano.

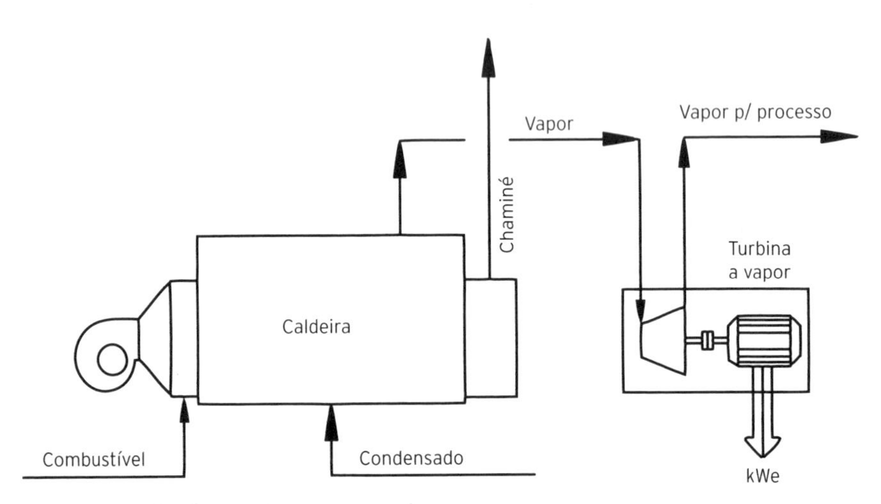

Figura 3.5 Configuração em cogeração.

Na maioria dos casos, historicamente, a energia elétrica e a energia térmica produzidas eram utilizadas na própria indústria, em grande parte no processo da moenda. Em algumas situações, a energia excedente era vendida, mas a baixo preço. Contudo, com as modificações do setor elétrico brasileiro a partir de 1995, a venda do excesso à rede passou a ser uma opção possível de ser avaliada.

O modo mais simples de obtenção de maior quantidade de energia ocorre por meio do aumento da pressão e temperatura máximas do ciclo a vapor. Para isso, seria necessário um determinado investimento, o qual teria de ser recuperado ao longo da vida operativa da usina para que a modificação fosse viabilizada economicamente.

Na avaliação das perspectivas de aumento da geração de energia pelas usinas, no entanto, outras alternativas e metodologias vêm sendo consideradas, tais como: produção de energia durante a entressafra; utilização de configuração de ciclo combinado; queima adicional de palhas e pontas e outros resíduos da colheita; gaseificação do bagaço; e produção de biocombustíveis por meio de novas gerações de tecnologias avançadas. É importante lembrar que os biocombustíveis podem cumprir importante papel não somente no setor de transportes, mas também na geração de energia elétrica, por meio da sua utilização como combustível de motores que acionam geradores elétricos.

Um aspecto básico a ser considerado nesse cenário se refere à possibilidade de produção de energia fora da safra, ou seja, durante o período de entressafra. Nesse caso, a produção usual diretamente a partir do bagaço de cana requer o desenvolvimento de tecnologias econômicas e confiáveis para armazenamento e tratamento do bagaço. Isso certamente não será atrativo para um sistema eminentemente hidrelétrico, no qual o período de chuvas praticamente coincide com a entressafra, que é o que ocorre nas regiões onde se localizam predominantemente as usinas de cana-de-açúcar. O fato de a colheita se dar no período de poucas águas proporciona uma complementação entre a energia hídrica e a do setor sucroalcooleiro. Isso fará com que a venda de energia excedente das usinas de cana-de-açúcar na entressafra dificilmente se torne viável do ponto de vista econômico (praticamente não haverá retorno da venda de eletricidade, ficando os ganhos dependentes apenas da venda de energia térmica).

Uma alternativa a ser considerada é a ênfase no uso da configuração a ciclo combinado, como apresentado na Figura 3.6, que poderia utilizar, em combinação com o ciclo tradicional a vapor, gás natural comprado de empresas do setor de petróleo e gás ou obtido do próprio bagaço, dependendo da evolução das pesquisas voltadas à gaseificação deste. Porém, isso deve ser analisado com muito cuidado, considerando não só o mercado de energia elétrica, mas também o de energia térmica, uma vez que o rendimento dos ciclos térmicos é muito baixo para produção de energia elétrica e a utilização de cogeração passa a ser praticamente uma obrigação do ponto de vista de eficiência energética.

A queima de palhas, pontas e outros resíduos da colheita, além do bagaço, pode causar um aumento sensível no potencial de produção de energia do setor sucroalcooleiro, mas isso depende largamente da taxa de introdução da colheita mecanizada, em vez da queima seguida da colheita manual, o processo tradicional. No estado de São Paulo, a colheita manual se encontra praticamente extinta em razão principalmente de fortes restrições impostas às queimadas pelos municípios afetados por estas no que se refere à poluição atmosférica. Como contraponto ao resultante desemprego de uma enorme população de baixa qualificação, para a qual a colheita consistia em parte fundamental de renda, foram desenvolvidos projetos de capacitação de pessoal para manter essa populacão em outros postos no setor sucroalcooleiro. Assim se tentou resolver, ao menos em

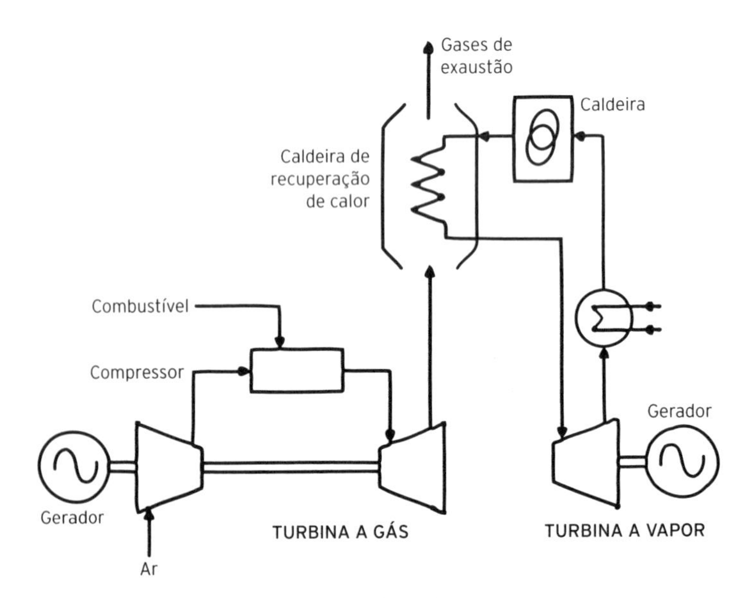

Figura 3.6 Esquema de ciclo combinado.

parte, essa questão social muito importante no cenário da indústria da cana-de-açúcar.

A gaseificação do bagaço tem sido desenvolvida em projetos-piloto e é considerada como possível, em um futuro não longínquo, com base nos resultados já alcançados quanto à gaseificação do carvão mineral e da madeira.

É importante citar que, na mesma medida em que as tecnologias atuais em andamento permitirão maior produção de energia, certamente os custos serão maiores. Assim, mesmo que as referidas alternativas e tecnologias fiquem completamente disponíveis, uma avaliação detalhada que considere cuidadosamente os preços de mercado da energia elétrica e da energia térmica será fundamental para garantir a viabilidade econômica da alternativa e/ou tecnologia.

Energia elétrica obtida a partir de resíduos de biomassa e de resíduos sólidos urbanos

No atual cenário do setor energético os resíduos com melhores perspectivas de aproveitamento advêm da biomassa e de resíduos urbanos, dentre eles os denominados resíduos sólidos urbanos (RSU).

Resíduos da biomassa

Os principais tipos de biomassa usados como fontes energéticas são provenientes de cultivos agrícolas ou da pecuária

Biomassa de cultivos agrícolas

O potencial de geração de energia a partir de resíduos agrícolas no Brasil é enorme, um dos maiores do mundo. Nesse contexto, podem ser citadas as culturas de cana-de-açúcar, arroz, mandioca, amendoim, milho, soja, dendê, girassol, babaçu, mamona, entre outras.

Dentre essas destacam-se no país as biomassas, produtos da indústria da cana-de-açúcar. O bagaço, a palha e até mesmo a vinhaça são largamente usadas na produção de álcool e açúcar, e os resíduos são utilizados em caldeiras para gerar energia térmica e/ou elétrica nas usinas. Há ainda outros produtos em desenvolvimento ou já utilizados para o mesmo fim. Por causa de sua importância, a indústria da cana-de-açúcar já foi considerada e enfocada de forma específica neste livro, no Capítulo 1.

A casca de arroz também é um resíduo de grande interesse para produção de calor, sendo utilizado em muitas agroindústrias.

A grande maioria das culturas citadas tem sido utilizada no setor de transportes, principalmente para a produção de combustíveis líquidos, como o etanol e o biodiesel. No caso do etanol, além da cana-de-açúcar, podem ser citadas experiências com a mandioca e o milho. O amendoim, a soja, o dendê, o girassol, o babaçu e a mamona são utilizadas na produção de óleo, como parte do processo de obtenção do biodiesel.

Deve-se citar também que diversos combustíveis líquidos (óleos) citados podem ser utilizados em motores que acionam geradores de energia elétrica, principalmente em casos de pequenas fontes em sistemas de geração distribuída (GD) alimentando sistemas isolados.

Biomassa de origem vegetal

Dentre todos os energéticos de biomassa, a lenha é o mais utilizado, principalmente em países e regiões pobres, onde chega a superar 50% do total de energia consumida.

Além disso, resíduos provenientes de outros usos da madeira podem ser utilizados para a obtenção de energia, como na indústria moveleira.

Biomassa proveniente da pecuária

O potencial de produção energética brasileiro a partir da pecuária é enorme. O aproveitamento desses energéticos pode se dar por meio da queima direta dos detritos ou pelo seu uso para produção de biogás, um biocombustível com conteúdo energético elevado semelhante ao gás natural e com predominância de dióxido de carbono e gás metano, que pode ser produzido naturalmente, por meio da ação de bactérias em materiais orgânicos (lixo doméstico orgânico, resíduos industriais de origem vegetal, esterco de animal), ou de forma artificial, em um biodigestor anaeróbico.

Como o descarte dos resíduos é um grande desafio para as regiões com alta concentração de produção pecuária, em especial de suínos e aves, a energia elétrica produzida a partir dos dejetos não só reduz o consumo de eletricidade, que tem grande impacto nos custos, como também reduz o impacto ambiental da produção pecuária.

Atualmente, no Brasil, o maior aproveitamento desse tipo de biomassa se dá na criação de suínos que são criados em confinamento. A bovinocultura de corte, apesar do potencial, tem grande dificuldade de utilização, porque o sistema de criação no Brasil pouco se dá em confinamento. A avicultura de corte e a poedeira apresentam potencial ainda não utilizado maior que o de bovinos e suínos.

Na produção de biogás com os rejeitos de animais da pecuária, cada tipo de detrito tem suas características, o que se reflete diretamente na energia produzida a partir deles. A Tabela 3.1 apresenta o volume de detritos produzido por cada tipo de animal, a geração de biogás utilizando biodigestores e a estimativa da energia produzida por um rebanho de 100 animais, considerando poder calorífico de 35,73 $MJ.m^{-3}$ e aproveitamento de 50% do gás gerado.

Tabela 3.1 Produção de resíduos e energia para um rebanho de 100 animais

REBANHO (KG/ESTERCO)	MASSA DE RESÍDUOS (KG/DIA)	VOLUME (M^3/ANIM/DIA)	ENERGIA (MWH/DIA)
Bovinos	10 a 15	0,038	67,90
Aves	0,12-0,19	0,05	89,34
Ovinos	0,5-0,9	0,022	39,31
Suínos	2,3-2,5	0,079	141,16
Equinos	10	0,022	39,31
Caprinos	0,5-0,9	0,022	39,31

Fonte: Philippi Jr e Reis (2016).

Biomassa proveniente de resíduos urbanos

Nesse contexto, se ressaltam os efluentes domésticos e os RSU.

Efluentes domésticos (esgoto)

No Brasil, o sistema de tratamento de esgoto sanitário é largamente insuficiente para atender às necessidades sanitárias da população. Somente cerca da metade dos municípios brasileiros faz coleta de esgoto e, além disso, grande parte do esgoto coletado não recebe tratamento adequado antes de ser lançado nos corpos d'água.

Esse cenário degradante, no entanto, representa um grande potencial de aproveitamento energético. Dentre as possíveis alternativas de tratamento desses efluentes, a digestão anaeróbia é, aparentemente, a mais viável nas grandes cidades, onde a questão do aproveitamento e utilização do espaço urbano é mais complexa.

No Brasil deve-se citar a iniciativa de cogeração de energia elétrica com base em uma estação de tratamento de esgoto (ETE) da Companhia de

Saneamento de Minas Gerais (Copasa). O aproveitamento do gás proveniente do tratamento do esgoto fornece 90% da energia consumida pela ETE Arrudas (2,4 MW). Além de evitar a emissão de gases poluentes ao meio ambiente.

Resíduos sólidos urbanos

O crescente aumento da velocidade dos ciclos de compra, uso e descarte patrocinado por uma sociedade voltada primordialmente ao consumo resultou em um problema crucial e também crescente para a humanidade, o de como gerenciar e tratar adequadamente os resíduos sólidos urbanos (RSU) ou lixo urbano. Problema que, hoje, praticamente não escolhe lugar ou país, mas que se torna mais visível e premente nas grandes cidades e megalópoles.

Em função de sua origem, a produção de lixo (RSU) tem relação direta com as características econômicas de cada local, região ou país. Uma estimativa bastante usual é que a média mundial atual é da ordem de 1 kg *per capita* de lixo diário. Nos denominados países (ou locais) desenvolvidos essa quantidade pode ser maior, chegando até a triplicar.

Embora a reciclagem do lixo – uma das formas mais conhecidas de gestão dos RSU – venha crescendo, ela é feita predominantemente com materiais de alto valor econômico, como alumínio, papel, plástico e vidro. No Brasil predomina a reciclagem de latas de alumínio e apenas uma porcentagem em torno de 10% do lixo total é reciclado. O restante vai para aterros sanitários (aproximadamente 58%), aterros controlados ou lixões (onde não recebem o tratamento adequado), aterros clandestinos ou é lançado diretamente em locais impróprios.

A Política Nacional de Resíduos Sólidos (PNRS) estabelece clara distinção entre resíduo e rejeito e entre destinação final e disposição final. O resíduo, após a destinação final, se torna o rejeito que deverá ter a disposição final em aterros sanitários. A destinação final, sim, inclui tratamento e recuperação por processos tecnológicos disponíveis e economicamente viáveis, como a reutilização, a reciclagem, a compostagem, a recuperação e o aproveitamento energético.

A proibição, pela PNRS, a partir de 2014, da disposição de qualquer tipo de resíduo que possa ser reutilizado ou reciclado em aterros sanitários, assim como a proibição do uso de lixões (inclusive para rejeitos), não foi atendida, e não há indicações que venha a ser tão cedo.

As principais tecnologias disponíveis para o aproveitamento energético do lixo têm como base a alta porcentagem de materiais orgânicos contidos nos RSU e seu poder calorífico. Dividem-se em processos termoquímicos (combustão, pirólise, gaseificação) e processos biológicos (digestão anaeróbia), comentados a seguir.

Processos termoquímicos

Entre as opções de processos termoquímicos a única disponível em escala comercial e difundida mundialmente é a incineração, pela qual os resíduos são convertidos em calor, escória, gases de combustão e cinzas. O calor pode ser utilizado para produzir vapor e, em sequência, energia elétrica. A escória, formada pelos componentes inorgânicos dos resíduos, possui metais ferrosos e não ferrosos que podem ser separados e destinados para reciclagem. Os gases de combustão devem ter seus poluentes e material particulado filtrados para atingir os níveis impostos pela legislação antes de serem emitidos na atmosfera. As cinzas e o pó de filtro, material particulado proveniente dos filtros, são rejeitos que precisam ser depositados em aterro industrial.

Processos biológicos

O aproveitamento energético de RSU por processo biológico se dá por meio de digestão anaeróbia, realizada em digestores fechados, que apresenta quatro fases principais: pré-tratamento, digestão dos resíduos, recuperação do gás e tratamento dos resíduos. Dependendo das características de cada projeto, pode ter diferentes fluxos de saída: biogás, composto orgânico, combustível derivado de resíduos (CDR, utilizado em tratamentos térmicos, como a incineração) e rejeitos.

O aterro sanitário consiste no confinamento do material depositado no solo, compactado e coberto com camadas de terra, isolando-o do meio ambiente. Os aterros sanitários recebem os RSU; a compactação dos resíduos aumenta sua densidade, acentuando a produção de gás por unidade de volume; e uma cobertura adequada visa impedir a entrada de água proveniente de escoamento superficial e de oxigênio, além da fuga de biogás para a atmosfera. O aterro sanitário deve atender a normas ambientais e operacionais específicas.

O chorume, resíduo não desejável do processo, é captado por meio de tubulações instaladas durante o aterramento do lixo e escoado para um sistema ou estação de tratamento.

O biogás formado no aterro sanitário é, então, coletado por exaustão forçada e transportado por meio de uma rede de tubulação até a planta de extração de biogás, que o encaminhará a sua queima em *flare* ou a outros usos, incluindo o aproveitamento energético.

Quando o aterro sanitário passar a receber apenas rejeitos, não haverá mais produção de biogás, pois não haverá mais fração orgânica para sofrer digestão anaeróbia.

Energia geotérmica

Anos atrás cientistas reconheceram que o calor oriundo do subsolo terrestre apresentava um potencial bem atrativo para substituir os combustíveis fósseis na geração de eletricidade. O uso dessa energia, na realidade, já vem de longa data, ou melhor, desde a Pré-História, por exemplo, para cozimento de alimentos, higiene pessoal e usos medicinais.

Os primeiros projetos de aproveitamento da energia geotérmica para geração de eletricidade ocorreram em Lardarello, Itália, em 1904, e em Wairakei, Nova Zelândia, em 1950. O projeto Geysers, na Califórnia, com potência instalada de 2.800 MW foi o primeiro desse tipo nos Estados Unidos e é o mais desenvolvido do mundo.

No mundo, há diversos países com potencial de energia geotérmica, como Itália, Islândia, Estados Unidos, México, Filipinas, Nova Zelândia, Japão, Turquia, Rússia, China, França, Indonésia, El Salvador, Kenya e Nicarágua. Tais potenciais estão, em geral, próximos a vulcões e sujeitos a abalos sísmicos.

Quando disponível em elevadas temperaturas, o recurso geotérmico, na forma de vapor e água quente (150 a 200°C), é utilizado principalmente para produzir eletricidade. O vapor a altas temperatura e pressão aciona uma turbina a vapor acoplada ao gerador elétrico. Não há poluição do ar nesse processo.

Em diversas regiões do mundo, o potencial de energia geotérmica para geração de eletricidade está disponível em rochas superficiais. São os chamados recursos de elevada entalpia. Já em outras regiões, onde não há reservatório no subsolo, máquinas bombeiam água fria para dentro das rochas quentes, próximas aos magmas, e a resultante água quente é retirada via tubulação e usada nas usinas de geração de energia elétrica.

Uma característica especial da energia geotérmica que a diferencia de outras fontes renováveis é que ela não é afetada pelas condições climáticas, tais como a solar, a eólica e a hidráulica.

Os impactos ambientais relatados mais significativos são: poluição sonora durante a perfuração do poço, disposição do fluido retirado e rebaixamento do solo. Os gases não condensados e a água condensada possuem alguns poluentes como gás carbônico, dióxido de enxofre, metano (no caso do gás) e sílica, metais pesados, sódio e potássio (no caso da água), que, atualmente são quase todos reinjetados.

No Brasil, não há locais apropriados para utilização da energia geotérmica como geradora de energia elétrica. Nos lugares onde se dispõe de energia geotérmica, ela ocorre em baixa temperatura, permitindo apenas o uso de águas termais para fins medicinais e de lazer.

Por outro lado, o uso de energia geotérmica superficial do próprio solo, obtida à baixa profundidade, com fins térmicos (produção de calor ou refrigeração) e aplicada em pequenas capacidades (em residências, fornos e fogões, por exemplo) tem se disseminado por diversos países do mundo. O uso dessa técnica para resfriamento e consequente aumento do rendimento de painéis fotovoltaicos de pequeno porte tem sido objeto de diversos estudos e projetos-piloto em universidades do Brasil, com destaque para a Universidade Federal de Santa Maria, no Rio Grande do Sul.

ESQUEMAS, PRINCIPAIS TIPOS E CONFIGURAÇÕES DE CENTRAIS TERMELÉTRICAS

A seguir são apresentados, de forma sucinta, os principais tipos de centrais termelétricas: centrais a diesel, centrais a vapor (não nucleares), centrais nucleares, centrais a gás e centrais geotérmicas. Estas últimas serão tratadas em separado em razão de suas características específicas. Serão também destacadas as tecnologias mais recentes, que buscam maior eficiência energética e melhor desempenho ambiental: os ciclos combinados de centrais a gás e a vapor e a gaseificação, principalmente do carvão mineral e da biomassa. Como serão tratadas à parte no Capítulo 4, as centrais heliotérmicas ou termossolares não são aqui apresentadas.

Centrais a diesel

Muito usadas em potências que chegam a ser da ordem de 40 MW, as centrais a diesel para alimentação de sistemas isolados (aqueles cuja conexão ao sistema elétrico é inviável econômica ou tecnicamente) têm uso disseminado em regiões longínquas sem outra fonte de geração. Além disso, as máquinas a diesel são utilizadas como fonte de reserva (*backup*) para uso emergencial em instalações elétricas dos mais diversos tipos, visando ao aumento da segurança energética.

Centrais a diesel apresentam, no entanto, limitações relacionadas com potência, ruído e vibração, além de problemas como a dificuldade de aquisição de peças de reposição e seu transporte e, principalmente nos locais distantes, os altos custos do combustível e dificuldades de manutenção.

Em sua utilização como fonte emergencial, imersa no sistema elétrico, suas vantagens são a rápida entrada em carga, a simplicidade de operação e o fácil plano de manutenção. A Figura 3.7 apresenta o esquema de uma central a diesel.

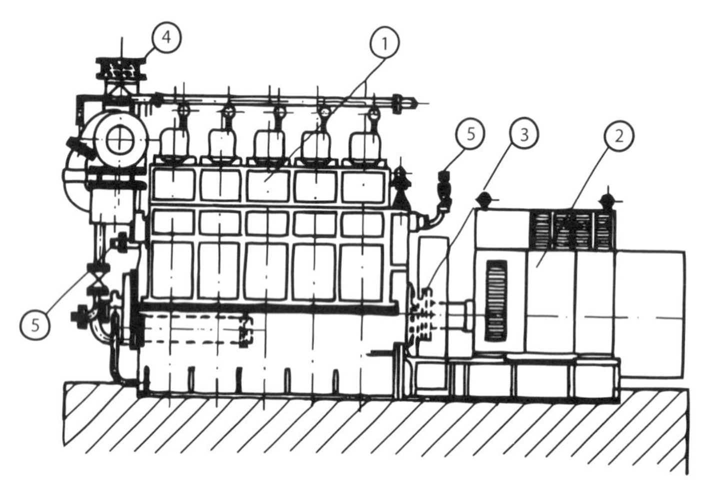

Figura 3.7 Esquema de uma central a diesel.

Centrais a vapor (não nucleares)

Esse tipo de central pode trabalhar tanto em ciclo aberto como em ciclo fechado. A operação em ciclo aberto é bastante comum quando se pretende utilizar calor (vapor) para o processo. Na operação em ciclos fechados, pode-se trabalhar com um ou mais fluidos (operação em ciclos superpostos).

As Figuras 3.8 a 3.10 apresentam algumas configurações de centrais a vapor. Maiores detalhes sobre essas centrais, cujo funcionamento é baseado no ciclo térmico Rankine, serão apresentadas no item "Potência gerada e energia produzida" deste capítulo.

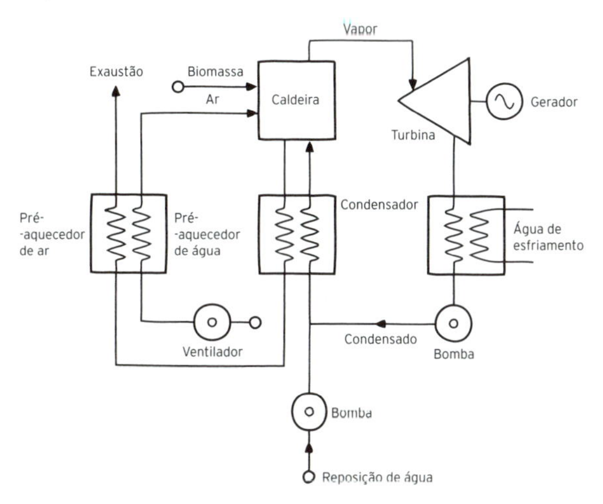

Figura 3.8 Ciclo de turbina a vapor por condensação somente para produção de eletricidade.

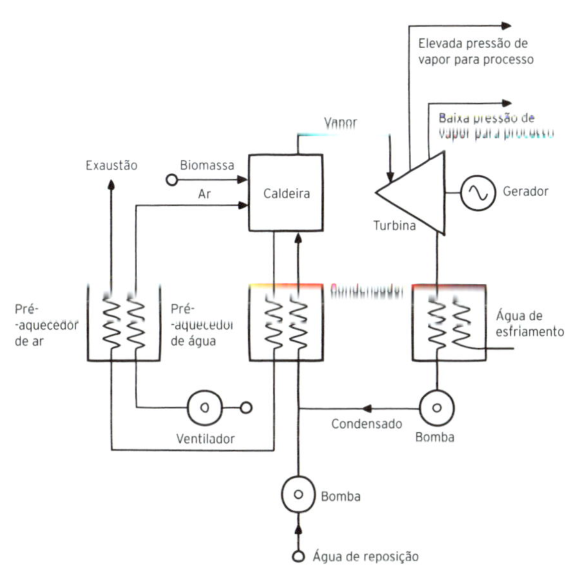

Figura 3.9 Ciclo de turbina a vapor por condensação – extração (Cest) com duas extrações de vapor para uso em processo.

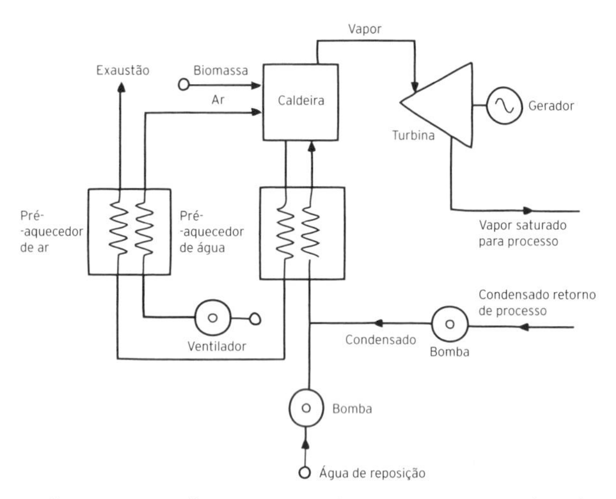

Figura 3.10 Turbina a vapor de contrapressão para cogeração de calor e eletricidade usando biomassa como combustível.

Centrais nucleares

A Figura 3.11 apresenta um diagrama da central nuclear de Angra dos Reis (Angra I), onde foi utilizado reator nuclear de ciclo indireto, com as seguintes características principais:

- Refrigerado e moderado a água leve pressurizada – *pressurized water reactor* (PWR).
- Combustível: pastilhas de urânio ligeiramente enriquecido (3%).
- Potência térmica de 1.876 MW.
- Gerador: turbo de 1.800 rpm, com 857 MW.
- Condensador usando água do mar em circuito aberto.

Existem diferentes tecnologias de reatores nucleares, das quais se apresentam a seguir algumas de interesse.

Reatores à água leve

A tecnologia atual dos reatores à água leve – *light water reactor* (LWR) – comprovou ser econômica, segura e confiável. Essa tecnologia usa a água leve (com a composição isotópica natural do hidrogênio) como refrigerante, moderador e refletor. Com capacidade superior a 900 MWe (mega-

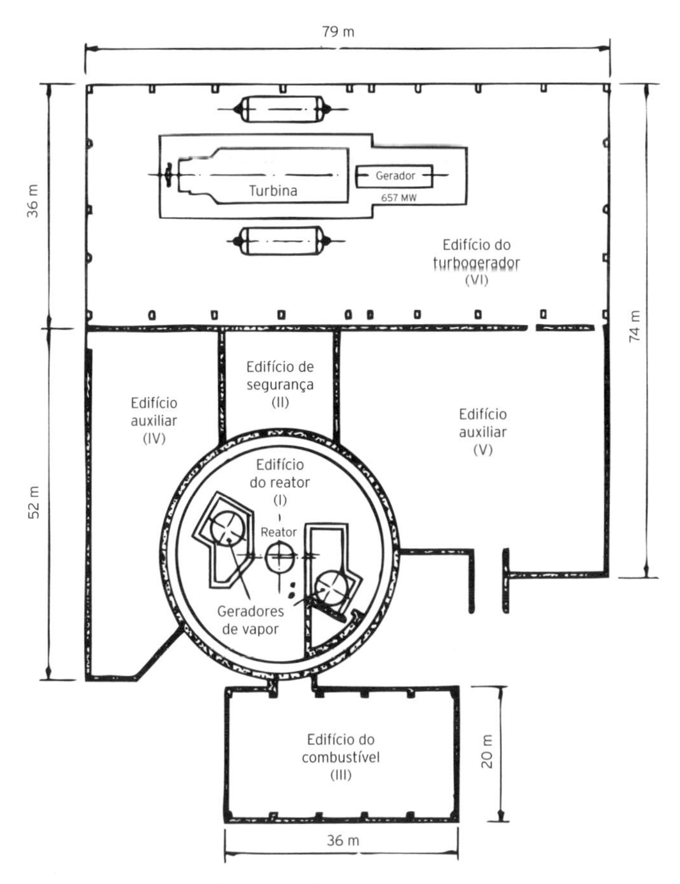

Figura 3.11 Central nuclear de Angra dos Reis.

watts elétricos), a grande maioria das usinas nucleares em operação atualmente utiliza LWR.

O aprimoramento dessa tecnologia, por meio da utilização dos PWR, com refrigeração efetuada por água no estado líquido à alta pressão, permite a construção de unidades de até cerca de 1.500 MWe.

No contexto da tecnologia LWR, os reatores PWR sofrem competição comercial dos reatores BWR (*boiled water reactor*), que usam água no estado de vapor para refrigerar o núcleo.

Reatores à água pesada

Uma pequena parte das unidades nucleares em operação no mundo utiliza reatores refrigerados e moderados à água pesada (H_3O) – *heavy water reactor* (HWR). São reatores econômicos, seguros e confiáveis cuja base regulatória e de infraestrutura foi estabelecida em alguns países, principalmente Canadá, Argentina e Índia.

Como variantes desse tipo de reator, existem aqueles a tubos de pressão e a vasos de pressão. A capacidade máxima atingida em usinas com reatores a água pesada é de 900 MWe, sendo o tamanho físico o principal limitador da expansão da capacidade.

O desempenho desse tipo de usina, quando operada na base do sistema elétrico, tem sido um dos melhores entre os tipos comerciais, em parte por conta da possibilidade de troca de combustível com a usina em operação. Em termos de segurança, o desempenho também tem atingido excelentes níveis. O custo do ciclo do combustível é baixo por conta do uso do urânio natural e da melhor economia neutrônica decorrente da utilização da água pesada como agente moderador.

Há possibilidade de melhorar a economia do ciclo do combustível tanto dos HWRs como dos PWRs, com o emprego do combustível utilizado nos PWRs que ainda possui reatividade residual nos HWRs. Essa concepção é denominada ciclo *Tandem* e atualmente está em fase de desenvolvimento. Caso se torne viável técnica e economicamente, há grandes possibilidades de uso em regiões onde há os dois tipos de usinas, como o Brasil (PWR) e a Argentina (HWR).

Reatores a gás

Os reatores resfriados a gás (CO_2) e com urânio natural como combustível tiveram grande desenvolvimento no passado. Na França, onde existe apenas uma central desse tipo em funcionamento, essa tecnologia foi superada pela dos reatores PWR.

Na Inglaterra, chegou a ser desenvolvida uma linha mais avançada de reatores a gás, utilizando urânio enriquecido, os *advanced gas reactor* (AGR), cuja tecnologia também foi superada pela dos reatores PWR.

Resta a possibilidade da utilização de reatores a gás hélio e alta temperatura, dos quais vários protótipos estão em operação no Reino Unido, mas que tendem a ser abandonados por causa de problemas econômicos, além de outros problemas, tipicamente associados ao desenvolvimento de sistemas pioneiros.

Reatores refrigerados a metal líquido / Reatores super-regenerados rápidos (fast breeder reactors)

O desenvolvimento dos reatores super-regenerados rápidos resfriados a metal líquido, que têm rendimento muito superior aos outros tipos de reatores, não ganhou o impulso esperado em razão do aumento da disponibilidade dos recursos de urânio a baixo custo para atendimento da demanda em curto e médio prazos. A utilização dessa tecnologia será, entretanto, inevitável, uma vez que constitui o único meio de melhor utilizar as reservas de urânio.

Reatores modulares refrigerados a gás (HTGR)

Esse reator, *high temperature gas reactor* (HTGR), é também conhecido como o *"pebble bed modular reactor"*. É um reator de pequena potência, na faixa de 200 MW, e projetado para não sofrer derretimento no caso de um acidente de graves proporções, como em Chernobyl. Utiliza como elementos combustíveis grânulos cerâmicos do tamanho de bolas de tênis, que contêm milhões de gramas de urânio e são revestidos por invólucros individuais de grafite. O HTGR usa hélio como refrigerador e opera em ciclo turbina-gerador a temperaturas mais altas que o vapor, conseguindo, assim, maior eficiência (40 a 45%) que os reatores LWR convencionais. A potência do reator é controlada por meio de alterações na taxa de fluxo do gás hélio e sem utilização de barras de controle como no LWR. Outra característica "passiva" de segurança é a baixa densidade do combustível. Na medida em que o núcleo se torna mais quente, o combustível se espalha separando-se, e a taxa de reação diminui. Três ou quatro dessas pequenas unidades modulares podem ser construídas em conjunto para se obter potência similar às grandes centrais da atualidade.

Energia nuclear no mundo

No final de 2015, segundo dados da Agência Internacional de Energia Atômica, havia em operação, em 31 países, 441 usinas nucleares perfazendo uma capacidade instalada líquida de 381,7 GWe. Em termos mundiais, a energia nuclear foi responsável por 10,6% da energia elétrica produzida.

Centrais a gás

O desenvolvimento das turbinas a gás é relativamente recente (algumas décadas) e tem como maiores desafios os seguintes problemas tecnológicos:

- Para um rendimento razoável, exigem-se altas temperaturas. Tal possibilidade só foi alcançada com formidáveis avanços na tecnologia de materiais, que ainda busca condições de operar a temperaturas mais altas.
- Pode haver necessidade de um número excessivo de estágios no turbocompressor, o que leva a uma limitação de potência.
- O baixo rendimento dos turbocompressores foi melhorado nas últimas décadas por meio do desenvolvimento de turbocompressores com até 85%. Graças à implementação dos motores à reação pela indústria aeronáutica, houve um grande progresso. A operação em circuito aberto ocorre em motores à reação turboélice ou turbojato.

Oposta à operação em circuito aberto (utilizada nas turbinas de aeronaves), a operação na geração elétrica se dá em circuito fechado, constituído por máquinas acionadas pela expansão dos gases quentes produzidos em uma câmara de combustão, segundo um ciclo térmico denominado Brayton (Figura 3.24, mais adiante). A turbina a gás atinge eficiências termodinâmicas bem mais elevadas que o ciclo a vapor porque o pico do ciclo de temperatura das modernas turbinas a gás (aproximadamente 1.260 °C para a melhor turbina para aplicações estacionárias no mercado) é bem mais elevado que o das turbinas a vapor (aproximadamente 540°C). Uma vantagem termodinâmica inerente às turbinas a gás é aproveitar o calor de escape para, por exemplo, produzir vapor em uma caldeira de recuperação (no esquema de ciclo combinado), que pode ser usada em processos industriais em uma configuração de cogeração.

Existem dois tipos básicos de turbina a gás:

- Turbinas aeroderivativas: baseadas na tecnologia adotada para propulsão de aeronaves. Compactas e de peso reduzido, essas unidades exibem alta confiabilidade e tempo reduzido de manutenção, além de elevado rendimento, o que as torna atrativas apenas para as aplicações de cogeração e geração elétrica. Neste último caso, são mais apropriadas para atendimento de picos de demanda ou para funcionar em regime de emergência.

- Turbinas industriais (*heavy-duty*): são de construção mais robusta, apresentando maior resistência a ambientes agressivos, sendo indicadas para operação na base.

A Figura 3.12 apresenta alguns esquemas de instalações com turbinas a gás.

Mais detalhes sobre as turbinas a gás, cujo funcionamento tem como base o ciclo térmico de Brayton, serão apresentados no item "Potência gerada e energia produzida", neste capítulo.

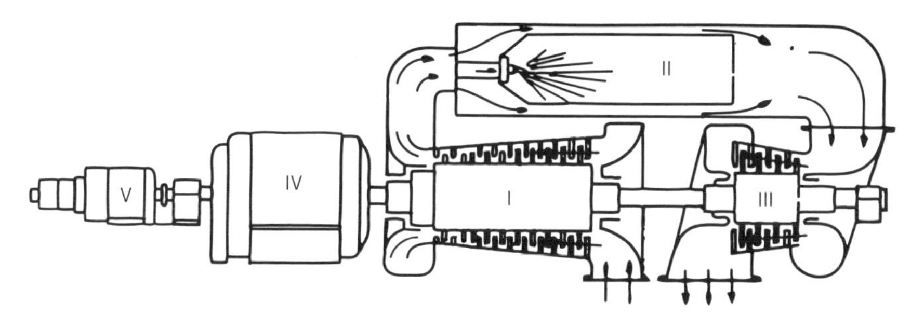

Esquema de uma instalação com turbina a gás em circuito aberto, estacionária, sem recuperação: I, turbocompressor; II, câmara de combustão; III, turbina a gás; IV, alternador; V, motor de arranque e excitatriz.

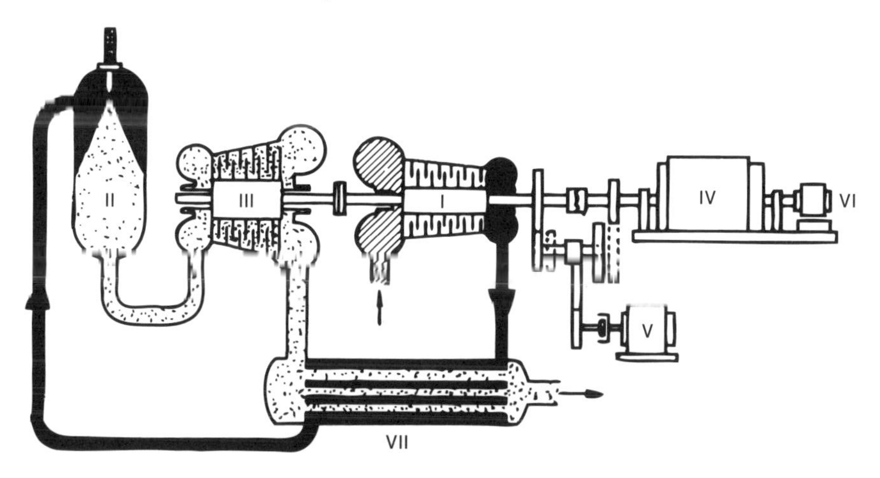

Esquema de uma instalação com turbina a gás em circuito aberto, estacionária, com recuperação: I, turbocompressor; II, câmara de combustão; III, turbina a gás; IV, alternador; V, motor de arranque; VI, excitatriz; VII, recuperador de calor.

Figura 3.12 Exemplos de instalações de turbinas a gás.

Energia geotérmica

Em termos geológicos, a energia geotérmica é definida como o calor proveniente das profundezas da crosta terrestre, que é de aproximadamente 8×10^{30} joules, quantidade de energia 35 bilhões de vezes maior que a quantidade de energia anual consumida no mundo. Todavia, apenas uma pequena fração do calor natural pode ser extraída da crosta terrestre, principalmente por motivos econômicos. Isso limita sua exploração a uma profundidade máxima de 5 km/s. A esta profundidade, a temperatura aumenta a uma taxa média de 30 a 35 °C por quilômetro (gradiente geotérmico).

Em razão do gradiente térmico, o calor natural aumenta por condução (e por convecção em alguns lugares) e dissipa-se na atmosfera quando alcança a superfície terrestre. A convecção geralmente ocorre quando fluidos quentes (água, vapor e gás) fluem para a superfície terrestre ou quando ocorre a liberação de magma proveniente de erupções vulcânicas.

Para geração de eletricidade, a energia geotérmica é utilizada em altas temperaturas e a conversão pode ser feita de quatro maneiras:

- Energia hidrotérmica: proveniente de reservatórios de água quente e/ou vapor aprisionados entre rochas ou sedimentos na crosta terrestre. Há dois tipos de fontes hidrotérmicas:
  - Vapor quente, que é liberado do reservatório por meio de um tubo inserido em um buraco cavado para essa finalidade. Após a filtragem das partículas sólidas, o vapor é usado para acionar as pás de uma turbina que, conectada a um gerador, irá produzir eletricidade.
  - Água aquecida: o vapor é separado da água quente em um vaso especial e então usado para acionar uma turbina. A água que permanece é usualmente injetada de volta à terra (método *flash*). A água quente pode ser usada para aquecer outro líquido com um ponto de ebulição menor, que se torna um gás usado para acionar uma turbina. A água quente original é então devolvida à terra (método ciclo binário).
- Rocha quente e seca: em áreas onde não há reservatórios subterrâneos, um poço profundo é perfurado e nele injeta-se a água, que, aquecida, é retirada de um outro poço de retorno. Essa água é levada à superfície para gerar eletricidade em uma planta geotérmica de potência.
- Reservatórios geopressurizados: encontrados em rochas sedimentares, contêm uma mistura de água e metano (gás natural) completamente saturada e sob pressão elevada.

- Magma: em certas localizações é possível extrair calor do magma injetando-lhe água. Solidificado e fraturado, o magma cria uma espécie de buraco trocador de calor; esse calor será utilizado em um ciclo de Rankine para gerar eletricidade. Tal aproveitamento, no entanto, exige maior recurso econômico.

Cogeração – termelétricas a ciclo combinado – aperfeiçoamento da combustão e gaseificação

Com vistas à maior eficiência energética e ao melhor desempenho ambiental, tem sido cada vez mais utilizado o princípio de ciclos combinados de ciclos a vapor e turbinas a gás. As técnicas de ciclo combinado permitem a redução do consumo específico de combustível e a consequente redução das emissões de CO_2.

Das perdas totais de um sistema termelétrico convencional a vapor, 10% referem-se à caldeira e cerca de 55% ao calor contido no vapor de exaustão nas turbinas a vapor. O vapor de exaustão nos sistemas de condensação usuais das usinas termelétricas apresenta temperaturas entre 30 e 45 °C e contém por volta de 610 kcal/kg de vapor, calor que será praticamente todo dissipado para o meio ambiente pelas torres de resfriamento, representando grande energia térmica perdida. Para tornar essa energia utilizável, pode-se promover um escape com temperaturas mais elevadas, de 200 a 300 °C, ou utilizar turbinas a gás, cujo calor de exaustão representa temperatura acima de 500 °C.

Dessa forma, a quantidade de calor perdida pode ser recuperada por meio do processo de cogeracão. Por conta de sua crescente importância no setor energético, a cogeração será tratada especificamente a seguir.

Cogeração

Sistemas de cogeração são aqueles em que se faz simultaneamente e de forma sequencial a geração de energia elétrica e térmica a partir de um único combustível, por exemplo, gás natural, carvão, biomassa ou derivados de petróleo.

Um sistema de cogeração bem dimensionado e balanceado, do ponto de vista da porcentagem final de cada uma das duas formas de energia, aumenta o rendimento global da utilização do combustível empregado, atuando, assim, no sentido do aumento da eficiência energética.

Tecnologias disponíveis para cogeração

As principais tecnologias disponíveis para os projetos de cogeração, no momento, são:

- Turbinas a gás e vapor: foram tratadas especificamente em outros itens deste mesmo capítulo.
- Motores a combustão: podem ser motores a gás ou a óleo diesel e existem modelos adequados a sistemas de cogeração. Para regime de operação contínua e com sistema de resfriamento apropriado, permitem a recuperação de calor liberado pelo conjunto global de componentes do motor. O restante do calor é obtido dos gases de descarga. Em geral, apresentam uma eficiência maior que as turbinas a gás.
- Células a combustível: são enfocadas mais especificamente no Capítulo 8 deste livro. Os sistemas estacionários para suprimento de energia elétrica baseados em células a combustível produzem energia elétrica de boa qualidade e possibilitam o aproveitamento do calor residual para produção de vapor ou água quente utilizável nas dependências do consumidor. Além de operarem silenciosamente, não produzem emissões nocivas ao meio ambiente e não requerem grande manutenção. A cogeração é possibilitada pela exaustão da água em forma de vapor e pela água quente proveniente do sistema de resfriamento da célula, que podem ser utilizados em processos industriais, hospitais, hotéis, shoppings centers, entre outros.
  A instalação de uma central de cogeração por células a combustível, operando em paralelo com a concessionária de energia elétrica, provoca o deslocamento parcial do consumo e da demanda de energia elétrica e uma economia do combustível antes utilizado para a geração térmica. Em contrapartida, há consumo de combustível para operação da célula, custos de manutenção e custos de investimento.

Outros sistemas em desenvolvimento:

- Kalina Cycle: amônia + água aumentam a eficiência no ciclo de Rankyne.
- Cheng Cycle: melhor eficiência de cogeração com turbina a gás, pela reutilização do vapor, injetando-o na câmara de combustão.
- Aplicação do carvão gaseificado em ciclo combinado: uso como gás em turbina à combustão.

Principais configurações e ciclos

Topping and bottoming cycle system

A posição sequencial da geração elétrica em relação ao aproveitamento da energia térmica se dá, respectivamente:

- *Topping* – na parte mais alta do ciclo (no circuito térmico de alta pressão).
- *Bottoming* – na parte mais baixa do ciclo (no circuito térmico de baixa pressão).

Nos sistemas do tipo *topping cycle*, o energético – gás natural, por exemplo – é utilizado inicialmente na produção de energia elétrica ou mecânica em turbinas ou motores a gás e o calor rejeitado é recuperado para o sistema térmico, como pode ser observado na Figura 3.13.

Nos sistemas com *bottoming cycle*, o energético produz primeiramente vapor, que, utilizado para produção de energia mecânica e/ou elétrica em turbinas a vapor, é depois repassado ao processo (Figura 3.10).

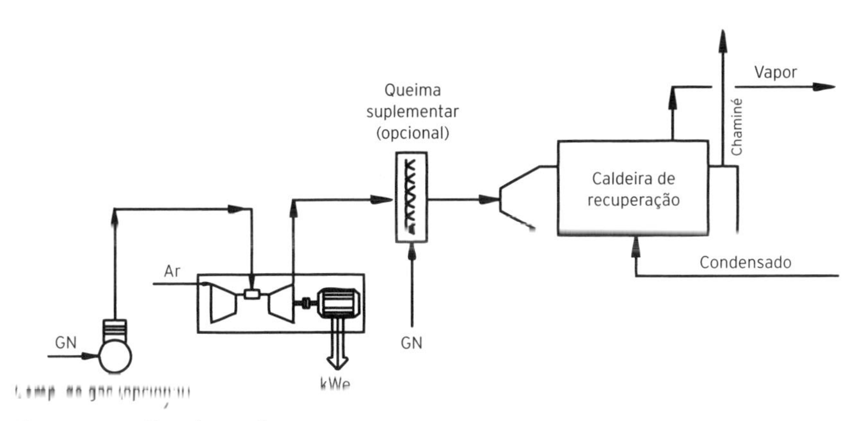

Figura 3.13 *Topping cycle.*

Ciclo combinado

Consiste em um processo que gera energia elétrica conjugando o ciclo de Brayton (turbina a gás) com o ciclo de Rankine (vapor). Ou seja, o calor recuperado dos gases de exaustão da turbina (ou motor) a gás é utilizado para produzir o vapor para o ciclo a vapor. A Figura 3.14 apresenta um diagrama simplificado de um ciclo combinado. É o esquema

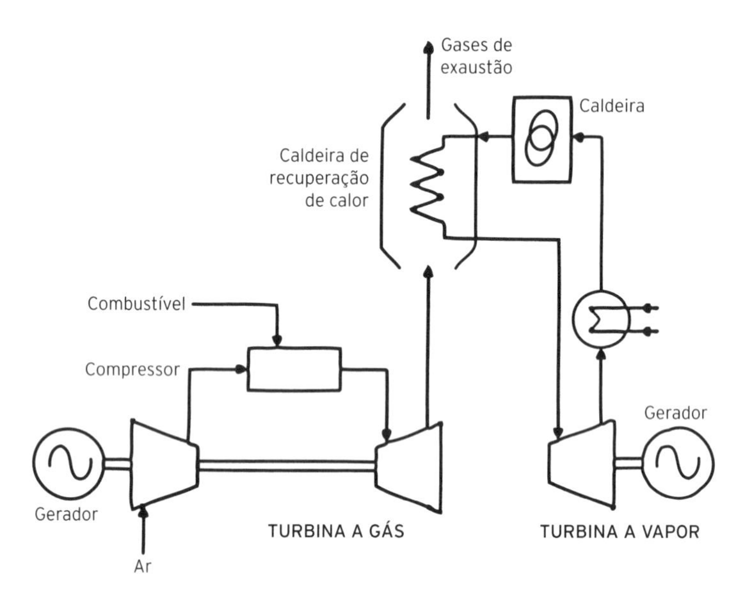

Figura 3.14 Ciclo combinado: diagrama simplificado.

preferido de muitas concessionárias e produtores independentes nos Estados Unidos para utilização com gás natural (esse é hoje o mais eficiente dos processos existentes).

Esses sistemas são particularmente interessantes quando o uso do vapor for intermitente, de forma que, na baixa demanda de vapor, incrementa-se a produção de energia elétrica.

Nos sistemas de ciclo combinado em que se produz exclusivamente energia elétrica, todo o vapor produzido por recuperação é empregado na turbina a vapor, retornando à caldeira por condensação.

Aperfeiçoamento da combustão e gaseificação

Os ciclos combinados podem ser formados por combinação de diferentes tipos de gás e combustíveis para gerar o vapor. Dentre eles destacam-se o carvão mineral e a biomassa, em razão da possibilidade de gaseificação do próprio combustível gerador do vapor, o que aumentaria a capacidade obtenível da central, assim como seu rendimento.

Carvão mineral

A combustão do carvão produz vapor usado para movimentar turbinas e geradores elétricos. As unidades a carvão podem ser construídas em tamanhos que variam de 20 a 1.000 MW. Muitas estações são projetadas para operar com um tipo específico de carvão. No entanto, com variados graus de modificações, podem ser convertidas para outro tipo: gás natural, óleo, misturas de óleo e carvão ou resíduos diversos.

Os custos de manutenção aumentam com a idade da usina, principalmente em razão da deterioração dos equipamentos pelas altas temperaturas, altas pressões e estresses térmicos causados pelas frequentes paradas e retomadas de potência.

A combustão do carvão produz dióxido de enxofre, óxidos de nitrogênio (também conhecidos como gases ácidos) e CO_2, responsável pelo efeito estufa. Todas as emissões podem ser controladas com a utilização de carvão com baixo teor de enxofre, queimadores seletivos de enxofre e depuradores de enxofre – *flue gas desulphurization* (FGD). Redutores catalíticos seletivos removem NO_x do gás e melhoram a combustão.

A combustão do carvão também produz resíduos sólidos, que, na falta de um uso alternativo, criam um problema de descarte. A cinza, que poderia ser usada na produção do cimento, é um exemplo.

Dentro da técnica do ciclo combinado, destacam-se dois processos:

- Combustão fluidizada à alta pressão: já se encontram em operação unidades, na faixa de 80 a 100 MW, em caráter de desenvolvimento e demonstração de tecnologias, comissionadas a partir de 1990. A escala econômica para empreendimentos com base nessa tecnologia tende a situar-se em potências acima de 300 MW.
- Gaseificação e combustão fluidizada em sistema de ciclo combinado *topping cycle*: se considerada sua aplicação aos carvões brasileiros, essa tecnologia teria como ponto crítico a adequação de um processo de gaseificação às características desses carvões. Os rendimentos alcançáveis por meio desse processo de geração podem atingir 50%, caracterizando um consumo específico de carvão menor do que o obtido em um processo termelétrico convencional.

Biomassa

Uma alternativa promissora ao ciclo de turbina a vapor para geração com biomassa seria o uso das tecnologias de turbina a gás/gaseificação integrada da biomassa. Esse conjunto de tecnologias, que já foram desenvolvidas para o gás natural e outros combustíveis líquidos nobres, com gaseificadores fechados de biomassa, envolve o casamento dos ciclos avançados de Brayton (turbina a gás) para geração elétrica ou cogeração, o qual pode ser baseado nos gaseificadores de carvão.

Esse esquema poderia trazer algumas vantagens ambientais para centrais com combustível biomassa cujo aproveitamento traz, no entanto, algumas preocupações com relação à poluição local do ar e ao aquecimento global. O desafio é produzir biomassa de forma sustentável e preservar a diversidade biológica.

Como combustível, a biomassa é inerentemente mais limpa que o carvão porque geralmente contém menos enxofre e cinzas. Todavia, as emissões dependem da tecnologia utilizada. A queima da biomassa, sob algumas circunstâncias, em áreas tropicais de países em desenvolvimento, tem também contribuído para mudanças no clima global, principalmente por conta das emissões de CO_2 e CH_4, e para o depósito de ácidos, por meio da emissão de ácidos orgânicos.

Usando a tecnologia *biomass-integrated/gas turbine technologies* (BIG/GT) para a geração de energia elétrica, a emissão de gases nocivos se daria em níveis muito baixos. A grande preocupação com a poluição local proveniente dos sistemas BIG/GT é com relação ao óxido de nitrogênio (NO_x). Esse óxido pode provir de duas formas diversas no processo: o NO_x térmico, que surge da oxidação do nitrogênio na combustão do ar em elevadas temperaturas na câmara de combustão, e o NO_x formado do nitrogênio na biomassa.

A emissão de CO_2 é praticamente zero se a biomassa for produzida de forma sustentável (com a quantidade de biomassa usada aproximadamente igual ao seu crescimento no mesmo período): o CO_2 liberado na combustão sob tais condições é igual ao extraído da atmosfera durante a fotossíntese.

Outra preocupação diz respeito à manutenção da diversidade biológica. Não há, nos sistemas que fazem uso da biomassa, uma vigorosa proteção que promova essa manutenção. Porém, o impacto da produção de bioenergia depende sensivelmente de como a biomassa é produzida. Se florestas nativas são substituídas por plantações de monocultura, há perda substancial de biodiversidade. Porém, o *status quo* pode ser melhorado se as plantações forem estabelecidas em terras devastadas ou degradadas.

Gás natural

No contexto da cogeração, o gás natural pode ser usado para movimentar uma turbina de combustão, para produzir vapor, que movimentará uma turbina a vapor em um esquema de ciclo combinado, ou ainda como combustível de uma célula a combustível.

A queima de gás natural não produz cinzas nem SO_2, e a emissão de CO_2 é mínima. Só a emissão de NO_x é a mais significativa.

No caso de cogeração por ciclo combinado, maiores índices de eficiência são obtidos na conversão do combustível que em uma usina convencional (cerca de 45%, no máximo, para centrais a vapor, e de 55 a 60% para turbinas aeroderivativas a gás). Essa eficiência pode chegar, em alguns casos, a 90%.

Em um ciclo de turbina a gás simples, a turbina de combustão opera como uma turbina de avião (turbina aeroderivativa): o combustível é misturado ao ar comprimido e explodido em uma câmara de combustão. O gás quente expandido movimenta, então, uma turbina acoplada a um gerador.

Quanto ao gás natural em células a combustível, uma eletrólise reversa converte oxigênio e hidrogênio em água e eletricidade. Embora as células a combustível sejam conhecidas há mais de 25 anos, sua aplicação tem sido restrita ao espaço e sob a água. É possível formar uma planta de cogeração de energia por células a combustível por meio de uma tecnologia modular, em que cada célula pode ter um volume de 30 cm^3 ou menos.

POTÊNCIA GERADA E ENERGIA PRODUZIDA

Em sua forma geral, para cálculo da energia gerada vale a mesma expressão aplicável a todo tipo de geração:

$$EG = P \times FC \times 8.760$$

Em que: P é a potência instalada; FC é o fator de capacidade; e 8.760 é o número de horas no ano.

A potência gerada em uma central termelétrica, por outro lado, depende de vários fatores. Destacam-se, dentre as variáveis usualmente medidas na prática, a pressão e a temperatura. Mas, como se verá, a relação não é linear, nem facilmente colocada em termos de equação.

Para seu entendimento, é necessário enfocar alguns conceitos fundamentais da geração termelétrica e os principais ciclos termodinâmicos básicos (teóricos e práticos) sobre os quais essa geração se baseia. Como este livro não visa a um aprofundamento nesse assunto, remete-se o leitor à bibliografia sugerida. Aqui serão enfocadas as termelétricas a vapor e a gás, cujo funcionamento teórico é baseado nos ciclos termodinâmicos a vapor e a ar, respectivamente.

Antes de enfocar os referidos ciclos, é conveniente apresentar a conceituação e a formulação da potência extraível de uma máquina térmica, que se aplicarão a qualquer ciclo que venha a ser analisado.

Para um sistema térmico ideal, sem perdas, essa potência, em kW, pode ser calculada, por:

$$P = m\ (h_1 - h_2)$$

Em que: P é a potência disponível; m é a massa de fluido passando pela transformação térmica, por unidade de tempo, em kg/seg, e h a entalpia específica do fluido, dada em kJ/kg, sendo h_1 a entalpia na entrada da máquina térmica e h_2 a entalpia na saída da máquina térmica. Em sua forma geral, a entalpia é dada por: $h = \mu + \frac{p}{\rho}$, sendo μ uma medida da energia interna do fluido, p a pressão a que está submetido e ρ a sua densidade.

O processo, na prática, sofre perdas, e o trabalho realmente obtido é menor que o teórico apresentado acima. O efeito dessas perdas, que leva à introdução do conceito de rendimento, pode ser verificado, por exemplo, na Figura 3.15, que apresenta o diagrama de Mollier (entalpia x entropia) do vapor d'água.

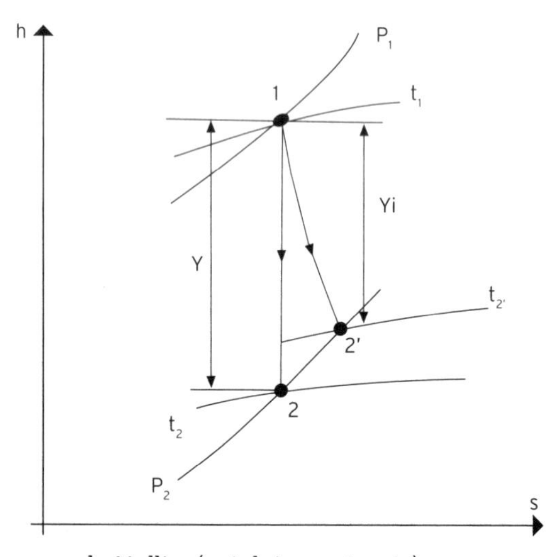

Figura 3.15 Diagrama de Mollier (entalpia × entropia).

Neste diagrama, a transformação 1 – 2 representa a condição ideal, enquanto a passagem do fluido do estado 1 para o estado 2′ representa a condição real.

A partir do diagrama e da expressão da potência, tem-se

$P_{real} = P_{útil} = m * (h_1 - h_2')$

$P_{disponível} = P = m * (h_1 - h_2)$

Define-se o rendimento: $\eta = Pu/Pd$

Logo: $P_u = \eta * P = \eta * m\ (h_1 - h_2)$

Termelétricas a vapor

O desempenho das termelétricas a vapor pode ser avaliado por meio dos ciclos termodinâmicos do vapor d'água, cujas características são usualmente apresentadas em diagramas de estado, como o de Mollier (entalpia x entropia) ou outros similares, como o de temperatura x entropia ilustrado pelas Figuras 3.16a e 3.16b.

O ciclo teórico fundamental aplicável às termelétricas a vapor é o ciclo de Carnot, e o ciclo base para as aplicações práticas, nesse tipo de geração termelétrica, é o Rankine. As principais relações deste último ciclo com uma central termelétrica a vapor são apresentadas nas Figuras 3.17 e 3.18, a seguir, para sistemas sem e com superaquecimento do vapor, respectivamente.

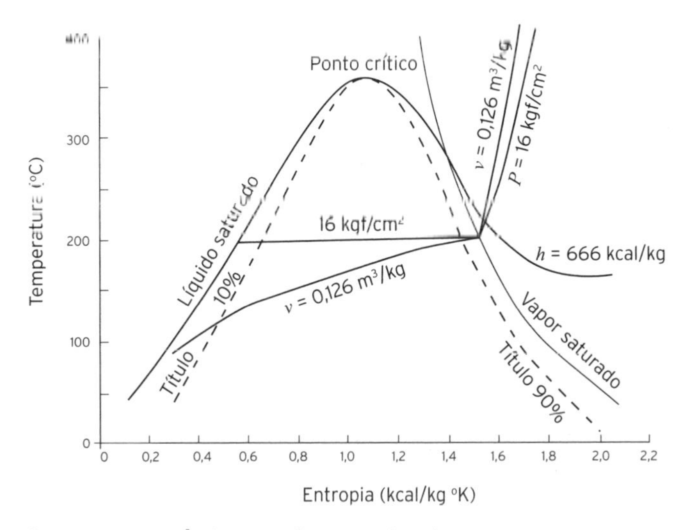

Figura 3.16a Diagrama de temperatura × entropia.

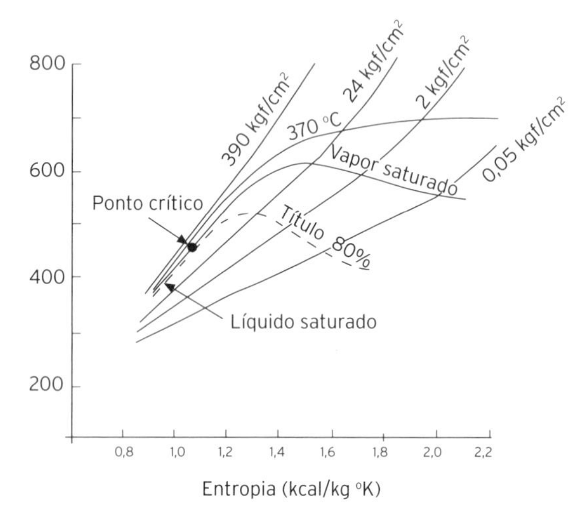

Figura 3.16b Diagrama de temperatura × entropia.

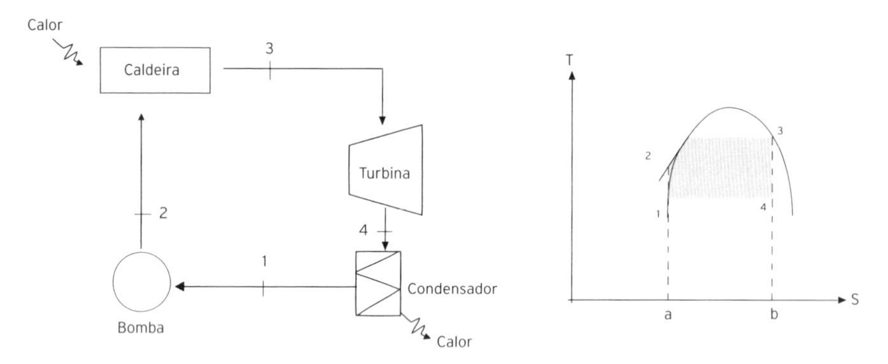

Figura 3.17 Ciclo Rankine sem superaquecimento do vapor.
1-2: Bombeamento adiabático reversível (dQ = O).
2-3: Troca de calor a pressão constante na caldeira.
3-4: Expansão adiabática reversível na turbina (dQ = O).
4-1: Troca de calor à pressão constante no condensador.

Ciclo Rankine

Se, no ciclo Rankine, o superaquecimento do vapor for considerado, tem-se o cenário apresentado na Figura 3.18.

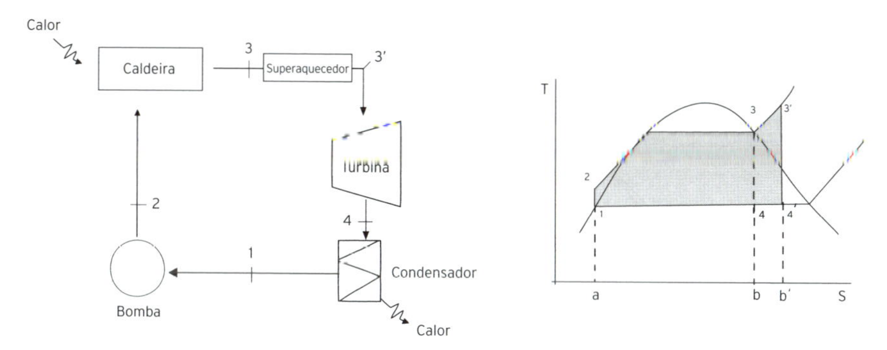

Figura 3.18 Ciclo Rankine com superaquecimento do vapor.

Com relação aos ciclos e figuras apresentados, ressalta-se:

- A área cinza representa o trabalho desenvolvido no ciclo.
- A área delimitada pela curva superior do ciclo e o eixo das entropias (a23ba, no primeiro caso, e a233'b'a, no segundo caso) representam o calor transferido para o fluido.
- A área delimitada pela curva inferior do ciclo e o eixo das entropias (a14ba, no primeiro caso e, 14'b'a no segundo) representam o calor transferido do fluido para o ambiente.
- O ciclo Rankine, escolhido como o ideal representativo da central termelétrica a vapor, apresenta duas características importantes que o relacionam com o ciclo ideal:
  - Antes do processo de bombeamento, é efetuada a transformação em líquido. Na prática, é o que deve ser feito, pois não existe equipamento que aumente a temperatura e ao mesmo tempo transforme essa mistura em líquido.
  - Com o superaquecimento, o calor é transferido antes de se efetuar a expansão (queda de pressão), que é o que se pode fazer na prática. As variáveis de controle (sobre as quais se atua para melhorar o desempenho) são, como já se viu, a pressão e a temperatura, cujo efeito é verificado na Figura 3.19, a seguir.
- O aumento da temperatura na entrada da turbina (superaquecimento). Conforme aumenta o rendimento, aumenta também o título (porcentagem de água no estado gasoso) do vapor na saída da turbina. Entretanto, existe um cuidado a ser tomado: o material pode não suportar altas temperaturas.

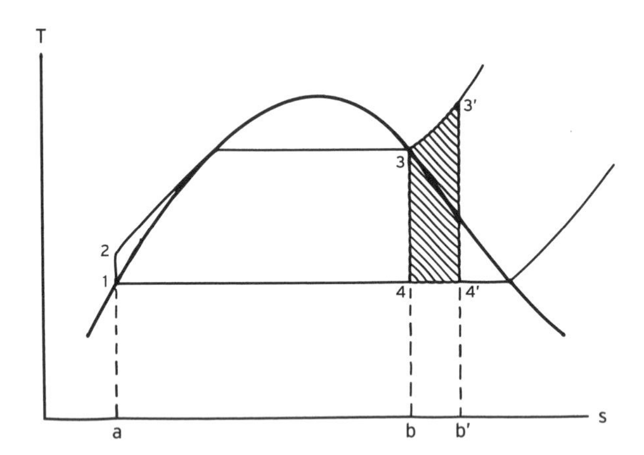

Figura 3.19 Efeito do aumento da temperatura na entrada da turbina.

- O aumento da pressão máxima do vapor (e consequente aumento na temperatura).

  Nesse caso, o trabalho líquido tende a permanecer o mesmo e o calor rejeitado diminui, aumentando o rendimento.

  Na prática, com base no ciclo enfocado, diversas providências podem melhorar o desempenho da geração. As mais comuns são o reaquecimento e a regeneração, enfocados a seguir.

O ciclo com reaquecimento

Utiliza-se reaquecimento em um ciclo para tirar partido das vantagens do uso de pressões mais altas e evitar umidade excessiva nos estágios de baixa pressão da turbina. Esse ciclo é representado na Figura 3.20.

O ciclo regenerativo

A regeneração pode ser feita de diferentes formas. Por exemplo, com utilização de aquecedores da água de alimentação (Figura 3.21).

Na geração termelétrica prática, pode-se usar, mais de uma vez, reaquecimento e regeneração combinados. Sempre para melhorar o desempenho do sistema total, muitas vezes se divide o sistema em módulos, como turbinas de alta pressão (expandindo o vapor até média pressão) em cascata com turbinas de média pressão (expandindo até baixa pressão) e de baixa pressão (expandindo até a pressão de vapor para o processo).

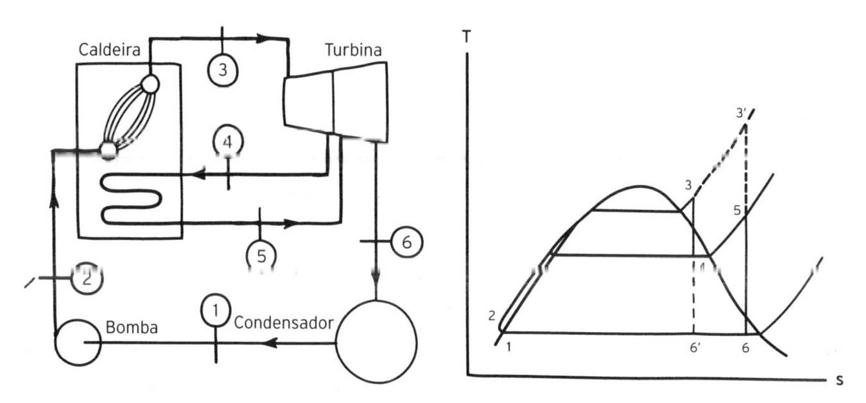

Figura 3.20 Exemplo de um ciclo com reaquecimento.

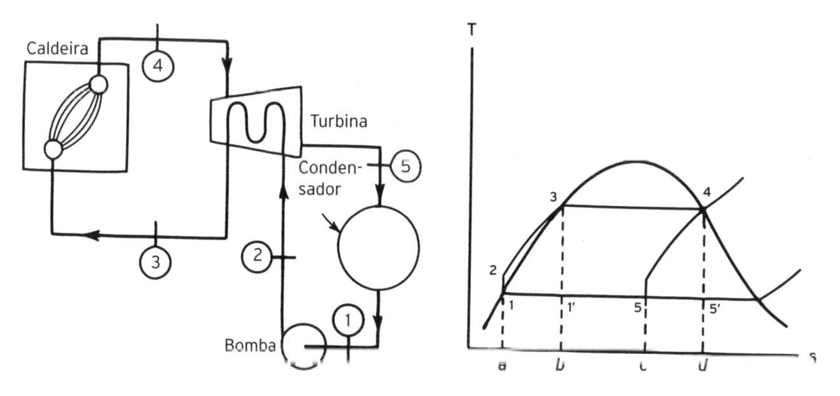

Figura 3.21 Exemplo de um ciclo regenerativo.

Ajustamento dos ciclos reais em relação aos ideais

Nos ciclos reais, devem ser consideradas as perdas. As principais são:

- Perdas na tubulação por atrito e transferência de calor ao meio envolvente.
- Perdas de carga na caldeira.
- Perdas na turbina e na bomba (representadas pelo rendimento desses equipamentos).
- Perdas no condensador (problemas análogos ao primeiro item).

Termelétricas a gás e a diesel

Muitos aparelhos, como o motor de ignição de automóvel, o motor diesel e a turbina a gás convencional, usam gás como fluido de trabalho. Durante a combustão, o fluido de trabalho se altera, mudando de mistura de ar e combustível para produtos de combustão. Esses são os chamados motores de combustão interna (em oposição à instalação a vapor, tipicamente de combustão externa). Como o fluido de trabalho não passa por um ciclo termodinâmico completo, o motor de combustão interna opera segundo o chamado ciclo aberto. Para análise, no entanto, podem ser utilizados ciclos fechados que, mediante algumas restrições, são boas aproximações dos ciclos abertos. Uma das aproximações bastante válida para o entendimento qualitativo do processo é o ciclo ideal a ar baseado nas seguintes hipóteses:

- Uma massa fixa de ar é o fluido de trabalho em todo o ciclo, e o ar é sempre tratado como gás perfeito. Não há processo de entrada e saída de massa.
- O processo de combustão é substituído pelo processo de transferência de calor ao meio envolvente (em contraste com saída e entrada no motor real).
- Todos os processos são internamente reversíveis.
- Considera-se que o ar tem calor específico constante.

Os principais ciclos termodinâmicos a ar são o ciclo padrão de Carnot, o de Otto, o Diesel, o Ericsson, o Stirling e o Brayton. As diferenças entre eles devem-se aos processos diferentes para ir de um estado a outro e à incorporação de regeneração. Desses, apenas o Diesel (Figura 3.22) e o Brayton (Figura 3.23) serão abordados neste livro, pois conseguem adequar-se melhor à aplicação prática das gerações termelétricas a diesel e a gás, respectivamente.

Ciclo padrão de ar Diesel

É o ciclo ideal aplicável ao motor diesel, também chamado motor de ignição por compressão.

Com relação ao ciclo real, os processos de descarga e admissão são aqui substituídos por uma rejeição de calor a volume constante no ponto morto inferior, 4 – 1.

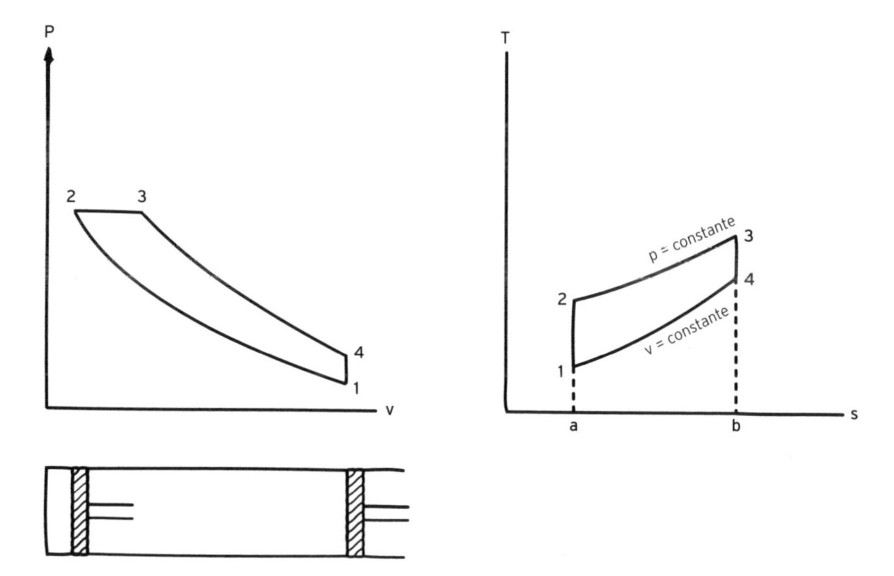

Figura 3.22 O ciclo de ar Diesel.

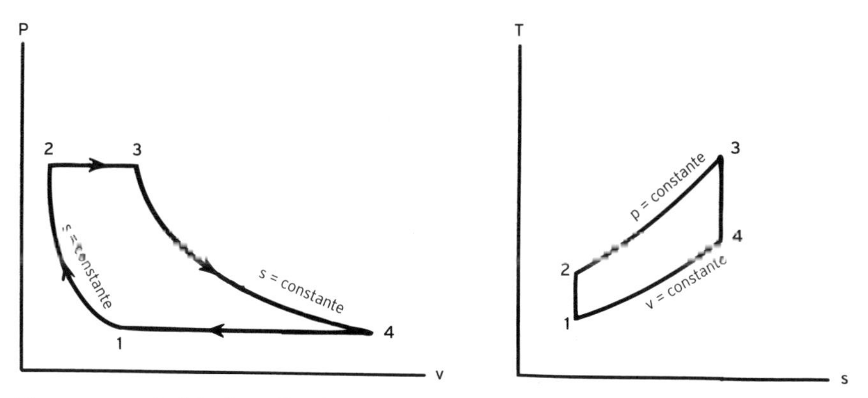

Figura 3.23 O ciclo de ar Brayton.

$$\eta_T = 1 - \frac{Q_L}{Q_H} = 1 - \frac{C_v(T_4 - T_1)}{C_p(T_3 - T_2)} = 1 - \frac{T_1(T_4 / T_1 - 1)}{k_* T_2(T_3 / T_2 - 1)}$$

Em que: k é a relação de calores específicos (a pressão e volume constantes): $k = \frac{C_p}{C_v}$

No ciclo Diesel, a razão de compressão isoentrópica, definida como $\left(\frac{V_1}{V_2}\right)$, é maior que a razão de expansão isoentrópica $\left(\frac{V_4}{V_3}\right)$.

O ciclo Brayton

É o ciclo ideal para representação da turbina a gás simples (de ciclo aberto ou fechado).

Nesse ciclo, o rendimento é dado por:

$$\eta_T = 1 - \frac{T_1}{T_2} = 1 - \frac{1}{(P_2 / P_1)^{(k-1)/k}}$$

Sendo, então, função da relação de pressão isoentrópica: p_2/p_1.

A turbina a gás real difere da ideal pelas irreversibilidades na turbina e no compressor e pelas perdas de carga nas passagens de fluido e na câmara de combustão (ou trocadores de calor, no caso do ciclo fechado). Além disso, há uma grande quantidade de trabalho realizada no compressor (pode estar na faixa de 40 a 80% da potência desenvolvida na turbina).

O ciclo simples de turbina a gás com regenerador

Como $T_4 > T_2$, o calor pode ser transferido dos gases de descarga (na saída da turbina, à temperatura T_4) para os gases de alta pressão que deixam o compressor. Se isso for feito em trocador de calor de contracorrente (regenerador), então Tx (no caso ideal) pode ser igual a T_4. $T_4 > T_2$ é a condição para que aconteça regeneração, o que resultará em aumento do rendimento do ciclo. Este ciclo é apresentado na Figura 3.24.

A Figura 3.25 apresenta o ciclo ideal da turbina a gás usando compressão em vários estágios, resfriamento intermediário e vários estágios com reaquecimento e regeneração.

INSERÇÃO NO MEIO AMBIENTE

Por operarem a partir da queima de combustíveis, em sua maioria derivados de petróleo ou carvão mineral, as usinas termelétricas acarretam diversos impactos negativos ao meio ambiente. Com o objetivo de permitir uma visão mais completa do assunto, considerando as perspectivas de aplicação da geração termelétrica no país, são apresentados, a seguir, os

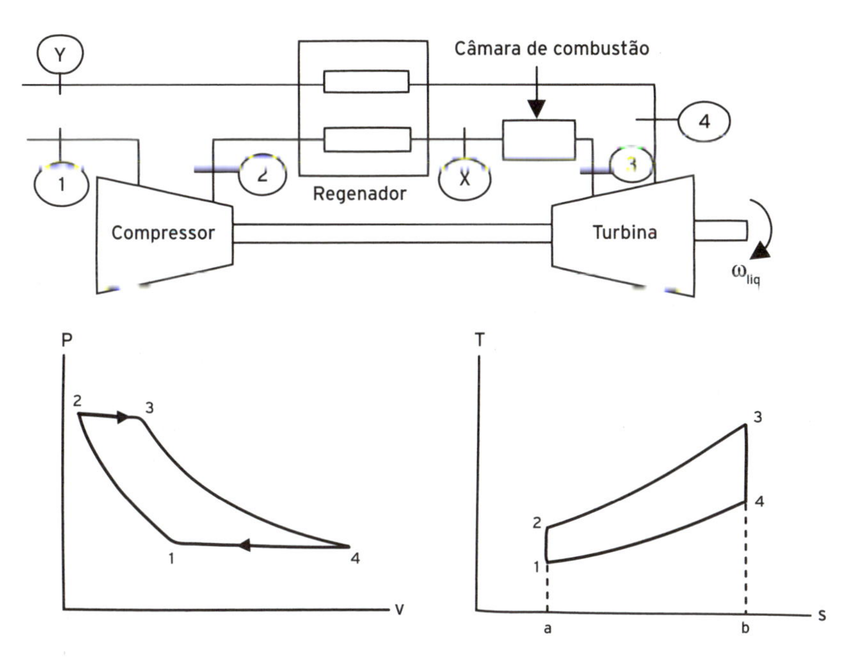

Figura 3.24 Ciclo simples de turbina a gás com regenerador.

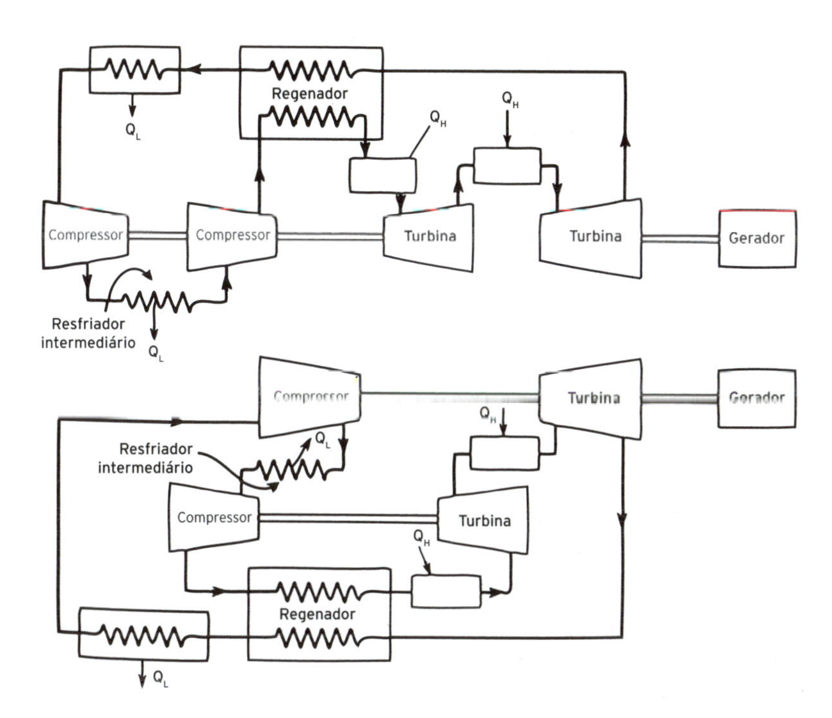

Figura 3.25 Regeneradores utilizados em vários estágios.

seguintes tópicos: principais impactos negativos da geração termelétrica; impactos associados a tecnologias avançadas de cogeração; uma comparação entre termelétricas a óleo e a gás natural.

Principais impactos negativos da geração termelétrica

Apenas com o objetivo de ilustrar aspectos primordiais relacionados com a inserção das termelétricas no meio ambiente, a seguir são apresentados os principais impactos ambientais negativos da geração termelétrica, com uma breve descrição de seus efeitos.

Os efluentes de uma termelétrica podem ser classificados basicamente em aéreos, líquidos e sólidos. Os efluentes aéreos são aqueles que apresentam maior potencial poluidor.

Efluentes aéreos

A geração de energia elétrica pelas centrais termelétricas é a segunda maior produtora dos gases-estufa (CO_2, principalmente) e, portanto, de grande influência no aquecimento global (*global warming*), perdendo apenas para o setor de transportes. Os países desenvolvidos são os maiores responsáveis por isso, em razão de sua grande dependência da geração termelétrica. Uma série de discussões e acordos internacionais busca, há algumas décadas, a redução mundial das emissões. O ponto de partida internacional mais conhecido com esse objetivo foi o Protocolo de Kyoto, que, em sua origem, visava estabelecer metas de redução de emissão de gases-estufa, permitindo, entre outras ações, a negociação de cotas de emissão, por meio de bônus associados a projetos redutores da produção desses gases ou sequestradores de CO_2. Daí surgiu o Clean Development Mechanisms (CDM) ou Mecanismos de Desenvolvimento Limpo (MDL) para facilitar e criar um mercado para tais negociações. Nessa discussão, houve uma posição conflitante entre os países desenvolvidos e os países em desenvolvimento, e, apesar das diversas rodadas de negociação e uma retardada ratificação do Tratado de Kyoto, a situação até hoje, cerca de duas décadas depois, não se encontra melhor que no início. As reuniões internacionais prosseguem, com criação de expectativas cada vez mais complexas (em razão dos interesses específicos de países e indústrias envolvidos), embora urgência venha sendo requerida em regime de alerta por diversos cientistas, políticos e instituições envolvidas com o assunto, baseados na ocorrência cada vez mais extrema e acelerada de grandes efeitos climáticos negativos. Por ser uma questão muito importante, considerando seu impacto na matriz energética futura, do mundo e do Brasil, deve ser acompanhada de perto, pois pode ser um grande acelerador da geração renovável nos países em desenvolvimento, principalmente por meio da utilização da biomassa.

Dióxido de carbono (CO_2)

O dióxido de carbono é o principal efluente aéreo produzido no mundo, não só pela geração de energia elétrica, mas também pelos transportes e pelas atividades industriais e residenciais (para aquecimento).

Na natureza, o CO_2 é fundamental no processo de respiração das plantas, como componente necessário à fotossíntese. Ele é devolvido à atmosfera no processo de queima, decomposição e consumo de matéria orgânica por animais. No planeta, os maiores reservatórios naturais de CO_2 são os oceanos, ficando a atmosfera com apenas 1% desse efluente neles presente.

Quando em excesso na atmosfera, o CO_2 é o principal causador do efeito estufa, que pode implicar o aquecimento global do planeta. Como é dissociável em água, a sua presença na atmosfera, em combinação com o ácido carbônico, contribui para formação de chuva ácida. Seu excesso também pode causar dificuldades respiratórias, principalmente em idosos e recém-nascidos.

O principal problema associado ao CO_2 está na queima dos combustíveis fósseis, a qual não apresenta um balanço energético para absorção do efluente, ao contrário da biomassa, que, como já foi frisado, é uma das alternativas energéticas ao uso de combustíveis fósseis na geração de energia elétrica.

A absorção de CO_2 pelas águas dos oceanos é lenta e não acompanha o ritmo crescente das emissões mundiais. As florestas também não são suficientes para absorver toda a emissão, além de estarem diminuindo mundialmente.

Óxidos de enxofre (SO)

O enxofre presente no combustível transforma-se, durante a combustão, em óxidos de enxofre, principalmente dióxidos de enxofre (SO_2). Na atmosfera, o SO oxida-se dando origem a sulfatos e gotículas de ácido sulfúrico. As emissões sulfurosas de usinas a óleo combustível são, em geral, superiores àquelas de usinas a carvão e a gás natural (que têm o menor impacto), pois os derivados de petróleo possuem normalmente um teor de enxofre maior que o carvão mineral. O SO é responsável por problemas respiratórios na população que vive em torno de usinas que não controlam suas emissões. Dependendo de sua concentração na atmosfera, pode possibilitar o surgimento de chuva ácida e outros efeitos ambientais a consideráveis distâncias do local da emanação.

Material particulado (MP)

Uma parte das cinzas formadas durante o processo de combustão ou presentes no combustível é arrastada pelo fluxo de gases para a chaminé, sendo lançada para a atmosfera. O material particulado afeta o meio ambiente pelos efeitos decorrentes de sua deposição nos bens imóveis e suas benfeitorias, no sistema respiratório de pessoas e animais, em plantas e vegetais, na ação sobre a visibilidade atmosférica, as instalações elétricas etc.

O teor de particulados produzido em uma central a carvão é bem maior que em centrais a óleo e a gás natural, já que os teores de cinzas nos carvões minerais são sempre bem mais altos que nos óleos combustíveis e no gás.

Óxidos de nitrogênio

São formados durante o processo de combustão e dependem da temperatura, da forma da combustão e do tipo dos queimadores das caldeiras. Derivam-se do nitrogênio existente no combustível e do ar utilizado para a combustão. Em concentrações altas, o NO_x provoca o agravamento de enfermidades pulmonares, cardiovasculares e renais, bem como a redução no crescimento das plantas e a queda prematura das folhas. O NO_x, em particular, é substância-chave na cadeia fotoquímica para a formação do *smog*.

Monóxido de carbono e hidrocarbonetos

O maior perigo dos hidrocarbonetos decorre da sua reação fotoquímica com os óxidos de nitrogênio, gerando compostos oxidantes. O monóxido de carbono, por sua vez, é um item importante para o controle da eficiência de operação da caldeira, devendo, portanto, estar sob constante monitoramento. Ambos são emitidos por conta da queima incompleta do combustível.

Efluentes líquidos

Produzidos em uma termelétrica, os efluentes líquidos podem afetar física e/ou quimicamente o solo e as águas superficiais e subterrâneas. Os principais efluentes líquidos são descritos a seguir.

Sistema de refrigeração

No caso de refrigeração por circulação direta, podem ocorrer problemas com a fauna e com a flora da fonte d'água, em função da elevação da temperatura do efluente final em relação ao captado.

Muitas vezes, a quantidade de água necessária para o sistema de refrigeração pode entrar em conflito com outras utilizações, no contexto do uso múltiplo das águas de uma bacia fluvial, acarretando outros tipos de problemas ambientais.

Nesse caso, a solução é utilizar um sistema com torre úmida que requer que se trate e purgue líquido refrigerante a fim de evitar a formação de incrustações.

Sistema de tratamento de água

Para produzir vapor, as termelétricas necessitam de água tratada para sua operação de desmineralização. Nesse tratamento são utilizados produtos químicos que resultam em efluentes potencialmente poluidores do solo, lençol freático, cursos d'água etc.

Purga das caldeiras

A formação de incrustações por conta da presença de sais na água é um problema constante nas caldeiras a vapor, que pode ser minimizado quando se utiliza água desmineralizada de alta qualidade misturada a produtos químicos. A finalidade dessa combinação é limitar a presença de sólidos em suspensão no interior das caldeiras.

Essa purga é contínua, em torno de 1% da vazão nas caldeiras com tubulão e visa à retirada de sólidos suspensos e excesso de produtos químicos. Esse efluente é potencialmente poluidor do solo, do lençol freático, dos cursos d'água etc.

Líquidos para limpeza de equipamentos

Os depósitos que se acumulam nos equipamentos de queima e de geração de vapor dificultam a troca de calor e necessitam de remoção periódica com produtos químicos líquidos, potencialmente poluidores do meio ambiente.

Outros efluentes

Além dos descritos, outros efluentes, como os provenientes de vazamento de tanques de combustíveis, rompimento de selos de bombas, falhas de válvulas etc., podem ser poluidores, dependendo das suas características químicas.

Efluentes sanitários e de drenagem

Os despejos sanitários podem ser prejudiciais ao meio ambiente em função de reações químicas que podem prejudicar a fauna e constituir-se em foco contínuo de bactérias capazes de transmitir doenças. Esses despejos são constituídos por esgotos orgânicos, despejos sanitários, lavagens de refeitórios etc.

Dependendo do tipo da composição química desses efluentes, a drenagem dos líquidos acumulados no chão e pátios, pelas chuvas e limpezas periódicas, pode ser poluidora.

Efluentes sólidos

Produzidos em uma usina termelétrica, são constituídos pelas cinzas e poeiras consequentes da operação da usina e podem afetar física e/ou quimicamente o ambiente.

As cinzas, resíduos do processo de combustão, são de dois tipos: cinzas leves ou volantes (*fly ash*) ou cinzas pesadas (*bottom ash*).

As cinzas não devem ser abandonadas no meio ambiente, pois, com a ajuda das chuvas e dos ventos, podem formar efluentes poluidores e contaminar a atmosfera, o solo e a água.

É importante lembrar que, no caso das usinas nucleares, a situação ambiental é bastante diferente. Embora se apliquem as restrições aqui apresentadas para os vários tipos de efluentes, o problema dos efluentes aéreos é substituído por questões como segurança e manejo do lixo atômico.

Impacto associado a tecnologias avançadas de cogeração

Para ilustrar a possibilidade de redução dos impactos ambientais de termelétricas com utilização de biomassa e tecnologias mais avançadas, apresenta-se a seguir um sumário de resultados de uma análise prospectiva voltada à avaliação da utilização, em larga escala, dos sistemas BIG/GT para geração de energia elétrica pelo bagaço da cana-de-açúcar. Tais sistemas foram apresentados no item "Esquemas, principais tipos e configurações" deste capítulo. Ressalta-se que alguns dados e informações aqui utilizados podem ter sofrido alterações ao longo do tempo, mas não suficientes para modificar os principais resultados. Como consequência, esses resultados foram mantidos, pois o objetivo principal da apresentação efetuada não é desvirtuado.

São considerados os impactos na atmosfera, no solo, no ambiente biológico terrestre e em empregos. Três aspectos principais dos impactos na atmosfera foram analisados: o balanço de energia, a emissão líquida de CO_2, metano e outros gases de efeito estufa e a emissão de particulados.

Os resultados indicam a possibilidade de uma grande contribuição da nova tecnologia para redução das emissões de gases de efeito estufa e também de particulados. Os fatores principais são a quantidade adicional da biomassa que passa a ficar disponível para energia, as maiores eficiências de conversão e, em um plano menos significativo, as emissões evitadas com a redução na queima de cana. Ao analisar resultados de projeções futuras, é importante ter em mente as hipóteses e critérios básicos utilizados para o desenho desse cenário futuro, o que não está sendo colocado em discussão, por fugir do escopo deste livro.

O balanço de energia e a emissão líquida de CO_2

Os sistemas BIG/GT levam à redução na queima de cana antes da colheita e à maior eficiência na produção de energia, apresentando, assim, uma grande influência na emissão líquida de CO_2. Os impactos principais (quando se compara com a situação atual) são:

- Agricultura: quantidades muito maiores de biomassa estarão disponíveis após a queima, para substituir combustíveis fósseis. Esse efeito, no entanto, é parcialmente reduzido pelo maior consumo de óleo diesel para colher, carregar e transportar a cana com palha (não queimada).
- Indústria: obtém-se maior eficiência de conversão de energia (comparando com as caldeiras de bagaço de cana, hoje), o que resulta em maior disponibilidade de energia final para substituir combustíveis fósseis.

Considerou-se como base a situação média do momento da análise, no final da década de 1990: toda a cana é queimada antes da colheita – 10t (MS)/ha colhido; autossuficiência em energia.

E, como situação futura: 55% da cana não queimada, recuperação de 100 ou 50% da palha, desta cana não queimada, dependendo da rota de colheita:

- Rota 1 – cana inteira com palha; 100% transportada à usina.
- Rota 2 – cana picada (extrator desligado); 100% de palha à usina.
- Rota 3 – cana picada (extrator ligado); enfardamento, 50% da palha à usina.

Diferenças no consumo de óleo diesel nas operações agrícolas, assim como diferenças resultantes do maior volume de biomassa e maior eficiência de conversão nas diversas rotas, quando comparadas com a situação atual, foram usadas para avaliar a emissão líquida de CO_2. Os resultados estão resumidos na Tabela 3.2.

Tabela 3.2 Diferenças na emissão de CO_2 (emissões no futuro menos emissões à época do estudo) — uso parcial de palha e maior eficiência de conversão

ROTAS	DIESEL USADO NA AGRICULTURA (KG CO_2/Tt CANA)	SUBSTITUIÇÃO DE COMBUSTÍVEL FÓSSIL (KG CO_2/t CANA)	DIFERENÇA NA EMISSÃO TOTAL (KG CO_2/t CANA)	BRASIL: 300 x 10^6 T CANA/ ANO (10^6 t CO_2/ANO)
Rota 1	+ 2,1	– 139	– 137	– 41,1
Rota 2	+ 7,3	– 139	– 132	– 39,6
Rota 3	+ 2,3	– 87,5	– 85	– 25,5

Fonte: Reis (2011).

A última coluna mostra uma estimativa de redução (hipotética) de emissões de CO_2 atingível considerando-se a produção de todo o Brasil, com a tecnologia BIG/GT implantada de acordo com os cenários adotados. O potencial mostrado é muito grande, mesmo levando-se em conta que podem haver outras restrições em razão da escala de produção.

Metano e outros gases de efeito estufa

As principais diferenças em outros gases de efeito estufa (especificamente metano, CO e NO_X) da situação tomada como base para uma utilização futura em larga escala de ciclo BIG/GT ocorrerão na área agrícola (queima da palha da cana).

Espera-se que a contribuição das diferenças nas emissões de NO_X e CO (caldeiras de bagaço e, no futuro, gaseificadores/turbinas a gás) seja pequena; mas sua melhor quantificação só será possível com maior conhecimento do processo de gaseificação que será adotado. Também a produção de metano pela palha no solo não parece significativa, assim como não deverá haver expressivas diferenças quanto às emissões de N_2O em razão do uso de fertilizantes nitrogenados.

Deve-se ressaltar que o impacto de colher cana sem queimá-la (mesmo que em apenas 55% da área total, porcentagem adotada no estudo, e que poderá ser aumentada na realidade futura) é importante, embora muito menor que o efeito da redução de CO_2.

Emissão de particulados

No tocante à emissão de particulados, os efeitos principais de introdução em larga escala de sistemas BIG/GT em usinas de cana-de-açúcar estarão concentrados em duas áreas:

- A mudança parcial para colheita de cana sem queima levará à menor emissão de particulados na queima.
- Diferenças nas emissões de particulados de caldeiras a bagaço de cana atuais para ciclos de gaseificação/turbinas a gás.

Deve-se considerar ainda que, por um certo tempo, algumas usinas estarão recuperando a palha e utilizando-a em caldeiras de bagaço (não em ciclos BIG/GT). A situação tomada como base considera 100% de cana queimada e caldeira de bagaço com emissão média de 2,35 kg particulado/t cana.

A situação futura considera 45% de cana queimada; rotas diferentes com recuperação de 50 ou 100% da palha e caldeiras de bagaço operando com 600 mg/Nm^3 de emissão de particulados. A Tabela 3.3 apresenta os resultados obtidos.

Tabela 3.3 Diferenças nas emissões de particulados (situação futura menos situação tomada como base) em kg particulado/t cana

		REDUÇÃO EM RAZÃO DA MENOR QUEIMA DA CANA (KG/t CANA)	REDUÇÃO EM RAZÃO DO SISTEMA DE CONVERSÃO (KG/t CANA)	TOTAL (KG/t CANA)
Usinas com ciclos BIG/GT		– 0,38	– 2,35	– 2,73
Usinas com caldeiras de bagaço	100% palha recuperada	– 0,38	– 0,9	– 1,28
	50% palha recuperada	– 0,38	– 1,2	– 1,58

Fonte: Reis (2011).

Outras verificações importantes sobre influência no solo são:

- Conservação do solo e erosão: testes de campo de infiltração e *carry-over*.
- Reciclagem de nutrientes com a incorporação da palha.
- Quantificação dos resíduos agrícolas e industriais; efeito da sua aplicação no solo.
- Impactos nas propriedades físicas do solo: desenvolvimento do sistema radicular, compactação do solo e matéria orgânica.

Uma comparação entre termelétrica a óleo e a gás natural

Os principais resultados de uma comparação entre impactos ambientais de termelétricas a óleo e a gás natural, obtidos com uso de bases de dados internacionais, permitem a visualização não só das vantagens relativas do uso do gás natural, como também dos impactos mais relevantes das termelétricas. Como no exemplo anterior, ressalta-se que alguns dados e informações utilizados podem ter sofrido alterações ao longo do tempo, mas não suficientes para alterar os principais resultados.

Estudo de caso

Este estudo tem por objetivo a comparação, sob o aspecto ambiental, de dois combustíveis – gás natural e óleo combustível – usados para geração de energia elétrica. Trata-se de uma análise simplificada, que usa dados gerais de literatura especializada, focando os estágios mais importantes do ciclo de vida.

Unidade funcional e fronteiras dos sistemas

Para a análise, a unidade funcional foi fixada em 1 TJ de eletricidade produzida entregue à rede. Esse valor servirá de referência para a normalização dos dados na fase de elaboração do inventário. Os ciclos de vida são apresentados nas Figuras 3.26 e 3.27.

Análise de inventário

O objetivo dessa fase é quantificar a energia e as matérias-primas requeridas, além das emissões de cada sistema. Para os objetivos deste estudo, utilizaram-se dados de uma fonte específica de dados para Análise do Ciclo de Vida (ACV) referentes à Europa, uma vez que não se dispõe de dados completos para o Brasil. Nas fases seguintes, esse fato será considerado, e serão utilizados valores de normalização também referentes à Europa.

A seguir são apresentados esquematicamente os fluxogramas dos sistemas em análise. As Figuras 3.26 e 3.27 mostram, respectivamente, os fluxogramas do gás natural e do óleo combustível. Nelas estão incluídas as fases principais dos seus ciclos de vida.

As principais fontes de dados consultadas são: *ETH Energy version 2*, Okoinventare für Energiesysteme, ETH Zurich, 1994; *SimaPro 3.0 Eco-Indicator 95*, Pre Consultants, National Reuse of Waste research Programme, Netherlands, 1996.

As categorias de impacto

Das categorias de impacto listadas a seguir, as duas últimas não foram consideradas nas fases de normalização e ponderação e, portanto, não afetaram o resultado final. Elas constam de uma primeira análise apenas para identificar o uso de energia em cada ciclo considerado e a quantidade de sólidos lançados ao meio ambiente.

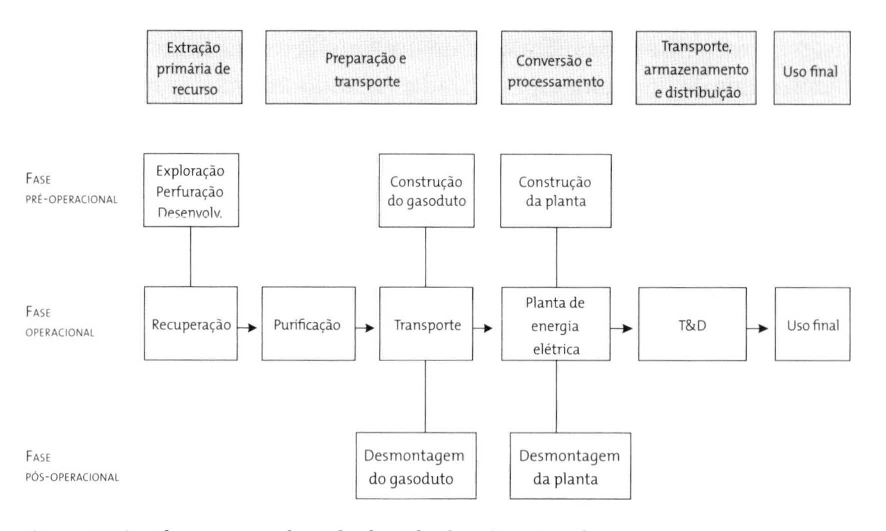

Figura 3.26 Fluxograma do ciclo de vida do gás natural.

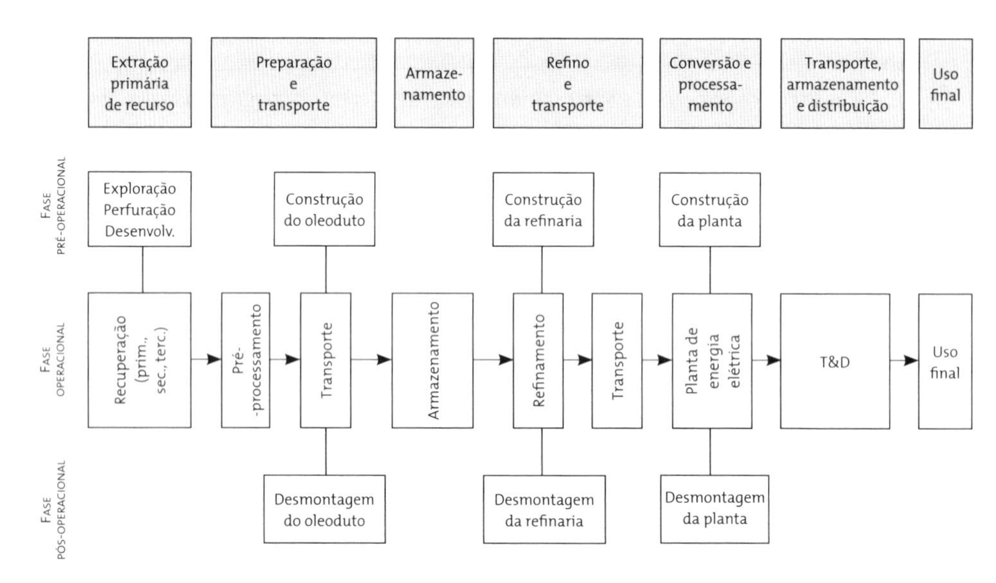

Figura 3.27 Fluxograma do ciclo de vida do óleo combustível.

Essas categorias também englobam as emissões e impactos mais significativos dos dois sistemas, permitindo uma boa comparação entre eles. Na Tabela 3.4 é apresentada a classificação das categorias de impacto selecionadas.

Tabela 3.4 Classificação das categorias de impacto selecionadas

CATEGORIAS DE IMPACTO	ESCALA
Efeito estufa	Global
Camada de ozônio	Global, continental, regional
Acidificação	Continental, regional, local
Smog	Continental, regional, local
Metais pesados	Regional, local
Eutrofização	Continental, regional, local
Carcinogênese	Local
Energia	
Sólidos	

Fonte: Reis, Fadigas e Carvalho (2012).

Caracterização

Neste ponto, procura-se obter indicadores para cada categoria a partir dos fatores de equivalência, multiplicados pelas quantidades de emissões de cada substância e somando-se as substâncias correspondentes a cada categoria. De um modo genérico, podem-se sintetizar os cálculos na seguinte expressão matemática:

$$I = \sum_{i=1}^{i=m} \sum_{x=1}^{x=n} P_{x,i} * E_{x,i}$$

Em que: I = escore de impacto ambiental; x = substância; i = meio (ar, água, solo); $P_{x,i}$ = potencial para x no meio i; $E_{x,i}$ = emissão de x no meio i. Os resultados desses cálculos são apresentados na Tabela 3.5 e na Figura 3.28.

Tabela 3.5 Potenciais calculados para cada problema ambiental

PROBLEMA AMBIENTAL	UNIDADE	POTENCIAIS CALCULADOS	
		GÁS NATURAL	ÓLEO COMBUSTÍVEL
Efeito estufa	kg CO_2-eq/ano	2,09E+05	2,44E+05
Camada de ozônio	kg CFC11-eq/ano	7,01E-03	2,87E-01
Acidificação	kg SO_4-eq/ano	3,87E+02	2,92E+03
Eutrofização	kg PO_4-eq	5,61E+01	7,39E+01
Smog	kgPOCP-eq/ano	2,14E+01	3,02E+02
Metais pesados	kgPb-eq/ano	6,38E-01	2,47E+00
Carcinogênese	kgB(a)P-eq/ano	2,64E-02	1,18E-02
Energia	MJ/ano	2,71E+06	3,44E+06
Sólidos	kgHC-eq/ano	7,96E+03	5,61E+03

Fonte: Reis, Fadigas e Carvalho (2012).

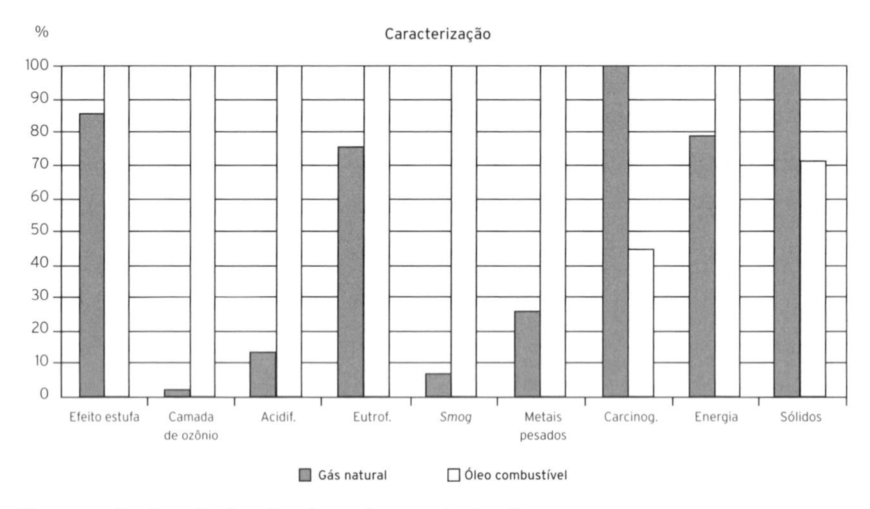

Figura 3.28 Resultados da etapa de caracterização.

Normalização e ponderação

Embora a Figura 3.28 dê uma ideia de como as opções se comportam em relação aos impactos, os valores não são diretamente comparáveis. Deve-se então proceder à normalização e depois à ponderação.

Para a normalização, adotou-se um valor médio correspondente à contribuição de cada indivíduo europeu para o problema ambiental específico no período de um ano. A escolha desse valor se deu não somente pelo fato de o inventário estar referindo-se à Europa, mas também pela falta de índices nacionais apropriados, o que pode ser motivo de estudos futuros.

Para a ponderação, utilizaram-se os valores do método Eco-indicador 95, apresentados na Tabela 3.6, juntamente dos valores de normalização. Os resultados são mostrados na Figura 3.29.

Tabela 3.6 Valores de normalização e ponderação utilizados

PROBLEMA AMBIENTAL	NORMALIZAÇÃO		VALOR DE PONDERAÇÃO
	UNIDADE	EMISSÕES POR INDIVÍDUO EUROPEU	
Efeito estufa	$kgCO_2$-eq/ano	13.072,0	2,5
Camada de ozônio	kgCFC11-eq/ano	0,926	100
Acidificação	$kgSO_2$-eq/ano	112,6	10
Eutrofização	$kgPO_4$-eq/ano	38,2	5
Metais pesados	kgPb-eq/ano	0,0543	5
Carcinogênese	kgB(a)P-eq/ano	0,0109	10
Smog	kgPOCP-eq/ano	17,9	2,5
Energia	MJ/ano	158.982,0	0
Sólidos	kgHC-eq/ano	–	0

Fonte: Reis, Fadigas e Carvalho (2012).

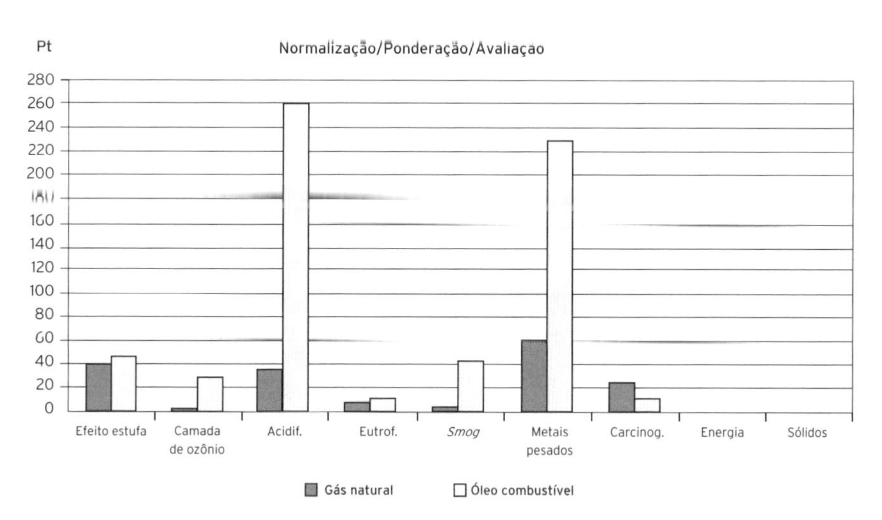

Figura 3.29 Resultados das etapas de normalização e ponderação.

Resultados

Estando todos os valores referenciados em uma mesma base e unidade, pode-se então somar os escores parciais de cada opção (que são os escores para cada efeito), obtendo um escore total para comparar direta e claramente as duas opções em estudo. O resultado final está na Figura 3.30, com os seguintes escores: gás natural = 168,40 Pt; óleo combustível = 627,38 Pt.

Interpretação e avaliação

A partir desses resultados, vê-se claramente que os efeitos de maior relevância são sequencialmente: acidificação, metais pesados, efeito estufa, *smog* e camada de ozônio, sendo os dois primeiros mais críticos.

Pela classificação, esses dois efeitos são de alcance regional e local, mas podem chegar, no caso da acidificação, a ter alcance continental.

Isso leva à conclusão de que a utilização desses recursos tem consequência principalmente no âmbito local e regional, embora contribua em menor importância para problemas globais.

Na etapa de normalização, é possível notar também a grande importância do efeito estufa, confirmando a questão da contribuição dos combustíveis fósseis para esse impacto.

Pelos resultados obtidos, fica clara a diferença de desempenho ambiental dos dois energéticos em estudo, mostrando uma grande vantagem no uso preferencial do gás natural como fonte de geração de energia em face

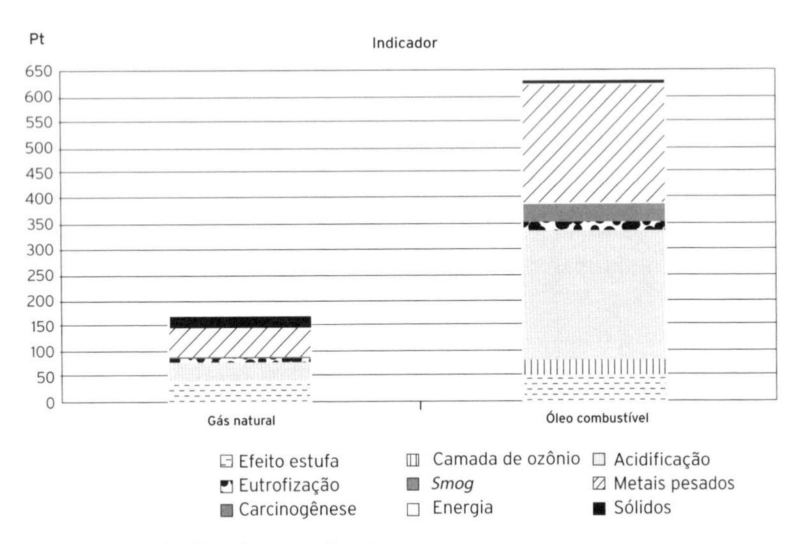

Figura 3.30 Resultados de Eco-indicador.

do óleo combustível, sobretudo em lugares que apresentam maiores problemas em relação à acidificação, acúmulo de metais pesados e *smog*.

QUESTÕES PARA DESENVOLVIMENTO E EXEMPLOS RESOLVIDOS

Questões para desenvolvimento

1. Como se classificam as centrais termelétricas quanto ao processo de combustão? Explique e dê um exemplo para cada caso.
2. Apresente um esquema típico de uma central termelétrica com combustão externa, indicando os diversos componentes e sua função.
3. Apresente um esquema típico de uma central termelétrica com combustão interna, indicando os diversos componentes e sua função.
4. De certo ponto de vista, as máquinas encarregadas de produzir a energia mecânica nas centrais termelétricas podem ser classificadas em máquinas de fluxo e máquinas a pistão. Apresente sucintamente a diferença entre elas e dê dois exemplos de cada.
5. Qual a semelhança e a diferença básica das centrais termelétricas convencionais em relação às nucleares? Cite a origem da energia calorífica nos dois casos e indique pelo menos duas fontes primárias (combustíveis) para cada caso.
6. Os combustíveis de centrais termelétricas também podem ser divididos em renováveis e não renováveis. Cite as principais características de cada um desses tipos e dê pelo menos dois exemplos de cada.
7. Qual a característica típica dos combustíveis renováveis de centrais termelétricas que os diferencia de outras fontes renováveis, como água, sol, vento? Explique sucintamente.
8. Do ponto de vista de produtos derivados da vida urbana atual, cite os dois considerados principais para geração de energia elétrica. Explique sucintamente cada um deles.
9. Apresente as principais características das centrais Diesel (tipo, características de funcionamento, dimensões, vantagens, desvantagens, problemas). No setor elétrico, qual sua principal aplicação no Brasil?
10. Qual o motivo do aumento recente da ênfase nas turbinas a gás no Brasil? Que indústria serviu de base para o desenvolvimento desse tipo de turbina?
11. A potência disponível em uma máquina térmica acionada por um fluido pode ser dada por:

$$P = m * (h_2 - h_1)$$

P em KW; m em kg/s; e h em kJ/kg.

Sendo 1: o índice correspondente ao estado do fluido na entrada da máquina.

2: o índice correspondente ao estado do fluido na saída da máquina. Explique sucintamente o significado de cada um dos componentes dessa equação e de onde ela é obtida.

12. A fórmula da questão anterior refere-se a um processo ideal, sem perdas. O que acontece no processo real? Que grandeza representa essa diferença? Ilustre a resposta no diagrama h (entalpia) x S (entropia).
13. De forma geral, o rendimento das turbinas a vapor (0,86 η 0,92) não difere largamente daquele das turbinas hidráulicas. O rendimento total das centrais termelétricas, no entanto, difere muito do das centrais hidrelétricas. Indique valores típicos para esses dois rendimentos totais e explique sucintamente a diferença, indicando o impacto dos outros componentes da central.
14. Quais os diagramas básicos do vapor d'água usados para avaliações e cálculos dos ciclos térmicos das centrais termelétricas a vapor? Explique sucintamente e desenhe os diagramas.
15. Que tipos de ciclos térmicos são usados para estudar:
    a) As centrais a vapor.
    b) As centrais a gás.

    Por quê? Explique sucintamente.
16. O ciclo teórico básico nos dois tipos de ciclos térmicos da questão 15 é o ciclo de Carnot. Que característica esse ciclo apresenta com relação aos ciclos reais? Quais são os ciclos práticos associados à análise de:
    a) Centrais a vapor.
    b) Centrais a gás rotativas.
    c) Centrais Diesel a pistão.
17. Faça o esquema de uma central a vapor, sem superaquecimento, indicando seus componentes principais. Apresente a representação dessa central no diagrama temperatura x entropia (T,S), relacionando seus pontos com o esquema da central. Coloque no diagrama (T,S) o ciclo de Carnot e compare com o da central (ciclo de Rankine).
18. Efetue as requisições da questão 17, agora para central a vapor com superaquecimento. Identifique as principais diferenças com relação à central da questão 17.
19. Qual o efeito de alterações na pressão e temperatura do ciclo de Rankine (central a vapor)? Explique usando o diagrama (T,S).

20. Apresente o esquema de uma central a vapor com reaquecimento. Desenhe, para ela, o diagrama (T,S) e explique sucintamente as vantagens do reaquecimento.
21. Efetue as mesmas requisições da questão 20, mas para uma central com regeneração.
22. Quais as características básicas dos ciclos térmicos a ar, usados para a análise de centrais a gás (tipo de combustão; tipo de ciclo das centrais a gás e aproximação nos ciclos de ar)? O que são as relações de:
    a) Pressão isoentrópica.
    b) Relação de compressão isoentrópica.
    c) Relação de calores específicos.
23. Quais as características básicas do ciclo Diesel? Diagramas P x V; T x S; equações básicas. Nos diagramas, indique os processos de cada etapa (isobárico, isoentrópico etc.).
24. Responda às mesmas questões da pergunta 23 considerando o ciclo Brayton, usado para análise das centrais a gás. Antes, apresente um esquema dos componentes das centrais a gás (ciclo aberto).
25. Como funciona o processo de regeneração nas centrais a gás? Apresente o esquema e explique sucintamente as diferenças com relação às centrais a gás sem regeneração.
26. O que é o denominado ciclo combinado para as centrais termelétricas? Apresente um esquema, assim como uma explicação de seu funcionamento e vantagens.

Exemplos resolvidos

Centrais termelétricas a vapor

Em uma central termelétrica a vapor, têm-se os seguintes valores para as principais variáveis:

Potência elétrica gerada: 5 MW

Rendimentos:

Turbina	$\eta_{Turb} = 0{,}83$
Gerador	$\eta_{Gerador} = 0{,}91$
Mecânico do grupo	$\eta_{mec} = 0{,}88$
Bomba	$\eta_{bomba} = 0{,}90$
Mecânico da bomba	$\eta_{mec.bomba} = 0{,}90$
Caldeira	$\eta_{caldeira} = 0{,}86$

Relação de ar na combustão: $e_a = 1,2$ e $Ar_{min} = 14,5$.

Combustível: óleo, com poder calorífico de 9.700 kcal/kg.

Essa central termelétrica opera segundo um ciclo de Rankine com regeneração, com as características a seguir elencadas.

O vapor sai da caldeira e entra na turbina a 40 kgf/cm² e 400°C. Após expansão na turbina até 4,0 kgf/cm², o vapor é reaquecido até 400°C e então expandido na turbina de baixa pressão até 0,07 kgf/cm². Parte do vapor a 4,0 kgf/cm² é extraído da turbina para aquecer a água de alimentação em aquecedor de contato direto. A pressão da água de alimentação no aquecedor é 4,0 kgf/cm² e a água que o deixa é líquido saturado à mesma pressão. Determine o rendimento térmico desse ciclo.

Com esses dados, delineie o esquema da central, identifique sua área de operação no diagrama T,S (Figura 3.32) e calcule:

a) Rendimento da instalação.

b) Massa de vapor circulante.

c) Massas de combustível e ar.

Com base no apresentado anteriormente neste capítulo, pode-se construir o diagrama da central da Figura 3.31.

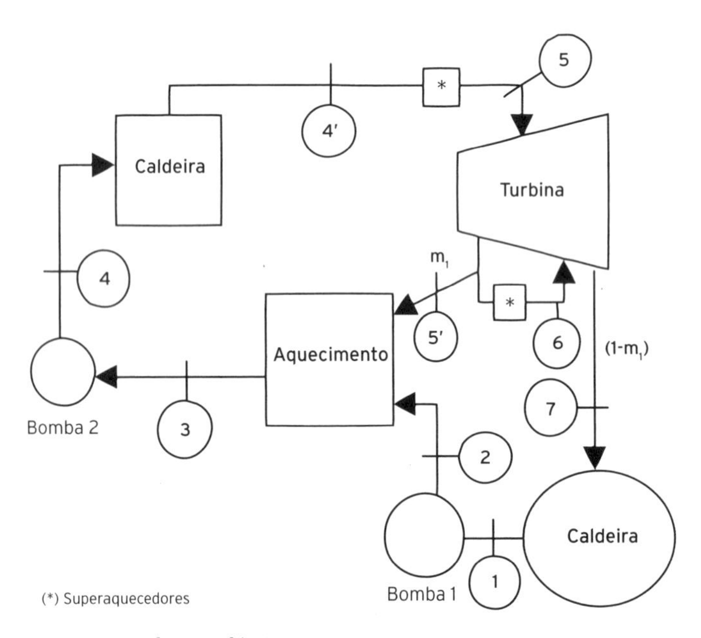

Figura 3.31 Central termelétrica a vapor.

A identificação dos pontos representativos de estado do diagrama anterior está na Figura 3.32, que representa uma simplificação do diagrama T,S, efetuada de forma a facilitar o entendimento da solução.

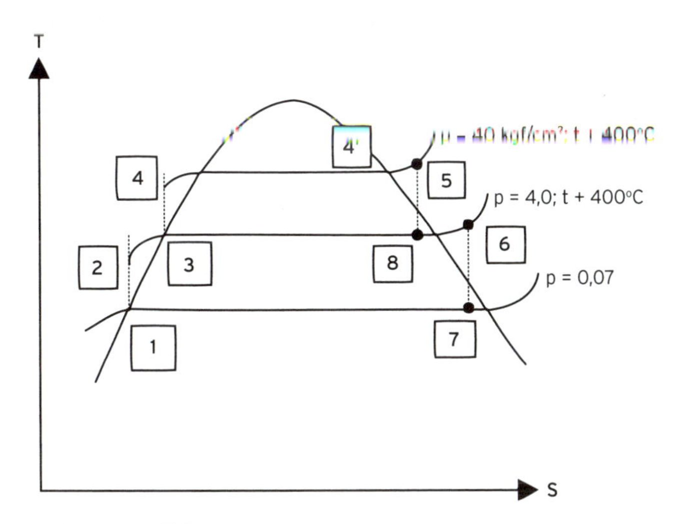

Figura 3.32 Diagrama T,S.

Solução:

Relações úteis para transformação de unidades:

$$\left[\frac{kgf}{cm^2}\right] = \frac{1}{0{,}0102}\,kPa$$

$$\left[\frac{kJ}{kg}\right] = 0{,}239\left[\frac{kcal}{kg}\right]$$

PONTO 1

O fluido de trabalho está no estado líquido e, portanto, o ponto 1 está localizado na curva de líquido saturado.

$$\text{Pressão: } p_1 = \frac{0{,}07}{0{,}0102} = 6{,}86\ kPa$$

Com esse valor da pressão, seria possível obter h_1 diretamente, em curvas h x S.

Caso se usem tabelas* e a pressão do ponto não corresponda a uma pressão da tabela (p_t), deve-se interpolar, como mostrado a seguir.

(*) As propriedades termodinâmicas são também apresentadas em forma de tabelas, que permitem a obtenção de seus valores para determinadas condições.

Em uma tabela de temperatura do vapor saturado, com a temperatura variando de 0,01°C a 374,14°C (ponto crítico), têm-se as pressões p_{ta} = 7,384 kPa e p_{tb} = 5,628 kPa, correspondentes a (para líquido saturado): $h_{lsat\text{-}a}$ = 167,57 kJ/kg e $h_{lsat\text{-}b}$ = 146,69 kJ/kg. Tendo-se h_{lsat} para dois pontos, extrapola-se para p = 6,86 kPa, obtendo-se: h_l = 161,34 kJ/kg.

E, portanto, h_1 = 38,6 kcal/kg.

Das tabelas podem-se extrair também os seguintes valores:

PONTO 5

Para p_5 = 40 kgf/cm² e t_5 = 400°C, interpolando-se na tabela do vapor superaquecido, com as unidades adequadas.

h_5 = 767,6 kcal/kg.

PONTO 6

Como para o ponto 5, mas com p_6 = 4 kgf/cm²; h_6 = 781,6 kcal/kg e S_6 = 1,8881 kcal/kg K.

PONTO 7

Para o ponto 7, com pressão p_7 = 0,07 kgf/cm², tem-se, para o vapor de água saturado (das tabelas):

h_l = 38,6; h_{lv} = 575,5 e h_v = 614,1 em kcal/kg e s_l = 0,1323; s_v = 1,9778 kcal/kg K.

Sabendo-se que s_7 = s_6 = 1,6189, pode-se interpolar, conforme a Figura 3.33.

$$h_x = h_l + (s_x - s_l) \cdot \frac{h_v - h_l}{s_v - s_l}$$

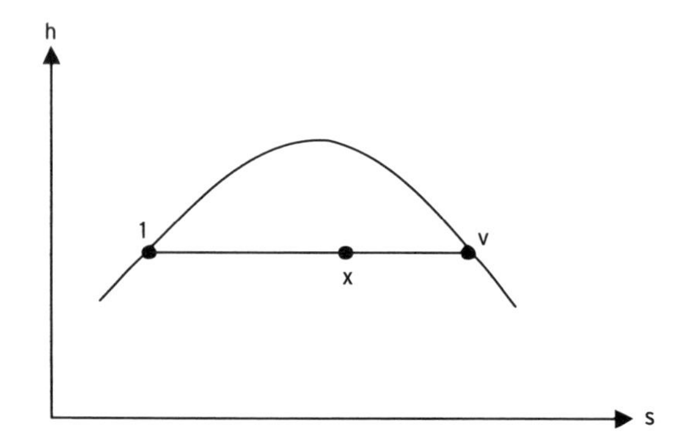

Figura 3.33 Interpolação h_x.

E aí,

$h_7 = 586{,}1$ kcal/kg.

PONTO 2

Na bomba 1, de baixa pressão:

$$h_2 - h_1 = \frac{1}{\rho}(P_2 - P_1) = \frac{1}{1000}(4 - 0{,}07) \cdot \frac{10^4}{427} = 0{,}09 \text{ kcal/kg}$$

Em que ρ é a densidade do fluido em g/cm³ (1000) e 10⁴/427, o fator que efetua o ajuste de unidades para kcal/kg.

$h_2 = 38{,}7$ kcal/kg.

PONTO 3

h_3 vem da tabela para $p_3 = \frac{4{,}00}{0{,}0102}$ kPa, na condição de líquido saturado.

$h_3 = 143{,}6$ kcal/kg.

PONTO 4

Como para o ponto 2, tem-se:

$$h_4 - h_3 = \frac{1}{\rho}(P_4 - P_3) = \frac{1}{1000}(40 - 4) \cdot \frac{10^4}{427} = 0{,}9 \text{ kcal/kg}$$

Daí,

$h_4 = 144{,}5$ kcal/kg.

PONTO 8

Como para o ponto 7 e, sabendo-se que $s_8 = s_5 = 1{,}6189$ kcal/kg K, chega-se a:

$h_8 = 641{,}6$ kcal/kg.

Cálculo das variáveis do ciclo

Dispondo-se das entalpias específicas, pode-se então proceder ao cálculo das diversas variáveis do ciclo.

O trabalho específico efetuado na turbina é dado por:

$\omega_t = (h_5 - h_8) + (1 - m_1) \times (h_6 - h_7)$

Para seu cálculo é necessário determinar m_1, a porcentagem de massa de vapor orientada para o aquecedor de contato direto.

No aquecedor de água, tem-se, aplicando a 1ª lei da termodinâmica:

$m_1 \times h_8 + (1 - m_1) \times h_2 = h_3$, ou então: $m_1 = \frac{[h_3 - h_2]}{[h_8 - h_2]}$

Daí, $m_1 = 0{,}174$.

Então, $\omega_t = (h_5 - h_8) + (0{,}836) \times (h_6 - h_7) = 289{,}4$ kcal/kg.

O trabalho consumido nas bombas é:

$\omega_{b1} + \omega_{b2} = (h_2 - h_1) + (1 - m_1) \cdot (h_4 - h_3) = 0{,}9$ kcal/kg.

a) **O rendimento do ciclo** será dado pelo trabalho específico líquido na saída (diferença entre o produzido pela turbina e o consumido nas bombas) dividido pelo trabalho específico fornecido ao vapor na caldeira e superaquecedores, dado por: $(h_5 - h_4) + (h_6 - h_8) \times (1 - m_1) = 740$ kcal/kg.

Daí,

$$\eta_t = \frac{241{,}1 - 0{,}9}{h_5 - h_4} = \frac{289{,}4}{740{,}1} = 0{,}391 \Rightarrow 39{,}1\%$$

b) **A massa de vapor circulante** pode ser calculada pela equação da turbina, em que a potência é dada por: $\dot{m}_v \times [(h_5 - h_8) + (1 - m_1) - (h_6 - h_7)]$, sendo $\dot{m}_v$ a massa específica de vapor circulante.

A potência da turbina pode ser calculada por:

$$P_t = \frac{P_{el}}{\eta_{gerador} \times \eta_{mec}} \text{ ou } P_t = \frac{5.000}{0{,}91 \times 0{,}88} = 6.243{,}75 \text{ kW}.$$

Daí,

$$\dot{m}_v = \frac{6.243{,}75}{(h_5 - h_8) + 0{,}836 \cdot (h_6 - h_7)} = 65{,}16 \text{ kg/s, ou } 18{,}56 \text{ ton/h}.$$

Utilizando-se, na fórmula, h em kJ/kg.

c) A **massa de combustível** pode ser calculada a partir da potência transmitida ao vapor na caldeira e superaquecedores dada por:

$\dot{m}_v \times [(h_5 - h_4) + (1 - m_1) \times (h_6 - h_8)] = 15.978$ kW, com $\dot{m}_w$ em kg/s e h em kJ/kg

Essa potência, considerado o rendimento da caldeira, deverá ser igual à fornecida pelo combustível. Ou seja, igual a:

$\dot{m}_{comb} \times P_{calorífico} \times \eta_{caldeira}$

Daí,

$$\dot{m}_{comb} = \frac{15.978}{9.700 \times \frac{1}{0{,}239} \times 0{,}86} = 0{,}458 \text{ kg/s ou } 1{,}648 \text{ t/h}.$$

E a massa de ar, por:

$\dot{m}_{ar} = \dot{m}_{comb} \times Ar_{min} \times e_a$ (expressão que permite o cálculo do ar necessário para a combustão).

$\dot{m}_{ar} = 28{,}67$ t/h.

Essas tabelas, no caso da água/vapor d'água, do diagrama de Mollier, contêm valores para: temperatura (t); pressão (P); volume específico (do líquido saturado (v_l) e do vapor saturado (v_v)); energia interna (do líquido saturado (u_l), de evaporação (u_{lv}) e do vapor saturado (u_v)); entalpia (do líquido saturado (h_l), de evaporação (h_{lv}) e do vapor saturado (h_v)) e entropia (do líquido saturado (s_l), de evaporação (s_{lv}) e do vapor saturado (s_v)). Essas tabelas referem-se às diversas áreas do diagrama de Mollier, sendo apresentadas separadamente para: vapor saturado, vapor d'água superaquecido e líquido comprimido.

As tabelas são encontradas apresentando as propriedades termodinâmicas com diferentes unidades. Na solução do exercício, visando à generalidade, foi exposto exemplo de uso das tabelas com unidades diferentes das dos problemas. No caso de uso de tabelas com unidades já adequadas, obviamente não será necessário efetuar as transformações.

Centrais termelétricas a gás

Para uma central termelétrica a gás tem-se as seguintes características:

Potência elétrica nos terminais do gerador: 5 MW.

Combustível: óleo com poder calorífico 41.000 kJ/kg, densidade e porcentagens de 85,5% de C (carbono); 11,9% de H (hidrogênio) e 2% de O (oxigênio).

Rendimentos:

Turbina	$\eta_{Turb} = 0{,}90$
Gerador	$\eta_G = 0{,}97$
Redutor	$\eta_{Red} = 0{,}97$
Compressão	$\eta_C = 0{,}88$
Regenerador	$\eta_{Reg} = 0{,}75$
Câmara de combustível	$\eta_{comb} = 0{,}97$

Essa central opera segundo o ciclo padrão a ar Brayton, com regeneração, no qual o ar entra no compressor a 1,03 kgf/cm² e 17°C. A pressão na saída do compressor é de 5 kgf/cm² e a temperatura máxima do ciclo é de 887°C.

Com esses dados, calcule:

a. O rendimento do ciclo.

b. As massas de gás e de combustível necessárias.
c. A relação de ar e_a.

O esquema da central é apresentado na Figura 3.34.
A representação de sua operação no diagrama T,S é dada na Figura 3.35.

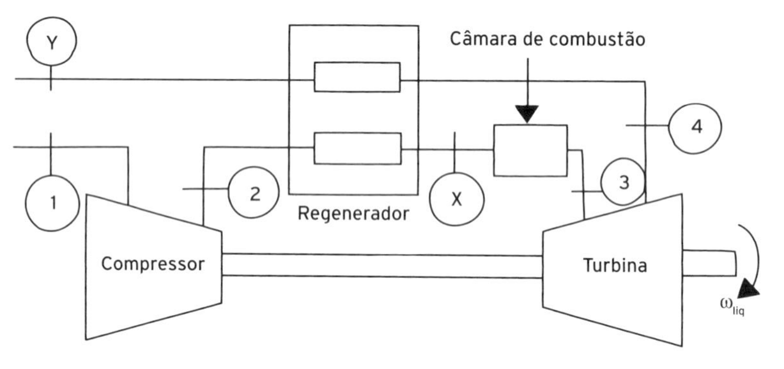

Figura 3.34 Esquema de central termelétrica a gás.

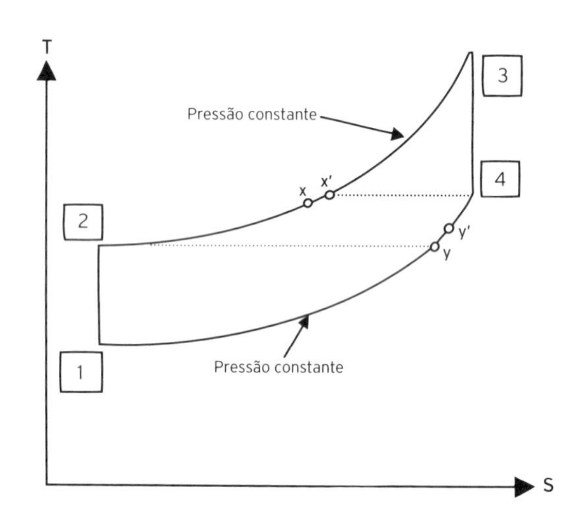

Figura 3.35 Diagrama T,S em operação da central termelétrica a gás.

Solução:

Inicialmente, efetua-se o cálculo do rendimento sem regeneração, que será introduzida em seguida. Este exercício poderia ser resolvido diretamente com regeneração, mas julgou-se conveniente resolvê-lo deste modo para ilustrar a influência da regeneração.

Temos: $p_1 = p_4 = 1{,}03\ kgf/cm^2$ $T_1 = 290\ k$

$p_2 = p_3 = 5{,}0\ kgf/cm^2$ $T_3 = t_{max} = 1.160\ k$

No compressor: $\left(\frac{p_2}{p_1}\right)^{\frac{(k-1)}{k}} = \frac{T_2}{T_1} \Rightarrow T_2 = 456\ k$

Em que k é uma constante dada por $k = C_p/C_v$, onde C_p e C_v são calores específicos a pressão e volume constantes, respectivamente. Para o ar, $k = 1{,}04$.

O trabalho específico desenvolvido na turbina é:

$\omega_{turb} = C_p(T_3 - T_4) = 100{,}3\ kcal/kg$.

O trabalho específico fornecido ao fluido é dado por:

$q_H = C_p(T_3 - T_2) = 168{,}75$.

O rendimento sem regeneração será dado por:

$$\eta_t = \frac{\omega_{liq}}{q_H} = \frac{\omega_{liq}}{h_3 - h_2}$$

Em que,

$\omega_{liq} = \omega_{turb} - \omega_c = 60{,}5\ kcal/kg$.

Então,

$\eta_t = 0{,}3585 \Rightarrow 35{,}85\%$.

Considerando-se o regenerador temos:

$T_x = T_4 = 732\ k$.

Daí,

$q_H = h_3 - h_x = C_p(T_3 - T_x) = 102{,}6\ kcal/kg$.

$\omega_{liq} = 60{,}5\ kcal/kg$, não se altera.

Daí o **rendimento com regenerador**:

$\eta_t = \frac{\omega_{liq}}{q_H} = 0{,}5897 \Rightarrow 58{,}97\%$, a **massa de gás** pode ser calculada por meio da expansão da potência desenvolvida pela turbina. Essa potência pode ser dada por: $\dot{m}_g \times \omega_{útil}$.

E também por: $\frac{P_{el}}{\eta_G \times \eta_{Red}}$

Daí,

$$\dot{m}_g = \frac{5.000}{0{,}97 \times 0{,}97 \times \omega_{útil}} = 20{,}99 \text{ kg gás/s.}$$

Na expressão acima, deve-se usar $\omega_{útil}$ em kJ/kg, ou seja:

$\omega_{útil}$ = 60,5 / 0,239 = 253,14 kJ/kg.

A **massa de combustível** pode ser calculada pela expressão da potência fornecida ao fluido:

$\dot{m}_{gás} \times q_H$ (com q_H em kJ/kg) ou, então,

$\dot{m}_{comb} \times P_{calorífico} \times \eta_{comb.}$

$$\text{Daí, } \dot{m}_{comb} = \frac{20{,}99}{41.000 \times 0{,}97} \times 429{,}3 = 0{,}226 \text{ kg comb/s ou } 8{,}16 \text{ t/h.}$$

A **relação de ar** e_a pode ser calculada pela expressão equivalente à usada para central a vapor:

$\dot{m}_{ar} = e_a \times Ar_{min} \times \dot{m}_{comb}$.

$$\text{Em que: } e_a = \frac{\dot{m}_{ar}}{Ar_{min} \times \dot{m}_{comb}}$$

$\dot{m}_{comb}$ é conhecida, igual a 0,226 kg/s.

$\dot{m}_{ar}$, no caso de turbina a gás, onde a combustão é interna ao processo, pode ser calculada por:

$\dot{m}_{ar} = \dot{m}_g - \dot{m}_{comb}$ = 20,99 – 0,226 = 20,764 kg/s ou 74,7 t/h.

Ar_{min} é a mínima relação de ar necessária para a combustão, que depende da composição do combustível.

Nesse caso, pode ser calculada por:

$$Ar_{min} = \frac{4{,}3}{100} \times \{2{,}67\,(\%C) + 8{,}0\,[(\%H) - (\%O) + (\%S)]\}.$$

Sendo os valores entre parênteses as respectivas porcentagens dos elementos químicos.

Nesse caso, então:

$Ar_{min} = 4{,}3 \times \{2{,}67 \times 0{,}855 + 8{,}0 \times [0{,}119 - 0{,}02]\} = 13{,}22$.

Daí, a relação de ar:

$$e_a = \frac{20{,}764}{13{,}22 \times 0{,}226} = 6{,}95$$

Deve-se notar que o exercício efetua alguns cálculos utilizando equações provenientes de equações químicas relacionadas com a combustão. O objetivo de apresentá-los aqui é apenas para dar uma ideia do procedimento geral de análise envolvido em problemas similares e não para aprofundar análises que vão além do que se espera em um curso de geração elétrica.

Atividades adicionais – levantamento de informações e dados

Estas atividades visam orientar o leitor na busca por maiores informações e dados relacionados ao Sistema Elétrico Brasileiro. Para isto, faz-se referência aos sites das principais instituições envolvidas no Setor de Energia Elétrica: o Ministério de Minas e Energia (MME – www.mme.gov.br); a Agência Nacional de Energia Elétrica (Aneel– www.aneel.gov.br); a Empresa de Pesquisa Energética (EPE – www.epe. gov.br), o ONS (Operador Nacional do Sistema Interligado Nacional – SIN – www.ons.org.br) e a Petrobrás (quanto a centrais termelétricas – www.petrobras.com.br). Além disso, para verificação de dados mundiais, faz-se referência aos sites da International Energy Agency (www.iea.org), e da Energy Information Agency do Department of Energy do governo americano (www.eia.doe.gov).

1. Procure em sites internacionais dados sobre a participação das diversas fontes na oferta mundial de energia e sobre a evolução das reservas de petróleo, gás natural e carvão mineral. Compare os valores obtidos com os das Tabelas 3.7, 3.8 e 3.9, a seguir.

Tabela 3.7 Oferta interna de energia no mundo – participação percentual dos diversos recursos e total (em milhões de tep — toneladas equivalentes de petróleo)

COMBUSTÍVEL	1973	2013
Petróleo (%)	46,1	31,1
Carvão mineral (%)	24,5	28,9
Gás natural (%)	16,0	21,4
Nuclear (%)	0,9	4,8
Renováveis e resíduos (%)	10,6	10,2
Hidráulica (%)	1,8	2,4
Outros (%)	0,1	1,2
TOTAL (Mtep)	6.115	13.541

Fonte: IEA (2015).

Tabela 3.8 Reservas mundiais de petróleo e gás natural

REGIÃO	PETRÓLEO (BILHÕES DE BARRIS)	GÁS NATURAL (TRILHÕES DE m^3)
Oriente Médio	810,7	79,8
América do Norte	232,5	12,1
América do Sul e Central	330,2	7,7
África	129,2	14,2
Europa + Eurásia	154,8	58,0
Ásia Pacífico	42,7	15,3
Mundo	1.700,1	6.254

Fonte: BP (2016).

Tabela 3.9 Reservas mundiais de carvão mineral (principais países e regiões)

REGIÃO	CARVÃO MINERAL (BILHÕES DE TONELADAS)
América do Norte	245,1
América do Sul e Central	14,6
África	32,9
Europa + Eurásia	310,5
Ásia Pacífico	288,3
Mundo	891,1

Fonte: BP (2016).

2. Com base nas informações disponíveis nos sites nacionais citados, qual a capacidade instalada de usinas termelétricas no Brasil como um todo e nas regiões Norte (N), Nordeste (NE), Sudeste e Centro-Oeste (SE-CO) e Sul (S)?
3. Qual o total de MW das termelétricas em construção? Destas, quais são as cinco maiores e onde se situam?
4. Existe alguma forma de acompanhar o andamento do licenciamento ambiental de usinas termelétricas que ainda se encontram na fase de obtenção da licença? Onde?
5. Que novas termelétricas estão previstas para entrar em operação até 2017 no Brasil? Citar o nome, onde se localizam, o ano previsto para início de operação e a capacidade instalada em MW.
6. Procure no site da Aneel informações relacionadas às termelétricas que, além da potência (capacidade instalada), forneçam ainda o combustível utilizado e se operam em regime de cogeração.
7. Quais são as dez maiores usinas termelétricas em operação no Brasil, na data de sua pesquisa? E as seis maiores a bagaço de cana? E as três maiores

a carvão mineral? E as três maiores a licor negro? Compare o resultado obtido com o apresentado nas tabelas abaixo, que mostram as referidas termelétricas levantadas em agosto de 2016. Entrou alguma usina nova nessas listas? Quais? Onde se encontram? Quais suas capacidades instaladas?

Tabela 3.10 Dez maiores termelétricas em operação no Brasil em agosto de 2016

NOME	MW	LOCAL	COMBUSTÍVEL
Almirante Álvaro Alberto II (Angra II)	1.350	Angra dos Reis, RJ	Nuclear
Pecém I e II	1.086	S. Gonçalo do Amarante, CE	Carvão mineral
Gov. Leonel Brizola	1.058	Duque de Caxias, RJ	Gás natural
Santa Cruz	1.000	Rio de Janeiro, RJ	Gás natural
Mario Lago	923	Macaé, RJ	Gás natural
Norte Fluminense	869	Macaé, RJ	Gás natural
Almirante Álvaro Alberto I (Angra I)	640	Angra dos Reis, RJ	Nuclear
Uruguaiana	639,9	Uruguaiana, RS	Gás natural
Jorge Lacerda III e IV	625	Capivari de Baixo, SC	Carvão mineral
Mauá (Manaus) Blocos I a IV	553	Manaus, AM	Óleo diesel

Fonte: Aneel (2016b).

Tabela 3.11 Seis maiores termelétricas a bagaço de cana em operação no Brasil em agosto de 2016

NOME	MW	LOCAL
Cocal II	182,6	Narandiba, SP
Porto das Águas	160,0	Chapadão do Céu, GO
Eldorado	141,1	Rio Brilhante, MS
Santa Luzia I	130,0	Nova Alvorada do Sul, MS
Caçu I	130,0	Caçu, GO
Amandina	120,0	Ivinhema, MS

Fonte: Aneel (2016b).

Tabela 3.12 Três maiores termelétricas a licor negro em operação no Brasil em agosto de 2016

NOME	MW	LOCAL
Fíbria MS	395,84	Três Lagoas, MS
Suzano Mucuri	214,0	Mucuri, BA
Aracruz	210,4	Aracruz, ES

Fonte: Aneel (2016b).

CAPÍTULO 4

SISTEMAS SOLARES PARA GERAÇÃO DE ELETRICIDADE

INTRODUÇÃO

O Sol é uma imensa fonte inesgotável de energia, da qual depende a vida na Terra. Praticamente todas as fontes de energia renovável derivam do Sol, direta ou indiretamente, como demonstrado na Figura 1.1 (Capítulo 1) deste livro. A própria energia solar é usada diretamente para fins de aquecimento ou geração de eletricidade.

Este capítulo enfoca as diversas tecnologias disponíveis para geração de energia elétrica a partir da própria energia solar.

Nesse contexto, é importante ressaltar que um aspecto fundamental das diversas aplicações práticas da utilização da energia solar é o rendimento global da cadeia energética de cada tecnologia considerada, desde a captação da energia solar até o elemento de uso final de energia, em geral um equipamento conectado ao consumidor. Em relação a esse rendimento global, no qual prepondera o rendimento associado à etapa inicial de coleta e condicionamento da energia solar, o aumento é uma das principais motivações de evolução tecnológica, como se verá a seguir.

A ENERGIA DO SOL NA SUPERFÍCIE TERRESTRE

A radiação total de energia solar incidente na Terra, que é uma parcela da energia emitida pelo Sol, apresenta a seguinte subdivisão aproximada: 30% é refletida para a atmosfera; 47% aquece a superfície da terra, a atmosfera e os oceanos; e 23% é absorvida na evaporação da água. A variável básica das tecnologias de utilização da energia solar, tanto na forma de energia térmica como na de geração elétrica, é a radiação solar incidente nos equipamentos dedicados à captação da energia do sol disponível localmente.

Os sistemas baseados na utilização da energia solar têm potencial para suprir grande parte da necessidade de energia do planeta. Mas ainda há diversos problemas a serem superados, relacionados basicamente ao rendimento dos sistemas, aos seus custos e às necessidades de armazenamento.

O imenso potencial da energia solar é ilustrado na Figura 4.1, na qual se comparam a energia solar que atinge a superfície terrestre e as fontes de energia nuclear e de combustíveis fósseis com o consumo mundial de energia, no período de um ano.

A transmissão da energia do Sol para a Terra se dá por meio de radiação eletromagnética de ondas curtas, uma vez que os comprimentos de onda de 97% da radiação solar variam entre 0,3 e 3,0 μm.

Além disso, por conta das flutuações climáticas em seu caminho até o solo, a radiação solar incidente no limite superior da atmosfera sofre uma série de reflexões, dispersões e absorções. Como consequência, a incidência total da radiação solar sobre um corpo localizado no solo é a soma de

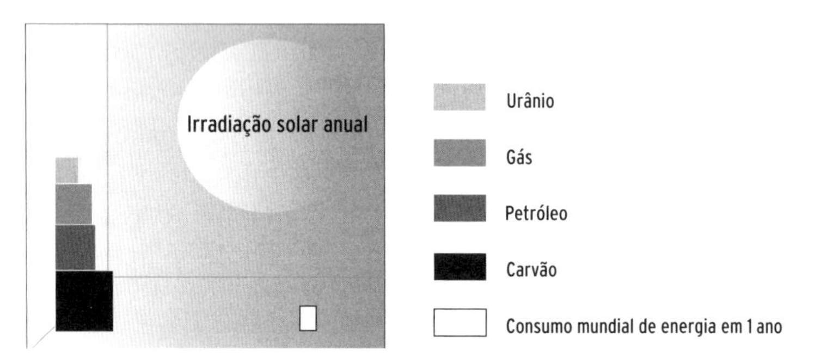

Figura 4.1 Energia solar, fontes nucleares e fósseis comparadas ao consumo de energia mundial em um ano.
Fonte: The German Energy Society (2008).

três componentes, uma direta, outra difusa e uma terceira, refletida. A radiação direta é aquela proveniente diretamente do disco solar sem sofrer nenhuma mudança de direção, além da provocada pela refração atmosférica; a radiação difusa é aquela recebida por um corpo após modificação da direção dos raios solares por reflexão ou espalhamento na atmosfera; e a radiação refletida depende das características do solo e da inclinação do equipamento captador.

Os níveis de radiação solar em um plano horizontal na superfície da Terra variam com as estações do ano, principalmente em razão da inclinação de seu eixo de rotação em relação ao plano da órbita em torno do Sol. Variam também de acordo com a região, principalmente em razão das diferenças de latitude, condições meteorológicas e altitude.

Para um aproveitamento adequado da energia solar, é importante que se conheça o comportamento da radiação solar disponível no local, o que é efetuado por meio de medições adequadas.

A radiação total pode ser medida com o uso de diversos instrumentos. O mais utilizado é o piranômetro, que tem o sensor localizado no plano horizontal, recebendo, portanto, radiação em todas as direções no hemisfério. A radiação direta é medida pelo piro-heliômetro, instrumento provido de um dispositivo de acompanhamento do Sol.

Pela natureza estocástica da radiação solar incidente na superfície terrestre, é conveniente basear as estimativas e previsões do recurso solar em informações solarimétricas levantadas durante prolongados períodos de tempo.

Os dados solarimétricos são apresentados habitualmente na forma de energia coletada ao longo de um dia, produzindo uma média mensal ao longo de muitos anos. As unidades de medição mais frequentes são: Langley/dia (ly/dia), cal/cm^{2}dia, Wh/m^2 e intensidade média diária em W/m^2 (1 ly/dia = 11,63 Wh/m^2 = 0,4846 W/m^2).

Em condições atmosféricas ótimas, ou seja, céu claro sem nenhuma nuvem, a iluminação máxima observada ao meio-dia em um local situado ao nível do mar é de 1 kW/m^2. Atinge um valor de 1,05 kW/m^2 a 1.000 metros de altura e, nas altas montanhas, chega a 1,1 kW/m^2. Fora da atmosfera, a intensidade se eleva a 1,377 kW/m^2. Este índice é a chamada constante solar, sendo utilizado um valor médio, pois o mesmo varia com a distância da Terra em torno do Sol.

Além disso, a radiação solar total incidente varia em diferentes locais da superfície da Terra. Enquanto uma superfície horizontal no sul da

Europa ocidental (sul da França) recebe em média por ano uma radiação de 1.500 kWh/m^2 ou mais, e, no norte, a energia anual varia entre 800 kWh/m^2 e 1.200 kWh/m^2, uma superfície no deserto do Saara recebe cerca de 2.600 kWh/m^2 ano, quer dizer, duas vezes a média europeia.

O Brasil recebe um ótimo índice de radiação solar, principalmente o nordeste brasileiro. Na região do semiárido estão os melhores índices, com valores típicos de 200 a 250 W/m^2 de potência contínua, o que equivale entre 1.752 kWh/m^2 e 2.190 kWh/m^2 por ano de radiação incidente. Isso coloca o local entre as regiões do mundo com maior potencial de energia solar.

As informações solarimétricas em geral são organizadas nos denominados Atlas Solarimétricos. A Figura 4.2 apresenta exemplo de conteúdo de um Atlas Solarimétrico desenvolvido no Brasil.

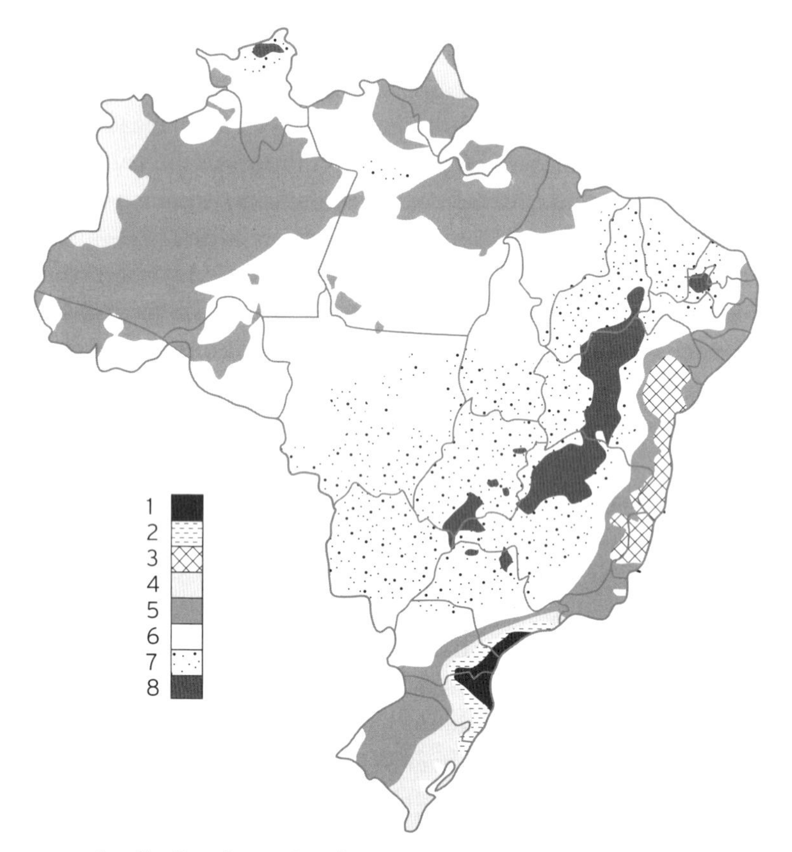

Figura 4.2 Irradiação solar no Brasil.

Fonte: Pereira et al. (2006)

TECNOLOGIAS DE UTILIZAÇÃO DIRETA DA LUZ SOLAR

As principais tecnologias de utilização direta da energia solar podem ser classificadas como tecnologias do uso da energia solar térmica e tecnologias de uso da radiação solar para gerar energia elétrica.

Para geração de energia elétrica, ressaltam-se a tecnologia fotovoltaica, que efetua a transformação direta da radiação solar em energia elétrica, e um conjunto de tecnologias que utiliza a energia térmica do sol em diferentes tecnologias de geração termelétrica, nos denominados sistemas termossolares ou heliotérmicos.

TECNOLOGIAS DE UTILIZAÇÃO DA ENERGIA SOLAR NA FORMA TÉRMICA

Uma grande variedade de equipamentos pode ser utilizada para captar a energia térmica do sol, incluindo os simples fornos e equipamentos de aquecimento similares utilizados por populações isoladas, sem acesso à rede elétrica, que não são objeto deste capítulo.

As tecnologias de utilização de energia solar na forma térmica podem ser classificadas como sistemas solares ativos e sistemas solares passivos, cujas características são apresentadas a seguir.

Sistema solar ativo

A maioria das tecnologias para uso de energia solar térmica em baixas temperaturas é formada por sistemas de vidros, enquanto que em elevadas temperaturas habitualmente se utilizam espelhos.

Dentre as aplicações mais antigas de sistema solar à baixa temperatura é possível citar a estufa, utilizada na agricultura, tanto para o condicionamento ambiental necessário para o desenvolvimento de certas culturas como para a secagem de produtos agrícolas. A utilização do calor solar para evaporar a água do mar e se obter sal de cozinha é outra aplicação antiga. Além dela, há o uso da energia solar à baixa temperatura na dessalinização da água do mar em regiões extremamente áridas e na dessalinização da água salobra de poços, para obtenção de água doce.

No campo do aquecimento ambiental, a captação da energia solar à baixa temperatura pode ser feita de várias formas. Uma bastante disseminada funciona por meio do equipamento denominado **coletor solar**

plano, usualmente montado em um telhado de uma edificação para captar a radiação solar. A maioria dos sistemas que usam esse tipo de coletor é bastante simples e o calor produzido é utilizado para aquecer água de uso interno nas edificações ou de piscinas. A Figura 4.3 mostra um esquema simplificado desse tipo de coletor.

Sistema solar passivo

É um tipo de sistema no qual a energia solar é absorvida diretamente e de forma eficiente por meio do projeto arquitetônico de uma edificação, visando reduzir a energia comercial requerida para aquecer o ambiente interno. Esse tipo de sistema utiliza, em geral, o próprio ar para coletar a energia, sem necessidade de bombas ou ventiladores. Um edifício proje-

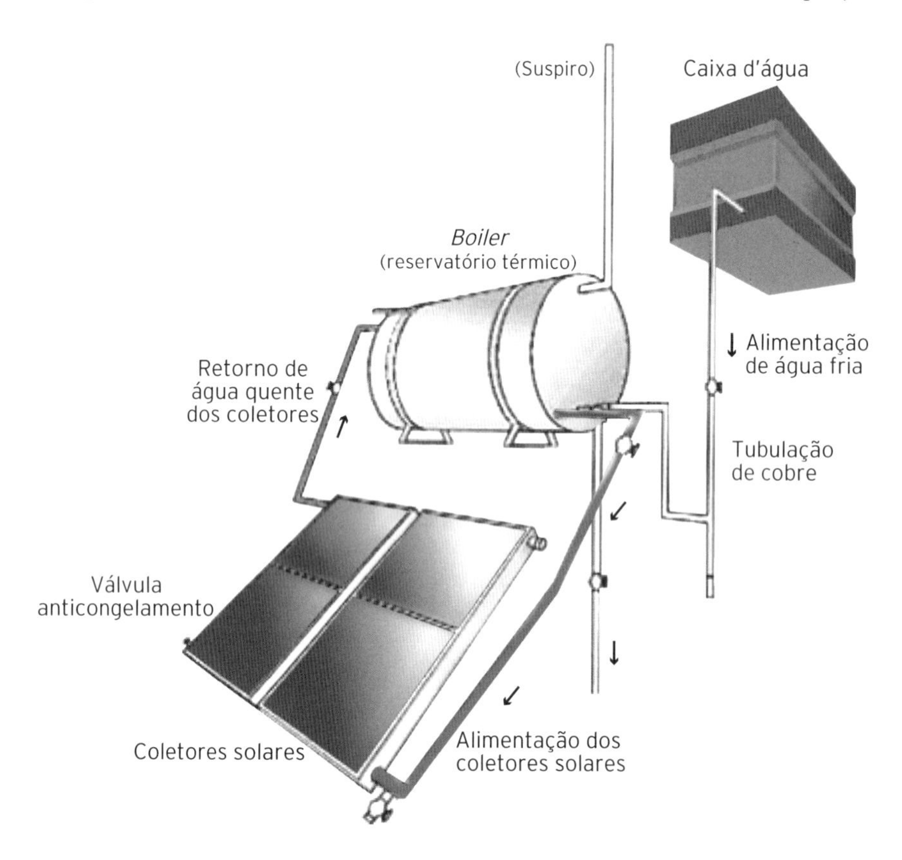

Figura 4.3 Esquema básico de um coletor solar para aquecimento de água.
Fonte: Fantinelli (2006).

tado dessa forma, com aproveitamento adequado da luz solar e da circulação de ar, tem menores necessidades de consumo de energia elétrica para iluminação e de condicionamento ambiental.

TECNOLOGIAS DE UTILIZAÇÃO DA ENERGIA SOLAR PARA GERAÇÃO DE ELETRICIDADE

Os sistemas que permitem utilização da energia transmitida à Terra pelo Sol para geração de eletricidade podem ser divididos em dois tipos básicos:

- Sistemas fotovoltaicos, que efetuam a transformação da energia solar em elétrica diretamente.
- Sistemas termossolares, ou heliotérmicos, nos quais a energia solar é usada para produzir a energia térmica que será transformada em energia elétrica; em geral, produzindo vapor que acionará uma termelétrica a vapor.

Em todos os casos, a variável básica para o aproveitamento da energia solar é a radiação solar incidente no sistema de geração de eletricidade.

SISTEMAS FOTOVOLTAICOS

A energia solar fotovoltaica é obtida por conversão direta da radiação solar em eletricidade por meio do efeito fotovoltaico.

O elemento básico dessa tecnologia é a célula solar fotovoltaica ou fotocélula. Essa célula, composta por camadas de um material denominado semicondutor, tem a propriedade de gerar um potencial elétrico (tensão) através das camadas do material semicondutor; quando exposta à radiação solar incide sobre uma célula solar. Consequentemente, esse potencial elétrico faz circular corrente elétrica contínua em um circuito externo à célula quando este é fechado.

O principal uso das células solares, a partir de 1958 até o final da década de 1970, foi nos programas espaciais.

A partir da crise mundial de energia nos anos de 1973 e 1974, começa a expansão do uso terrestre da geração fotovoltaica, seja em pequenas aplicações nos sistemas rurais isolados (iluminação, bombeamento de água etc.), em serviços profissionais (retransmissores de sinais, aplicações marítimas) ou em produtos de consumo (relógio, calculadora).

A redução de preços, a competição crescente no mercado fotovoltaico, os aumentos consideráveis na eficiência das células e os recentes incentivos à geração distribuída têm sido os propulsores atuais do significativo crescimento do número e da capacidade instalada dos projetos fotovoltaicos.

Apesar disso, o mercado fotovoltaico é ainda uma pequena fração do que poderia ser, por dois motivos principais:

- Há uma enorme parcela da população mundial – cerca de 2 bilhões de habitantes – que não tem acesso à eletricidade.
- Há uma forte corrente mundial preconizando a ideia de um futuro energético solar, com base na disponibilidade global da energia solar, nos preços continuamente decrescentes e no desempenho ambiental desse tipo de energia.

Para se entender o funcionamento da célula, é preciso enfocar os materiais classificados como semicondutores, os quais, em temperaturas muito baixas, possuem uma banda de valência totalmente preenchida por elétrons e uma banda de condução totalmente vazia. Esses materiais apresentam a possibilidade de fótons, na faixa da luz visível e com energia superior ao *gap* do material, excitarem elétrons de forma que estes passem à banda de condução. Esse efeito, que pode ser observado em semicondutores puros, quando acrescido de estrutura apropriada para que os elétrons excitados possam ser coletados resulta nas células fotovoltaicas.

Para isso, os átomos de fósforo e boro são acrescentados aos de silício, em um processo conhecido como dopagem do silício, formando uma junção *pn*. Se essa junção é exposta a fótons com energia maior que o *gap* existente entre a banda de valência e condução, surgem os pares elétron-lacuna, e, nas regiões de campo elétrico diferente de zero, as cargas são aceleradas, gerando uma corrente através da junção; esse deslocamento de cargas dá origem a uma diferença de potencial, chamada de **efeito fotovoltaico**.

A célula de silício monocristalino é historicamente a mais utilizada, seguida da célula de silício na forma amorfa ou policristalina. Como evolução, surgiu a tecnologia de filmes finos, que consiste em células cujas camadas ativas são filmes – policristalinos ou desordenados (amorfos) – depositados ou formados em um substrato eletricamente passivo ou ativo.

Além disso, o uso crescente da tecnologia fotovoltaica tem suscitado o estudo de outros materiais, por exemplo o arseneto de gálio e o sulfeto de cádmio, entre outros.

A Figura 4.4 mostra uma célula fotovoltaica de silício policristalino. Um módulo consiste em uma associação de células para se obter a potência desejada.

Figura 4.4 Célula fotovoltaica do tipo policristalina.

Tipos básicos de sistemas fotovoltaicos

Sistemas fotovoltaicos podem ser instalados próximos aos grandes centros de consumo de energia, de forma centralizada ou descentralizada, conectada ou desconectada da rede elétrica. Eles podem prover energia para pequenas ou grandes aplicações.

Nesse contexto, as aplicações de um sistema fotovoltaico podem ser divididas em: sistemas autônomos e sistemas conectados à rede elétrica

- **Sistemas autônomos** – Consistem em sistemas fotovoltaicos, não conectados à rede elétrica de distribuição. São utilizados na alimentação de cargas em áreas remotas (residências, boias marítimas, estações repetidoras de sinais de comunicação, entre outras) ou cargas situadas em áreas urbanas (iluminação de áreas externas, placas sinalizadoras, entre outras). Entre os sistemas isolados, existem muitas configurações possíveis a depender do tipo de carga a ser alimentada. As configurações mais comuns são:

  - **Carga CC sem armazenamento** – A energia elétrica é usada, quando produzida, para alimentar equipamentos que operam em corrente contínua (CC), por exemplo bombeamento de água.
  - **Carga CC com armazenamento** – É o caso em que se deseja utilizar equipamentos elétricos, em corrente contínua, existindo ou não geração fotovoltaica simultânea. Para que isso seja possível, a energia elétrica, quando excedente, deve ser armazenada em baterias.
  - **Carga CA sem armazenamento** – É semelhante à carga CC sem armazenamento, porém é necessário um inversor para alimentação das cargas que funcionam em corrente alternada (CA).
  - **Carga CA com armazenamento** – É semelhante à carga CC com armazenamento, porém direcionada para alimentação de equipamentos que operem em corrente alternada.
- **Sistemas autônomos híbridos** – São sistemas em que a configuração não se restringe apenas à geração fotovoltaica. Em outras palavras, são sistemas isolados da rede elétrica nos quais existe mais de uma forma de geração de energia, como gerador diesel, turbinas eólicas e geração fotovoltaica. Esses sistemas são mais complexos e necessitam de algum tipo de controle capaz de integrar os vários geradores, de modo a garantir a melhor forma de operação para o usuário. Uma configuração importante desse tipo de sistema é o da minirredes, enfocado mais adiante no Capítulo 6 deste livro.
- **Sistemas conectados à rede** – São aqueles em que o arranjo fotovoltaico representa uma fonte complementar ao sistema elétrico de grande porte ao qual está conectado. São sistemas que não utilizam armazenamento de energia, pois toda a potência gerada é entregue à rede instantaneamente. As potências instaladas vão desde poucos kWp, em instalações residenciais, até alguns MWp, em grandes sistemas operados por empresas. Esses sistemas se diferenciam quanto à forma de conexão à rede e podem ser descentralizados ou centralizados. Nos sistemas descentralizados, com características de aplicação local, os sistemas fotovoltaicos se enquadram entre as alternativas da Geração Distribuída, forma de produção de energia elétrica com grande perspectiva de crescimento, como já apontado nos demais capítulos deste livro, a partir do Capítulo 1.

A aplicação mais comum de sistemas fotovoltaicos descentralizados se dá em consumidores autoprodutores residenciais, comerciais e industriais, caso em que, se necessário, a rede elétrica complementa a energia demandada. Caso a produção exceda a demanda, o excedente pode ser injetado na rede elétrica da concessionária local. A Figura 4.5 apresenta exemplo de sistema fotovoltaico descentralizado.

Os sistemas centralizados, por outro lado, se caracterizam por produzir grande quantidade de energia, de centenas de kW até vários MW, em um único local; são usualmente denominados centrais fotovoltaicas e podem produzir energia para indústrias ou centros urbanos com grande intensidade energética. Tais projetos podem ser explorados comercialmente pelas próprias concessionárias ou por investidores interessados em atuar no mercado de energia. A Figura 4.6 apresenta um sistema fotovoltaico centralizado.

Outras aplicações de células fotovoltaicas são:

- **Produtos de consumo** – Podem ser destacados como principais calculadoras, relógios, lanternas e rádios portáteis.
- **Aplicações profissionais** – São responsáveis por uma significativa parcela do mercado de células fotovoltaicas. Podem ser destacados como principais os sistemas de telecomunicações (rádios, telefones remotos, estações repetidoras), a sinalização marítima, as cercas eletrificadas, entre outras.

Figura 4.5 Sistema fotovoltaico descentralizado integrado a uma edificação.
Fonte: Roberts e Guariento (2009).

Figura 4.6 Sistema fotovoltaico centralizado.
Fonte: Solarpraxis (2012).

Principais componentes de um sistema fotovoltaico

Um sistema fotovoltaico de produção de energia elétrica compreende o agrupamento de módulos de fotocélulas em painéis fotovoltaicos e outros equipamentos relativamente convencionais que transformam ou armazenam a energia elétrica.

Os principais constituintes desse sistema são: conjunto de módulos fotovoltaicos, regulador de tensão, sistema para armazenamento de energia e inversor de corrente contínua/corrente alternada. A Figura 4.7 mostra um esquema em bloco de um sistema de geração fotovoltaica, cujos principais componentes serão enfocados a seguir.

Painel solar fotovoltaico

O painel solar consta dos módulos fotovoltaicos adequadamente conectados e da estrutura de sustentação e posicionamento.

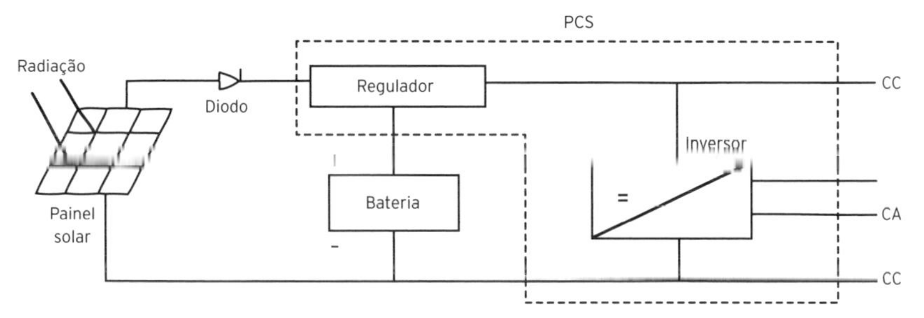

PCS = subsistema condicionador de potência (*power conditioning subsystem*)
CC = corrente contínua
CA = corrente alternada

Figura 4.7 Diagrama de bloco de um sistema solar fotovoltaico.

Módulo solar fotovoltaico

O módulo fotovoltaico é composto por um conjunto de células solares interligadas. A Figura 4.8 apresenta, como ilustração, um diagrama de um módulo fotovoltaico plano composto por células de silício cristalino.

No módulo, as células solares são interligadas em circuitos série/paralelo por contatos de prata. Camadas finas de espuma vinílica acetinada (EVA) ou polivinil butiral (PVB) são usadas para fixar as células em suas posições e para protegê-las de água. O módulo é geralmente encapsulado entre uma camada frontal transparente (vidro) e uma camada traseira à prova de água (polímero). Por fim, a estrutura é emoldurada por uma estrutura metálica que garante rigidez mecânica e durabilidade.

A duração dos módulos fotovoltaicos é fixada em 25 anos. Eles conseguem operar durante 20 anos mantendo no mínimo 80% da potência nominal e facilmente atingem 30 anos de utilização.

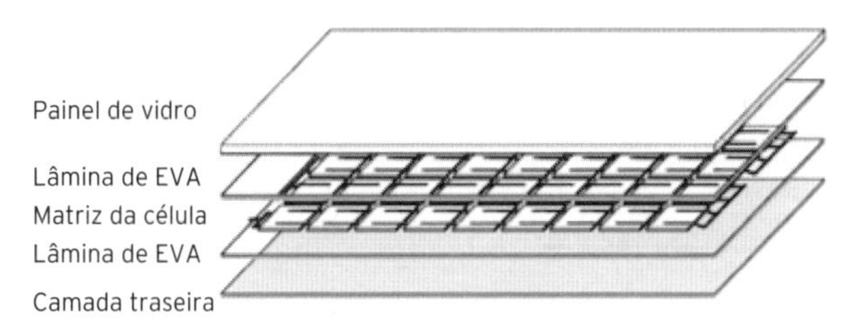

Figura 4.8 Camadas de um módulo fotovoltaico de silício cristalino.
Fonte: Tobías et al. (2011).

Tecnologias de células solares fotovoltaicas

Os principais tipos de células solares disponíveis comercialmente em módulos fotovoltaicos são as células de silício cristalinas (c-Si), como as células de silício monocristalino (sc-Si) e as células de silício multicristalino (mc-Si), apresentadas na Figura 4.9; e células fabricadas com tecnologia de filmes finos, como as células de silício amorfo hidrogenado (a-Si), as células de telureto de cádmio (CdTe), as células de disseleneto de cobre e índio (CIS) e as células de disseleneto de cobre, gálio e índio (CIGS), das quais algumas são apresentadas na Figura 4.10.

Há, atualmente, uma nova geração de células solares baseada em conceitos bem diferentes das células cristalinas e de filmes finos, cujas maiores vantagens em relação às tecnologias anteriores são a diversidade de materiais utilizados em sua fabricação (como polímeros, óxido de titânio e eletrólitos líquidos); os processos de fabricação alternativos (em baixas temperaturas); e a possibilidade de produção com baixo custo. Outras tecnologias emergentes são as células solares multijunção, as células solares de arseneto de gálio (GaAs), as células solares sensibilizadas por corante, as células solares orgânicas, as células solares fabricadas com nanotubos de carbono, entre outras.

Estrutura de sustentação e posicionamento

Um módulo fotovoltaico tem o maior nível de captação de energia quando sua superfície está posicionada perpendicularmente à direção da

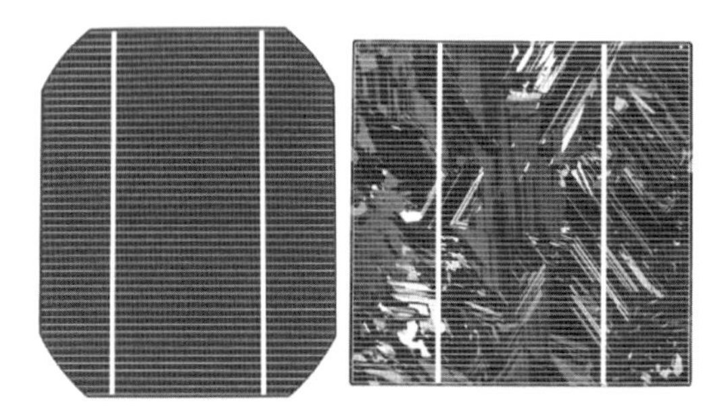

Figura 4.9 Células de silício cristalino: monocristalino (esq.) e multicristalino (dir.).

Fonte: Ruther (2004).

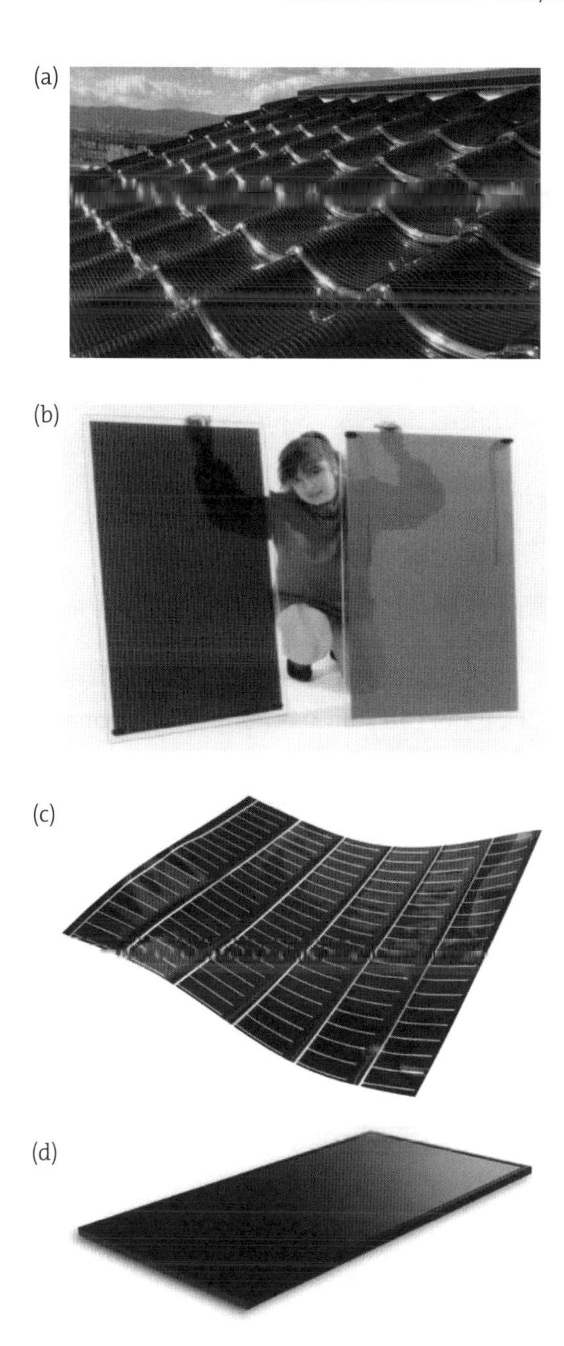

Figura 4.10 Células de filmes finos. (a) Telha com módulo fotovoltaico de filme fino flexível integrado; (b) módulo de a-Si; (c) célula solar de CdTe; (d) módulo fotovoltaico de CIS/CIGS.

Fonte: Ruther (2004).

radiação solar. Como a trajetória do Sol muda continuamente ao longo do dia e do ano, para se obter maior rendimento na geração de energia é necessário modificar a orientação dos módulos ao longo do tempo. Isso, no entanto, implica maiores custos e complexidade.

Nesse contexto, as estruturas de sustentação dos módulos podem ser fixas, que mantêm os módulos posicionados em uma única direção, ou com sistema de rastreamento (seguidor solar), que alteram a posição dos módulos visando maior captação de radiação solar. Estruturas com seguidor solar têm a vantagem de aumentar a relação entre a produção de energia e a área ocupada de solo, embora com maiores custos.

Estruturas fixas

As estruturas fixas de posicionamento mais utilizadas são constituídas por perfis metálicos, que formam uma estrutura rígida para dar sustentação mecânica aos módulos. Sua orientação e inclinação não podem ser alteradas.

Sistema de posicionamento com seguidor solar sazonal

Um sistema de posicionamento com seguidor solar sazonal permite ajustar a inclinação dos módulos fotovoltaicos ao longo do ano para acompanhar a declinação solar.

Sistema de posicionamento com seguidor solar azimutal

Nesse sistema, a estrutura metálica é orientada por um servomecanismo que altera a orientação dos módulos ao longo do eixo pré-determinado de acordo com o ângulo de azimute solar.

Sistema de posicionamento com seguidor solar em dois eixos

O sistema de posicionamento com seguidor solar em dois eixos permite alterar a orientação dos módulos fotovoltaicos de acordo com os ângulos de azimute e zênite solar, e faz com que os módulos fiquem praticamente perpendiculares à direção dos raios solares ao longo de todo o dia.

A Figura 4.11 apresenta exemplos dessas estruturas.

Sistema de armazenamento de energia – Baterias

O sistema de armazenamento de energia é formado por baterias eletroquímicas. A bateria de chumbo-ácido é barata e encontrada facilmente.

Figura 4.11 Estruturas de sustentação e posicionamento. (a) Estrutura fixa para fixação de módulos fotovoltaicos; (b) estrutura de posicionamento com seguidor solar sazonal; (c) sistema de posicionamento com seguidor solar azimutal; (d) sistema de posicionamento com seguidor solar em dois eixos.

Fonte: Meca Solar (2016) e NREL (2016).

Há baterias mais eficientes, como as de níquel-cádmio, mas com maior custo, o que inviabiliza o uso em grande escala. Baterias automotivas também podem ser utilizadas, porém com um tempo de vida útil bem mais reduzido que as projetadas especificamente para esse fim.

Subsistema condicionador de potência – PCS

O subsistema condicionador de potência, conhecido normalmente como *Power Conditioning Subsystem* (PCS), tem funções de controle e proteção do sistema, além de permitir, por meio do inversor, quando necessário, a conexão de carga ou sistema de potência em corrente alternada. O PCS é composto de vários dispositivos, normalmente acoplados fisicamente. Funções fundamentais de controle são as que comandam o acionamento–desligamento, ajustam o ponto de operação do arranjo fotovoltaico e controlam a conversão da corrente contínua em alternada.

Inversor

O componente mais importante do PCS é o inversor, que deve converter a energia em CC para a forma CA. Essa conversão possibilita conexão e sincronização às redes de distribuição de energia e equipamentos elétricos e eletrônicos usuais dos setores residencial e industrial.

Inversores são fornecidos em uma ampla faixa de potências. Eles podem ser de pequeno porte para instalações descentralizadas e de grande porte para geração centralizada. A Figura 4.12 apresenta exemplos desses dois tipos de inversores.

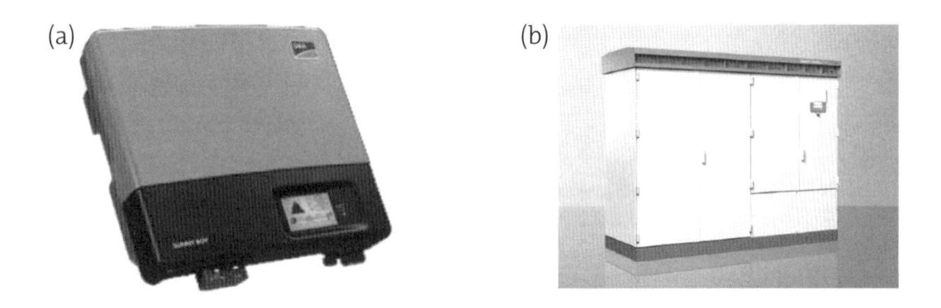

Figura 4.12 Inversores. (a) De pequeno porte para geração descentralizada; (b) de grande porte para geração centralizada
Fonte: SMA (2013).

Potência e energia geradas pela instalação

A potência gerada $P_g(t)$ dependerá basicamente de dois fatores:

- A radiação solar horária incidente no plano coletor (painel).
- A potência instalada, que estará ligada à área do painel e às suas características e dos demais equipamentos constituintes do sistema condicionador de potência.

A potência gerada em um sistema fotovoltaico com a configuração mostrada na Figura 4.13 é dada pela seguinte expressão:

$$P_g(t) = \eta A R_S^{(t)}$$

Em que: η = rendimento total do sistema, composto pelo rendimento do painel solar e o rendimento do sistema de condicionamento da potência; A = área do painel solar; $R_S^{(t)}$ = radiação solar incidente, em função do tempo.

Nota-se, pela expressão apresentada, que a potência gerada tem uma relação direta com a área A do painel solar. Essa área, por outro lado, deve ser calculada considerando-se as condições locais do aproveitamento. Geralmente, a área é calculada pela expressão: $P_I/\eta R_{SM}$, em que P_I é a potência instalada e R_{SM}, a radiação solar máxima, que serão comentadas a seguir.

Assim, a potência instalada de uma central fotovoltaica é considerada a potência obtida pelo arranjo durante o período de insolação máxima. Existem critérios diferentes para determinação dessa potência instalada, dependendo das condições de insolação locais, do tipo de configuração (sem ou com armazenamento) e do uso do sistema. Há métodos baseados no número de dias em que o sistema pode ficar sem sol (critério para dimensionar os painéis e a bateria) e métodos estatísticos, similares aos das hidrelétricas. As baterias fazem um papel similar aos dos reservatórios nas hidrelétricas, regulando a potência e, portanto, aumentando o fator de capacidade do sistema.

Com relação à radiação solar máxima, para determinação da potência instalada, costuma-se usar o valor de 1 kW/m^2, que é a radiação utilizada como referência na fabricação das células, testadas sob condições específicas.

O rendimento da central é o produto do rendimento do condicionamento de potência e do rendimento do grupo de painéis.

O rendimento da célula solar depende do tipo de material utilizado para sua fabricação, das técnicas de fabricação, temperaturas e outros fatores externos. Na operação em módulo, a eficiência do conjunto diminui um pouco em razão do fator de empacotamento, da eficiência ótica da cobertura frontal do módulo, da perda nas interligações elétricas das células nos módulos e do descasamento nas características das células.

O rendimento de um sistema de condicionamento de potência depende basicamente da potência de entrada do inversor, indo de zero para uma entrada de uma pequena porcentagem da potência nominal, subindo de forma rápida e praticamente se estabilizando em um patamar entre 50 e 100% da potência nominal. A Tabela 4.1 relaciona os rendimentos obtidos, considerando diversos tipos de tecnologias usados na geração fotovoltaica.

Tabela 4.1 Rendimentos obtidos atualmente em células, módulos, condicionamento de potência e centrais fotovoltaicas

MATERIAIS E/OU TECNOLOGIA	CÉLULAS		MÓDULOS
	LABORATÓRIO	COMERCIAL	
Si-monocristalino	22,8%	12-15%	10-13%
Si-policristalino	NI	12%	11%
Fitas e placas	NI	11%	10%
Filmes finos	NI	7%	NI
Si-amorfo	12%	9%	9%
PCS	95% plena carga		
Centrais	9 a 10%		

NI: nenhuma informação.

A energia anual gerada pelo sistema fotovoltaico pode ser expressa por:

$$E_G = P_R \times F_C \times 8.760 \text{ h/ano}$$

Em que: E_G = energia gerada por ano (kWh/ano); F_C = fator de capacidade.

O fator de capacidade do sistema, definido de modo similar ao apresentado pelas hidrelétricas (e válido também para as termelétricas) depende de:

- Disponibilidade de insolação.
- Perdas no sistema.
- Capacidade instalada dos principais componentes: P_R, dos painéis solares e W_B, do conjunto de baterias.

Informações a respeito do fator de capacidade máxima das instalações existentes ainda são escassas, principalmente quando se tenta observar períodos mais longos. Valores na faixa de 0,15 a 0,20 podem ser considerados como primeiras estimativas.

Inserção no meio ambiente

Não há razão para acreditar que o uso de sistemas fotovoltaicos em larga escala implicará grandes danos ao meio ambiente se todos os cuidados forem tomados antecipadamente. Na verdade, os maiores problemas se encontram na produção das células; impactos significativos na aplicação não são esperados. Esses impactos na produção seriam mais importantes em uma análise de ciclo de vida ou em uma comparação mais ampla de tecnologias de geração, que englobasse também o impacto da produção dos equipamentos (turbinas e geradores nas hidrelétricas; turbinas, geradores e caldeiras nas termelétricas). Alguns métodos de fabricação de células fotovoltaicas utilizam materiais perigosos, como o seleneto de hidrogênio, e solventes similares àqueles usados na produção de outros semicondutores. Os riscos podem ser reduzidos a níveis baixos se técnicas modernas de minimização e reciclagem de sobras forem empregadas durante a fabricação. A destruição dos módulos que contêm cádmio ou outros metais pesados poderia criar danos ao meio ambiente, no entanto os módulos descartados podem ser economicamente reciclados, minimizando os problemas de destruição.

Na aplicação de sistemas fotovoltaicos de pequeno porte, o principal problema será o das baterias, pois os painéis ocuparão pequeno espaço, ou no telhado das construções ou em locais específicos de uma pequena comunidade.

No caso de sistemas solares fotovoltaicos de grande porte, desenvolvidos para operar em paralelo com os sistemas de potência (rede em CA), além das baterias, pode-se eventualmente considerar, como impacto ambiental, a perda do uso do espaço preenchido pelo sistema para outras finalidades, mas isso dependerá largamente da localização do sistema e, obviamente, da área ocupada.

GERAÇÃO TERMOSSOLAR OU HELIOTÉRMICA

A geração termossolar (heliotérmica) é efetuada por equipamentos mais sofisticados que aqueles dos sistemas fotovoltaicos.

Há, instalados em alguns países, projetos comerciais e pilotos com diferentes configurações de sistemas. Dentre os diversos tipos de sistemas de conversão heliotermelétrica destacam-se os sistemas de receptor central, mais conhecidos como torre de potência, e os sistemas distribuídos de conversão heliotermelétrica nos quais se destacam os concentradores parabólicos de foco – linear (concentrador cilindro-parabólico) e os discos parabólicos. Há ainda os sistemas fotovoltaicos de concentração, de desenvolvimento mais recente.

Existem centrais de receptor central (torre de potência) instaladas nos Estados Unidos, em Israel, no Kuwait e na Espanha. A eficiência média global desses equipamentos está em torno de 20%.

Centrais com concentradores cilindro-parabólicos foram construídas e testadas nos Estados Unidos, no Japão e na Europa. Conhecidos como *Solar Electric Generating Systems* (Segs), tais sistemas, na faixa de 14 a 80 MW, chegaram a atingir eficiências em torno de 15%.

No Brasil, só recentemente se iniciaram, concretamente, atividades de pesquisa e desenvolvimento (P&D) no campo das heliotermelétricas. O Centro de Pesquisas de Energia Elétrica (Cepel/Eletrobras) em convênio com a Companhia Hidroelétrica do São Francisco (Chesf), a Companhia de Eletricidade do Estado da Bahia (Coelba), a Petrobras, a Companhia de Desenvolvimento dos Vales do São Francisco e do Parnaíba (Codevasp) e a Fundação Brasileira para o Desenvolvimento Sustentável (FDS) realizaram estudo preliminar sobre as tecnologias de concentração da radiação solar para a geração de eletricidade. O estudo consistiu em uma revisão do estado da arte da energia heliotermelétrica e identificação de locais adequados para implantação desse tipo de projeto.

Algumas instalações experimentais foram incluídas em projetos de P&D. Uma chamada pública pela Aneel específica para projetos na área de geração heliotérmica se encontra em fase inicial.

O processo básico da geração termossolar

A geração termossolar é um processo que converte a energia solar em energia térmica e esta, por sua vez, em energia elétrica. Em sua forma mais completa, o processo de conversão passa por quatro sistemas básicos: coletor, receptor, transporte-armazenamento e conversão elétrica. O **coletor** tem a função de captar e concentrar a radiação solar incidente em sua superfície e dirigi-la até o sistema em que a radiação é convertida em energia térmica. O **receptor** absorve e converte a radiação solar, transferindo o calor para um fluido de trabalho. No sistema de **transporte-armazenamento**, o fluido é transferido para o sistema, no qual a energia térmica converte-se em energia mecânica por meio dos ciclos básicos termodinâmicos – o ciclo de Rankine (vapor) e Brayton (gás), entre outros, dependendo da temperatura e da natureza do fluido.

A **conversão de energia** mecânica em energia elétrica é feita por meio dos mesmos processos convencionais utilizados na geração termelétrica a combustíveis fósseis. Alguns projetos incluem fonte secundária, utilizando combustível fóssil no processo de conversão nos períodos de baixa insolação.

A Figura 4.13 representa esquematicamente o processo completo de conversão na denominada torre de potência.

Há dois tipos básicos de sistemas de captação e conversão da radiação solar em energia elétrica.

- Sistemas de conversão heliotermelétrica de receptor central – torres de potência.
- Sistemas distribuídos de conversão heliotermelétrica.

Sistemas de conversão heliotermelétrica de receptor central: torres de potência

Nos sistemas com coletor de receptor central, torres de potência são constituídas por um campo de heliostatos, que enviam luz solar a um

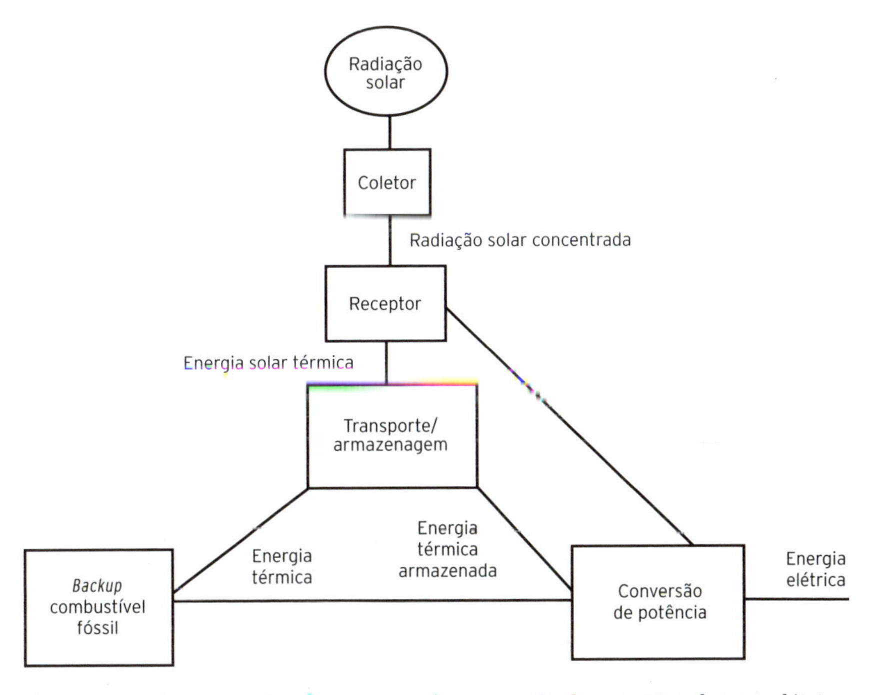

Figura 4.13 Componentes do processo de conversão de energia solar em elétrica.

receptor central que a converte em energia térmica. A energia térmica é convertida em seguida em energia elétrica, por meio de um ciclo termodinâmico convencional (Rankine ou Brayton). A Figura 4.14 mostra o esquema de um sistema do tipo torre de potência e a Figura 4.15, a fotografia de uma planta desse tipo.

O sistema é constituído por quatro subsistemas principais: o campo de heliostatos, a torre com o receptor, o módulo de armazenamento e o conjunto turbina-gerador.

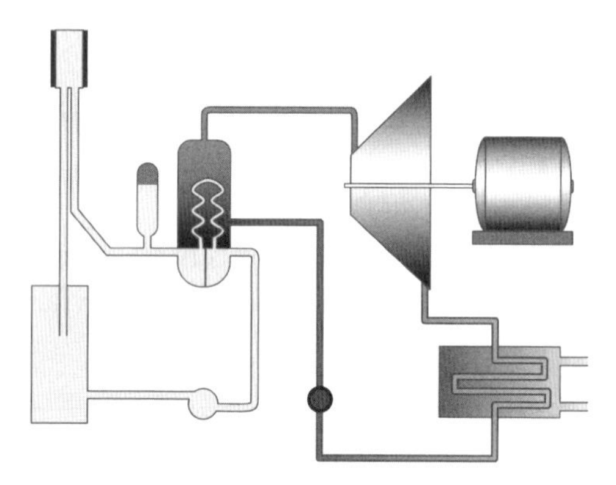

Figura 4.14 Esquema de sistema do tipo torre de potência.

Figura 4.15 Fotografia da planta Solar One, localizada em Daggett-Barstow (Estados Unidos).

O campo de heliostatos consiste basicamente em um conjunto de espelhos que enviam a radiação solar direta na direção da cavidade receptora. Essa configuração evita a necessidade de transmitir energia térmica ao longo de grandes distâncias, com a consequente economia de custos e de energia derivadas da eliminação da rede de distribuição. A geometria de um campo de heliostatos reproduz, em forma segmentada, a geometria de um paraboloide de revolução cujo eixo tem a direção dos raios solares. Na região focal da superfície parabólica está situada a cavidade receptora.

O receptor, instalado no alto da torre, transfere a energia solar captada e convertida em energia térmica para um fluido térmico. Existem dois tipos básicos de receptores: externo e tipo cavidade.

- Receptores externos, normalmente, são constituídos de painéis formados por um número muito grande de pequenos tubos verticais (de 20 mm a 56 mm) soldados lado a lado, formando um cilindro. O extremo superior e o inferior dos tubos estão conectados com tubos coletores pelos quais circula o fluido térmico que retira calor do receptor.
- Receptores tipo cavidade são usados para reduzir as perdas térmicas por meio da localização dos tubos absorvedores no interior de uma cavidade devidamente isolada. O tamanho e o peso da torre são afetados pela escolha do fluido térmico. A construção pode ser de aço ou concreto.

Os receptores, sejam externos ou tipo cavidade, apresentam na sua parte inferior uma região destinada a determinar a distribuição do fluxo da luz refletida por um heliostato e a precisão do seu posicionamento.

A escolha do fluido térmico é determinada principalmente pela temperatura de operação do sistema, por considerações de custo/benefício e pela segurança operacional. Cinco fluidos têm sido estudados em detalhe para utilização em sistemas de receptor central: óleos térmicos, vapor, misturas de sais (nitratos), sódio líquido e ar (ou hélio).

Potência e energia da central

A potência instantânea de uma central com coletor de receptor central (torres de potência) pode ser expressa como:

$$P_G\,(t) = h_O \times h_r \times h_t \times (I_t) \times N \times S_h$$

Em que: h_O = eficiência ótica do campo de heliostatos; h_r = eficiência do receptor; h_t = eficiência do ciclo termodinâmico; I_t = radiação direta; N = número de heliostatos; S_h = superfície de cada heliostato.

O número de heliostatos (N) é variável e depende da altura da torre e da inclinação do terreno.

A eficiência de uma central desse tipo é da ordem de 15%, sendo o produto da eficiência do ciclo termodinâmico 26%, a eficiência do receptor 85% e a eficiência ótica 66%.

É possível aperfeiçoar cada um dos subsistemas, em particular no ciclo termodinâmico, que, no caso de ciclo combinado, poderia ser elevado para 35%, resultando em uma eficiência da central da ordem de 20%.

O sistema de receptor central é capaz de operar a temperaturas de 500 a 1.500 °C.

A Tabela 4.2 mostra os valores de eficiência obtidos e os perseguidos pelo Department of Energy (DOE) de uma central térmica dos Estados Unidos.

Tabela 4.2 Eficiência anual do sistema de Solar One em 1985

ITEM	SOLAR ONE (1985)	OBJETIVO DO DOE
Heliostatos	0,82	0,92
Campo de heliostatos	0,70	0,70
Receptor	0,69	0,90
Transporte	0,99	0,99
Turbina	0,30	0,42
Sistema de suporte	0,61	0,92
Disponibilidade	0,78	0,90
Eficiência global	0,01	0,20

A energia pode ser calculada do mesmo modo como foi apresentado no item "Sistema fotovoltaico autônomo".

Sistemas distribuídos de conversão heliotermelétrica

Nos sistemas distribuídos, a energia solar é convertida em energia térmica no próprio coletor solar. Os principais componentes tecnológicos dos processos mencionados são o concentrador cilindro-parabólico e o disco-parabólico.

O concentrador cilindro-parabólico

O concentrador cilindro-parabólico é um coletor solar linear de seção transversal parabólica. Sua superfície refletora concentra a luz solar em um tubo receptor localizado ao longo de um canal onde o foco transforma-se em uma linha focal (Figuras 4.16 e 4.17). O fluido correndo no tubo é aquecido e então transportado a um ponto central por meio de uma tubulação projetada para minimizar as perdas de calor. O concentrador cilindro-parabólico tem tipicamente uma única linha focal horizontal e, portanto, acompanha o Sol somente em um eixo, norte-sul ou leste-oeste. O concentrador cilindro-parabólico opera a temperaturas de 100 a 400°C.

A Figura 4.18 mostra a eficiência de um Segs nas várias etapas do processo de geração de eletricidade. O fator de capacidade previsto para um Segs é de 54% para sistemas contendo geração solar e geração por combustível com mesmo dimensionamento; para o caso de se utilizar apenas a geração solar, esse fator deve ser no máximo de 30%.

O concentrador disco-parabólico

O disco-parabólico é um coletor de foco pontual que acompanha o movimento do Sol em dois eixos, concentrando a energia solar em um receptor localizado no ponto focal do disco (Figura 11.19). O receptor absorve a energia solar radiante, convertendo-a, por meio de fluido circulante, em energia térmica. A energia térmica pode, então, ou ser convertida em eletricidade usando um turbogerador acoplado diretamente ao receptor, ou ser transportada por meio de tubos ao sistema central de potência. O disco-parabólico, que pode alcançar temperaturas de 1.500°C, tem diversos atributos importantes:

- É o tipo de sistema mais eficiente porque o foco é pontual.
- Tipicamente tem raios de concentração variando de 600 a 2.000 vezes, portanto é altamente eficiente como absorvedor de energia e conversor de potência.
- Tem coletor modular, e as unidades receptoras podem funcionar independentemente ou como parte de um grande sistema de discos. Os discos-parabólicos que geram eletricidade de um conversor central de potência captam a luz solar dos receptores individuais e a transportam ao sistema de

armazenamento térmico ou sistema de conversão de potência por meio de um fluido condutor de calor.

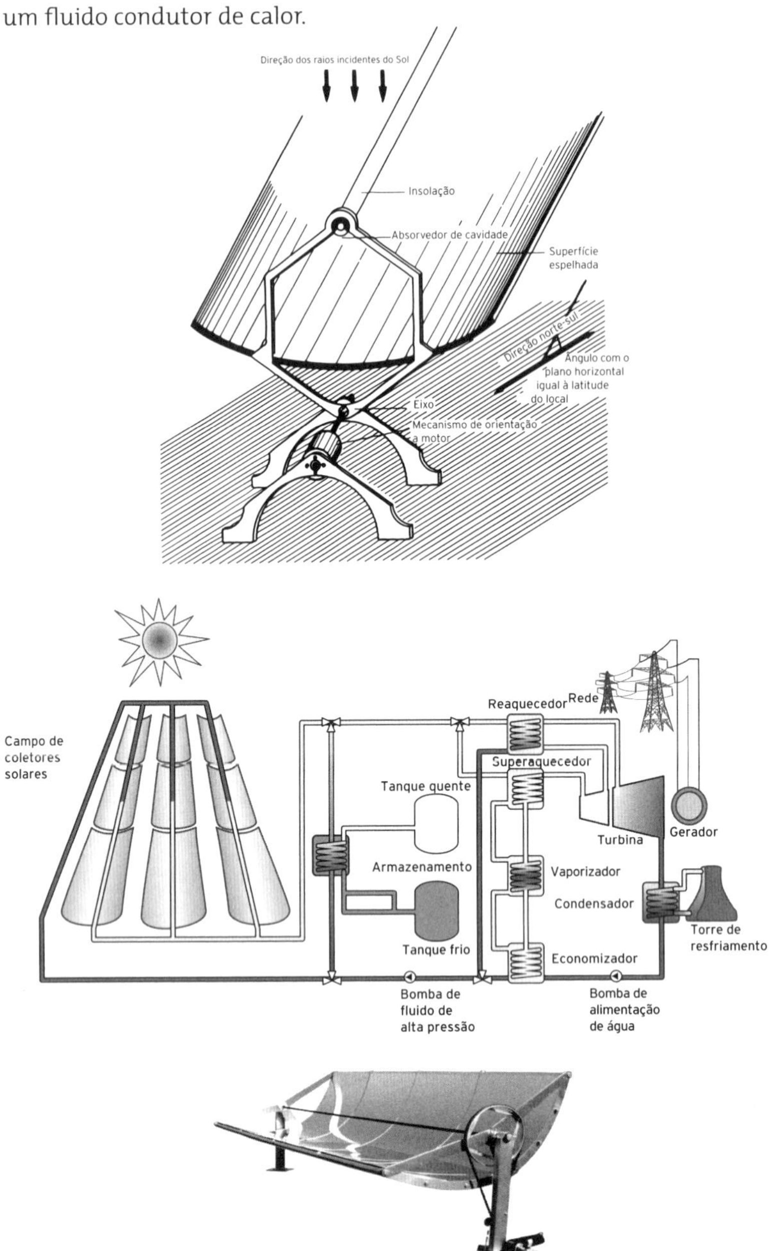

Figura 4.16 Esquemas de sistemas com concentrador cilindro-parabólico.

Figura 4.17 UTE termossolar parabólica CSP Solana, no Arizona, Estados Unidos.

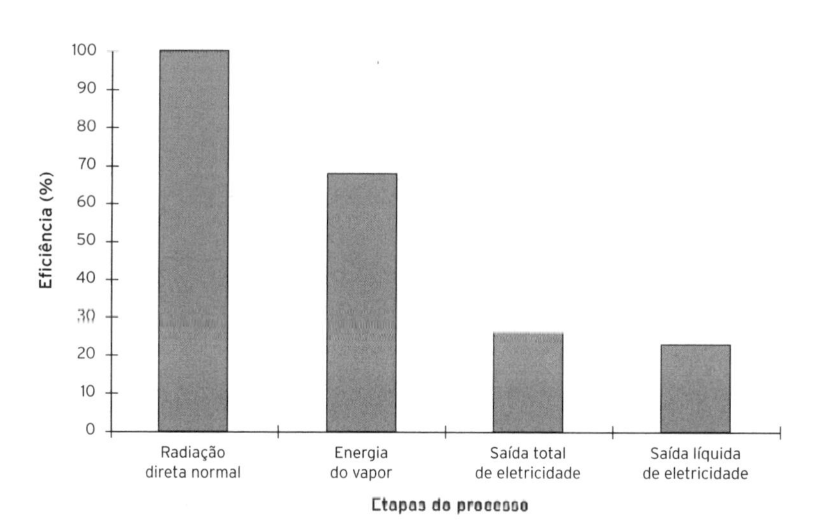

Figura 4.18 Eficiência dos Segs nas várias etapas do processo de geração de eletricidade.

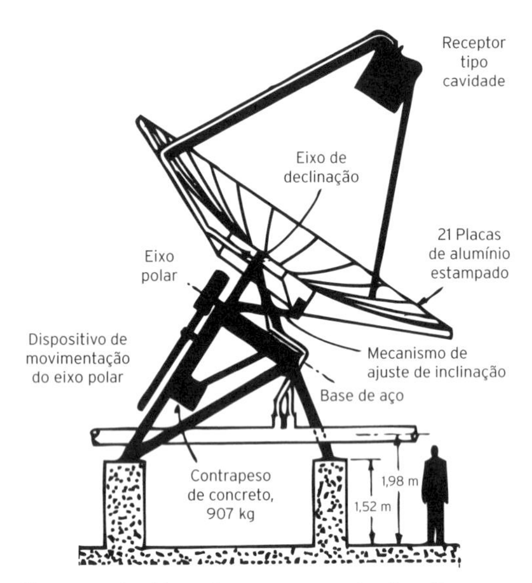

Figura 4.19 Detalhes construtivos de um concentrador disco-parabólico utilizado no sistema instalado em Shenandoah, Geórgia, Estados Unidos.

Nos discos-parabólicos, o processo pode ser similar ao anterior ou, ainda, a conversão em energia elétrica pode ser realizada no mesmo coletor parabólico, transportando, desse modo, energia elétrica.

Nesse tipo de sistema, a eficiência comprovada para a conversão solar em eletricidade é de 28% para o ciclo Stirling e de 15% para o Rankine com fluido orgânico.

Sistemas fotovoltaicos de concentração

Os sistemas fotovoltaicos de concentração, que atualmente se encontram em fase de expansão de aplicações, se baseiam no desenvolvimento de sistemas de concentração solar (discos-parabólicos, lentes e outros) que direcionam a energia para minicélulas fotovoltaicas.

Além dos sistemas concentradores solares, as minicélulas fotovoltaicas, com cerca de 1 cm^2, são componentes básicos destes sistemas.

Os sistemas concentradores solares principais que têm sido considerados são os próprios discos-parabólicos e arranjos específicos de lentes, com ênfase às lentes de Fresnel.

Atualmente existem diversos fabricantes desenvolvendo e oferecendo tais sistemas, a grande maioria deles utiliza arranjos de lentes.

No caso dos discos, um conjunto de minicélulas fotovoltaicas é instalado diretamente no foco da parabólica. Um problema que ainda tem suscitado estudos e pesquisas é a refrigeração do conjunto de minicélulas.

No segundo caso, as lentes são montadas de forma a direcionar a luz solar para as minicélulas, estando ambas montadas adequadamente em estruturas apropriadas. A questão da troca de calor fica facilitada quando comparada à alternativa com discos-parabólicos, por conta de uma área muito maior ocupada pelas células.

Como ilustração, a Figura 4.20 apresenta um desses sistemas, da Emcore Corp., Estados Unidos.

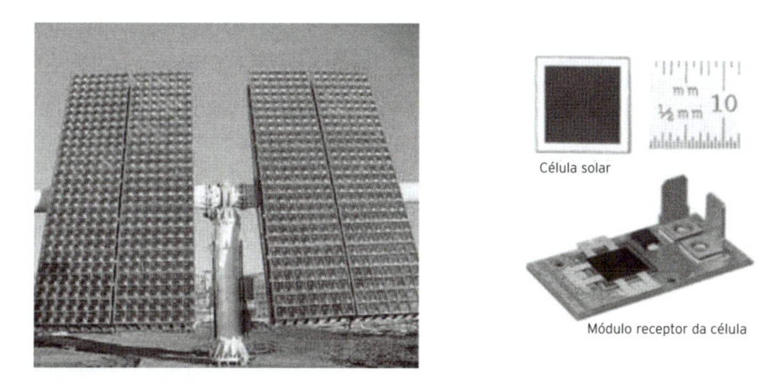

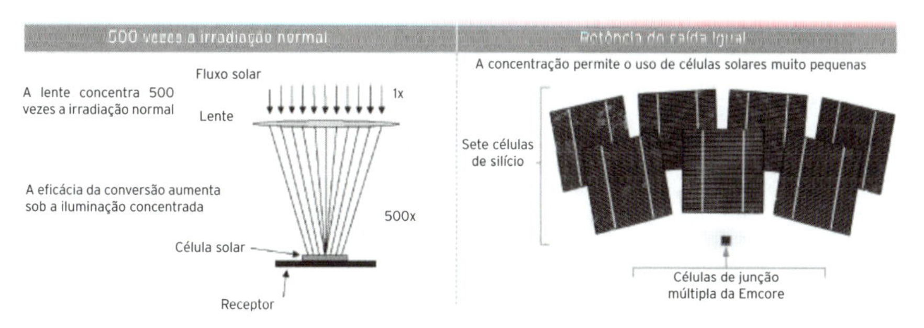

Figura 4.20 Sistema fotovoltaico de concentração da Emcore Corp., Estados Unidos.

A chaminé solar

Esse esquema se baseia na ideia de aquecer o ar, forçando-o a subir por uma chaminé. No corpo dela seria instalada uma turbina eólica (ver esquema conceitual na Figura 4.21) ou diversas turbinas na entrada de ar da chaminé, para produzir energia elétrica.

Um protótipo foi construído e operou durante anos em Manzanares (Figura 4.22), na Espanha, mas foi descontinuado em razão de uma tempestade que acabou por derrubar a chaminé, que não estava fixada com propriedade por se tratar de um protótipo. Esse protótipo com chaminé de 198 m de altura, raio de 5 m e coletor solar (de vidro) com raio de 120 m tinha uma potência instalada de 50 kW (segundo cálculos teóricos, poderia ter chegado a cerca de 200 kW).

Um dos problemas é a altura necessária da chaminé, uma vez que a energia que irá mover a(s) turbina(s) eólica(s) será função do empuxo de ar, que depende da diferença de pressão entre o ar na entrada do coletor e o ar na saída da chaminé.

Assim sendo, grandes alturas são necessárias para se obter potências da ordem de MW. Um projeto com torres enormes, com 1.000 m de altura para produzir 200 MW cada (com 32 turbinas eólicas instaladas em entradas ao pé da chaminé), foi concebido pelo renomado construtor alemão Jörg Schlaich (que para isso criou a empresa EnviroMission) e inclui outros

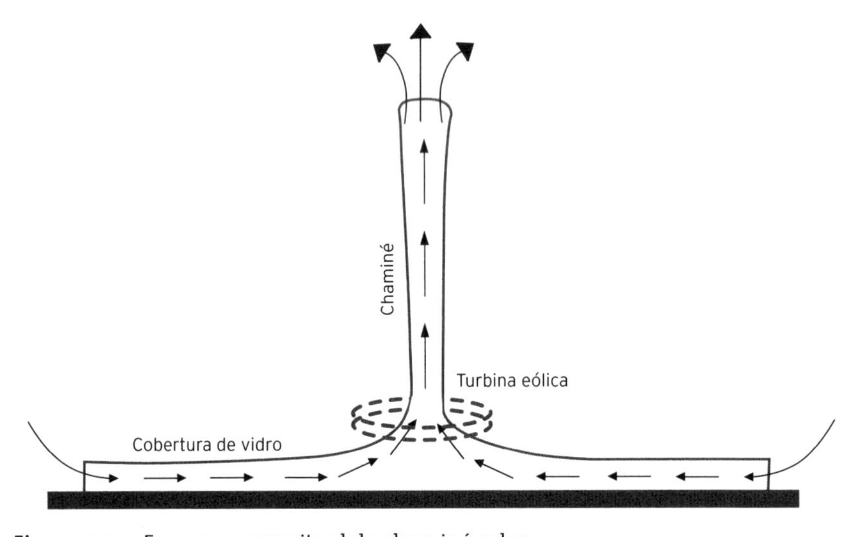

Figura 4.21 Esquema conceitual da chaminé solar.

Figura 4.22 Protótipo da chaminé solar.

usos, como plantações sob a estufa criada pelo coletor, turismo, entre outros, para se tornar viável. Tal projeto foi cogitado para aplicação em área desértica da Austrália. Houve recuos, mas parece estar novamente em evidência. Outros projetos similares, mas com chaminés menores, também têm sido visualizados para aplicação em outras áreas desérticas.

Impacto ambiental da utilização da energia elétrica termossolar

O uso direto da energia solar para satisfazer às necessidades energéticas humanas atuais é vantajoso porque o equilíbrio térmico da Terra não é perturbado. A instalação de uma central solar em terra árida não muda necessariamente o equilíbrio térmico total. O solo desértico absorve luz por todo o espectro, mas em quantidades diferentes, dependendo da composição química da camada superficial e, portanto, de sua cor. Geralmente, a absorção de um gerador solar não é a mesma que o solo de um deserto. Cerca de 1 a 10% da radiação é extraída na forma de eletricidade e remetida ao consumidor, a distância. Na prática, a emissividade dos geradores solares (que faz com que a geração solar não convertida seja irradiada de volta como infravermelho) é um parâmetro aberto e depende amplamente do material de encapsulação dos painéis ou espelhos solares (diferentes espécies de plásticos, vidros e metais). Assim a emissividade pode ser ajustada de modo que o equilíbrio local ou total permaneçam basicamente inalterados.

O impacto do equilíbrio térmico da energia solar parece menos importante que alguns outros efeitos do uso da terra. Em quase todos os países, grandes áreas outrora ocupadas por florestas foram desmatadas para agricultura, urbanização, indústrias e rodovias, afetando o equilíbrio térmico, visto que a absorção, a reflexão e a radiação térmica foram alteradas.

A perturbação térmica ambiental provocada pela utilização da energia solar é, então, muito mais fraca do que a provocada pela energia fóssil. Isso é igualmente válido para o efeito do CO_2 produzido pelo consumo de combustíveis.

QUESTÕES PARA DESENVOLVIMENTO E EXEMPLOS RESOLVIDOS

Questões para desenvolvimento

1. Efetue um levantamento dos sistemas solares fotovoltaicos já implantados ou em fase de implementação no Brasil, distinguindo as aplicações voltadas aos sistemas isolados ou à operação em paralelo com a rede. Faça também a distinção das aplicações em sistemas híbridos.
2. Levante a participação e a localização dos sistemas solares fotovoltaicos na produção de energia elétrica em termos mundiais. Identifique os sistemas já implementados e aqueles planejados ou em fase de implementação.
3. Apresente as principais diferenças dos métodos de dimensionamento baseados no *Number of Autonomous Days* (NAD) e no *Loss of Power Supply* (Lops), no que se relaciona com:

   a) Necessidade de dados e informações.

   b) Aplicação em sistemas isolados ou operação em paralelo com a rede.
4. Seria possível estender o método Lops para dimensionamento de sistemas híbridos, envolvendo diversas fontes de origem renovável e mesmo não renovável? Como isso poderia ser feito? Explique utilizando o equacionamento apresentado no exercício resolvido logo adiante, neste item. Nesse caso, quais poderiam ser as alternativas de dimensionamento das baterias do sistema solar fotovoltaico?
5. No caso de energização rural (ou de sistemas isolados), identifique os principais aspectos técnico-econômicos a serem considerados na avaliação dos sistemas solares fotovoltaicos como alternativa ao atendimento pela rede,

incluindo os sistemas Monofilar com Retorno pela Terra (MRT). Aponte vantagens e desvantagens.

6. No caso de energização rural (ou de sistemas isolados), e como ampliação do cenário discutido na questão anterior, inclua os aspectos sociais, dando ênfase às formas de financiamento dos projetos e ao envolvimento da comunidade.
7. Disserte sobre as características possíveis do mercado, no caso da energização rural (ou de sistemas isolados), após a chegada da energia e sobre como isso poderia afetar a evolução da geração de energia elétrica ao longo do tempo.
8. Descreva as possíveis formas (geração centralizada ou descentralizada) de uso dos sistemas solares fotovoltaicos em paralelo com a rede, identificando vantagens e desvantagens relacionadas principalmente com os aspectos técnicos, econômicos e ambientais.
9. Descreva a visualização futura do uso de sistemas fotovoltaicos associados à automação da distribuição e a programas de gerenciamento pelo lado da demanda e aplicados individualmente a consumidores residenciais, comerciais e industriais. Aponte as vantagens e desvantagens técnicas, econômicas e ambientais. Discorra sobre esse tipo de aplicação e seu relacionamento com os problemas e prioridades de:
   a) Países desenvolvidos.
   b) Países em desenvolvimento.
10. Desenvolva em maiores detalhes os aspectos ambientais relacionados com a aplicação dos sistemas solares fotovoltaicos, enfocando as realidades diferenciadas de:
   a) Países desenvolvidos.
   b) Países em desenvolvimento.
11. Apresente um quadro da situação tecnológica e econômica (com ênfase nos custos) dos sistemas solares fotovoltaicos, nas condições atuais e perspectivas de curto e longo prazos. Oriente a apresentação do quadro à utilização desse tipo de sistema em suas possíveis aplicações.
12. Aponte os diferentes tipos e formas de utilização da fonte solar fotovoltaica para geração de energia elétrica, descrevendo cada uma delas com ênfase em: equipamentos constituintes do sistema; aplicações específicas visualizadas; viabilidade de aplicação ao longo do tempo e espaço (curto x longo prazos; países desenvolvidos x em desenvolvimento).
13. Faça um levantamento da participação e localização dos sistemas termossolares na produção de energia elétrica em termos mundiais. Identifique os sistemas já implementados e aqueles planejados ou em fase de implementação.

14. Descreva as possíveis formas (geração centralizada ou descentralizada) de uso dos sistemas termossolares em paralelo com a rede, identificando vantagens e desvantagens relacionadas principalmente com os aspectos técnicos, econômicos e ambientais.
15. Apresente um quadro da situação tecnológica e econômica (com ênfase nos custos) dos sistemas termossolares, nas condições atuais e as perspectivas de curto e longo prazos. Oriente a apresentação desse tipo de sistema em suas possíveis aplicações.

Exemplos resolvidos

Dimensionamento de um sistema solar fotovoltaico

Compare os resultados de dimensionamento de um sistema fotovoltaico efetuado pelos métodos NAD e Lops para atendimento de uma comunidade isolada com o perfil de demanda da Figura 4.23 e com a radiação solar incidente dada na Tabela 4.3. Assuma os seguintes custos unitários:

- Painel solar fotovoltaico: 5 US$/Wpico.
- Bateria: 93 US$/kWh.
- Pico de carga (carga máxima): 1 kW.

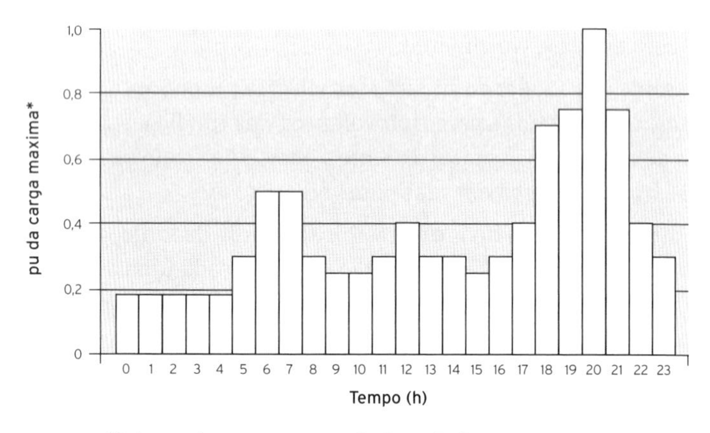

Figura 4.23 Perfil típico de uma comunidade isolada.

*pu representa o valor por unidade da carga em relação à carga máxima, ou seja, a relação carga/carga máxima.

Tabela 4.3 Radiação solar – média mensal no plano do painel (média diária em kWh/m²)

MÊS	JAN	FEV	MAR	ABR	MAI	JUN	JUL	AGO	SET	OUT	NOV	DEZ
Radiação	5,07	5,10	4,59	4,64	4,69	5,7[illegible]	5,29	5,83	5,76	6,26	5,98	5,62

Mês menos favorável: março = 4,59 kWh/m².

O método NAD baseia-se na determinação inicial do número de dias em que o sistema fica autônomo com relação à fonte solar, o número de dias consecutivos em que o painel solar não deverá suprir nenhuma potência à carga, ou seja, nos quais a bateria deverá garantir o suprimento. Esse número de dias pode ser determinado com base em dados históricos, quando houver, de radiação solar incidente na região, ou na experiência em sistemas desse tipo. A bateria é, então, dimensionada com base na energia requerida nesses dias. A potência instalada do sistema solar fotovoltaico (área do painel) é, em seguida, dimensionada considerando-se a condição de pior radiação solar, quando, mesmo assim, o painel deve suprir a carga.

Embora esse sistema apresente confiabilidade próxima de 100%, não é o mais econômico.

O método Lops – índice de perda de suprimento (em geral representado pelo número de dias no período observado, ano, por exemplo) – leva em consideração o grau de confiabilidade que se deseja para a instalação, visando à configuração de custo mínimo. Esse método conduz a soluções mais econômicas que o anterior, mas requer, por outro lado, informações mais detalhadas da radiação solar (na maioria das vezes não disponíveis) e simulações da operação do sistema. Esse método, aplicável tanto ao sistema solar fotovoltaico como ao eólico (ou mesmo hidrelétrico, se a carga da bateria for substituída pelo volume do reservatório e as equações considerarem vazões e queda útil), é apresentado em seguida à solução deste problema.

O método NAD

Nesse caso adotou-se NAD = 4 e, para o método Lops, Lops = 4 no ano, para comparar. Obteve-se radiação horária por meio do uso de um modelo solarimétrico que permitiu sua obtenção a partir da média diária dada na Tabela 4.4. Para o método Lops, além disso, assumiu-se o mesmo comportamento para todos os dias do ano, a fim de facilitar a solução.

Resultados obtidos

Tabela 4.4 Resultados da análise comparativa

DESCRIÇÃO	MODELO LOPS	MODELO NAD
1 – Potência instalada (kW)	1,869	2,176
2 – Capacidade de armazenamento (kWh)	18,91	66,55
3 – Custo inicial de investimento (US$)	11.103,63	17.069,15

Verifica-se, na tabela, que o método NAD tem como resultado valores para capacidade instalada e sistema de armazenamento superiores aos do método Lops. No entanto, este último conduz a um custo de instalação 34,95% inferior ao método NAD, provando ser um dimensionamento mais econômico.

O método Lops

O método Lops permite o dimensionamento da capacidade do sistema gerador e de armazenamento de energia, de modo que o custo total seja mínimo, de acordo com a confiabilidade requerida para o sistema. Para tal dimensionamento, são necessários: perfil de demanda (carga), dados de radiação solar (sistema fotovoltaico) ou velocidade do vento (sistema eólico) e o custo unitário dos elementos.

A função custo mínimo é definida na equação a seguir:

$$F = \alpha P_R + \beta W_B$$

Em que:

F – custo de instalação (US$).

α – custo unitário da potência instalada (US$/kW).

P_R – potência instalada (kW).

W_B – capacidade de armazenamento (kWh).

β – custo unitário do sistema de armazenamento (US$/kWh).

Para determinação do índice de perda de suprimento, é necessário saber o estado da carga da bateria, representado por:

$$C(t) = C(t_o) + \frac{1}{W_B} \sum (P_G(t) - D_E(t)) \cdot \Delta t$$

Em que:

C(t) – carga do sistema de armazenamento no instante t.

$C(t_o)$ – carga inicial no instante t_o.

W_B – capacidade do sistema de armazenamento.

P_G – potência gerada pelo sistema gerador no instante t.

D_E – demanda de carga no instante t.

t_o – hora em que o sistema inicia a operação.

O somatório das horas (ou dos dias) em que a carga das baterias caiu abaixo do valor mínimo permitido, no período de um ano, conduz ao Lops, número de dias em que a carga não é atendida.

A determinação do Lops é efetuada por meio da simulação da operação do sistema no período desejado (um ano). Essa simulação é efetuada a partir da equação de carga anteriormente apresentada, calibrando-se o Δt de acordo com os dados disponíveis (o ideal seria Δt horário).

A determinação do Lops e do custo de instalação é feita com a análise das combinações dos possíveis valores de potência instalada (P_R) e capacidade de armazenamento (W_B). Aumento de P_R significa aumento ou adição de painéis solares (ou aumento ou adição de aerogeradores) e, em W_B, aumento ou adição de baterias. Diminuição significa o contrário.

Solução ótima

Para garantir um mesmo Lops, deverão existir diversas alternativas de P_R e W_B.

Com essas alternativas, pode-se construir as seguintes curvas:

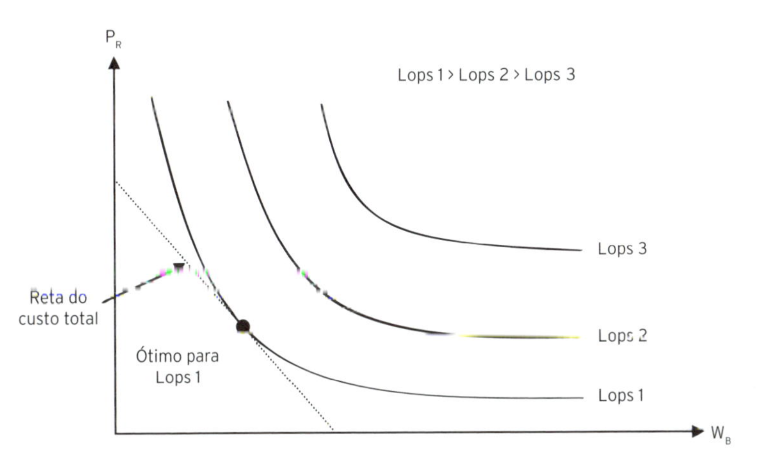

Figura 4.24 Potência instalada (P_R) X capacidade de armazenamento (W_B).

A função custo total, $F = \alpha P_R + \beta W_B$, nesse gráfico, pode ser representada por uma reta cuja inclinação é dada por $\frac{-\beta}{\alpha}$. Essa reta intercepta o eixo P_R

no ponto dado por $\frac{F}{\alpha}$ e o eixo W_B, no ponto dado por $\frac{F}{\beta}$. Existem diversas retas de inclinação $\frac{-\beta}{\alpha}$ para cada par de custos unitários α e β e pode-se mostrar que a reta que leva ao menor custo, para um dado Lops, é a reta tangente à curva Lops escolhida (de acordo com a confiabilidade considerada necessária), e a condição ótima é:

$$\frac{dP_R}{dW_B} = \frac{-\beta}{\alpha}$$

Além das variáveis P_R, W_B e do custo mínimo F_1, podem-se acrescentar as seguintes variáveis de decisão: o déficit de energia ou energia não suprida e a energia não aproveitada.

A energia gerada pelo sistema solar durante um período ΔT é dada por:

$$E_G = \int_0^{\Delta T} \frac{P_R \times R_{Si}(t)}{\eta_C \times R_{SM}} \times dt$$

Em que:

E_G – energia gerada pelo painel solar.

R_{SM} – radiação solar máxima incidente (kW/m²).

R_{Si} – radiação solar incidente (kW/m²).

η_C – rendimento do sistema condicionador da potência.

Atividades adicionais: levantamento de informações e dados

Essas atividades visam orientar o leitor na busca por mais informações e dados, principalmente aqueles relacionados ao Sistema Elétrico Brasileiro. Para isto, faz-se referência aos sites das principais instituições envolvidas no setor de energia elétrica: o Ministério de Minas e Energia (MME – www.mme.gov.br); a Agência Nacional de Energia Elétrica (Aneel – www.aneel.gov.br); a Empresa de Pesquisa Energética (EPE – www.epe. gov.br), o Operador Nacional do Sistema Interligado Nacional (ONS/SIN – www.ons.org.br) e a Petrobras (quanto a centrais termelétricas – www.petrobras.com.br).

1. Com base nas informações disponíveis nos sites citados, tendo como referência o Programa Luz para Todos, de universalização da energia elétrica, é possível saber qual a capacidade instalada de sistemas solares fotovoltaicos para geração de eletricidade em sistemas isolados no Brasil? Em que região se encontra a maioria deles?

2. Dois sistemas solares fotovoltaicos que se encontram operando em paralelo com a rede elétrica no Brasil estão na região oeste da cidade de São Paulo: no Instituto de Energia Elétrica (IEE) da Universidade de São Paulo (USP), e na sede da ONG Greenpeace. Procure conseguir mais informações sobre esses sistemas, entrando em contato com essas instituições.
3. Procure levantar, no site da Aneel, informações sobre os projetos de P&D relacionados aos sistemas fotovoltaicos e heliotérmicos. Assim como identificar, no mesmo site, as características de sistemas fotovoltaicos construídos e em operação no Banco de Informações de Geração.
4. Procure levantar uma lista de instituições e fabricantes envolvidos nas pesquisas e produção dos sistemas fotovoltaicos de concentração. A empresa Emcore Corp., citada no texto, pode ser um ponto de partida para se conhecer diversas outras organizações envolvidas nesses desenvolvimentos.
5. Procure conhecer mais sobre as chaminés solares. O nome EnviroMission pode ser uma referência para início de pesquisa.

CAPÍTULO 5

SISTEMAS EÓLICOS DE GERAÇÃO DE ENERGIA ELÉTRICA

No contexto do aumento da utilização de fontes renováveis para produção de energia visando à sustentabilidade, a energia eólica se coloca atualmente como uma das alternativas mais promissoras para geração de energia elétrica.

De uma forma geral, esta forma de geração apresenta impactos socioambientais de mais fácil controle e mitigação do que outras fontes convencionais.

A energia eólica consiste na energia cinética contida nos movimentos das massas de ar na atmosfera (ventos), produzidos essencialmente pelo aquecimento diferenciado das camadas de ar pelo Sol (geração de diferentes densidades e gradientes de pressão) e pelo movimento de rotação da Terra sobre o seu próprio eixo.

Historicamente esta forma de energia já vem sendo utilizada há milhares de anos, no início para impulsionar barcos à vela. Acredita-se que sua exploração fixa em terra por meio de moinhos de vento se iniciou há aproximadamente 3.000 anos. A partir do primeiro milênio d.C., esses moinhos se difundiram rapidamente nos países da Europa e da Ásia com diversas aplicações, tais como moagem de grãos, bombeamento d'água, entre outras. Na Holanda, considerada a nação dos moinhos de vento, principalmente por causa de suas características geográficas, estima-se a existência de cerca de 20.000 moinhos em funcionamento ao final do século XVIII. Ao final do século XIX, outros países, como Alemanha, Inglaterra e Dinamarca apresentavam, cada um, mais de 10.000 moinhos instalados.

No entanto, no mesmo século XIX iniciou-se um declínio gradual no uso de moinhos na Europa por conta da introdução das máquinas a vapor durante a Revolução Industrial.

Com o advento das máquinas elétricas e do aproveitamento comercial da eletricidade, a utilização de energia mecânica obtida a partir dos ventos para acionar geradores elétricos veio se aperfeiçoando de modo que, atualmente, existem milhares de sistemas eólicos de geração de energia elétrica operando em todo o mundo. Neste contexto, os equipamentos desenvolvidos para geração elétrica são as turbinas eólicas, usualmente descritas como sistemas de conversão de energia eólica ou aerogeradores.

No cenário energético dos tempos recentes, a utilização de energia eólica para geração elétrica apresenta um notável crescimento, tanto para alimentação de cargas elétricas remotas como para conexão às redes de transmissão e distribuição de energia elétrica, principalmente em razão de incentivos econômicos e políticas públicas associadas à busca da sustentabilidade.

Isso resultou, em um período de pouco mais que 30 anos, em aperfeiçoamento da tecnologia, aumento da potência unitária das turbinas eólicas e crescimento do número de fabricantes, com consequente redução dos custos dos equipamentos.

A Figura 5.1 ilustra a evolução da potência unitária das turbinas no referido período.

CARACTERÍSTICAS DO VENTO E SUA MEDIÇÃO

O vento resulta principalmente do maior aquecimento da superfície da Terra próxima à linha do Equador do que próxima aos polos. Como consequência, ventos das superfícies frias circulam dos polos em direção ao Equador para substituir o ar quente que eleva nos trópicos e se move pela atmosfera superior até os polos, fechando o ciclo.

O vento é também influenciado pela rotação da Terra, que provoca variações sazonais na sua intensidade e direção, bem como pela topografia do local. Além desse sistema de vento global (Equador – polos), há também os sistemas menores de ventos locais, como os do "mar para o continente" e vice-versa e o dos "vales para as montanhas" e vice-versa. As

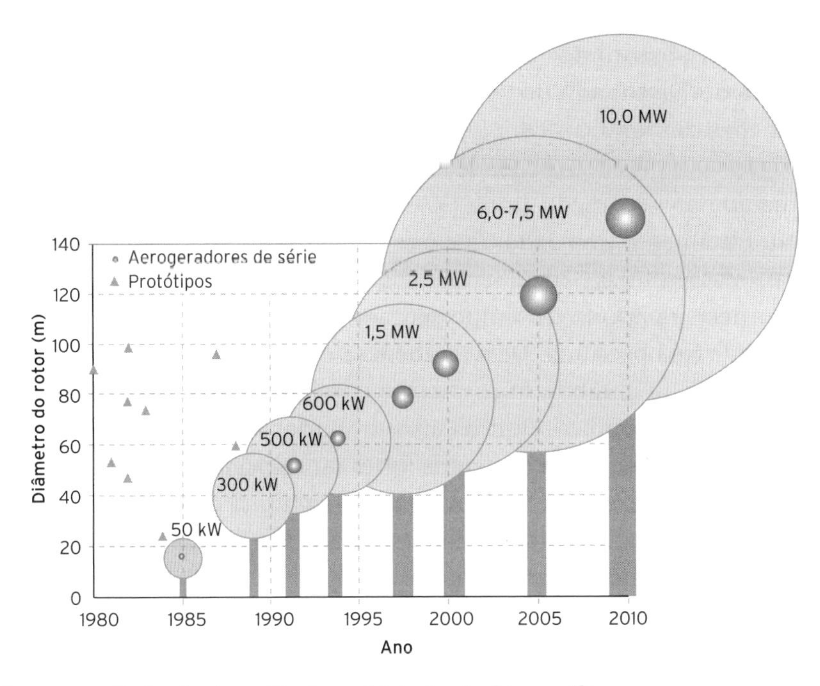

Figura 5.1 Evolução da potência unitária das turbinas eólicas.
Fonte: Dewi (2001).

brisas marítimas e terrestres são geradas nas áreas costeiras como resultado da diferença das capacidades de absorção de calor da terra e do mar. Os ventos das montanhas e vales são criados durante o dia.

Como se verá mais adiante, a potência disponível para aproveitamento energético dos ventos depende, além de localização, da área de captação das turbinas eólicas e é proporcional ao cubo de sua velocidade. Independentemente das variações sazonais, mesmo pequenas variações da velocidade do vento podem ocasionar grandes alterações na potência.

Tais características reforçam a importância de se dispor de dados confiáveis e de boa qualidade. Como em todo projeto de engenharia, e mais especificamente naqueles associados às fontes renováveis de natureza intermitente e sazonal, o período de coleta, a qualidade e as formas de modelagem e tratamento estatístico dos dados e informações relacionadas ao vento garantem o dimensionamento adequado do sistema eólico, minimizam erros de estimativa de produção de energia e também, como consequência, eventuais prejuízos financeiros ao proprietário do projeto.

Medidas de direção e intensidade, normalmente realizadas com anemômetros instalados a 10 m do solo, permitem a obtenção de estimativas do comportamento dos ventos por meio de modelagem e tratamento estatístico. O resultado do processamento desses dados é representado por mapas cartográficos com isolinhas de velocidade média, isolinhas de calmaria, isolinhas de velocidade máxima e isolinhas de fluxo de potência média ou potência média bruta (W/m^2).

No tratamento dos dados, a curva mais importante, a partir da qual quase todas as outras podem ser obtidas, é a da frequência das velocidades, que fornece o período de tempo (em termos percentuais) em que uma velocidade foi observada. Dela também se obtém a curva de energia disponível (Wh/m^2), também conhecida como potência média bruta ou fluxo de potência eólica. Outras curvas importantes são as que fornecem o período de calmaria e a de ventos fortes ou velocidade máxima.

Neste contexto, é importante ressaltar as seguintes características: curva de distribuição da velocidade do vento, gradiente vertical do vento e influência do terreno nas características do vento.

Cada uma delas é enfocada sucintamente a seguir.

Curva de distribuição da velocidade do vento

Como a velocidade do vento tem comportamento aleatório e de difícil previsão, sua modelagem é efetuada por meio de funções de distribuição probabilística.

Embora as principais funções de distribuição de probabilidades possíveis de utilização pela engenharia eólica sejam a distribuição normal ou Gaussiana; a distribuição normal bivariável; a distribuição exponencial; a distribuição de Rayleigh e a distribuição de Weibull, verificou-se que esta última pode retratar bastante bem um grande número de padrões de comportamento dos ventos, incluindo o comportamento de ventos extremos.

A função densidade de probabilidade de Weibull requer o conhecimento de dois parâmetros: k, fator de forma; e c, fator de escala, parâmetros que são função da velocidade média ($\overline{V}$) e do desvio padrão (σ^2) do conjunto de velocidades de vento modelado.

A Figura 5.2 apresenta o comportamento da função de distribuição de Weibull para diversos valores de k, considerando c constante e unitário. Esta figura permite verificar que, à medida que o parâmetro de forma k aumenta, a distribuição tende a se concentrar, mostrando grande ocorrência de registros em torno do valor da velocidade média, ou seja, uma menor variabilidade da velocidade de vento, o que seria ideal.

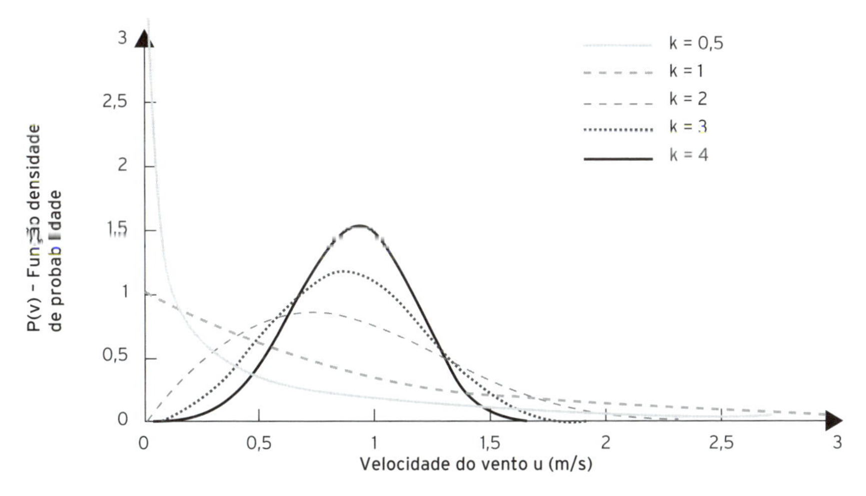

Figura 5.2 Curvas de função de distribuição de densidade de Weibull para diferentes valores de k.

Fonte: Silva (2003).

Gradiente vertical do vento

No interior da camada limite, normalmente, o ar escoa com uma certa turbulência, que depende de diversos parâmetros, tais como: densidade e viscosidade do fluido, acabamento da superfície (rugosidade) e forma da superfície (presença de obstáculos).

A potência contida no vento é função da densidade do ar, que depende da temperatura e da pressão, parâmetros que variam com a altura em relação ao solo.

Como as turbinas eólicas em operação comercial são instaladas no interior da camada limite (abaixo de 650 m), torna-se importante conhecer a distribuição da velocidade do vento com a altura, que vai permitir determinar a produtividade de uma turbina instalada em uma torre de certa altura. Além disso, o perfil do vento afeta a vida útil das pás do rotor, pois influencia os esforços mecânicos cíclicos exercidos sobre as pás.

Com tais características embutidas em seu comportamento, a Figura 5.3 ilustra um perfil de vento em função da altura relativa ao solo, mostrando a camada limite atmosférica.

Em estudos do aproveitamento energético dos ventos, são usados alguns modelos ou "leis" matemáticas para representar o perfil vertical dos ventos e corrigir a velocidade do vento com a altura.

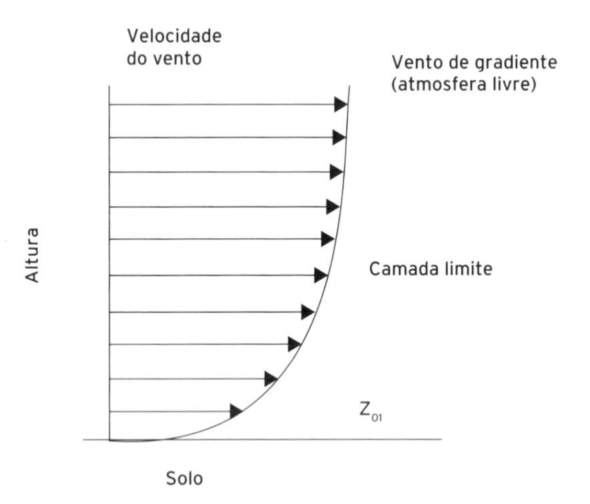

Figura 5.3 Gradiente vertical do vento.
Fonte: Custódio (2007).

Influência do terreno nas características do vento

Os terrenos são comumente classificados como lisos ou planos e acidentados. São considerados terrenos planos aqueles com pequenas irregularidades, como a presença de gramados, áreas cultivadas, árvores e poucas edificações, ou seja, terrenos cuja rugosidade não interfere significativamente no fluxo de vento da área. Terrenos acidentados são caracterizados pela presença de elevações e depressões tais como colinas, cumes, vales, montanhas etc.

Como consequência, existem modelos e procedimentos, em geral baseados no tratamento estatísticos de medições, para considerar o impacto nas características do vento utilizadas para dimensionamento dos sistemas eólicos, da rugosidade do terreno e dos obstáculos existentes no terreno, tanto naturais como construídos pelo homem.

O conhecimento da velocidade média do vento é fundamental para a estimativa da energia gerada. Primeiro, porque os aerogeradores começam a gerar uma determinada velocidade de vento de partida (*cut-in*) e param de gerar quando a velocidade ultrapassa determinado valor (*cut-out*), estabelecido por questões de segurança, sendo, portanto, importante registrar a frequência de duração das calmarias e dos ventos fortes. Isso também se faz necessário para o dimensionamento correto do sistema de armazenamento, como será tratado mais adiante em "Potência e energia geradas pela instalação".

Os documentos que apresentam resultados dos levantamentos de dados relacionados à energia eólica são denominados "Atlas do Potencial Eólico", ou mais simplesmente, "Atlas Eólico".

No Brasil diversos atlas têm sido elaborados por organismos governamentais, institutos de pesquisa e concessionárias de energia elétrica visando identificar o potencial eólico do país, dos estados, dos municípios e das áreas de concessão.

Dentre os referidos organismos e instituições se destacam: o Centro de Pesquisas em Energia Elétrica (Cepel), Centro Brasileiro de Energia Eólica (CBEE), Agência Nacional de Energia Elétrica (Aneel) e diversas Secretarias Estaduais de Energia e Concessionárias de Energia Elétrica.

É importante ressaltar que os atlas têm sido cada vez mais confiáveis, não só em razão do número e da qualidade das instituições envolvidas em sua elaboração, como também do grande crescimento da instalação de sistemas eólicos (fazendas eólicas) para geração de eletricidade no país. Isso tem resultado em um crescente aprimoramento do levantamento de dados, inclusive em locais na costa brasileira, visando às futuras aplicações *offshore*.

Os atlas são construídos a partir de informações climatológicas e topográficas obtidas de satélites tratadas em modelos de mesoescala, combinadas e validadas com dados obtidos de diversas estações anemométricas instaladas na região em análise.

Os atlas incluem, além das variáveis básicas acima descritas, outras informações importantes, tais como aquelas relacionadas aos tipos de terreno (rugosidade), distribuição da direção dos ventos, parâmetros da distribuição de Weibull para cada setor da direção dos ventos, velocidade média. Também podem conter instruções relacionadas ao uso de suas informações para estimativas de longo prazo, à comparação de potenciais em diferentes locais, à correção de dados em função da altura em relação ao solo e rugosidade, dentre outras.

Alguns atlas importantes desenvolvidos por alguns destes organismos e instituições são: a primeira versão do Atlas Eólico do Nordeste (*Wind Atlas for the Northeast of Brazil – Waneb*), lançado pelo CBEE, em 1998; o Atlas do Potencial Eólico Brasileiro, elaborado pelo Cepel à pedido do Ministério de Minas e Energia (MME), em 2001 e o Panorama do Potencial Eólico no Brasil, elaborado pelo CBBE em colaboração com a Aneel, o

Ministério de Ciência e Tecnologia e o Programa das Nações Unidas para o Desenvolvimento (PNUD), em 2002.

Atualmente vários estados da federação possuem seu atlas eólico, podendo-se citar Rio Grande do Sul, Espírito Santo, Alagoas, Sergipe, Paraná, Bahia, São Paulo, dentre outros.

Deve-se acrescentar aí o Atlas Eólico Brasileiro, elaborado pelo CBEE e o Cepel, cuja publicação, em 2011, mostrou bons indicadores de potencial eólico no litoral do Nordeste, interior da Bahia e Minas Gerais e litoral do Rio Grande do Sul. Com base neste Atlas Eólico Brasileiro estima-se que o país possui um potencial eólico em torno de 154 GW.

Levantamentos mais recentes, no entanto, efetuados com instalação de mais estações de medição com alturas superiores sugerem um valor bem acima daquele valor estimado.

TURBINAS EÓLICAS

As máquinas eólicas modernas são denominadas **turbinas eólicas**, **sistemas de conversão de energia eólica** ou **aerogeradores** para distingui-las das máquinas tradicionais. Sua faixa de aplicação, quando utilizadas para gerar energia elétrica, vai desde pequenas turbinas com potências da ordem de dezenas ou centenas de kW (utilizadas principalmente em áreas rurais) até turbinas com potências da ordem de alguns MW, normalmente conectadas à rede elétrica.

Há uma grande variedade de máquinas eólicas desenvolvidas para produção de energia elétrica e mecânica. A Figura 5.4 mostra alguns tipos propostos mais recentemente.

As turbinas eólicas modernas podem ser classificadas de acordo com a orientação do eixo do rotor em relação ao solo em **verticais** e **horizontais.**

Os rotores de eixo **horizontal** são os mais comuns. Para melhor desempenho devem conter mecanismos que orientam a posição das pás para que o vento incida perpendicularmente à área circular varrida pelas pás.

Os rotores mais utilizados para geração de eletricidade são os do tipo hélice com três pás, que apresentam maiores vantagens técnicas e econômicas.

Rotores com uma ou duas pás têm maior eficiência e apresentam vantagens econômicas em algumas aplicações, como a geração de energia elétrica *offshore*. Tais rotores só operam com velocidades elevadas de ventos.

A Figura 5.5 apresenta os modelos de aerogeradores de eixo horizontal mais utilizados atualmente.

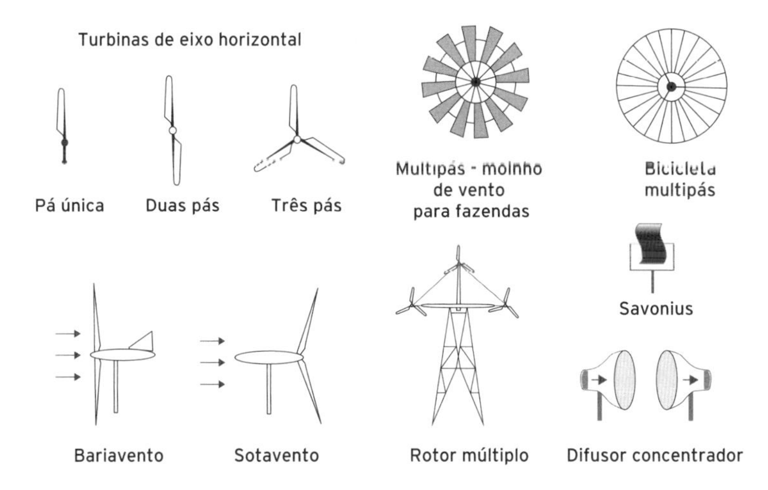

Figura 5.4 Alguns tipos de máquinas eólicas propostas para conversão de energia eólica.
Fonte: Manwell et al. (2004).

Os principais componentes de um aerogerador de eixo horizontal, indicados na Figura 5.6, são:

- Rotor: constando das pás e do suporte (cubo) em que estas são acopladas, e do mecanismo de controle de passo da pá.
- Trem de acionamento: contém as outras partes rotativas da turbina, além do rotor, os eixos, a caixa multiplicadora de velocidade, os acoplamentos, o freio mecânico e o gerador elétrico.
- Nacele e sua base: compartimento no qual estão alojados os outros componentes além do rotor e de seu sistema de orientação (yaw).
- Suporte estrutural (torre).

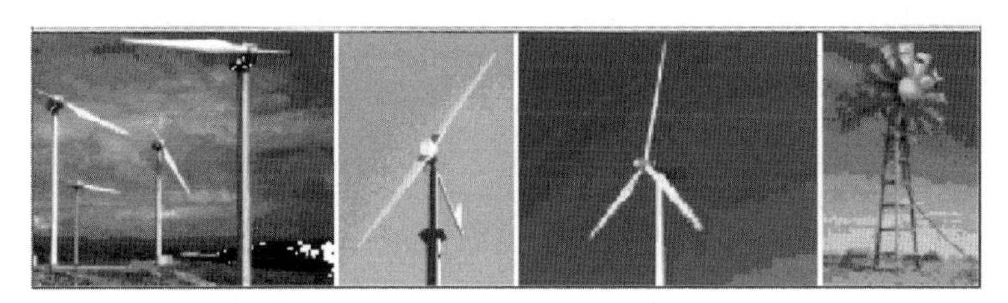

Figura 5.5 Turbinas eólicas de eixo horizontal: uma pá, duas pás, três pás e multipás.
Fonte: Philippi Jr e Reis (2016).

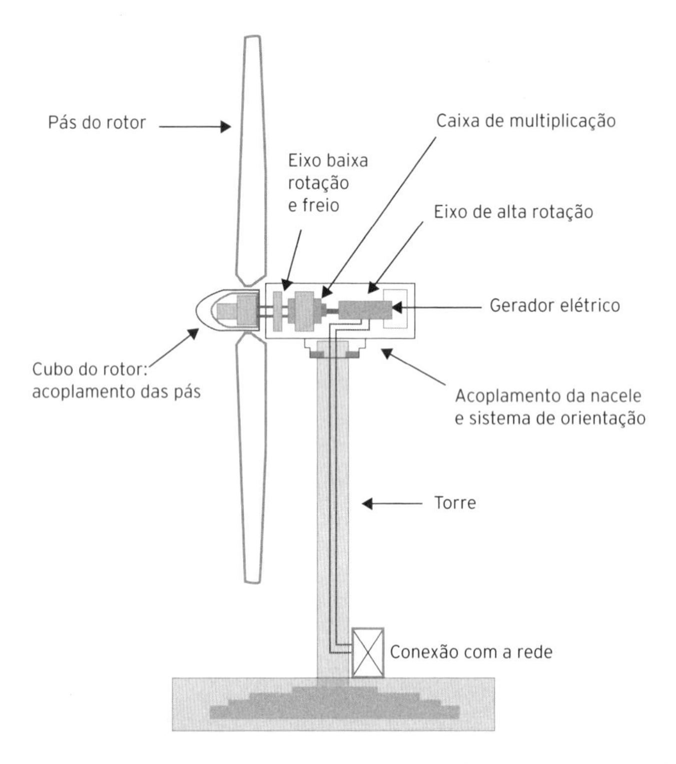

Figura 5.6 Principais componentes ou subsistemas de um aerogerador de eixo horizontal
Fonte: Macedo (2002).

Diversos equipamentos elétricos adicionais são necessários para conexão direta às cargas ou à rede elétrica, tais como cabos, chaves, disjuntores, transformador e, quando usados, banco de capacitores, conversores de potência, filtros de harmônicos.

As turbinas de eixo **vertical** não precisam de mudança de posição para garantir maior uso da energia dos ventos. Os principais tipos de rotores de eixo vertical são Darrieus, Savonius e turbinas com torres de vórtices. O rotor Darrieus é formado por duas ou três pás (lâminas) curvas com alto desempenho aerodinâmico e é o mais avançado dessa categoria. Sua eficiência é um pouco menor que a do rotor tipo hélice, mas necessita já estar em movimento para funcionar. É empregado em aplicações que requerem baixas potências (até 50 kW). O fato de os componentes principais estarem alocados junto ao solo facilita trabalhos de manutenção. Outros modelos alternativos de eixo vertical, como o de eixo vertical tipo H e o de eixo vertical tipo V, foram propostos para superar dificuldades de manutenção, transporte e instalação das pás curvas do modelo Darrieus.

A Figura 5.7 apresenta os três tipos de turbinas eólicas de eixo vertical acima citados.

Figura 5.7 Turbina eólica (aerogerador) de eixo vertical: modelo Darrieus; modelo V e modelo H.
Fonte: Boyle (1996).

APLICAÇÃO DAS TURBINAS EÓLICAS

Turbinas eólicas podem ser utilizadas em sistemas eólicos autônomos e sistemas eólicos conectados à rede elétrica, enfocados a seguir.

Sistemas eólicos autônomos

São utilizados para atendimento de cargas em regiões isoladas, como áreas rurais e ilhas. Nesses casos podem alimentar edificações comunitárias (escolas, centros de saúde etc.), fazendas, cooperativas rurais, residências, bombeamento de água, estações repetidoras de sinais e sistemas de dessalinização de água, entre outras cargas, individualmente ou como parte de sistemas híbridos e minirredes elétricas

A Figura 5.8 ilustra o atendimento de uma carga com aerogerador de pequeno porte em área isolada.

Figura 5.8 Pequeno aerogerador alimentando uma casa isolada.
Fonte: Pereira (2008).

Sistemas eólicos conectados à rede elétrica

Podem ser classificados como:

- Geração distribuída. Sistemas de pequeno porte conectados à rede elétrica de distribuição de energia para atendimento de pequenas cargas localizadas. Neste tipo de geração, tal como os sistemas autônomos, a geração eólica pode participar individualmente ou como parte de sistemas híbridos e/ou minirredes elétricas (ver Capítulo 6).
- Geração centralizada. Centrais eólicas, compostas por inúmeros aerogeradores conectados à rede de distribuição ou transmissão de energia, instaladas em terra ou no mar (centrais *offshore*).

Mais de 95% da capacidade instalada de turbinas eólicas mundialmente está conectada a redes elétricas de grande porte.

A Figura 5.9 mostra a central eólica de Osório, no estado do Rio Grande do Sul, conectada ao sistema elétrico interligado.

Figura 5.9 Central Eólica de Osório, Rio Grande do Sul.
Fonte: Fadigas (2008).

Plantas *offshore*

Recentemente, fazendas eólicas *offshore*, ou seja, instaladas no mar, começaram a fazer parte da paisagem nos países europeus que ficam no Mar do Norte. Alguns motivos para isso são: países como Holanda, Dinamarca e Alemanha não têm grande disponibilidade de terras para projetos eólicos de grande porte; o excelente potencial eólico (ventos com velocidades mais altas) das áreas litorâneas; e a possibilidade de construir projetos com capacidades semelhantes às das grandes centrais convencionais de energia (maiores que 1.000 MW).

Por outro lado, as plantas *offshore* têm altos custos de instalação e de conexão com a rede elétrica em terra.

A Figura 5.10 mostra uma planta *offshore* instalada na Dinamarca.

SISTEMA EÓLICO AUTÔNOMO

Os principais componentes de um sistema eólico autônomo são: rotor, transmissão, controle, conversor e sistema de armazenamento. A configuração básica dos sistemas eólicos autônomos para produção de eletricidade é apresentada no diagrama de blocos da Figura 5.11.

Figura 5.10 Planta *offshore*: Horns Rev II, Dinamarca.
Fonte: GWEC (2012).

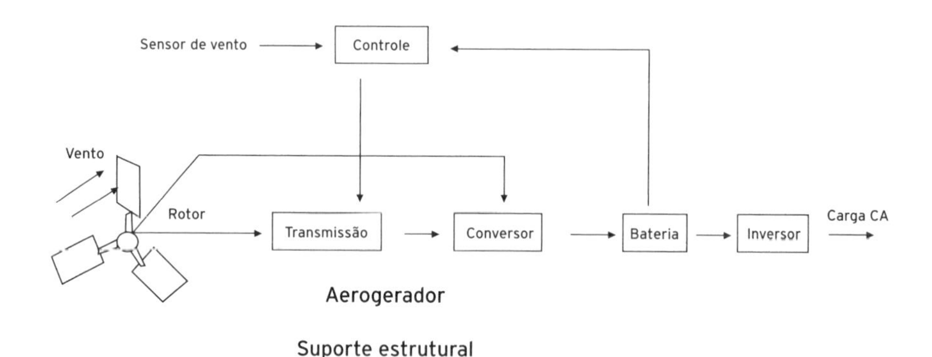

Figura 5.11 Diagrama de bloco de um sistema eólico.

No diagrama, destaca-se o conjunto denominado aerogerador, que consta do rotor (e hélices), da transmissão e do conversor de energia mecânica em elétrica, que é o gerador elétrico propriamente dito.

Os rotores modernos operam a velocidades de ponta (tangenciais) da ordem de 60 m/s a 100 m/s, quase independentemente do seu diâmetro. Assim, as velocidades de rotação são relativamente baixas, variando de 15 rpm até cerca de 200 rpm. Para geração de energia elétrica, alguma forma de multiplicação de velocidade é necessária, pois os aerogeradores, no atual estado da arte, conectados às redes de distribuição elétrica, tem uma rotação típica de 1.500 rpm (50 Hz) e de 1.800 rpm (60 Hz). A transmissão (que faz o acoplamento entre as diferentes velocidades) mais eficiente e amplamente utilizada é por engrenagens, que tem como finalidade multiplicar a velocidade angular, com o intuito de melhor aproveitar as características do gerador.

Diversos tipos de geradores podem ser utilizados dependendo da aplicação: gerador de corrente contínua (CC), o menos utilizado; gerador síncrono e gerador de indução.

Para aplicações isoladas, costuma-se usar um gerador síncrono associado a um retificador, obtendo-se tensão em CC. Nesse caso, pode-se usar um sistema de armazenamento em baterias, em tudo similar ao que foi apresentado para geração solar fotovoltaica (ver Capítulo 4 deste livro).

CLASSIFICAÇÕES DOS SISTEMAS EÓLICOS

O projeto de um sistema eólico, para determinado tamanho de rotor e para determinada carga, busca atuação em um intervalo ótimo de rendimento do sistema com relação à curva de potência disponível do vento local.

Os aerogeradores são classificados por **tamanho** (altura e diâmetro das pás) e por **potência instalada** (potência nominal). De modo geral, são divididos em pequenos, médios e grandes. As Tabelas 5.1 e 5.2 apresentam as classificações por potência e tamanho.

Tabela 5.1 Relação de tamanho e potência instalada

TAMANHO	POTÊNCIA INSTALADA (KW)
Pequeno	Até 100
Médio	De 100 a 1.000
Grande	> 1.000

Tabela 5.2 Relação de tamanho e área do rotor

TAMANHO	DIÂMETRO (M)	ÁREA DO ROTOR (m^2)
Pequeno	Até 16	Até 200
Médio	16 a 45	200 a 1.600
Grande	> 45	> 1.600

Quanto às aplicações para produção de eletricidade, um sistema eólico pode ser classificado em:

- **Sistemas independentes ou isolados** – São sistemas que normalmente utilizam alguma forma de armazenar energia, que pode ser baterias para utilização de aparelhos elétricos ou acúmulo de água para posterior utilização. São de pequeno porte (até 80 kW) e têm custos mais elevados em virtude desse sistema de armazenamento.
- **Sistemas de apoio (híbridos)** – São aqueles em que uma turbina eólica operam em paralelo com uma fonte de energia firme (na maioria grupo-geradores diesel) com o objetivo principal de economizar combustível. Também são utilizados em conjunto com módulos fotovoltaicos. Os sistemas híbridos normalmente são empregados em sistemas de pequeno e médio portes destinados a atender um maior número de usuários.
- **Sistemas interligados à rede elétrica** – Sistemas de grande porte interligados à rede de distribuição de duas formas: diretamente, por meio de geradores de indução ou síncrono, ou indiretamente, por meio de inversores acoplados à geradores de corrente contínua.

A potência total de uma massa de ar com velocidade V atravessando uma área A pode ser calculada por:

$$P_d = \frac{1}{2} \times d \times A \times V^3$$

Em que d é a densidade do ar no local.

No caso dos aerogeradores, a potência também pode ser calculada por essa fórmula, considerando-se a área A como a superfície traçada pelas pás do rotor de raio D/2.

Para fins de comparação da potência eólica a diferentes velocidades e em diversos locais, é mais prático considerar a potência por unidade de área (P_d/A). Defini-se P_d/A como fluxo de potência eólica ou potência média bruta (ω/m^2). Esse fluxo é perpendicular e proporcional à área dos coletores (rotor) dos aerogeradores.

O aspecto mais relevante é que a potência do vento é proporcional ao cubo de sua velocidade. Isso significa que pequenas variações de velocidade de vento podem ocasionar grandes variações de potência.

A mudança da velocidade do vento com a altura pode ser estimada pela fórmula:

$$V = V_o \left(\frac{H}{H_o} \right)^n$$

Em que:
V = velocidade do vento na altura em que se efetua o cálculo.
V_0 = velocidade do vento disponível na altura conhecida.
H = altura em que se efetua o cálculo.
H_0 = altura conhecida.
n = fator de rugosidade do terreno (ver Tabela 5.3).

Tabela 5.3 Fator de rugosidade de terrenos planos

DESCRIÇÃO DO TERRENO	N
Terreno sem vegetação	0.10
Terreno gramado	0.12
Terreno cultivado	0.19
Terreno com poucas árvores	0.23
Terreno com muitas árvores, cerca viva ou poucas edificações	0.26
Florestas	0.28
Zonas urbanas sem edifícios altos	0.32

A potência eólica convertida em eletricidade depende da área do rotor e do rendimento do aerogerador, formado pela multiplicação dos seguintes rendimentos:

$$\eta = \eta_B \times \eta_A \times \eta_m \times \eta_r \times \eta_G$$

Em que:
η_B = eficiência teórica (Betz).
η_A = rendimento aerodinâmico (pás).
η_M = rendimento do multiplicador de velocidades (quando houver).
η_r = rendimento do rotor.
η_G = rendimento do gerador.

A configuração geral do sistema eólico, determinada pelo tipo de aplicação e potência, indicará o rotor e o gerador ideais cujo rendimento é fornecido pelo fabricante.

Para escolha do rotor, é necessário conhecer suas características aerodinâmicas:

- Área frontal (A em m²) – também conhecida como área do disco, corresponde à área da superfície, normal à direção do vento, ocupada pelo rotor em movimento. No caso de rotores de eixo horizontal de diâmetro D (m), a área frontal é calculada por $A = \pi D^2/4$.

- Razão de áreas (λ) (ou solidez) – é a razão entre a área das pás (apenas um lado) pela área frontal. λ alto significa rotores de muitas pás ou de pás largas e, consequentemente, baixa velocidade.
- Razão de velocidade (RV) ou *TIP Speed Ratio* – é a razão entre a velocidade tangencial, na ponta da pá, pela velocidade do vento. RV alta significa rotores de alta velocidade, isto é, que funcionam em altas rotações. A razão de velocidade é calculada por:

$$RV = \frac{\pi DN}{V}$$

  Em que:
  N = número de rotações do rotor por segundo.
- Potência do rotor (P_R), W ou kW – é a parcela da potência disponível no vento captada pelo rotor eólico.

$$P_R = \eta_B \times \eta_A \times \eta_r \times P_d$$

- Coeficiente de potência (C_p) – exprime a porcentagem da P_d realmente aproveitada no eixo do rotor.

$$C_p = \eta_A \times \eta_B$$

  C_p traduz a relação entre a potência mecânica da turbina eólica e a potência contida no vento não perturbado. O C_p teórico (máximo coeficiente de potência utilizável), correspondente ao η_B da fórmula é de 59,7% e é conhecido como **Eficiência de Betz**.

A Figura 5.12 mostra o comportamento típico do coeficiente de potência de vários tipos de rotores.

No atual estado da arte, a eficiência da conversão da energia cinética eólica em energia elétrica é de aproximadamente 30% ($\eta_B = 0{,}4$, $\eta_r = 0{,}95$, $\eta_G = 0{,}80$).

Portanto: potência elétrica = 0,3 × área do rotor × potência média bruta.

A potência elétrica entregue à carga na forma CA é:

$$P_{carga} = \text{potência elétrica } 3\ \eta_I$$

Em que:
η_I = rendimento do inversor.
A produção anual de energia pode ser calculada pela expressão:

$$E_G = P_I \times FC \times 8.760 \text{ h/ano}$$

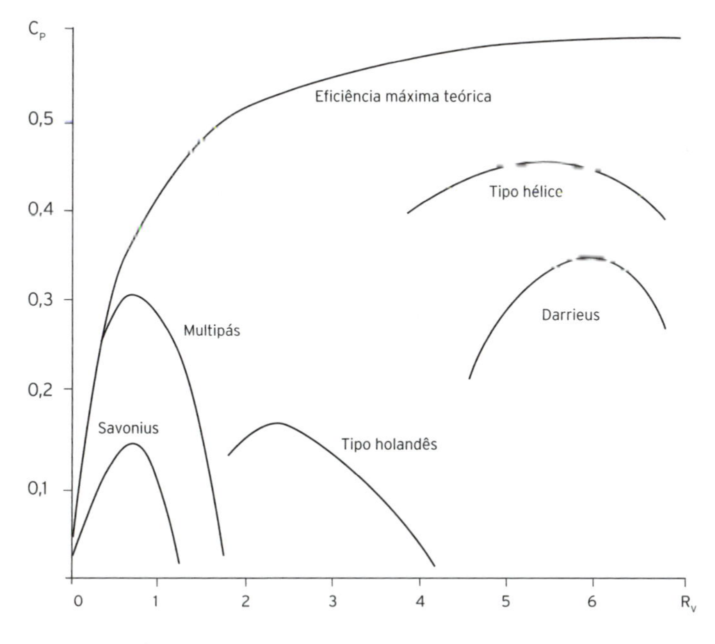

Figura 5.12 Coeficiente de potência X razão de velocidades.

Em que:

E_G = energia anual gerada.

P_I = potência instalada.

FC = fator de capacidade.

Nota-se que, assim como para geração hidrelétrica e solar fotovoltaica, se não houver armazenamento, o fator de capacidade é uma variável intrinsecamente ligada às condições climáticas (no caso, velocidade do vento). Trata-se, no fundo, da relação entre o vento médio e o vento máximo (ou outro menor, que define a potência instalada). O armazenamento (bateria, para geração eólica e solar fotovoltaica; e barragem, para hidrelétrica) permite maior regularização e aumento do fator de capacidade.

A Figura 5.13 descreve o gráfico de potência da operação normal de um tipo de turbina eólica com controle por passo variável.

Com ventos na velocidade de partida (*cut-in*), a turbina começa a produzir eletricidade, chegando à potência nominal quando o vento alcança a velocidade especificada nominal de projeto. Para ventos de velocidade excessiva (*cut-out*), a turbina é desligada.

A curva de potência normalmente é levantada por meio de testes de operação do aerogerador em campo como descrito na Norma IEC.61400-

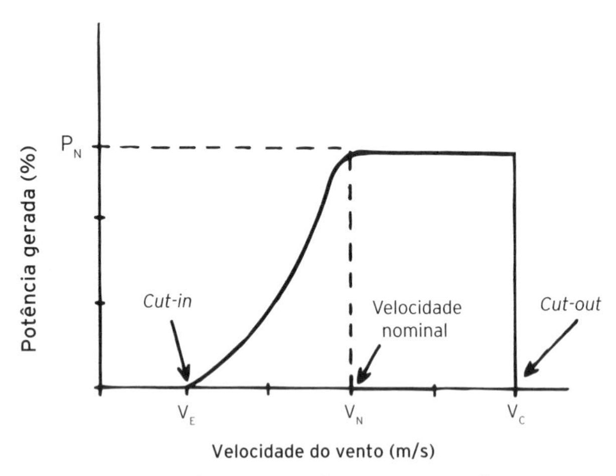

Figura 5.13 Gráfico da curva de potência de um aerogerador.

12-1. *Wind Turbines. Power Measurements of Electricity Producing Wind Turbines* (de dezembro de 2015).

Para o Brasil, mais especificamente para a região Nordeste, dada a homogeneidade de ventos de algumas regiões, como Fernando de Noronha e Rio Grande do Norte, acredita-se que o fator de capacidade total possa atingir 0,5 e, consequentemente, uma geração eólica mais competitiva (sistema eólico sem armazenamento). O fator de capacidade total para os aerogeradores gira em torno de 0,25 a 0,60.

Estimativa da produção de energia de um parque eólico

O número de aerogeradores em um parque eólico depende da potência total que se deseja instalar e da potência unitária do aerogerador escolhido.

A distribuição da localização dos aerogeradores é um processo complexo, usualmente baseado no uso de ferramentas computacionais de modelagem, pois é grande o número de variáveis que influenciam seu desempenho. Uma variável bastante importante é associada ao impacto da região turbulenta formada na parte posterior da turbina eólica após a extração da energia pelo rotor. Essa região de turbulência, denominada **sombra** do aerogerador, reduz o desempenho de outro aerogerador que opere nessa sombra, por causa da menor velocidade média do vento e da maior turbulência.

O estudo de distribuição de aerogeradores em um parque eólico é conhecido como estudo de *Micrositing*.

A produção bruta de energia de um parque considera apenas as perdas por interferência das esteiras entre rotores dos aerogeradores, e pode ser calculada por:

$$EG(ano)_{Bruta} = \sum_{1}^{nT} EG(ano)_{n}$$

Sendo: nT = número de turbinas do parque.

No cálculo da produção líquida de energia do parque deve-se descontar:

- Perdas elétricas na rede interna do parque e na rede elétrica até o ponto de entrega.
- Energia utilizada para consumo próprio do parque.

- Perdas por indisponibilidade do sistema elétrico e dos aerogeradores são compostas por indisponibilidade forçada e programada.

IMPACTO AMBIENTAL DA UTILIZAÇÃO DA ENERGIA EÓLICA

O impacto ambiental causado pelas turbinas eólicas existe, porém, além de ser de outro tipo, é muito pequeno quando comparado com o de hidrelétricas e termelétricas. Atualmente, esses impactos, além daqueles causados pelo uso de baterias, só são considerados mais seriamente em alguns poucos países onde a questão ambiental se encontra mais avançada. Destacam-se entre eles os que serão descritos a seguir.

Ruído

Os geradores eólicos produzem ruído (especialmente nas pás), que aumenta de acordo com a velocidade do vento. Embora seja impossível eliminá-lo por completo, turbinas modernas produzem ruído em nível bem abaixo das convencionais.

Embora poucos países tenham normas quanto ao nível de ruído, elas são necessárias para garantir a aceitação pública de turbinas de grande porte e assegurar que os fabricantes desenvolvam projetos com baixo nível de ruído.

Ressalta-se que, no geral, turbinas eólicas não emitem um ruído muito elevado se comparado com outras máquinas de potência similar. Entretanto, quando instaladas em locais próximos às áreas habitadas, elas têm causado alguns incidentes. Existem duas fontes principais de ruído. Uma delas origina-se nos equipamentos mecânicos ou elétricos, tais como a caixa de engrenagem e o gerador, conhecido como ruído mecânico; a outra é resultante da interação do fluxo de ar com as pás, referida como ruído aerodinâmico. O ruído mecânico é considerado o principal problema, porém ele pode ser diminuído por meio do uso de engrenagens especiais mais silenciosas, montagem do equipamento em estruturas mais resistentes e uso de proteção acústica. O ruído aerodinâmico produzido pelas turbinas eólicas é afetado pelo formato das pás das bordas e ponta; pela interação dos ventos com as pás e a torre; se as pás estão operando ou não em condições estáveis; e pelas condições de turbulência dos ventos, que causam forças instáveis nas pás. O ruído aerodinâmico tende a aumentar com a velocidade de rotação. Por essa razão, algumas turbinas são projetadas para operarem em velocidades de rotação menores quando a velocidade do vento é baixa.

Interferência eletromagnética

A interferência eletromagnética acontece quando a turbina eólica é instalada entre os receptores e transmissores de ondas de rádio, televisão ou micro-ondas. As pás das turbinas podem refletir parte da radiação eletromagnética em uma direção tal que a onda refletida interfira no sinal original que chegar ao receptor. A extensão da interferência eletromagnética causada pela turbina eólica depende principalmente do material que são feitas as pás e do formato da superfície da torre. Se a turbina possui pás de metal, a interferência eletromagnética pode ocorrer se a turbina estiver localizada próxima a serviços de radiocomunicação. Pás de madeira absorvem mais que refletem as ondas de rádio, e as torres facetadas refletem mais que as torres lisas arredondadas, em razão de suas superfícies planas.

Colisão de pássaros

O impacto das fazendas eólicas sobre a população local de pássaros tem causado preocupações aos ecologistas. No entanto, segundo análises feitas nas fazendas eólicas, o número de mortes de pássaros por colisão com as turbinas é bem menor que aquele causado pelas linhas de alta tensão. Na Califórnia, por exemplo, a cada dois meses morre um pássaro por conta da colisão com turbinas eólicas.

Nesse contexto, deve ser citada também a interferência dessas fazendas nas rotas migratórias das aves. Apesar de a mortandade de pássaros não ser tão significativa, é recomendado que se levem em consideração no projeto as rotas migratórias dos pássaros.

Impacto visual e aceitação pública

Em algumas áreas pode haver conflitos entre a preservação da paisagem natural e a necessidade de substituir uma fonte de origem fóssil, que é bem mais danosa ao meio ambiente. Embora a solução para essa questão não seja fácil, a exclusão de algumas áreas no desenvolvimento de projetos eólicos pode minimizar esse impacto.

De forma geral, o impacto visual é determinado por vários parâmetros, entre os quais o tamanho da turbina, seu design, o número de pás, a cor, o número de turbinas em uma fazenda eólica e o seu *layout*. A percepção individual de um projeto de geração eólica depende também de parâmetros sociais, tais como o nível individual de entendimento da tecnologia, opiniões sobre quais fontes de energia são desejáveis e o envolvimento do indivíduo com o projeto. Uma das vantagens das turbinas eólicas está na possibilidade de usar a terra ao redor delas para plantio de várias culturas e para pastagem.

Limitação de uso do espaço ocupado

A aceitação pública, mais crítica em projetos de grande porte, depende da educação e da participação nas decisões locais. É importante que o público receba toda a informação necessária quanto às diversas fontes alternativas de energia para que possa influir no processo decisório.

QUESTÕES PARA DESENVOLVIMENTO E EXEMPLOS RESOLVIDOS

Questões para desenvolvimento

1. Efetue um levantamento dos sistemas eólicos já implantados ou em fase de implementação no Brasil, distinguindo as aplicações voltadas aos siste-

mas isolados ou à operação em paralelo com a rede. Faça também a distinção entre as aplicações em sistemas híbridos.

2. Faça um levantamento da participação e localização dos sistemas eólicos na produção de energia elétrica em termos mundiais. Identifique os sistemas já implementados e aqueles planejados ou em fase de implementação.
3. Apresente as principais características do método de dimensionamento baseado no *Loss of Power Supply* (Lops), no que se relaciona com:
   a) Necessidade de dados e informações.
   b) Aplicação em sistemas isolados ou operação em paralelo com a rede.
4. Seria possível estender o método Lops para dimensionamento de sistemas híbridos, envolvendo diversas fontes de origem renovável e mesmo não renovável? Como isso poderia ser feito? Explique utilizando o equacionamento apresentado no exercício resolvido do item "Questões para desenvolvimento e exemplos resolvidos" do capítulo anterior. Nesse caso, quais poderiam ser as alternativas de dimensionamento das baterias do sistema eólico, quando utilizadas?
5. No caso de energização rural (ou de sistemas isolados), identifique os principais aspectos técnico-econômicos a serem considerados na avaliação dos sistemas eólicos contra o atendimento pela rede, incluindo aí o sistema Monofilar com Retorno pela Terra (MRT). Aponte as vantagens e desvantagens.
6. No caso de energização rural (ou de sistemas isolados), como ampliação do cenário discutido na questão anterior, inclua os aspectos sociais enfatizando as formas de financiamento dos projetos e o envolvimento da comunidade.
7. Disserte sobre as características possíveis do mercado, no caso da energização rural (ou de sistemas isolados), após a chegada da energia e sobre como isso poderia afetar a evolução da geração de energia elétrica ao longo do tempo.
8. Descreva as possíveis formas (geração centralizada ou descentralizada) de uso dos sistemas eólicos em paralelo com a rede, identificando vantagens e desvantagens relacionadas, principalmente, com os aspectos técnicos, econômicos e ambientais.
9. Desenvolva em maiores detalhes os aspectos ambientais relacionados com a aplicação dos sistemas eólicos, enfocando as realidades diferenciadas de:
   a) Países desenvolvidos.
   b) Países em desenvolvimento.
10. Apresente um quadro da situação tecnológica e econômica (com ênfase nos custos) dos sistemas eólicos, nas condições atuais e em perspectivas de

curto e longo prazos. Oriente a apresentação à utilização desse tipo de sistema em suas possíveis aplicações.

11. Descreva os diferentes tipos e formas de utilização da fonte eólica para geração de energia elétrica, enfatizando em cada um deles:
    a) Equipamentos constituintes do sistema.
    b) Aplicações específicas visualizadas.
    c) Viabilidade de aplicação ao longo do tempo e espaço (curto x longo prazos, países desenvolvidos x em desenvolvimento).

Exemplos resolvidos

Dimensionamento de um sistema eólico

1. Dimensione, usando o método Lops, um sistema eólico para atendimento da mesma comunidade considerada no exercício 1 do item "Questões para desenvolvimento e exemplos resolvidos" do capítulo anterior, com o mesmo índice Lops e assumindo o mesmo custo unitário para as baterias.

   As condições locais do vento são dadas na Tabela 5.4, e o custo unitário de instalação do sistema eólico pode ser assumido como 1.500 US$/kW.

Tabela 5.4 Velocidade horária do vento em Fortaleza (CE) (média mensal em m/s)

MÊS	JAN	FEV	MAR	ABR	MAI	JUN	JUL	AGO	SET	OUT	NOV	DEZ
0:01-2:00h	7,8	7,2	6,0	5,8	4,8	8,7	9,0	10,6	11,5	10,6	10,0	8,7
2:01-4:00h	7,7	6,9	5,7	5,4	4,5	8,0	8,8	10,4	11,2	10,4	9,9	8,7
4:01-6:00h	7,6	6,5	5,3	4,4	4,0	7,2	8,1	9,6	9,9	9,9	9,9	8,6
6:01-8:00h	7,4	6,3	4,5	3,7	4,7	6,4	6,4	7,4	9,1	9,3	9,6	8,2
8:01-10:00h	7,6	6,2	4,8	4,8	6,3	8,1	7,8	9,2	9,9	9,7	9,5	8,1
10:01-12:00h	7,6	7,0	5,6	6,1	7,1	9,0	8,5	9,8	11,0	9,6	9,0	8,3
12:01-14:00h	7,6	7,0	5,7	6,5	7,3	8,9	8,3	9,7	10,3	9,4	8,8	8,5
14:01-16:00h	7,6	6,6	5,9	6,3	7,0	8,5	8,2	9,5	9,6	9,1	8,4	8,4
16:01-18:00h	7,4	6,4	6,1	6,1	6,4	7,8	8,1	9,6	9,7	9,2	8,5	8,0
18:01-20:00h	7,7	6,8	5,8	5,8	5,4	7,8	8,1	9,7	10,3	9,4	8,8	8,1
20:01-22:00h	8,2	6,8	5,9	5,9	5,5	7,7	8,4	9,9	11,2	9,9	9,3	8,5
22:01-24:00h	8,1	7,0	6,2	6,1	5,4	8,4	8,8	10,5	12,1	10,5	9,8	8,8
Média mensal	7,7	6,7	5,6	5,6	5,7	8,0	8,2	9,7	9,7	9,8	9,3	9,4
Média anual	7,87											

O método de resolução é análogo ao solar, mas, em vez de painéis fotovoltaicos, são utilizados geradores eólicos. Para a simulação do método Lops, substituem-se os dados sobre a radiação solar incidente por dados sobre a velocidade horária dos ventos na região. A expressão da energia gerada pelo sistema eólico, durante o mesmo período Δt do exercício de solar, é dada por:

$$E_G = \int_0^{\Delta T} \frac{P_R \times V_i(t)^3}{\eta_C \times V_M} \times dt$$

Em que:

E_G = energia gerada pelo aerogerador.

P_R = potência instalada do sistema eólico.

V_i (t) = velocidade do vento a cada instante t (m/s).

V_M = velocidade de projeto (m/s).

η_C = rendimento do sistema condicionador da potência.

Utilizando métodos de simulação por computador das equações descritas no exemplo do método Lops, chega-se aos seguintes resultados:

Tabela 5.5 Resultados principais

1 - Demanda (kW)	1,00
2 – Potência instalada (kW)	3,466
3 – Capacidade de armazenamento (kWh)	5,22
4 – Custo inicial de investimento (US$)	8.597,00

Comparação de custos dos sistemas solar e eólico

2) Compare os custos de implantação dos dois sistemas (pelo método Lops) para a mesma curva de carga, só que com três níveis de consumo diário de energia: 8,98 kWh (1 kWpico), 26,95 kWh (3 kWpico) e 44,92 kWh (5 kWpico). São estabelecidas as seguintes considerações econômicas:

a) Horizonte de comparação de 20 anos.

b) Taxa de desconto: 10%.

c) Desprezo da inflação.

d) Custo de 1.500 US$/kW para o sistema eólico.

e) Custo de 5 a 20 US$/Wpico para o sistema solar.

Com o método já descrito de dimensionamento dos sistemas, obtiveram-se os seguintes resultados:

Tabela 5.6 Sistema solar fotovoltaico

Demanda (kW)	1,00	1,00	3,00	3,00	5,00	5,00
Preço do Wpico (US$)	5	20	5	20	5	20
Potência instalada (kW)	1,875	1,869	5,47	5,467	9,042	9,041
Capacidade das baterias	18,05	18,91	34,69	35,24	55,23	55,32
Custos totais (US$), valores presentes	13.220,00	41.620,00	36.140,00	122.800,00	59.450,00	196.400,00
Custo de geração (US$/MWh)	395,00	1.251,00	370,40	1.262,00	368,70	1.221,00

Tabela 5.7 Sistema eólico

Demanda (kW)	1,00	3,00	5,00
Potência instalada (kW)	3,466	10,69	19,24
Capacidade das baterias	5,22	17,00	23,93
Custos totais (US$), valores presentes	8.597,00	25.960,00	45.810,00
Custo de geração (US$/MWh)	197,9	207,7	211,4

Verifica-se, nesse caso, a vantagem econômica de utilizar o sistema eólico em tal localidade. As condições meteorológicas locais, associadas ao estado da arte dos equipamentos dos dois sistemas assumidos no exercício (aqui refletidas nos custos adotados), conduziram a tal resultado, predominando o sistema eólico principalmente em razão da abundância de ventos na região em análise (Fortaleza). O objetivo do exercício foi apenas ilustrar os passos de uma análise comparativa; cada aplicação real deverá considerar as características específicas do local de aplicação e, principalmente, os valores e as características atualizadas das tecnologias de geração elétrica.

Atividades adicionais: levantamento de informações e dados

Estas atividades visam orientar o leitor na busca por mais informações e dados relacionados ao Sistema Elétrico Brasileiro. Para isso, faz-se referência aos sites das principais instituições envolvidas no setor de energia elétrica: Ministério de Minas e Energia (MME – www.mme.gov.br); a Agência

Nacional de Energia Elétrica (Aneel – www.aneel.gov.br); a Empresa de Pesquisa Energética (EPE – www.epe.gov.br); o Operador Nacional do Sistema Interligado Nacional (ONS-SIN – www.ons.org.br) e a Petrobras (quanto a centrais termelétricas – www.petrobras.com.br).

1. Com base nas informações disponíveis nos sites citados, qual a capacidade instalada de sistemas eólicos para geração de eletricidade no Brasil como um todo e nas regiões Norte (N), Nordeste (NE), Sudeste e Centro-Oeste (SE-CO) e Sul (S)?
2. Qual o total de MW dos sistemas eólicos em construção? Quais são esses sistemas e onde se situam? É possível saber as datas previstas para sua entrada em operação?
3. Nos sites pesquisados, é possível saber maiores detalhes dos sistemas enfocados, tais como número de turbinas, diâmetro das pás e sua altura? Em que sites? Que outras informações são possíveis de obter?
4. Quais são os dez maiores sistemas eólicos em operação no Brasil na data de sua pesquisa? Compare o resultado obtido com o apresentado na tabela a seguir, que mostra os dez maiores levantados em agosto de 2016. Entrou algum sistema novo nessa lista? Qual? Onde se encontra? Qual sua capacidade instalada?

Tabela 5.8 Os dez maiores sistemas eólicos brasileiros em agosto de 2016

NOME	LOCAL	CAPACIDADE INSTALADA (MW)
Praia Formosa	Camocim - CE	105,0
Alegria II	Guamaré - RN	100,65
Parque eólico Elebrás Cidreira 1	Tramandaí - RS	70
Canoa Quebrada	Aracati - CE	57
Icaraizinho	Amontoada - CE	54,6
Alegria I	Guamaré - RN	51
Bons Ventos	Aracati - CE	50
Parque Eólico de Osório	Osório - RS	50
Parque Eólico Sangradouro	Osório - RS	50
Parque Eólico dos Índios	Osório - RS	50

CAPÍTULO 6

SISTEMAS HÍBRIDOS

Os sistemas híbridos, aqui considerados como aqueles que combinam tecnologia de geração termelétrica com outras tecnologias, representam uma forma importante de uso das energias renováveis para aplicação no planejamento descentralizado e no suprimento energético de localidades isoladas. O planejamento e o desenvolvimento de tais sistemas, de pequeno porte, devem seguir o mesmo processo dos sistemas elétricos de grande porte, mas são menos complexos, principalmente em razão das características das próprias fontes, da rede de conexão e da carga elétrica.

Combinando diversas fontes e considerando as características específicas de cada uma delas (por meio do melhor uso da sinergia global) e o perfil do consumo, tais sistemas buscam otimizar o uso global energético. Os sistemas híbridos podem ser formados por fontes não renováveis em conjunto com renováveis ou apenas por estas últimas. Dependendo das condições climáticas, assim como da estrutura regional, pode-se ter diferentes possibilidades de arranjos.

Tais sistemas de pequeno porte podem ser conectados ou não à rede elétrica, configurando dois tipos básicos de geração:

- Geração isolada, sem conexão com a rede.
- Geração distribuída, conectada à rede elétrica.

Esses dois tipos de geração já foram enfocados ao longo dos capítulos anteriores, sendo importante ressaltar novamente aqui algumas de suas particularidades:

- Geração isolada:
  - Não há possibilidade de suprimento externo em caso de perda de uma fonte, além de ser inviável economicamente prever geração de reserva para o total da carga.
  - Pode-se prever parte de geração como reserva girante ou corte e ajuste automático da geração com a utilização de minirredes, enfocadas ao final deste capítulo.
  - Muitas vezes é uma solução não permanente, porque o eventual crescimento da carga, embasado na disponibilidade de energia elétrica, em dado momento pode tornar justificável a conexão à rede.
  - Nesse caso, o pequeno sistema de geração isolada pode ser visto como uma semente de geração distribuída, e a minirrede como uma etapa inicial de uma rede "inteligente" (*smart grid*).
- Geração distribuída:
  - Há possibilidade de suprimento externo em caso de perda de uma fonte, mas deve-se avaliar cuidadosamente as características e custos associados a esse suprimento.
  - Pode-se prever parte de geração como reserva girante ou, de forma bem mais avançada, inserção no mercado de energia, como componente da *smart grid* em nível de distribuição, caso em que poderá contar, além das fontes de geração, com fontes interruptíveis associadas com sistemas de armazenamento, assim como com sistemas de eficiência energética locais.
  - Muitas vezes, como no caso da geração isolada, pode ser uma solução não permanente, porque o crescimento da carga pode se refletir como evolução para sistemas regionais de maior porte, com novas fontes de geração e eventualmente introdução de linhas de transmissão.
  - Nesse caso, o sistema inicial de geração distribuída pode ser visto como uma semente de sistemas regionais com expansão da *smart grid* para além da distribuição, de acordo com o conceito de energia "inteligente" (*smart power*).

A seguir, são apresentadas as características básicas de alguns dos principais tipos de sistemas híbridos, assim como da geração com minirredes.

SOLAR-DIESEL E EÓLICO-DIESEL

Nesse sistema, combina-se a disponibilidade de algum tipo de combustível com a energia solar ou eólica. Esses combustíveis podem ser, por exemplo: óleo diesel (o mais comum), gasolina, gás, biomassa local. Atualmente são empregados comercialmente sistemas de geradores diesel-solar e diesel-eólico para alimentação de regiões isoladas em uma ampla gama de potência. Um exemplo de utilização do solar-diesel é a alimentação de instalações de telecomunicações. Esse tipo de sistema é de grande significado econômico em regiões de difícil acesso.

SOLAR-EÓLICO

Essas duas fontes de energia normalmente se comportam conjuntamente de forma anticíclica, o que conduz a uma nivelação da oferta de energia durante o dia. Dependendo da latitude, as menores intensidades do vento se dão no verão, quando as condições de radiação solar são ótimas.

DIESEL-EÓLICO-SOLAR

A combinação de instalações de energia solar-eólica com geradores diesel leva a conceitos híbridos que se projetam para o abastecimento seguro em redes isoladas. Esse tipo de instalação permite um serviço confiável e atrativo economicamente, pois um maior aproveitamento dos recursos locais pode significar uma economia substancial de combustíveis, com a vantagem de poder alimentar cargas maiores, como câmaras frigoríficas e ar-condicionado. Esse sistema representa uma alternativa à geração a diesel convencional em sistemas isolados de países em desenvolvimento.

BIOGÁS-EÓLICO-SOLAR

As instalações de biogás-eólico-solar estão ganhando notável significado como conceitos híbridos. O aumento dos gases provenientes de decomposição de matéria orgânica oferece um potencial de energia crescente, que pode ser utilizado em centrais térmicas para suprir a demanda de energia descentralizada.

Em relação aos sistemas autônomos, os híbridos apresentam a vantagem de proporcionar melhor serviço elétrico e custos menores. São, no entanto, mais complicados de integrar-se adequadamente, e sua operação depende largamente dos sistemas de controle.

SISTEMAS DE GERAÇÃO COM MINIRREDES

Conforme já apresentado no Capítulo 1, com relação aos sistemas descentralizados, existem muitas comunidades pequenas, afastadas das redes de distribuição de energia elétrica, que provavelmente nunca serão atendidas por extensão da rede pública por razões econômicas. Até pouco tempo, a única solução adotada para esses locais isolados era a geração a diesel com distribuição de eletricidade através de uma minirrede. No entanto, geradores diesel apresentam um alto custo operacional por causa de preço elevado de equipamentos e sobressalentes, quantidade de combustível e óleo lubrificante consumidos e preços também bastante elevados da logística para transporte e armazenagem de combustíveis e da manutenção mecânica e elétrica. Além disso, do ponto de vista socioambiental, há desvantagens relacionadas a possíveis vazamentos, à emissão de gases poluentes e à emissão de ruídos.

Todos esses aspectos negativos do fornecimento de energia elétrica por meio de grupos geradores diesel podem ser minimizados, ou até mesmo eliminados, com a implantação de sistemas autônomos, descentralizados de geração de eletricidade que utilizam recursos energéticos locais, como os sistemas híbridos citados anteriormente. Conforme visto, existem muitos produtos disponíveis, como módulos fotovoltaicos e turbinas eólicas de pequeno porte, para utilização em sistemas individuais de geração de energia elétrica para eletrificação rural em locais afastados da rede de distribuição. Na medida em que demandas aumentam e/ou distâncias entre cargas se encurtam, a adoção de um sistema de geração de energia centralizado com distribuição através de uma minirrede parece mais razoável.

Hoje, no cenário internacional, o termo equivalente em inglês *microgrids* é utilizado para designar um sistema de geração de energia com pequenos geradores de fontes renováveis associados opcionalmente a sistemas de armazenamento de energia e outros geradores despacháveis que utiliza componentes especiais de regulação e uma rede de distribuição para atender aos consumidores sem estar necessariamente interligado ao sistema elétrico nacional. Já existem muitas aplicações e experiências, em nível internacional, que podem ser referenciadas com relação aos aspectos técnicos e socioambientais. No Brasil, há um primeiro projeto-piloto de geração com minirrede previsto para instalação em ilhotas próximas à Ilha de Marajó, no Pará.

De forma simplificada, o termo **minirrede** pode ser usado para descrever a solução de atendimento para locais isolados e com baixa demanda, diferente daquela que utiliza sistemas individuais de geração com fontes intermitentes de energia (solar, eólica, microcentrais hidrelétricas sem reservatórios), complementadas ou não por geração a diesel ou equivalente.

Do ponto de vista técnico, o sistema aqui enfocado apresenta certo grau de sofisticação, associado principalmente à sua forma de controle. Em razão dos custos iniciais ainda altos, a maioria dos projetos existentes pelo mundo tem sido desenvolvida com apoio financeiro de instituições e empresas internacionais interessadas no assunto.

Nesse contexto, o sistema de geração com minirredes é formado por seus geradores e cargas, um sistema de armazenamento de energia, um tipo de acoplamento das fontes de energia – por exemplo em corrente alternada (CA) 127 V/60 Hz –, um sistema de troca de informações padronizado e um controle supervisório. Essa formação permite que o sistema seja adaptável e expansível, cobrindo assim quase todas as situações de fornecimento de energia. A Figura 6.1 mostra um diagrama geral de um sistema desse tipo instalado na Gâmbia, com arquitetura baseada no acoplamento puramente em CA, monofásico, 230 V/50 Hz.

A seguir, são apresentadas algumas características básicas de um sistema desse tipo, que pode servir de base para pesquisas mais aprofundadas.

Um aspecto importante é que a integração entre os diversos componentes implica que estes devem contar com funções especiais de controle. Do ponto de vista do controle do fluxo de potência, os componentes do sistema podem ser classificados em três tipos principais: unidade formadora de rede, unidade de suporte de rede e unidade paralela à rede, definidas assim:

- **Unidade formadora de rede**: componente principal, gerador ou inversor/baterias, com capacidade de estabelecer e controlar os parâmetros de tensão e frequência da minirrede elétrica. O sistema necessita ter ao menos uma unidade formadora de rede que é responsável pela partida (energização) e pela referência de tensão/frequência aos outros componentes do sistema.
- **Unidade de suporte à rede**: gerador, inversor/bateria ou carga controlável, cujo despacho de potência ativa e reativa é determinado de forma a auxiliar na regulação dos parâmetros de tensão/frequência da minirrede.

- **Unidade paralela à rede**: gerador, como aerogerador, inversor/módulo fotovoltaico ou carga não controlável, que tem a prioridade para injetar/consumir toda a energia produzida/demandada.

Dependendo da configuração ou topologia adotada, pode haver somente uma unidade formadora de rede, um gerador diesel ou um inversor/baterias funcionando como uma unidade-mestra, característica de um sistema relativamente simples e fácil de implementar; ou pode haver várias unidades formadoras de rede em paralelo, em modo multimestre, oferecendo mais flexibilidade e confiabilidade em função da redundância de geradores, porém aumentando a complexidade em termos de controle do sistema.

Além disso, é importante citar que o sistema possui diferentes tipos de arquitetura, determinados pela forma de acoplamento das unidades geradoras: acoplamento dos geradores no barramento de corrente contínua (CC), acoplamento dos geradores no barramento de CA e acoplamento misto dos geradores (CC e CA).

Uma experiência importante associada a esses sistemas é a que se relaciona com a interação com a comunidade que vai receber energia. Como o sistema é dimensionado sem (ou praticamente sem) folgas, cada consumidor tem de se ater a consumir o que lhe estava previsto, e não mais, pois isso prejudicaria a comunidade. Esse controle dá origem a diversas

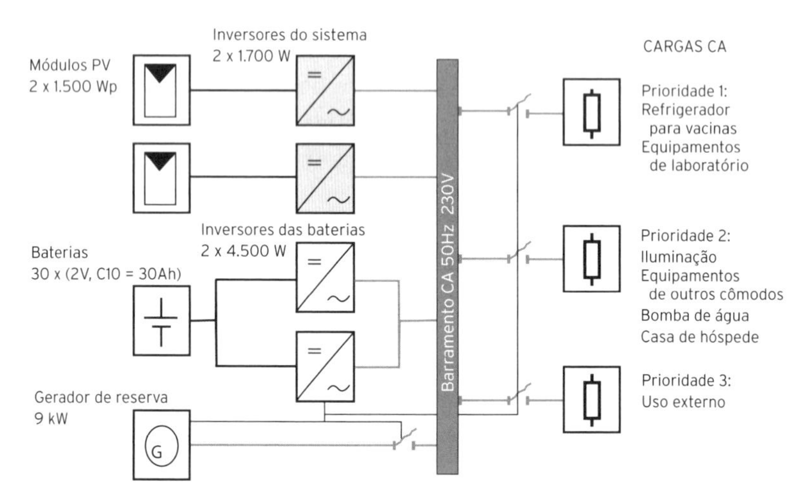

Figura 6.1 Arquitetura do sistema na Vila Darsilami, Gâmbia.

sugestões para manter o funcionamento adequado. Uma delas é a implantação de sistema de pré-pagamento: quando o consumo de uma unidade passa acima do previsto (e pré-pago), a energia é cortada até o próximo período, em geral mensal.

Diversos trabalhos e experiências podem ser encontrados sobre o assunto, relatando aspectos tanto positivos como negativos[1]. Dentre esses, para uma visão introdutória do tema, podem ser citados:

- O sistema híbrido solar e diesel na vila de Darsilami, Gâmbia (Figura 6.1).
- Experiências da Índia e da França, esta última enfocando eletrificação rural e alimentação a ilhas e pequenas vilas.
- Experiência negativa da Guiana Francesa com sistemas fotovoltaicos e diesel.
- Experiências da África do Sul, inclusive com pré-pagamento.
- Experiências do México, China, Bangladesh, Quênia e Sri Lanka.

Resta acrescentar que, com a evolução das configurações dos sistemas elétricos, no sentido da denominada **rede inteligente** (*smart grid*), e com maiores incentivos à geração distribuída, pode-se visualizar a aplicação de minirredes locais, rurais ou urbanas, interligadas ao sistema elétrico de grande porte.

QUESTÕES PARA DESENVOLVIMENTO

1. Efetue um levantamento dos sistemas híbridos já implementados ou em fase de implementação no Brasil, distinguindo as aplicações voltadas aos sistemas isolados ou à operação em paralelo com a rede.
2. Seria possível estender o método *Loss of Power Supply* (Lops) para dimensionamento de sistemas híbridos, envolvendo diversas fontes de origem renovável e mesmo não renovável? Como isso poderia ser feito? Explique utilizando o equacionamento apresentado nos exercícios resolvidos nos capítulos anteriores. Nesse caso, quais poderiam ser as alternativas de dimensionamento das baterias do sistema?
3. No caso de energização rural (ou de sistemas isolados), identifique os principais aspectos técnico-econômicos a serem considerados na avaliação dos

---

1 Alguns podem ser encontrados por meio de pesquisas no site do Projeto *Consortium for Electric Reliability Technology Solutions* (Certs). Disponível em: http://certs.lbl.gov/ Acesso em: 6 set. 2016.

sistemas híbridos como alternativa ao atendimento pela rede. Aponte vantagens e desvantagens.

4. No caso de energização rural (ou de sistemas isolados), e como ampliação do cenário discutido na questão anterior, inclua os aspectos sociais, dando ênfase às formas de financiamento dos projetos e ao envolvimento da comunidade.
5. Disserte sobre as características possíveis do mercado, no caso da energização rural (ou de sistemas isolados), após a chegada da energia e sobre como isso poderia afetar a evolução da geração de energia elétrica ao longo do tempo e o dimensionamento dos sistemas híbridos.
6. Descreva as possíveis formas de uso de sistemas híbridos em paralelo com a rede, identificando vantagens e desvantagens, relacionadas principalmente com os aspectos técnicos, econômicos e ambientais.
7. Descreva a visualização futura do uso de sistemas híbridos associados à automação da distribuição e a programas de gerenciamento pelo lado da demanda e aplicados individualmente a consumidores residenciais, comerciais e industriais. Aponte as vantagens e desvantagens técnicas, econômicas e ambientais. Discorra sobre esse tipo de aplicação e seu relacionamento com os problemas e prioridades de:
   a) Países desenvolvidos.
   b) Países em desenvolvimento.
8. Descreva em maiores detalhes os aspectos ambientais relacionados com a aplicação dos sistemas híbridos, enfocando as realidades diferenciadas de:
   a) Países desenvolvidos.
   b) Países em desenvolvimento.
9. Aponte os diferentes tipos e formas de utilização dos sistemas híbridos para geração de energia elétrica e descreva cada um deles dando ênfase a: equipamentos constituintes do sistema; aplicações específicas visualizadas; viabilidade de aplicação ao longo do tempo e espaço (curto x longo prazos, países desenvolvidos x em desenvolvimento).
10. Faça um levantamento da participação e localização dos sistemas híbridos, na forma de minirredes, na produção de energia elétrica em termos mundiais. Identifique os sistemas já implementados e aqueles planejados ou em fase de implementação.
11. Descreva as possíveis formas de uso das minirredes em paralelo com a rede, identificando vantagens e desvantagens relacionadas principalmente com os aspectos técnicos, econômicos e ambientais.

CAPÍTULO 7

ENERGIA DOS OCEANOS

Os oceanos estendem-se por 71% da superfície do globo terrestre, ocupando uma área de 361 milhões de km^2. Considerando-se que a média de energia solar incidente sobre a superfície dos oceanos é de 176 W/m^2, seria possível efetuar uma estimativa do potencial dessa fonte renovável da ordem de 40 bilhões de MW se tudo corresse bem e seu uso integral fosse possível.

A energia contida nos oceanos existe na forma de marés, ondas, gradiente térmico, salinidade, correntes e biomassa marítima. Embora o fluxo total de energia de cada uma dessas fontes seja grande, apenas uma pequena fração desse potencial é passível de ser explorada em um futuro previsível. Há duas razões para isso: primeiro, a energia oceânica é de baixa densidade, requerendo uma planta de grande porte para sua captação; e, segundo, essa energia frequentemente está disponível em áreas distantes dos grandes centros de consumo.

ENERGIA DAS MARÉS

As marés são criadas pela atração gravitacional que a Lua exerce sobre a Terra. A energia das marés é proveniente do enchimento e esvaziamento alternados das baías e dos estuários e, sob certas condições que fazem com que o nível das águas suba consideravelmente na maré cheia, essa energia pode ser eventualmente utilizada para gerar energia elétrica. Um esquema de aproveitamento das marés contém uma barragem, construída em um estuário e equipada com uma série de comportas, que permite a entrada d'água para a baía.

A eletricidade é gerada por turbinas axiais cujos diâmetros chegam a atingir até 9 m. Como a vazão d'água varia continuamente, os ângulos do distribuidor, as pás das turbinas, ou ambos, são regulados para a máxima eficiência. Se a turbina for usada nas duas direções (na subida e na descida da água), para geração de eletricidade ou para bombeamento, é necessária uma dupla regulação. Dois tipos de turbinas podem ser usados: turbina Bulbo convencional e turbina Straflo (de *straight flow*).

A barragem pode ser operada de diversas maneiras. O método mais simples e utilizado é conhecido como geração na maré alta. Durante a maré alta, a água entra na baía através das comportas e é mantida até a maré recuar suficientemente e criar um nível satisfatório em que a água é liberada através das turbinas para geração de eletricidade. O processo de liberação das águas é mantido até a maré começar a subir novamente, fazendo com que a diferença de nível caia abaixo de um ponto de operação mínimo. Tão logo a água comece a subir, esta começa a entrar na baía novamente, repetindo o ciclo.

Um segundo método, chamado *flood generation*, gera eletricidade no ciclo inverso ao anterior, quando a maré flui para fora da baía. Essa técnica não é especialmente eficiente, pois a natureza da inclinação das baías geralmente resulta em baixa produção de energia.

Outro método consiste em extrair energia das marés alta e baixa. No entanto, nem sempre significa mais energia, porque a geração de energia durante a subida da maré restringirá o reenchimento da baía e limitará a quantidade de energia que pode ser gerada durante a maré alta. Além disso, a geração nos dois sentidos exige máquinas complexas e pode impedir a navegação em razão da diminuição do nível da baía.

Usinas reversíveis podem ser usadas para bombear a água do mar para a baía, ou vice-versa, dependendo do tipo de usina. Operando a turbina no modo reverso, agindo como bomba, o nível d'água na baía pode ser aumentado, elevando as características operativas.

Energia gerada

Localizada em uma baía conveniente, a máxima energia que se pode retirar das marés é dada pela expressão:

$$E_{max} = \eta \times \delta \times g \times R^2 \times S$$

Em que:

η = eficiência de conversão da energia mecânica em eletricidade.
δ = densidade da água do mar.
g = aceleração da gravidade.
R = altura da maré.
S = área total da baía.

Um fator importante a considerar é o comprimento L da barragem, necessário para fechar a baía (e aprisionar a água depois que ela é levada pela maré). O parâmetro L/S permite comparar diferentes locais: um valor pequeno de L/S é sempre desejável.

O fator de capacidade desse tipo de aproveitamento é de cerca de 25%. Deve ser salientado que, embora as marés sejam fenômenos previsíveis, a energia produzida pelas usinas maremotrizes, por ser função de ciclo das marés, não é utilizável para seguir a curva de carga, sendo, portanto, o uso das maremotrizes mais indicado na complementação de outras fontes de produção de eletricidade.

Impacto ambiental da utilização da energia das marés

O aproveitamento de energia das marés pode trazer inúmeros benefícios ambientais, pois a sua utilização, como substituição à geração a partir de combustíveis fósseis, pode evitar a emissão de CO_2 e carvão na atmosfera. Além disso, a barragem pode proteger a costa na ocorrência de tempestades marítimas.

No entanto, no projeto da barragem deve-se identificar cuidadosamente o impacto no ecossistema local antes de sua construção. Ou seja, devem-se analisar a qualidade da água, o tipo de sedimentação, os peixes e as aves marinhas. A construção de barragens afeta o regime hidrodinâmico do estuário, reduzindo tipicamente pela metade o alcance das marés, das correntes e da área intermaré. A mudança no regime hidrodinâmico pode influenciar tanto a qualidade da água como a composição e o movimento dos sedimentos. Isso pode ter efeito na cadeia alimentar de aves, peixes e invertebrados.

Outros aspectos de interesse relacionados à utilização da energia das marés

O custo de um sistema para aproveitamento das marés depende não somente do seu desempenho operacional, mas do custo inicial, que é elevado se comparado a outros tipos de geração, como a energia eólica, representando 30% a mais. Assim sendo, esse tipo de empreendimento que produz apenas uma parte de sua capacidade instalada possui um longo período e baixas taxas de retorno do investimento.

Um sistema de médio porte (240 MW) foi construído no estuário Rance, na Inglaterra, costa oeste da França. Uma turbina de 18 MW foi instalada na metade da década de 1980 no Canadá, e uma quantidade de pequenos aproveitamentos tem sido construída ao redor do mundo, incluindo um protótipo em um estuário na Rússia e diversos na China. O uso da energia das marés representa a possibilidade de utilização de energia renovável em grande escala, e existem ao redor do mundo diversas regiões que apresentam um bom potencial para aproveitamento das marés. São considerados locais com bom potencial aqueles que apresentam variações de marés entre quatro e dez metros ou 5 a 20 GW a custos razoáveis.

No Brasil, existem três lugares potencialmente adequados à construção dessas usinas: na foz do Rio Mearim, no Maranhão; na foz do Tocantins, no Pará; e na foz da margem esquerda do Amazonas, no Amapá.

ENERGIA DAS ONDAS

As ondas, criadas pela interação dos ventos com a superfície do mar, apresentam **energia cinética**, que é descrita pela velocidade das partículas d'água, e **energia potencial**, que é uma função da quantidade de água deslocada do nível médio do mar. O aumento da altura e do período das ondas e, consequentemente, dos níveis de energia depende essencialmente da faixa da superfície do mar sobre a qual o vento sopra e de sua duração e intensidade. Influem ainda sobre a formação das ondas os fenômenos de marés, as diferenças de pressão atmosférica, os abalos sísmicos, a salinidade e a temperatura da água.

A maior concentração da energia das ondas ocorre entre as latitudes 40° e 60° em cada hemisfério, onde os ventos sopram com maior intensidade. A conversão de energia das ondas em eletricidade não é simples por conta da baixa frequência das ondas (ao redor de 0,1 Hz), devendo ser aumentada para a velocidade de rotação das máquinas elétricas e mecânicas convencionais, em torno de 1.500 e 1.800 rpm.

Os sistemas de extração de energia apresentados na Figura 7.1 podem interagir com as ondas de diversas maneiras, de acordo com algumas de suas propriedades, tais como:

- Variação no perfil da superfície (inclinação e altura das ondas).
- Variações de pressões abaixo da superfície.
- Movimento orbital das partículas fluidas abaixo da superfície.
- Movimento unidirecional de partículas, ou seja, movimento de grandes massas d'água na arrebentação, que pode ser provocado natural ou artificialmente.

Esses sistemas podem incluir: estruturas flutuantes, que são balsas que ficam atracadas na superfície do mar ou perto dela; estruturas arti-

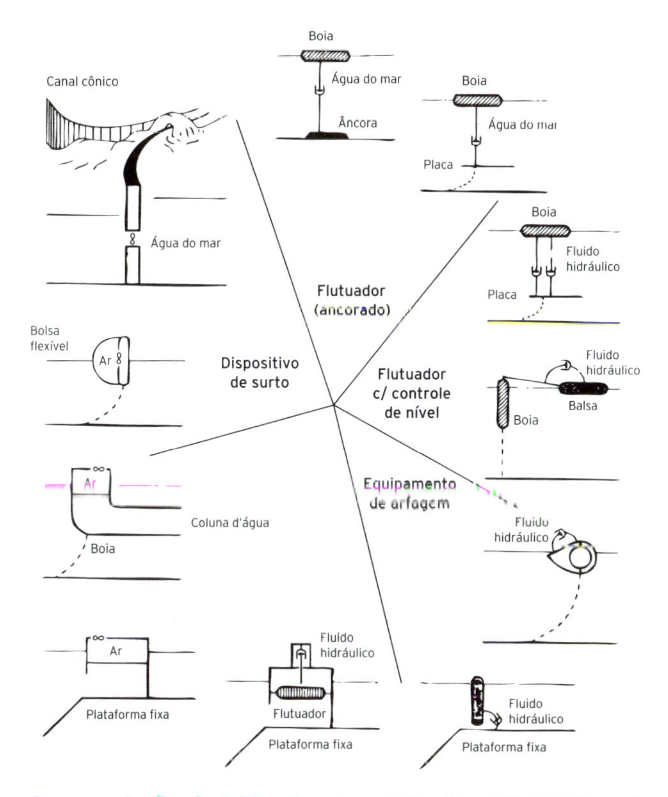

Figura 7.1 Representação simbólica de vários tipos de equipamentos de aproveitamento das ondas.

culadas, chamadas "seguidores de superfície", pois acompanham o perfil das ondas; equipamentos de bolsas flexíveis que enchem de ar com o crescimento das ondas; colunas d'água oscilantes (OWC), que agem como um pistão para bombear ar (que podem flutuar ou serem fixadas na superfície do mar ou abaixo dela); e equipamentos de focalização que usam câmaras perfiladas que aumentam a amplitude das ondas e, portanto, acionam bombas pneumáticas ou enchem um reservatório na linha da costa.

Potência disponível nas ondas

A energia potencial, por ciclo, de uma frente de onda de largura L no oceano é a energia da água situada acima do nível médio do mar. A potência disponível em um ciclo da onda será, então, a variação total dessa energia potencial.

Demonstra-se que essa potência, por unidade de comprimento da onda (L), pode ser estimada por:

$$P = \frac{P}{L} = \sigma \times g^2 \times h^2 \times T / 32\pi$$

Em que:

σ = densidade da água do mar.

g = gravidade.

h = amplitude total da onda (do ponto mais alto ao ponto mais baixo).

T = período da onda em segundos (igual ao inverso da frequência – número de ondas por segundo).

Por exemplo: se h = 6 m e L = 60 m, resulta que p = 36 W/m. Essa é uma densidade linear de energia bastante pequena, necessitando utilizar captadores de grandes dimensões para obter uma quantidade razoável de energia das ondas.

Impacto ambiental da utilização da energia das ondas

A energia das ondas pode substituir parcialmente a energia proveniente das fontes fósseis, portanto, pode contribuir para a redução das emissões de gases na atmosfera. Sua implantação pode causar efeitos ambientais dependendo do local. Alguns benefícios provenientes desse aproveitamento podem ser relacionados, tais como a criação de áreas atrativas para peixes, aves aquáticas, focas e algas marinhas. Os possíveis efeitos da sujeira das pinturas dos equipamentos no ecossistema local devem ser considerados.

O ambiente costeiro pode ser afetado pela modificação do clima das ondas locais, ou seja, a redução de energia das ondas pelos equipamentos pode, em teoria, afetar a densidade e a composição das espécies dos organismos residentes. Os equipamentos podem oferecer perigos às embarcações em razão de sua reduzida altura sobre as águas, tornando-os invisíveis a olho nu ou radar.

Outros aspectos relacionados à utilização da energia das ondas

A crise do petróleo em 1973 deu impulso ao interesse em maior escala por fontes renováveis de energia. Uma delas, em especial, já conhecida desde o início do século, mas ainda pouco explorada, é a energia das ondas. Em razão do grande potencial existente, o Reino Unido investiu em pesquisas e um grande número de equipamentos foi inventado, matematicamente modelado e experimentalmente testado com o suporte de patrocinadores comerciais e do Departamento de Energia (DOE).

Vários protótipos têm sido testados em diversos países do mundo, como Noruega, Portugal, Escócia, Índia, China, Dinamarca, entre outros. No Brasil, também existem estudos relativos a esse tipo de fonte. Com base na experiência de Portugal, que possui uma unidade de 400 kW instalada no arquipélago dos Açores, têm sido realizados estudos de levantamento de potencial e recurso técnicos que poderão ser utilizados na implementação de um primeiro protótipo. Tais estudos estão sendo realizados na Coppe – Instituto Alberto Luiz Coimbra de Pós-graduação e Pesquisa de Engenharia, da Universidade Federal do Rio de Janeiro (UFRJ).

As centrais movidas a onda, assim como as demais fontes alternativas, têm custo de capital elevado, fortemente dependente do tipo de sistema empregado. No entanto, os custos operacionais são reduzidos, pois não há consumo de combustíveis, e os custos de operação juntamente com os de manutenção são baixos. Como exemplo de custos, a usina de Portugal tem um custo de geração em torno de US$ 0,23/kWh. O modelo utilizado é composto por uma caixa de concreto pela qual entra a água do mar. A turbina que alimenta o gerador elétrico é acionada a partir do ar dentro da caixa, comprimido pelo movimento das ondas.

ENERGIA PROVENIENTE DO CALOR DOS OCEANOS (GRADIENTE TÉRMICO)

Uma parte significativa da radiação solar incidente na superfície da Terra é usada no aquecimento das águas dos oceanos. Essa temperatura decresce com a profundidade. O conceito de conversão de energia térmica dos oceanos – *ocean thermal energy conversion* (Otec) – explora essa diferença de temperatura para produzir eletricidade. Nas regiões tropicais, a superfície do mar chega a atingir temperaturas próximas de 25°C, em contraste com os 5°C de temperatura existentes em profundidades de 1.000 m. Como a eficiência da operação dos ciclos de potência é baixa com pequenas diferenças de temperatura, uma Otec é viável apenas em regiões com gradiente térmico de 20°C ou mais.

As plantas Otec podem ser construídas em terra ou instaladas em plataformas flutuantes ou barcos no mar. Em ambos os casos, o componente essencial é o enorme tubo requerido para levar a água fria à superfície. Para uma planta de 100 MW, o tubo pode alcançar 20 m de diâmetro e comprimento de 600 a 1.000 m.

Essas plantas são projetadas para trabalhar em ciclos fechados ou abertos, conforme esquemas das Figuras 7.2 e 7.3. Em ciclo fechado, a água quente da superfície é bombeada para um evaporador, no qual um fluido de trabalho (amônia, propano ou freon) é evaporado. O vapor flui através da turbina para o condensador, onde é refrigerado e condensado pela água fria bombeada da profundidade do oceano. O fluido condensado é bombeado de volta para o evaporador, fechando o ciclo. Em um ciclo aberto, a água do mar serve como fluido de trabalho e fonte de energia. A água quente do mar é evaporada em uma pressão baixa (0,03 bars) em um *flash evaporator*. O vapor resultante passa então através da turbina e é condensado ou pelo contato direto com a água fria do mar ou pelo condensador de superfície.

Em ambos os casos, a condensação do vapor causa diferença de pressão através da turbina, que cria um fluxo de vapor suficiente para acionar um gerador e produzir eletricidade. A potência que pode ser retirada do sistema depende do fluxo de calor (e, portanto, de água quente) multiplicado pela eficiência de conversão em eletricidade (a eficiência de um ciclo de Rankine).

$$P = Q \times \eta_R$$

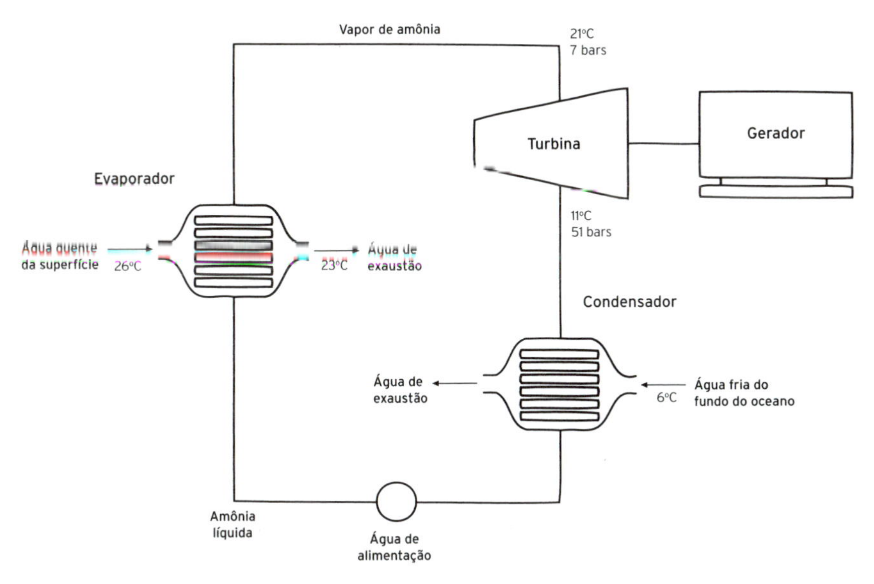

Figura 7.2 Planta Otec operando em ciclo fechado.

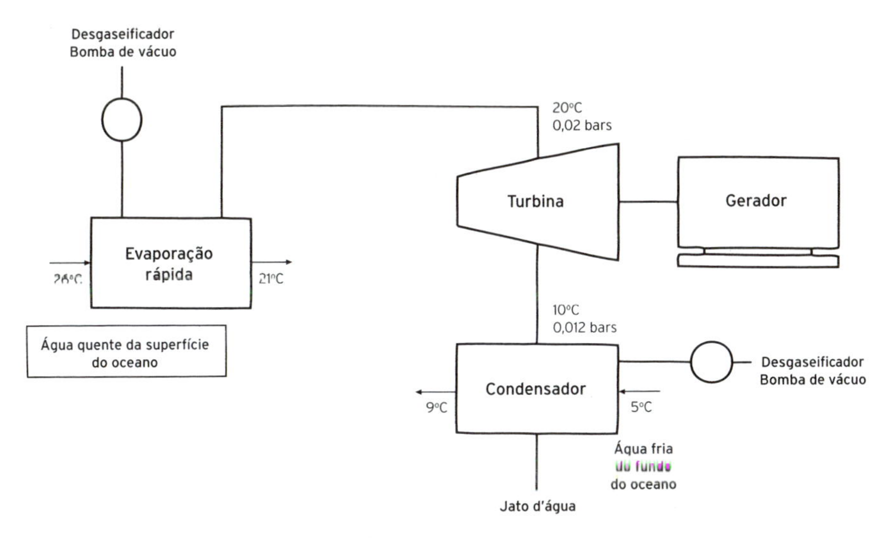

Figura 7.3 Otec operando em ciclo aberto.

Por exemplo, a queda de temperatura do propano é de 1,7°C ao passar pelo evaporador. Pode-se mostrar que o fluxo de água ϕ é:

$$\phi = \frac{1.35}{\eta_R} \text{ (metros cúbicos/segundo)}$$

Em que: η_R (a eficiência de um ciclo de Rankine) é de, aproximadamente, 90% de um ciclo de Carnot operando entre as mesmas fontes.

$$\eta_R = 0{,}9 \times \frac{T_i - T_f}{T_i}$$

Por exemplo, em um sistema em que Ti = 22°C e Tf = 13°C, a eficiência η_R será 0,0288 ou 28,8%. O fluxo de água necessário para gerar 100 MW é, portanto, de 29,2 × 10^6 litros por minuto.

Uma observação interessante é que a potência de um sistema Otec varia com o cubo do gradiente de temperatura disponível (ΔT), pois a potência é proporcional à eficiência do ciclo de Carnot (isto é, a ΔT), ao fluxo de calor transferido por condução nos trocadores de calor (que variam com ΔT) e ao fluxo de líquido que passa pelas superfícies dos trocadores de calor, que, como se pode demonstrar, também varia com ΔT. Assim,

$$P \approx (\Delta T)^3$$

Impacto ambiental da utilização de uma Otec

A operação de uma Otec ocasiona vários efeitos ambientais, alguns difíceis de analisar. O grande fluxo de água quente e fria poderia modificar os padrões locais ou mesmo globais do tempo, embora a evidência seja escassa. Outro problema relaciona-se com o dióxido de carbono contido nas águas profundas do oceano que poderia ser liberado na atmosfera quando bombeado e aquecido no condensador. No entanto, a quantidade de dióxido de carbono liberada é muito inferior a uma planta a óleo ou carvão equivalente. Um sistema Otec pode também afetar o ecossistema local por conta de mudanças provocadas na temperatura e na salinidade da água.

QUESTÕES PARA DESENVOLVIMENTO

1. Faça um levantamento da participação e localização dos diferentes tipos de sistemas de geração de energia elétrica baseados na utilização da energia dos oceanos em termos mundiais. Identifique os sistemas já implementados e aqueles planejados ou em fase de implementação.

2. Faça o mesmo em relação a projetos-piloto ou em fase de pesquisa no Brasil. Identifique as principais características de cada um e suas perspectivas de aplicação comercial ao longo do tempo.
3. Descreva as possíveis formas de uso dos diferentes tipos de sistemas de geração de energia elétrica baseados na utilização de energia dos oceanos em paralelo com a rede, identificando vantagens e desvantagens relacionadas principalmente com os aspectos técnicos, econômicos e ambientais.
4. Apresente um quadro da situação tecnológica econômica (com ênfase nos custos) dos diferentes tipos de sistemas de geração de energia elétrica baseados na utilização da energia dos oceanos nas condições atuais e as perspectivas de curto e longo prazos.

CAPÍTULO 8

CÉLULAS A COMBUSTÍVEL

A ideia básica de uma célula a combustível é a de uma bateria, dispositivo que produz energia elétrica a partir de reações eletroquímicas. Entretanto, existem algumas diferenças fundamentais entre as baterias e as células a combustível, cujo entendimento requer o conhecimento de conceitos oriundos da eletroquímica. Este capítulo apresentará esses conceitos e definirá as características gerais das células a combustível. Em seguida, serão descritas as características individuais de cada uma das tecnologias de células a combustível em desenvolvimento.

Nas células a combustível ocorrem reações de oxirredução, similares a uma bateria, porém a massa ativa é externa, normalmente na forma de gás, hidrogênio. São equipamentos que transformam energia química de combustíveis diretamente em energia elétrica com uma eficiência em torno do dobro de qualquer máquina térmica.

DEFINIÇÃO

As células a combustível são dispositivos eletroquímicos que produzem energia elétrica a partir do combustível hidrogênio.

Na célula a combustível, mostrada esquematicamente na Figura 8.1, o combustível (hidrogênio puro ou um gás rico em hidrogênio), suprido constantemente em um dos eletrodos – o **ânodo** –, reage eletroquimicamente com um oxidante (em geral, o oxigênio) suprido no outro eletrodo – o **cátodo**.

Entre os eletrodos, encontra-se o eletrólito, composto de material que permite o fluxo dos íons entre os eletrodos, mas impede a passagem dos elétrons, que são obrigados a percorrer um circuito externo, produzindo assim uma corrente elétrica.

Além do calor liberado pela reação eletroquímica, ocorre a formação de água, resultante da combinação entre o hidrogênio e o oxigênio envolvidos no processo.

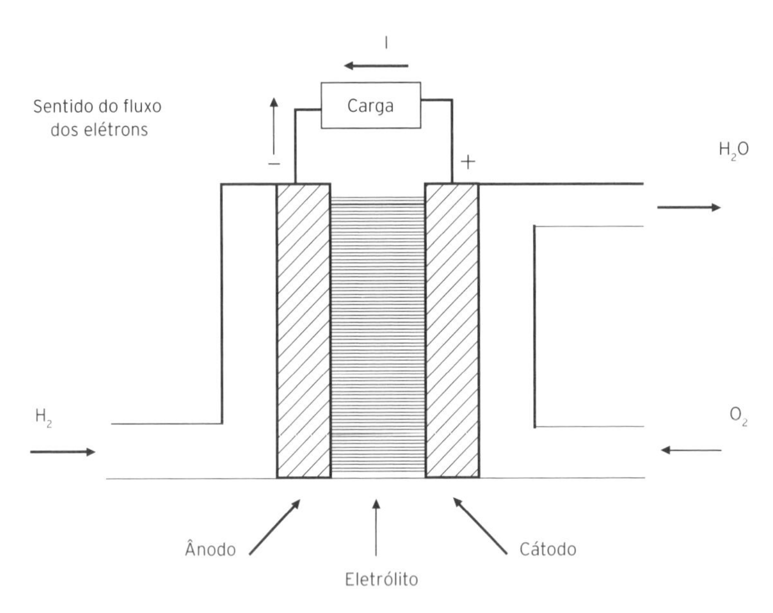

Figura 8.1 Esquema básico de uma célula a combustível.

CÉLULA A COMBUSTÍVEL E A BATERIA

A célula a combustível difere de uma a bateria, pois nesta última a energia é acumulada nos componentes existentes no seu interior, ao passo que, em uma célula a combustível, a energia elétrica é produzida enquanto for mantido o fluxo dos reagentes (hidrogênio e oxigênio), não existindo nenhum componente acumulador de energia em seu interior. Dessa forma, contrariamente às baterias, as células a combustível não são exauríveis e não necessitam de recarga.

Por outro lado, elas assemelham-se às baterias quanto à possibilidade de empilhamento de elementos em conjuntos denominados **pilhas de células**. Assim, sendo a tensão de um elemento da ordem de 1 V, a tensão de saída de uma unidade pode ser elevada a qualquer valor.

CÉLULA A COMBUSTÍVEL E ELETROLISADOR

O processo que se desenvolve em uma célula a combustível é exatamente o inverso de uma eletrólise, por isso a célula a combustível e o eletrolisador são dispositivos duais entre si. Essa dualidade é representada na Figura 8.2.

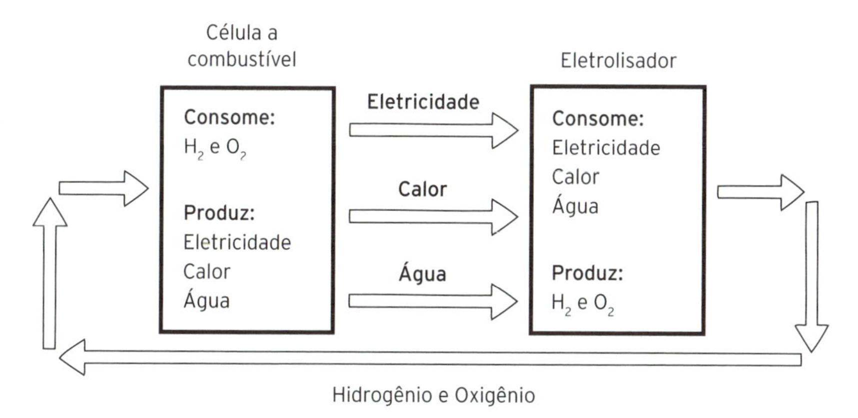

Figura 8.2 Dualidade entre uma célula a combustível e um eletrolisador.

DESCOBERTA E EVOLUÇÃO

Historicamente, desde sua descoberta em 1839, por Sir William Grove, a tecnologia das células a combustível evoluiu sensivelmente e tem sido utilizada, desde 1960, em voos espaciais tripulados dos programas Apolo e Gemini como fonte de energia e água potável para as necessidades de bordo.

Modernamente, entidades governamentais e empresas privadas do mundo inteiro se dedicam ao estudo e à pesquisa para utilização de células a combustível em motores para veículos e em unidades estacionárias para produção de energia.

CONVERSÃO DE ENERGIA

Contrariamente ao que ocorre nas máquinas e motores convencionais, as células a combustível convertem a energia química do combustível **diretamente** em energia elétrica sem que se processe a combustão. Em consequência, as células a combustível são capazes de produzir energia elétrica com maior eficiência, mais silenciosamente e sem poluição. A Figura 8.3 esquematiza a diferença entre os dois processos.

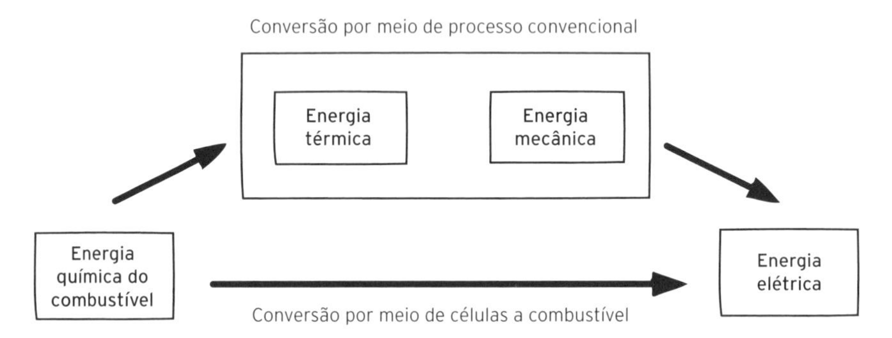

Figura 8.3 Conversão direta de energia com células a combustível comparada com a tecnologia convencional de conversão indireta.

REAÇÕES ELETROQUÍMICAS DE OXIDAÇÃO E REDUÇÃO

Os termos **redução** e **oxidação** são usualmente empregados para caracterizar as reações eletroquímicas que se processam no interior de uma célula a combustível.

Quando um ácido é dissolvido em água, alguns dos seus átomos de hidrogênio perdem os seus elétrons e assim o meio líquido se torna **ácido**. Diz-se então que o hidrogênio foi **oxidado**. Por extensão, qualquer reação que envolva perda de elétrons é denominada **reação de oxidação**. A reação inversa, ou seja, a reação que envolve ganho de elétrons, é denominada **reação de redução**.

Em uma célula a combustível, a reação global é considerada o resultado de duas meias-reações – uma de oxidação e outra de redução – que ocorrem em regiões fisicamente separadas uma da outra. Tais regiões são interconectadas por um eletrólito que conduz apenas íons, mas não elétrons. Esses elétrons, liberados pela meia-reação de oxidação, podem mover-se até a região onde ocorre a meia-reação de redução através de um circuito externo. Em outras palavras, os elétrons da meia-reação de *oxidação* saem da célula pelo *ânodo*, e dirigem-se, através do circuito externo, para a outra região da célula denominada **cátodo**, onde ocorre a meia-reação de **redução**.

Geralmente, a reação global de uma célula a combustível é a formação de água a partir do hidrogênio e do oxigênio. Assim, por exemplo, em uma célula alcalina, a reação global

$$2H_2 + O_2 \longrightarrow 2H_2O$$

é o resultado da combinação da meia-reação de **oxidação** que ocorre no ânodo

$$2H_2 + 4(OH)^- \longrightarrow 4H_2O + 4e^-$$

com a meia-reação de **redução** que ocorre no cátodo

$$O_2 + 2H_2 + 4e^- \longrightarrow 4(OH)^-$$

Por convenção, o sentido da corrente elétrica é aquele contrário ao do fluxo dos elétrons e, dessa forma, a corrente elétrica em uma célula de combustível sai pelo cátodo (polo positivo) e entra pelo ânodo (polo negativo), caracterizando assim a célula a combustível como um elemento elétrico ativo, gerador de energia elétrica.

COMBUSTÍVEIS

Entre as principais características que tornam atrativa a tecnologia das células a combustível, destaca-se a possibilidade de emprego de combustíveis fósseis, tais como o gás natural, o metanol, o gás de carvão, a nafta e outros. Quando utilizados, esses combustíveis são inicialmente submetidos a uma reação com o vapor, em um processo conhecido como **reforma catalítica**. Em seguida, o gás resultante do processo reage com o oxigênio no interior da célula produzindo principalmente água, energia térmica e energia elétrica, sem a ocorrência de combustão. Comparado com a combustão tradicional, esse processo realiza-se com eficiência significativamente mais elevada e com baixíssima emissão de gases poluentes.

TECNOLOGIAS DE CÉLULAS A COMBUSTÍVEL

As tecnologias de células a combustível são identificadas a partir do critério tradicional de classificação das células, baseado no tipo de eletrólito utilizado.

Existem atualmente vários tipos de células a combustível comerciais, classificadas conforme seu eletrólito:

- Células a combustível alcalinas (AFC, na sigla em inglês).
- Células a combustível de ácido fosfórico (PAFC, na sigla em inglês).
- Célula a combustível de membrana polimérica (PEMFC, na sigla em inglês).
- Células a combustível de carbonato fundido (MCFC, na sigla em inglês).
- Células a combustível de óxido sólido (SOFC, na sigla em inglês).

As tecnologias de células a combustível acima diferem entre si não só pelo eletrólito utilizado na célula, mas também, principalmente, pelas reações eletroquímicas envolvidas e pelas temperaturas de operação, conforme é possível observar na Figura 8.4.

No que tange à temperatura de operação, as tecnologias de células a combustível são divididas em dois grupos distintos: as células de primeira geração, que operam em baixas temperaturas (até 200°C), e as células

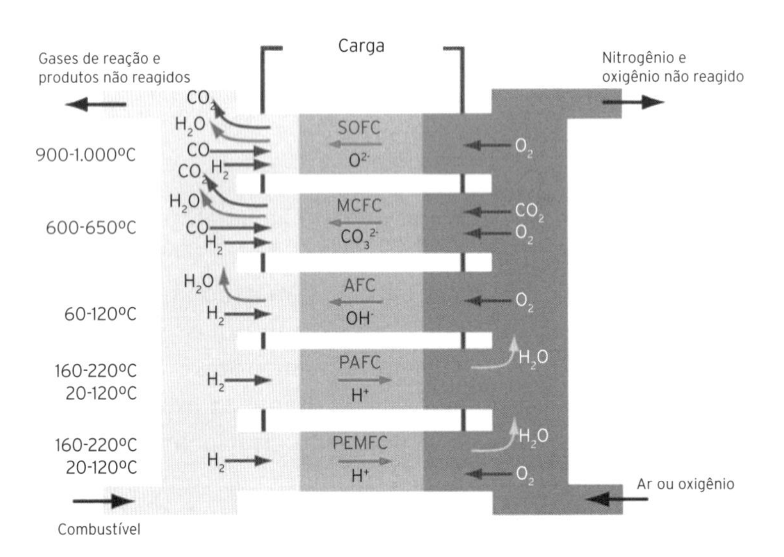

Figura 8.4 Principais tecnologias de células a combustível.
Fonte: Philippi Jr e Reis (2016).

de segunda geração, cuja temperatura de operação se situa na faixa de 600 a 1.000°C.

Esses dois grupos caracterizam:

- O grau de maturidade de desenvolvimento das tecnologias, mais elevado para as células de primeira geração
- Os tipos de sistemas que utilizam essa tecnologia, tendo em vista o fato de que as células de segunda geração, com temperatura de operação mais elevada, são mais adequadas para sistemas de maior porte e complexidade.

Células alcalinas

As células a combustível alcalinas (AFC) utilizam uma solução aquosa de hidróxido de potássio como eletrólito. A reação de oxidação em eletrólitos alcalinos é mais rápida que em eletrólitos ácidos, o que torna viável a utilização de metais não nobres e, portanto, mais baratos como eletrocatalisadores. As principais características das células alcalinas são indicadas na Tabela 8.1.

Tabela 8.1 Principais características das células a combustível alcalinas

CÉLULAS A COMBUSTÍVEL ALCALINAS (AFC)	
Temperatura de operação	60 a 90°C
Eficiência	50 a 60%
Eletrólito utilizado	Hidróxido de potássio (KOH) com 30 a 50% de concentração em peso
Reação anódica	$H_2 + 2(OH)^- \longrightarrow 2H_2O + 2e^-$
Reação catódica	$\frac{1}{2} O_2 + H_2O + 2e^- \longrightarrow 2(OH)^-$

Fonte: Philippi Jr e Reis (2016).

A maior desvantagem das células a combustível do tipo AFC reside no fato de os eletrólitos alcalinos reagirem com o dióxido de carbono CO_2, restringindo assim o emprego desse tipo de célula em aplicações em que o oxigênio e o hidrogênio puros são utilizados como reagentes.

Características construtivas

As células alcalinas não requerem materiais de alto custo na sua construção. Pela grande compatibilidade com muitos materiais, têm vida longa, tendo sido registrados períodos de operação superiores a 15.000 horas.

Aplicações

Não obstante seu alto custo, as células alcalinas têm se mostrado viáveis para aplicações remotas estratégicas, como missões espaciais, submarinas e militares. O grande interesse por aplicações terrestres móveis e estacionárias à base de células a combustível alcalinas está vinculado ao desenvolvimento de componentes de baixo custo para sua viabilização econômica.

Células a ácido fosfórico

Única tecnologia comercializada desde 1994, as células a ácido fosfórico pertencem ao grupo das células a combustível de primeira geração, de tecnologia mais antiga e mais desenvolvida até o presente. Utilizando o ácido fosfórico como eletrólito, essas células, conhecidas pela sigla PAFC, podem ser abastecidas com combustíveis relativamente limpos, derivados do processo de reforma de combustíveis fósseis como o gás natural, o GLP e outros destilados leves, ou ainda do processo de limpeza do gás de carvão produzido por um gaseificador.

Para proporcionar maior atividade das reações eletroquímicas, as células a combustível do tipo PAFC requerem o emprego de catalisadores à base de metais nobres como a platina, o que representa uma grande desvantagem pelo seu alto custo.

Não obstante essa desvantagem, o ácido fosfórico oferece algumas vantagens como a excelente estabilidade térmica, química e eletroquímica e a baixa volatilidade para temperaturas superiores a 150°C. Ao contrário do que possa parecer, o ácido fosfórico é um ácido benigno, conforme é diariamente atestado por milhões de consumidores de Coca-Cola®.

A vantagem desse tipo de célula é a construção relativamente simples, baseada em materiais produzidos a partir de processos amplamente dominados pela indústria.

Aplicações

A principal aplicação das células de combustível PAFC dá-se nas centrais de cogeração com potência de 50 kW a 1.000 kW para instalação nas dependências do consumidor (*on-site power*). Destina-se ao suprimento de eletricidade e calor para estabelecimentos comerciais, conjuntos residenciais e pequenas indústrias. Nessas aplicações, o combustível mais utilizado é o gás natural reformado, embora já existam unidades abastecidas com nafta e metanol. O calor produzido, obtido por meio de recuperação parcial ou total do calor residual gerado no processo, pode ser utilizado para aquecimento de água ou para ar-condicionado mediante processo de absorção.

Esses são os únicos maiores segmentos do mercado identificados até o presente como economicamente viáveis para utilização das células de combustível do tipo PAFC, com nível de produção ainda em fase de amadurecimento. Em cada setor, a penetração será determinada pelas condições usuais do mercado: custo do produto final comparado com o custo das tecnologias competidoras. Apesar disso, a comunidade e os legisladores decidiram dar suporte à introdução de tecnologias sustentáveis de conversão de energia tais como a apresentada pela tecnologia das células a combustível PAFC. Isso favorece a utilização mais eficiente dos combustíveis fósseis, a redução da chuva ácida e do efeito estufa, além da introdução de tecnologias sustentáveis de conversão de energia.

Células a polímero sólido

A descoberta das células de combustível a polímero sólido (SPFC) ocorreu no início dos anos 1960. Hoje elas são conhecidas como:

- *Solid Polymer Electrolyte Fuel Cell* (SPEFC).
- *Solid Polymer Fuel Cell* (SPFC).
- *Polymer Electrolyte Membrane* ou *Proton Exchange Membrane Fuel Cell* (PEMFC).
- *Polymer Electrolyte Fuel Cell* (PEFC).
- *Ion Exchange Membrane Fuel Cell* (IEMFC).

Neste livro, será utilizada a designação SPFC, característica da primeira geração de células com essa tecnologia, produzidas pela General Electric Company.

As células SPFC utilizam como eletrólito uma membrana de polímero sólido, com cerca de 100 micra de espessura. Embora totalmente impermeável à passagem de elétrons, a membrana atua como um excelente condutor de íons de hidrogênio (prótons). Tal como nas células dos tipos

AFC e PAFC, a platina é utilizada como agente catalisador das reações eletroquímicas que se processam na célula:

- No ânodo: $2H_2 \longrightarrow 4H^+ + 4e^-$.
- No cátodo: $O_2 + 4H^+ + 4e^- \longrightarrow 2H_2O$.

O hidrogênio do combustível é consumido no cátodo, produzindo íons de hidrogênio, que entram pelo eletrólito, e elétrons, que se dirigem ao ânodo através de um circuito externo. No ânodo, o oxigênio combina-se com os íons de hidrogênio e com os elétrons, produzindo água no estado líquido, já que as células de combustível SPFC operam em temperaturas da ordem de 80°C. A água produzida no cátodo é expelida com o auxílio da corrente de oxidante.

Aplicações

Por serem mais eficientes e não provocarem o desprendimento de gases poluentes, as células a polímero sólido são aplicadas na indústria automotiva em substituição aos motores de combustão interna. No final do século XX, registrou-se em todo o mundo uma grande quantidade de ônibus, peruas e veículos de passeio em operação experimental equipados com células SPFC. Essa tecnologia também tem se mostrado bastante promissora para aplicações estacionárias, como em centrais de cogeração. Pelo menos uma unidade experimental no mundo já se encontra em fase de testes, desde 1997.

Células a carbonato fundido

Pertencentes ao grupo de células de combustível de segunda geração, as células a combustível a carbonato fundido (MCFC) operam em temperaturas entre 600 e 650°C e encontram-se em fase adiantada de desenvolvimento, principalmente no Japão e nos Estados Unidos.

Uma das principais características das células MCFC, que as diferencia das demais, é o envolvimento do dióxido de carbono (CO_2) nas reações eletroquímicas, conforme ilustrado a seguir:

- Reação anódica: $H_2 + CO_3^{2-} \longrightarrow H_2O + CO_2 + 2e^-$.
- Reação catódica: $\frac{1}{2} O_2 + CO_2 + 2e^- \longrightarrow CO_3^{2-}$.
- Reação global: $H_2 + \frac{1}{2} O_2 + CO_2$ (cátodo) $\longrightarrow H_2O + CO_2$ (ânodo).

Na prática, o CO_2 produzido no ânodo é transferido para o cátodo, onde é consumido mediante a utilização de um mecanismo para:

- Transferir o CO_2 do gás de saída do ânodo para o gás de entrada do cátodo.
- Produzir CO_2 por meio de combustão do gás de exaustão do ânodo misturando-o com o gás de entrada do cátodo.
- Suprir o CO_2 a partir de uma fonte externa.

Outra interessante peculiaridade das células MCFC é o fato de o monóxido de carbono, normalmente existente no gás de entrada do ânodo, funcionar como um gás combustível da mesma forma que o hidrogênio, sofrendo um processo de oxidação e liberando CO_2 e elétrons adicionais. A reação que se processa é a seguinte:

$$CO + CO_3^{2-} \longrightarrow 2CO_2 + 2e^-$$

Aplicações

A tecnologia das células a combustível a carbonato fundido está se tornando cada vez mais atrativa para aplicações em centrais de cogeração de médio e grande portes por oferecer diversas vantagens não só sobre as unidades convencionais de cogeração, mas também sobre os sistemas à base de células a ácido fosfórico (PAFC).

Dentre essas vantagens, destaca-se a elevada eficiência combustível/energia elétrica, que pode exceder 55%, portanto bem superior aos 33 a 35% das unidades de tecnologia convencional e aos 40 a 45% observados nas unidades à base de células a ácido fosfórico, sem o aproveitamento do calor residual. Quando o calor residual é utilizado em esquema de ciclo combinado, a eficiência global da central pode atingir 85%.

A elevada temperatura de operação das células MCFC as torna mais adequadas para aplicações em sistemas de cogeração que operam em ciclo combinado.

Células a óxido sólido

As células a combustível a óxido sólido (SOFC) são dotadas de eletrólito à base de uma mistura de óxido de zircônio (ZrO_2) e yttria (Y_2O_3), ânodo composto de níquel-óxido de zircônio ($Ni\text{-}ZrO_2$) e cátodo à base de estrôncio (Sr). Operando em temperaturas bastante elevadas, em torno de 1.000°C, gozam das mesmas vantagens das células a combustível MCFC quando comparadas com as células de baixa temperatura (PAFC e SPFC), a saber:

- Dispensam a utilização de catalisadores à base de materiais nobres e de alto custo.
- Permitem o processamento direto do combustível no interior da própria célula (reforma interna).
- São adequadas para a produção de calor residual em sistemas de cogeração com ciclo combinado.

O projeto das células com tecnologia SOFC está sendo desenvolvido segundo três concepções distintas: tubular, planar e monolítica:

- **Tubular:** criada pela Westinghouse, opera com o combustível fluindo nas superfícies externas de um feixe de tubos. O oxidante flui internamente ao tubo que é composto por eletrodos e eletrólito em tubos concêntricos formando um sanduíche.
- **Planar:** está sendo desenvolvida por algumas companhias como a Siemens e a Fuji Electric. Nesse caso, as células são constituídas por placas planas montadas juntas e empilhadas. As vantagens desse sistema sobre o tubular são a relativa facilidade de fabricação e a baixa resistência do eletrólito, reduzindo perdas.
- **Monolítica:** está em estágio inicial de desenvolvimento. Sua construção é baseada em um processo de sintetização/corrugação dos eletrodos e do eletrólito para formar uma estrutura em forma de colmeia.

As seguintes características, próprias das células a combustível SOFC, tornam-nas vantajosas em relação às células MCFC:

- Possuem eletrólito sólido, sendo, portanto, mais estáveis.
- O eletrólito não é corrosivo, possibilitando vida útil mais longa.
- Não necessitam de reciclagem de CO_2, dispensando os componentes auxiliares para essa finalidade.
- São mais tolerantes à contaminação pelo enxofre e suportam processos de remoção de contaminantes à temperatura elevada (mais eficientes), tornando-as assim mais apropriadas para operação com o gás de carvão como combustível.

Em contrapartida, a elevada temperatura das células de combustível SOFC traz algumas desvantagens, como a redução da energia livre disponível na célula e outros problemas relacionados com os materiais utilizados na célula e em equipamentos auxiliares como trocadores de calor e pré-aquecedores.

As reações eletroquímicas características das células a combustível SOFC são:

- No ânodo: $H_2 + O^{2-} \longrightarrow H_2O + 2e^-$ e $CO + O^{2-} \longrightarrow CO_2 + 2e^-$.
- No cátodo: $^1/_2 O_2 + 2e^- \longrightarrow O^{2-}$.
- Reação global: $H_2 + {}^1/_2 O_2 \longrightarrow H_2O$.

Aplicações

O calor resultante pode ser utilizado em aplicações de cogeração ou para acionar uma turbina a vapor, produzindo, assim, energia elétrica adicional àquela gerada pela reação química da célula.

Em decorrência da elevada temperatura de operação, esse tipo de célula é adequado para operar em esquema de ciclo combinado, em que o combustível não submetido à reação química que sai da célula é queimado em uma turbina a gás. Como a temperatura dos gases de exaustão é da ordem de 500 a 900°C, o calor residual pode ser utilizado para gerar vapor, conseguindo-se com isso atingir uma eficiência global da ordem de 80%.

SISTEMAS À BASE DE CÉLULAS A COMBUSTÍVEL

Sistemas à base de células a combustível que utilizam as diversas tecnologias descritas no item anterior têm sido largamente testados em sistemas móveis e estacionários, demonstrando inúmeras vantagens sobre os sistemas convencionais. Este item define as características desse tipo de sistema, descrevendo seus principais componentes, exemplificando algumas aplicações mais usuais e apresentando uma comparação de vantagens e desvantagens das tecnologias disponíveis. A Tabela 8.2 apresenta uma comparação das vantagens e desvantagens entre os tipos de células a combustível CAC.

Tabela 8.2 Comparação de vantagens e desvantagens entre os tipos de CAC

	COMBUSTÍVEL	VANTAGENS	DESVANTAGENS
PEMFC (Polímero sólido)	H_2 e gás natural, metanol ou etanol reformado	Alta densidade de corrente, operação flexível	Contaminação do catalisador com CO (< 10 ppm), custo da membrana
AFC (Alcalina)	H_2	Alta eficiência (83% teórica)	Sensível a CO_2 (< 50 ppm), gases ultrapuros
PAFC (Ácido fosfórico)	Gás natural ou H_2	Maior desenvolvimento tecnológico	Moderada tolerância ao CO (< 2%), corrosão dos eletrodos
DMFC (Metanol direto)	Metanol	Utilização de metanol direto	Baixa eficiência, baixo tempo de vida útil da membrana
MCFC (Carbonato fundido)	Gás natural, Gás de síntese	Tolerância a CO e CO_2	Materiais resistentes, reciclagem de CO_2
SOFC (Óxido sólido)	Gás natural, gás de síntese	Alta eficiência, a reforma do combustível pode ser feita na célula	Totalmente tolerante ao CO, expansão térmica, problema de materiais

Fonte: Ett e Ett (2011).

De forma geral, as vantagens de se usar uma CAC são:

- Rendimento maior que as termelétricas de ciclo a vapor. Atualmente, as células a combustível podem operar com rendimento em torno de 60%.
- Maiores níveis de confiabilidade que motores de combustão interna, termelétricas com ciclo a vapor e turbinas à gás, por não possuírem partes móveis.
- Excelente desempenho ambiental quanto às emissões atmosféricas, praticamente inexistentes.
- Grande flexibilidade no planejamento, por permitir montagem em módulos.

A Figura 8.5 apresenta um esquema geral de um sistema à base de células a combustível.

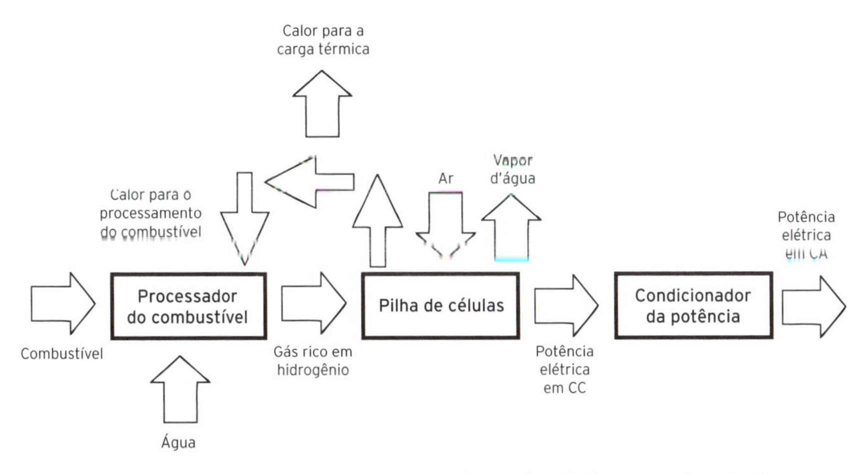

Figura 8.5 Esquema geral de um sistema à base de células a combustível.

Principais componentes

Processador do combustível

Antes de ser introduzido na célula, o combustível deve passar por um processo de "limpeza", cuja função é retirar todas as impurezas, como o enxofre, a amônia e, eventualmente, o monóxido de carbono (CO), que, em contato com os elementos da célula, podem causar sua contaminação, prejudicando seu desempenho e reduzindo sua vida útil.

O processador do combustível é responsável por esse processo em que se realiza também a **reforma catalítica a vapor**, que, em síntese, constitui-se na reação dos hidrocarbonetos existentes no combustível com vapor d'água, produzindo o hidrogênio livre que participará da reação eletroquímica no interior da célula. Para o caso do metano (CH_4), um dos hidrocarbonetos mais comuns na composição dos combustíveis, a reação que se processa é a seguinte:

$$CH_4 + H_2O \longrightarrow CO + 3H_2$$

Essa reação, classificada como **endotérmica**, absorve calor do ambiente, obtido a partir do próprio calor liberado pela reação eletroquímica, que ocorre no interior da célula.

No entanto, o monóxido de carbono (CO) formado em alguns tipos de células, mesmo em baixas concentrações, é altamente prejudicial aos seus componentes e deve ser eliminado.

O processo de eliminação do monóxido de carbono é realizado a temperaturas elevadas por meio da chamada **reação de deslocamento**, com vapor d'água, que redunda na produção de uma quantidade adicional de hidrogênio para a célula e de dióxido de carbono que é eliminado:

$$CO + H_2O \longrightarrow CO_2 + H_2$$

Essa reação, classificada como **exotérmica**, libera calor para o ambiente e necessita de temperaturas elevadas, superiores às temperaturas de operação de alguns tipos de células. Nesse caso, a dosagem de monóxido de carbono existente no combustível inserido na célula deve ser controlada para reduzir o risco de contaminação dos eletrodos e do eletrólito.

Nas células que operam a temperaturas elevadas (MCFC e SOFC), o processo de reforma catalítica do combustível é realizado no interior da própria célula, eliminando assim a necessidade de um reformador separadamente. Essa situação caracteriza a chamada **reforma interna do combustível**.

Pilha de células

Cada elemento de célula, em geral na forma de uma placa plana de alguns milímetros de espessura, contém três camadas dispostas em forma de sanduíche, correspondentes aos eletrodos e ao eletrólito.

Mediante o empilhamento desses elementos e das ligações em série e paralelo entre eles para obter a tensão e a potência desejadas, configura-se a chamada **pilha de células**, em que efetivamente ocorre a reação eletroquímica com a geração de energia elétrica e liberação de água e energia térmica.

Condicionador da potência

A energia elétrica produzida pela célula, assim como em baterias de acumuladores, é em corrente contínua. Para que essa energia possa ser utilizada, na maioria dos casos, é necessária a sua conversão para corrente alternada trifásica. Essa tarefa é realizada pelo condicionador da potência, constituído principalmente por inversores estáticos.

HIDROGÊNIO COMO COMBUSTÍVEL DAS CÉLULAS

O hidrogênio é o combustível básico utilizado nas células a combustível, seja na sua forma pura ou derivada de outros combustíveis, como os hidrocarbonetos, os álcoois e o carvão.

Nas células abastecidas com hidrogênio puro, as reações eletroquímicas que se processam são bem simples, não ocorrendo a produção de substâncias derivadas do carbono (CO ou CO_2), do enxofre (SO_2) ou do nitrogênio (NO_X), que geralmente contaminam os componentes internos da célula, reduzindo a sua eficiência.

O hidrogênio como combustível exerce o importante papel de transportador de energia (*energy carrier*), proporcionando o armazenamento e a transmissão desta através de linhas de dutos ou em bujões especiais.

A forma mais tradicional de produção de hidrogênio puro é por meio da eletrólise da água, mediante a utilização de uma fonte externa de energia. Esse processo se dá de maneira exatamente inversa ao processo das células a combustível.

Hidrogênio solar

As energias produzidas a partir de fontes renováveis – como a energia hidráulica das pequenas centrais hidrelétricas (PCHs), a energia eólica, a energia da biomassa e as energias termossolar e solar fotovoltaica – podem ser convertidas diretamente em energia elétrica. Todavia, o potencial para utilização de fontes renováveis está limitado por fatores como a intermitência dos ventos ou das radiações solares. Sempre existe, portanto, uma parcela da energia, denominada **energia secundária ou residual**, que é descartada. No caso das usinas hidrelétricas, a energia secundária não convertida em energia elétrica corresponde à energia da água que escoa pelo vertedouro.

O papel das fontes renováveis de energia será bem mais significativo se essa energia secundária puder ser convertida em um transportador de energia, como o hidrogênio, assim chamado **hidrogênio solar**. A Figura 8.6 mostra o esquema do ciclo do hidrogênio solar, nela se observam a produção, o transporte e a utilização do hidrogênio, por exemplo, em uma célula de combustível, produzindo energia elétrica, calor e água. A combustão do hidrogênio no ar produziria emissão de óxidos de nitrogênio (NO_X).

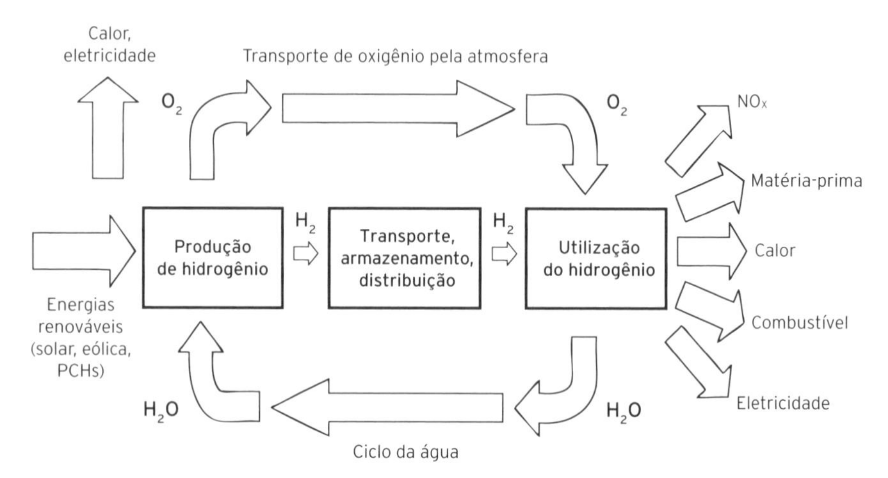

Figura 8.6 Ciclo do hidrogênio solar.

Hidrogênio obtido a partir do gás natural

Um dos principais componentes do gás natural é o metano (CH_4), um hidrocarboneto leve. O hidrogênio pode ser obtido do gás natural por um processo conhecido como **reforma catalítica a vapor**. O processo envolve a conversão catalítica do metano em presença de vapor d'água, que libera hidrogênio e óxidos de carbono (CO e CO_2).

Hidrogênio obtido a partir do carvão

Ainda muito utilizado em todos os países, o carvão é considerado um dos combustíveis mais poluentes. No mundo inteiro, alguns programas têm se dedicado em larga escala ao desenvolvimento de processos de gaseificação do carvão e aproveitamento do gás para abastecimento de sistemas à base de células a combustível. As células MCFC e SOFC, de segunda geração, são mais adequadas pelas elevadas temperaturas de operação, características dos processos relacionados com a gaseificação do carvão.

Muitos tipos de gaseificadores de elevada eficiência, que utilizam diferentes processos, estão sendo desenvolvidos e aperfeiçoados mundialmente, destacando-se os da British Gas, Texaco, Dow, Shell e KRW.

Hidrogênio obtido a partir do metanol e da biomassa

Com a crise do petróleo em 1970, foram iniciados vários projetos para a utilização do metanol derivado do carvão. Hoje ele é o combustível mais promissor para substituir aqueles derivados do petróleo, caso estes venham a se tornar antieconômicos nos motores à combustão interna.

O desenvolvimento recente da tecnologia das chamadas células a combustível diretamente abastecidas com metanol – *Direct Methanol Fuel Cell* (DMFC) – fez retornar o interesse mundial por esse combustível.

Questões relacionadas com a preservação do meio ambiente têm despertado um crescente interesse pela utilização em larga escala do metanol e do hidrogênio obtidos a partir da biomassa como fonte de energia, pois sua exploração e utilização, de forma renovável, não causarão qualquer impacto ambiental negativo.

O metanol e o hidrogênio podem ser produzidos a partir da biomassa por processos bem semelhantes aos da obtenção do metanol a partir do carvão, cujas etapas dos processos envolvidos já são bem conhecidas.

SISTEMAS MÓVEIS

Os sistemas móveis à base de célula a combustível caracterizam-se principalmente pela constituição compacta, com as células submetidas a elevadas densidades de corrente. Sistemas com essas características, tipicamente à base de células a combustível SPFC, são utilizados em substituição aos tradicionais motores de combustão interna, com inúmeras vantagens, dentre as quais se destacam a elevada eficiência e a ausência de emissão de gases de efeito estufa. Tais sistemas, no entanto, não serão tratados em detalhe aqui por fugirem do escopo desta publicação, voltada à geração de energia elétrica.

SISTEMAS ESTACIONÁRIOS

Os sistemas estacionários à base de células a combustível caracterizam-se principalmente pela capacidade de geração de energia elétrica em local próximo ao centro da carga, garantindo, assim, vantagens como o adiamento, a redução ou até mesmo a eliminação de investimentos em linhas de transmissão e redes de distribuição.

Sistemas de geração de energia nas dependências do consumidor

Dentre as aplicações principais, destaca-se a chamada **geração de energia nas dependências do consumidor**, expressão utilizada como tradução do termo *on-site power*, em que o sistema, com operação e manutenção a cargo da concessionária, é instalado em área do próprio consumidor e, de acordo com suas necessidades, fornece energia elétrica e térmica em regime de cogeração. Com o sistema operando em paralelo com a rede elétrica da concessionária, existe também a possibilidade de que o excesso de energia elétrica gerado pelo sistema seja vendido à concessionária.

A pesquisa e o desenvolvimento desse sistema, orientado para comercialização de unidades de geração de energia das dependências do consumidor, revelaram um grande potencial de mercado, representado por hospitais, shopping centers, hotéis, conjuntos residenciais, pequenas e médias indústrias, entre outros, para unidades de capacidade média (variando entre 50 kW e 500 kW).

Esse tipo de sistema foi justamente o que projetou a tecnologia das células a combustível, tornando-a comercialmente disponível desde o início dos anos 1990: em 1992, foram lançadas no mercado as unidades PC-25, com tecnologia PAFC, de 200 kW.

Sistemas de geração distribuída

O paradigma da geração distribuída, com a formação das chamadas microrredes, vem despertando interesse em concessionárias do mundo inteiro e já é utilizado em sistemas rurais e urbanos de distribuição de energia elétrica, mediante a utilização de unidades alternativas à base de fontes renováveis de energia, como aerogeradores, painéis fotovoltaicos e outras. Por se tratar de unidades modulares de pequeno porte, a capacidade geradora global, para acompanhar o crescimento da carga, pode ser gradualmente incrementada pelo acréscimo de novos módulos com um tempo mínimo de implementação.

Com o advento das células a combustível, surgiram outras grandes vantagens favoráveis à geração distribuída, dentre as quais a possibilidade de utilização do calor residual para produção de água quente, para sistemas de ar-condicionado ou para a produção concomitante de energia elétrica e vapor por meio dos chamados ciclos de cogeração de elevada eficiência.

Configurações de operação – elétrica

Do ponto de vista elétrico, os sistemas de geração à base de células a combustível são capazes de operar em diferentes configurações, conectadas ou não à rede elétrica existente. Uma aplicação típica é a de operação em paralelo com a concessionária para suprimento de energia a equipamentos de processamento de dados e a outras cargas do consumidor que não se podem sujeitar a quedas de tensão ou perdas momentâneas de energia. Nesse tipo de aplicação, o sistema possibilita ao consumidor a alternativa de vender o excesso de energia à concessionária, além da possibilidade de suprir energia reativa indutiva ou capacitiva, contribuindo assim para o controle da tensão da rede da concessionária.

Normalmente, esses sistemas apresentam excelentes características de comportamento a sobrecargas e proporcionam uma elevada confiabilidade, mesmo quando operam em paralelo com outras fontes, reduzindo assim o risco de falta de suprimento às cargas no caso de faltas severas no sistema elétrico.

A Figura 8.7 mostra esquematicamente as configurações de um sistema de geração de energia elétrica à base de células a combustível operando em paralelo com a concessionária. Na configuração (a), a central opera em paralelo com a concessionária, fornecendo energia elétrica às cargas normais e às cargas críticas do sistema. Na ocorrência de uma falta da concessionária, esta é isolada do sistema, que passa a operar apenas com a central de cogeração, abastecendo as cargas críticas, conforme a configuração (b). Finalmente, a configuração (c) aplica-se no caso de uma falha na central de cogeração, ficando, dessa forma, todo o sistema suprido pela concessionária.

Configurações de operação – térmica

O calor produzido por um sistema à base de células a combustível deve ser removido de duas formas:

- Por meio de uma unidade térmica de rejeição de calor (por exemplo, uma torre de resfriamento).
- Mediante um processo de recuperação de calor para produção de água quente ou vapor para suprir os sistemas térmicos do consumidor, que assim pode contar com uma fonte de calor de elevada eficiência sem a necessidade da queima de combustível.

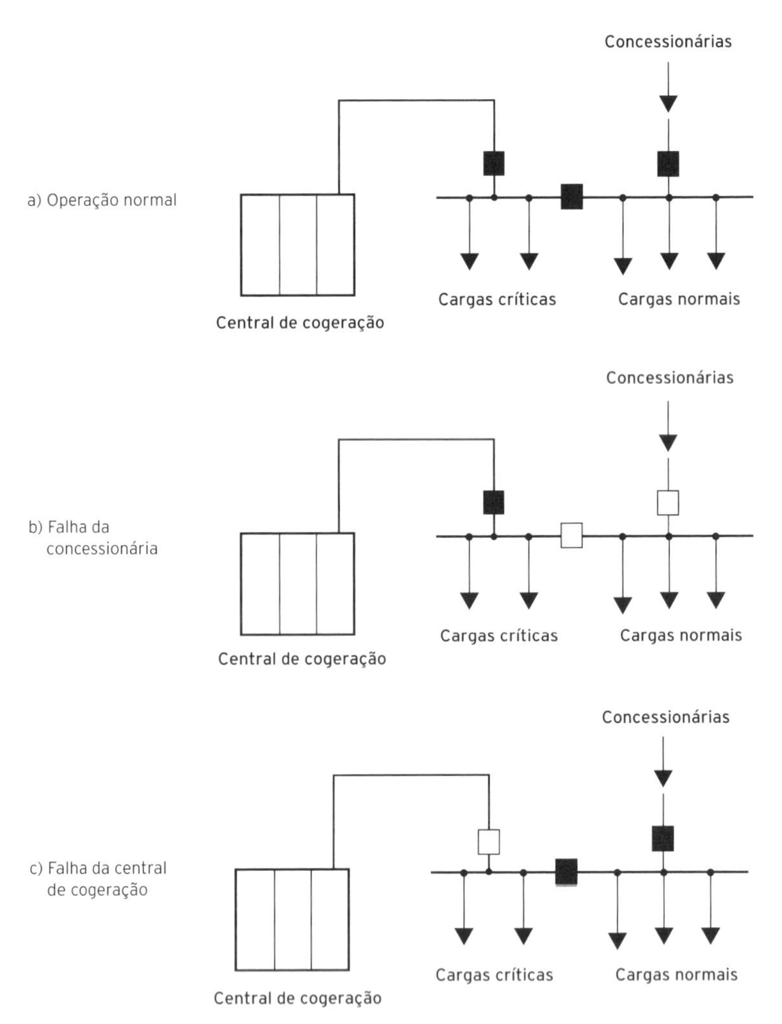

Figura 8.7 Esquema das configurações de um sistema de geração de energia à base de células a combustível operando em paralelo com a concessionária.

Os sistemas de primeira geração, que operam em temperaturas de até 200°C, produzem calor que pode ser utilizado diretamente para produção de água quente ou em sistemas de condicionamento de ar frio ou quente, muito empregados por hospitais, hotéis e outros estabelecimentos comerciais. As Figuras 8.8 e 8.9 mostram os esquemas típicos de operação de uma central de cogeração à base de células de combustível que produz água quente e água gelada por meio de um *chiller* de absorção.

Os sistemas à base de células a combustível de segunda geração, que operam em temperaturas bem superiores a 200°C, podem fazê-lo em

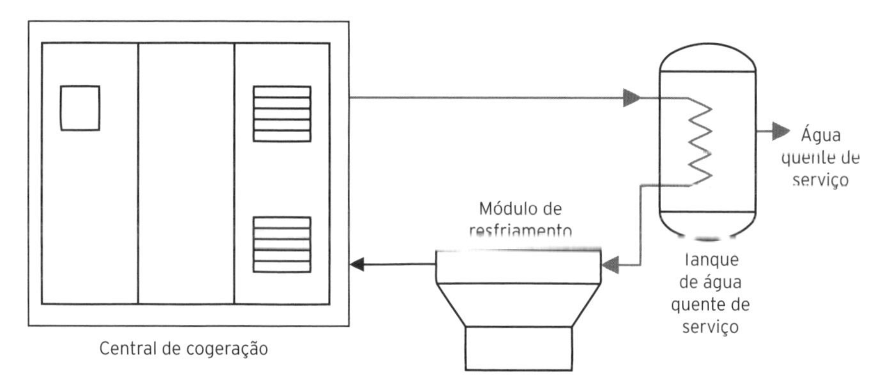

Figura 8.8 Esquema das configurações de um sistema de cogeração à base de células a combustível suprindo um sistema de produção de água quente por meio de um trocador de calor.

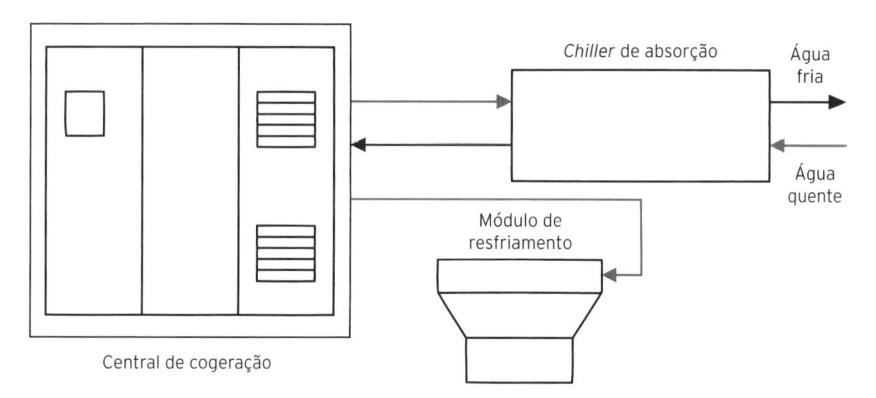

Figura 8.9 Esquema de um sistema de cogeração à base de células a combustível suprindo um sistema de produção de água gelada por meio de um *chiller* de absorção.

regime de cogeração com ciclo combinado, mais complexo e de maior capacidade, a exemplo do que ocorre com os sistemas convencionais à base de turbogeradores. Neles, o vapor produzido é aproveitado em processos industriais ou até mesmo para a produção de energia elétrica adicional por meio de uma turbina a vapor.

SISTEMAS QUE COMBINAM CÉLULAS A COMBUSTÍVEL COM TURBOGERADORES A GÁS

Entre as pesquisas orientadas à descoberta de novas aplicações para as células a combustível encontram-se as que combinam células a combustível com turbogeradores a gás em ciclo combinado, obtendo sistemas de altíssima eficiência. Algumas empresas norte-americanas, como a Westinghouse e a Solar Turbines, têm se dedicado a essa pesquisa, cujo resultado esperado é que o conjunto venha a ter uma eficiência maior e um custo menor que a da célula a combustível ou do turbogerador considerados isoladamente.

Instalação

Duas das grandes vantagens das centrais PC-25, assim como de qualquer central de cogeração à base de células a combustível, são a sua facilidade de instalação e a sua versatilidade quanto ao local onde poderão ser instaladas. Hoje, as centrais no mundo inteiro estão localizadas, em geral, em áreas externas dentro das dependências do consumidor, protegidas apenas por uma cerca. A Figura 8.10 mostra o desenho típico de arranjo físico de uma central de cogeração.

Centrais elétricas de grande porte

Serão necessários ainda muitos anos para que as células a combustível se tornem disponíveis como uma alternativa comercial realista para aplicações em sistemas de geração de energia de grande porte (com capacidade acima de 5 MW). Para competir com os modernos sistemas constituídos por turbinas a gás, que operam em regime de ciclo combinado, as usinas a células a combustível terão de produzir calor residual a temperaturas elevadas, operar com uma eficiência elétrica acima de 50% e ter um custo bastante inferior a 1.000 US$D/kW. As tecnologias de células a combustível que poderão eventualmente atender a esses requisitos são a de carbonato fundido (MCFC) e a de óxido sólido (SOFC).

Vantagens e desvantagens com relação aos sistemas convencionais

O Quadro 8.1 mostra as principais vantagens e desvantagens dos sistemas de geração de energia à base de células a combustível comparadas com os sistemas convencionais.

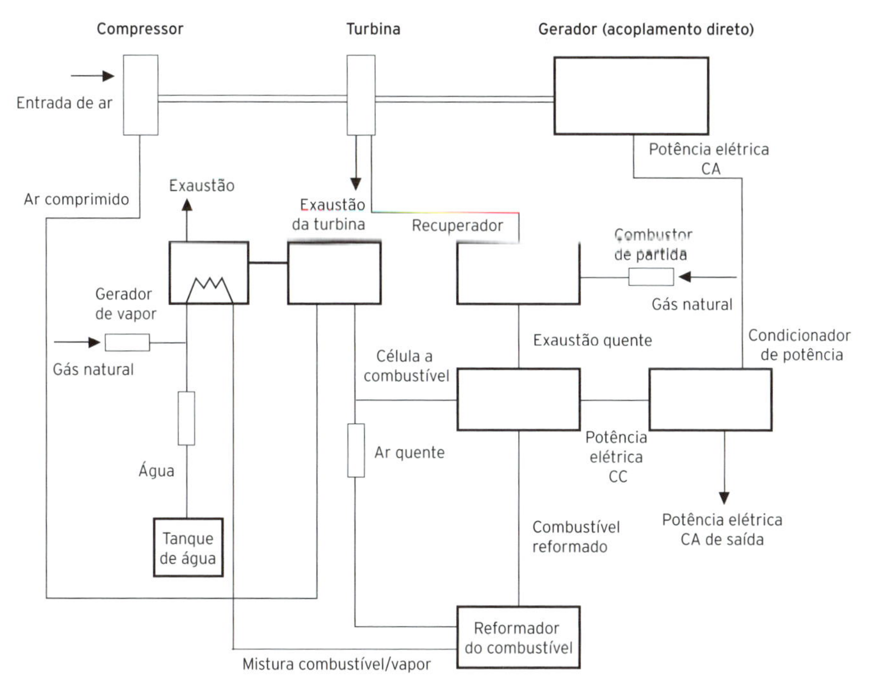

Figura 8.10 Interação de turbina a gás/célula a combustível.

Quadro 8.1 Vantagens e desvantagens dos sistemas de geração de energia à base de células a combustível com relação aos sistemas convencionais

VANTAGENS	DESVANTAGENS
• Flexibilidade quanto ao combustível utilizado. • Elevada eficiência na conversão da energia, relativamente independente do valor da carga. • Ausência de ruído. • Baixa emissão de poluentes. • Possibilidade de dispersão das centrais, decorrente da possibilidade de sua instalação em áreas urbanas ou rurais. • Facilidade de expansão, em razão da característica de modularidade. • Suscetibilidade à produção em massa. • Possibilidade de utilização do calor residual para cogeração. • Resposta rápida a flutuações de demanda. • Capacidade de acompanhar rapidamente o crescimento da carga. • Confiabilidade potencialmente elevada. • Baixo custo de manutenção. • Baixa relação volume/potência.	• Sensibilidade à contaminação pela ação de alguns componentes existentes no combustível. • Elevada relação custo/potência, decorrente do emprego de materiais nobres. • Confiabilidade e suportabilidade a condições adversas ainda não demonstradas.

IMPACTO AMBIENTAL DA UTILIZAÇÃO DAS CÉLULAS A COMBUSTÍVEL

O hidrogênio tem potencial para ser o combustível menos poluidor. Quando queimado, o principal produto é a água (H_2O). Os únicos poluentes resultantes da combustão do hidrogênio em ar são os óxidos de nitrogênio (NO_X). Com queimadores catalíticos (que operam a baixas temperaturas, comparados ao sistema de combustão), as emissões de NO_X poderiam ser reduzidas a níveis negligenciáveis; em células a combustível, o NO_X poderia ser eliminado totalmente. Entre os vários transportadores de energia que podem ser derivados de fontes renováveis, somente o hidrogênio e a eletricidade poderiam eliminar completamente as emissões prejudiciais no ponto de uso (algumas outras opções, como o metanol derivado da biomassa e usado em células a combustível, poderiam aproximar-se dessa meta). Se o hidrogênio for produzido por meio de recursos renováveis, não há geração de gases-estufa ou outros poluentes na produção ou no uso da energia.

É possível produzir eficientemente hidrogênio a partir do uso de várias fontes renováveis disponíveis, usando métodos como a eletrólise da água, na qual a energia elétrica requerida para o processo pode ser fornecida por meio de geração eólica, hidrelétrica, solar fotovoltaica, gaseificação da biomassa etc. A diversidade de fontes primárias facilitará o papel do hidrogênio como um transportador universal de energia no futuro.

Perspectivas de introdução da tecnologia das células a combustível no mercado brasileiro

As muitas vantagens proporcionadas pela tecnologia das células a combustível fazem do Brasil um país candidato à sua adoção tão logo ela venha a se tornar competitiva no mercado.

O Brasil é um país que enfrenta grandes problemas com o suprimento de energia elétrica, tanto para os grandes centros urbanos como para regiões isoladas. Com mais de 90% de sua capacidade instalada, total de cerca de 60.000 MW, baseada em usinas hidrelétricas, é necessária a complementação dessa capacidade mediante o emprego de usinas térmicas, principalmente nos períodos secos e nas ocasiões em que se observam picos de carga elevados.

A crescente participação do gás natural na matriz energética brasileira é um grande indício de que as centrais de cogeração à base de células a combustível poderão se tornar uma nova alternativa para a complementação da capacidade de produção de energia das usinas hidrelétricas.

A desregulamentação das empresas de energia elétrica é outro forte indício favorável à implantação dessas centrais por parte de produtores independentes e autoprodutores, que assim teriam uma alternativa adicional além da construção de PCHs, centrais eólicas, centrais solares, turbogeradores a gás e outras.

Entre as principais oportunidades de mercado para a introdução da tecnologia das células a combustível no Brasil, encontram-se as centrais de pequeno e médio portes para autoprodução e/ou produção independente de energia elétrica. Tais centrais podem ser aplicadas aos setores industriais e comerciais, por exemplo em centros comerciais, condomínios, hospitais, trazendo a vantagem de diluir o elevado custo da energia elétrica nos períodos de ponta e permitir a implantação de sistemas de cogeração, além de não poluírem o ambiente e operarem silenciosamente.

Outra grande vantagem dessas centrais é operar com elevada eficiência global (60 a 70%), cerca do dobro da eficiência obtida com usinas térmicas convencionais de mesmo porte.

As centrais de cogeração baseadas em células a combustível normalmente operam em ciclo combinado, utilizando o calor recuperado para aquecimento de água ou para condicionamento do ar em estabelecimentos de porte médio (por exemplo shopping centers), mediante o processo de absorção do vapor em máquinas térmicas apropriadas, conhecidas como *chillers* de absorção.

Estudos realizados recentemente revelaram que, com novas versões de ciclo combinado utilizando células a combustível e turbogeradores – a chamada associação FC/TG –, a eficiência pode ultrapassar os 70%. Nesses ciclos combinados, o combustível que é suprido para a célula e não participa da reação é utilizado para alimentar um turbogerador a gás.

QUESTÕES PARA DESENVOLVIMENTO

1. Faça um levantamento da participação e localização de sistemas de geração de energia elétrica baseados na utilização das células a combustível para produção de energia elétrica em termos mundiais. Identifique os sistemas já implementados e aqueles planejados ou em fase de implementação.

2. Faça o mesmo com relação aos projetos-piloto em fase de pesquisa ou já implantados no Brasil. Identifique as principais características de cada um e suas perspectivas de aplicação comercial ao longo do tempo.
3. Descreva as possíveis formas de uso de sistemas de geração de energia elétrica baseados na utilização das células a combustível em paralelo com a rede, identificando vantagens e desvantagens relacionadas principalmente com os aspectos técnicos, econômicos e ambientais.
4. Apresente um quadro da situação tecnológica e econômica (com ênfase nos custos) dos diferentes tipos de sistemas de geração de energia elétrica baseado na utilização das células a combustível, nas condições atuais e nas perspectivas de curto e longo prazos.

PARTE 2

PLANEJAMENTO E INTEGRAÇÃO DA GERAÇÃO AOS SISTEMAS ELÉTRICOS DE POTÊNCIA

CAPÍTULO 9

ASPECTOS TÉCNICOS E ECONÔMICOS DA INTEGRAÇÃO DA GERAÇÃO AOS SISTEMAS ELÉTRICOS DE POTÊNCIA

Neste capítulo enfocam-se, inicialmente, os aspectos técnicos e econômicos da integração da geração aos sistemas de potência, com ênfase nos custos unitários e na comparação econômica de projetos de geração. Nesse enfoque, o impacto da integração de cada projeto de geração ao sistema de potência é representado por índices associados às características de dimensionamento e operação do referido projeto.

Aborda-se, então, a determinação dos custos unitários para os projetos de geração, considerando as diferentes situações, características e pontos de vista que podem influir em sua integração aos sistemas elétricos de potência.

Em seguida, destaca-se a integração de um projeto de geração de grande porte a um grande sistema interligado hidrotérmico, caso que permite a introdução de conceitos e indicadores fundamentais que serão de grande utilidade nos capítulos posteriores do livro.

É importante lembrar aqui que os conceitos básicos relativos ao gerenciamento da geração para suprir as cargas do sistema elétrico (despacho) apresentados no Capítulo 1, principalmente o fator de carga e o fator de capacidade, são de fundamental importância para o bom entendimento do que segue.

ASPECTOS TÉCNICOS E ECONÔMICOS BÁSICOS DA ANÁLISE DE VIABILIDADE DE PROJETOS DE GERAÇÃO EM SISTEMAS DE POTÊNCIA

Integrar novos projetos de geração aos sistemas de potência é criar condições para que se possa efetuar o atendimento da carga, como foi descrito no Capítulo 1, da melhor forma possível, considerando os diversos aspectos envolvidos: técnicos, econômicos, sociais, ambientais e políticos. Na análise a seguir, enfatizam-se os fatores técnicos e econômicos, com vistas a formar a base na qual poderão ser incorporados posteriormente os demais aspectos.

Em função das características específicas, cada componente do sistema de geração vai adequar-se melhor a um certo tipo de operação na curva de carga: na base, ponta ou posição intermediária. Essa adequação é traduzida, na prática, pelo desempenho técnico e econômico do elemento, que é então utilizado para definir a sua melhor alocação (despacho) na curva de carga. Tais características serão enfocadas em maior detalhe ainda neste capítulo.

Nesse contexto, os custos formam uma parte de grande importância, sendo, portanto, necessária uma análise de suas características em função dos diversos tipos de usina e suas condições operativas.

Os principais componentes dos custos das usinas geradoras para o tipo de análise que se pretende no momento (não considerando impostos, taxas, custos financeiros e ambientais etc.) são:

- Custos de investimento, associados com o capital empregado na construção da usina.
- Juros durante a construção, que são função financeira do cronograma de desembolso da usina durante a construção.
- Custos de combustível: importantes para as usinas termelétricas (UTEs), começam a ser considerados para as usinas hidrelétricas (UHE), por meio do custo da água, e são inexistentes para as usinas solares fotovoltaicas e eólicas.
- Custos de operação e manutenção: alguns incluem aqui os custos de combustível.

Esses custos apresentam as seguintes características básicas:

- Os custos de investimento – usualmente considerados em dólares (US$) ou reais (R$) – ocorrem durante a construção do projeto de geração e compreendem as parcelas de investimentos despendidas nesse período. Em uma análise preliminar, esses custos durante a construção são considerados agrupados e ocorrem no início da vida útil do projeto. Em uma análise mais detalhada, podem ser distribuídos ao longo do período de construção, caso em que, usualmente, são considerados os juros durante a construção. Na análise comparativa de custos, os custos de investimentos são representados por valores iguais durante a vida útil do projeto (em torno de 30 anos), calculados para uma determinada taxa de retorno do capital, sendo representados em US$/ano ou R$/ano.
- Os custos dos combustíveis (usualmente em US$/ano ou R$/ano) correspondem aos dispêndios efetuados com os combustíveis, continuamente, ao longo da vida operativa útil da central. Muitas vezes, são considerados embutidos nos custos de operação, abordados a seguir.
- Os custos de operação e manutenção (O&M) – em US$/ano – também se distribuem ao longo da vida útil do empreendimento e são usualmente calculados como uma porcentagem dos custos de investimento.

Em razão das características relacionadas com sua aplicação no início da vida útil da central, ou ao longo dela, de forma variável com as necessidades e outros fatores, esses custos são também classificados como fixos (os de investimento) e variáveis (os de combustíveis, operação e manutenção).

COMPARAÇÃO ECONÔMICA DE PROJETOS DE GERAÇÃO

A comparação econômica de projetos de geração permite a tomada de decisão a favor de uma alternativa com relação às outras ou ainda o estabelecimento de uma ordem prioritária de desenvolvimento de projetos de geração ao longo do tempo (por meio do ordenamento dos custos de forma crescente). Em sua forma mais simples, baseia-se na determinação do custo unitário da energia, utilizado como índice de mérito, usualmente expresso em US$/MWh ou R$/MWh.

Para considerar a diferença entre a vida útil econômica das diversas usinas, esses índices são, em geral, calculados em bases anuais: custos anuais e energia produzida anualmente.

A seguir, apresentam-se as etapas básicas do cálculo do referido índice. Considerando-se os diversos componentes de custo e sua distribuição ao longo da vida útil, dividida em períodos anuais, tem-se:

- Parcela relativa aos custos de investimentos e aos juros durante a construção dada por:

$$CI = \frac{I}{EG} \times FRG$$

Em que:
I = investimento, já considerados os juros durante a construção (JDC) e supondo-se ter sido efetuado no início da operação da usina.
EG = energia anual gerada, calculada por: EG = PI × FCM × 8.760 (MWh/ano)
Sendo:
PI = potência instalada (MW).
FCM = fator de capacidade, que pode ser médio, mínimo, máximo ou mesmo um valor resultante de avaliações estatísticas, quando se utiliza análise de riscos baseada em simulações do desempenho esperado do sistema elétrico (e da geração sob análise) ao longo do mesmo período de tempo considerado de vida útil. A determinação do valor a ser usado dependerá muito do tipo de análise que se esteja desenvolvendo e dos resultados pretendidos. Se for usado o fator de capacidade mínimo, os custos de investimentos resultarão a favor da segurança, se o fator de capacidade for máximo, resultarão custos subestimados. Se for resultante de simulações, estará associado a um certo fator de risco[1].
8.760 = número de horas no ano.
FRC= fator de recuperação do capital para taxa de atualização i e vida útil de N anos.

$$FRC = \frac{i \times (1+i)^N}{[(1+i)^N - 1]}$$

- Parcela relativa aos custos de combustível:

1 O estudo de caso apresentado adiante neste capítulo, baseado no relatório *Influence of local and commercial variables for thermal plants in a large hydroelectrical system* (Ramos et al., 2002), é um exemplo simples desse enfoque do fator de capacidade.

$$CC = \frac{CUT \times CE \times FC \times PI \times 8.760}{PI \times FCM \times 8.760} = CUT \times CE \times \frac{FC}{FCM}$$

Em que:

CUT = custo unitário do combustível (US$/tonelada).

CE = consumo específico da usina (tonelada/MWh).

FC = fator de capacidade médio da central na curva de carga (considerando as características de todas as usinas do sistema e a operação deste em longo prazo).

FCM = fator de capacidade máximo, considerando apenas a influência das indisponibilidades e a alimentação dos serviços auxiliares.

Essa fórmula, desenvolvida para usinas termelétricas, como apresentado, corrige os custos médios de combustível para valores menores (pois FCM será maior que FC) e tendem a favorecer as usinas termelétricas. Em uma análise mais detalhada, no entanto, tal correção pode não ser efetuada e os custos de combustível podem ser simplificados como CUT × CE ou utilizando na fórmula apresentada valores de FCM como os comentados anteriormente, no primeiro item.

- Parcela relativa aos custos de operação e manutenção:

$$COM = \frac{PI}{EG} \times (O\ \&\ M)$$

Em que:

O&M = custo unitário anual de operação e manutenção, por unidade de potência instalada. Esse custo é muitas vezes representado como porcentagem dos custos de investimentos.

Dessas equações, pode-se inferir a relação existente entre os custos unitários e o fator de capacidade de uma dada usina, o que permitirá, por comparação com outras usinas (ou alternativas para uma mesma usina), a determinação de uma faixa de fatores de capacidade na qual esta será mais econômica que as demais alternativas de geração. O sistema econômico será aquele que combinará adequadamente, e da forma mais barata, essas características das diversas usinas, de forma a atender aos requisitos da carga (demanda máxima, fator de carga). A variação dos custos unitários com o fator de capacidade é função de diversos componentes e características das centrais.

Custo unitário x fator de capacidade para usinas termelétricas

Os custos unitários de usinas termelétricas apresentam comportamento diferente em função do fator de capacidade em que operam, dependendo principalmente do tipo de combustível utilizado e da tecnologia associada. A Figura 9.1 apresenta o comportamento típico do custo unitário de UTEs em função do fator de capacidade para os principais tipos de centrais termelétricas.

As usinas termelétricas nucleares e a carvão, com altos custos de investimento e baixos custos variáveis (operação + manutenção + combustível), em geral, adaptam-se à operação na base da curva de carga, com altos fatores de capacidade.

Usinas com baixos custos de investimento e elevados custos variáveis, como aquelas a gás, adaptam-se à operação na ponta da curva de carga, com baixos fatores de capacidade. Por sua vez, usinas com custos intermediários, como, em geral, as usinas a óleo, adaptam-se à posição intermediária na curva de carga.

Essas curvas foram desenvolvidas admitindo-se a **não existência de restrições de combustível**. Admite-se apenas a saída de unidades por conta dos índices de indisponibilidade forçada e programada (assunto que será enfocado adiante neste capítulo).

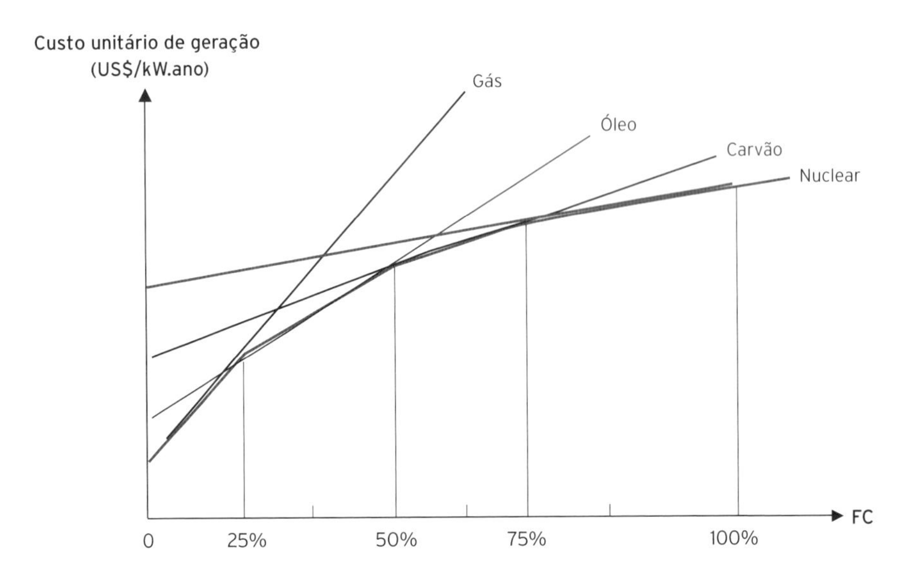

Figura 9.1 Custo unitário de usinas termelétricas.

Custo unitário x fator de capacidade para usinas hidrelétricas

O custo de uma usina hidrelétrica é composto de duas parcelas:

- Uma parcela fixa, praticamente independente da potência instalada (também denominada motorização), incluindo custos de barragem, vertedouro, estruturas principais, terrenos etc.
- Uma parcela variável, dependente do nível de motorização (ou seja, da potência instalada), incluindo custos de casa de força, tomada d'água, equipamentos eletromecânicos etc. Os custos de O&M são incluídos nesses custos variáveis.

De certa forma, a parcela fixa (associada às obras que determinam a capacidade de armazenamento) pode ser relacionada com a energia a ser produzida pela usina, enquanto a parcela variável pode ser relacionada com a potência instalada. A partir dessa relação, pode-se usar CE (E de energia) para representar os custos relacionados com a parcela fixa e CP para o custo da potência instalada por unidade de potência (custo incremental de potência).

A Figura 9.2 apresenta o gráfico do custo de uma usina hidrelétrica em função da potência instalada. Com relação a esse gráfico, é interessante notar que, para uma energia constante, o fator de capacidade diminui com a potência instalada.

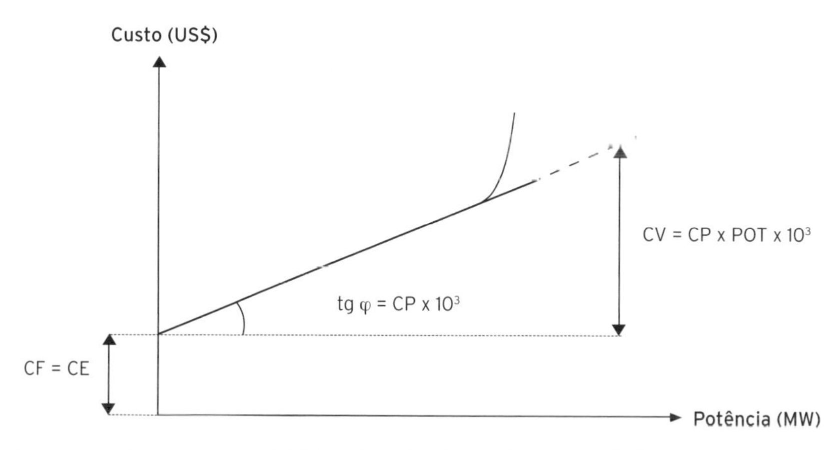

Figura 9.2 Custo de uma UHE em função da potência instalada.

A equação do custo, representado por esse gráfico, é dada por:

$$C = CF + CV \times POT \times 10^3 = CE + CP \times POT \times 10^3$$

Em que:

C = custo total da usina (US$).

CF = custos fixos, correspondentes às parcelas relacionadas com a energia e, portanto, com CE.

CV = custos variáveis, correspondentes às parcelas relacionadas com a potência instalada e, portanto, com a motorização da usina.

CE = custo atribuído à energia (US$).

CP = custo incremental de potência (US$/kW).

POT = potência instalada em MW.

Assim como para as UTEs, obviamente, usina de base será aquela econômica para fatores de capacidade elevados (operação com toda potência na maior parte do tempo); e usina de ponta, aquela econômica para baixos fatores de capacidade (operação com potência máxima apenas em parte do tempo).

Em geral, a alocação de usinas para atender à curva de carga (cobertura da curva de carga) tem como base, no caso das UHEs, critérios econômicos dependentes principalmente do custo incremental de ponta e das distâncias aos centros de carga (custo de transmissão).

Com relaçao ao custo incremental de ponta, lembrando que a potência varia proporcionalmente com a altura H e a vazão Q, sabe-se que, para uma mesma potência, vazões menores e alturas maiores levam a menores custos incrementais de ponta. Assim, para UHEs, tem-se, em geral: usinas de alta queda com baixo custo incremental de ponta e usinas de baixa e média quedas com custo mais elevado.

Com relação à distância ao centro de carga, menores distâncias implicam baixos custos de transmissão; e maiores distâncias, custos elevados.

A partir da equação apresentada anteriormente para o custo das UHEs, pode-se obter seu custo unitário (US$/MWh) em função do fator de capacidade:

$$CU = \frac{CE \times FRC}{POT \times FC \times 8.760} + \frac{CP \times FRC \times POT \times 10^3}{POT \times FC \times 8.760}$$

$$CU = CME + \frac{CMP}{8{,}76 \times FC}$$

Em que:

$$CME = \frac{CE \times FRC}{POT \times FC \times 8.760}$$

$$CMP = CP \times FRC$$

CP dado em US$/kW.
POT dada em MW.
Sendo:
CU = custo unitário da energia produzida (US$/MWh).
CME = custo marginal de energia pura (US$/MWh).
CMP = custo marginal de ponta pura (US$/kW.ano).
FC = fator de capacidade (pu).

A Figura 9.3 apresenta o gráfico desse custo unitário (em US$/MWh) em função do fator de capacidade da UHE.

Muitas vezes, é interessante trabalhar com o custo unitário em termos de US$/kW.ano, em função do fator de capacidade. Nesse caso, ele varia conforme apresentado na Figura 9.4.

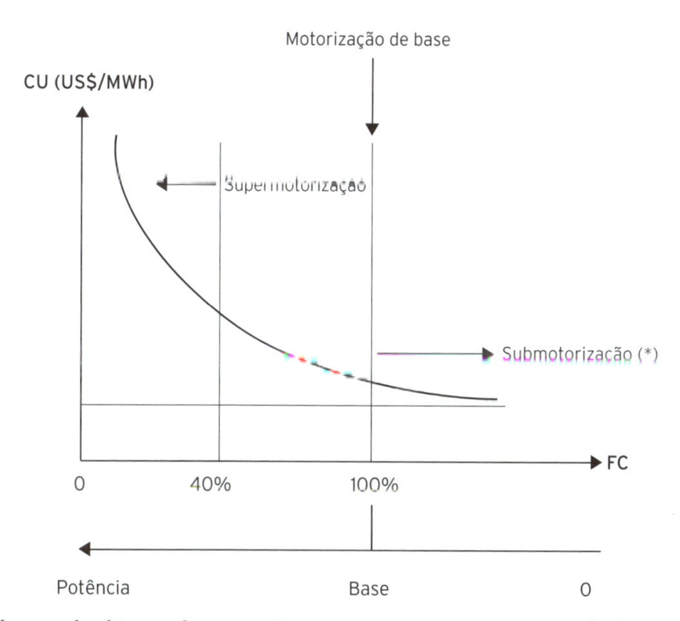

(*) Quando se pode obter ganhos energéticos a jusante apenas com a regulação efetuada pelo reservatório da usina analisada.

Figura 9.3 Custo unitário (US$/kW) em função do fator de capacidade da UHE.

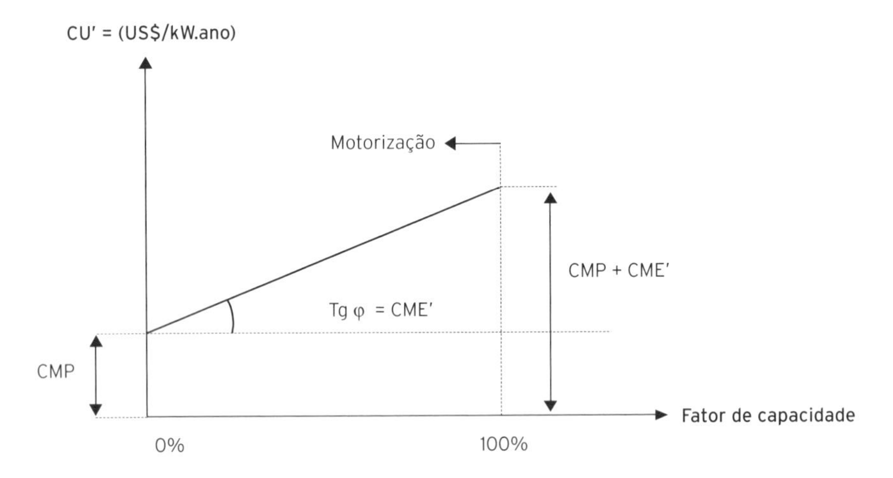

Figura 9.4 Custo unitário (US$/kW.ano) em função do fator de capacidade.

Com a equação: CU × 8,76 × FC = CME × 8,76 × FC + CMP, chega-se ao custo unitário em US$/kW · ano, CU′

$$CU' = CME' \times FC + CMP$$

Em que:
CU′ = custo unitário da energia produzida (US$/kW.ano).
CMP = custo marginal de ponta pura (US$/kW.ano).
CME′ = custo marginal de energia pura (US$/kW médio).
Esse custo unitário pode ser também representado por:

$$CU' = CME'' \times H + CMP$$

Em que:
H = horas de operação no ano.
CME″ = custo marginal de energia pura em US$/kWh.
Portanto:

$$CME'' = \frac{CME' \times FC}{H} = \frac{CME \times 8{,}76 \times FC}{H} = \frac{CE \times FRC \times 8{,}76 \times FC}{POT \times 8.760 \times FC \times H} = \frac{CE}{1.000} \times \frac{1}{POT} \times \frac{FRC}{H}$$

Usando esse custo unitário, em termos de US$/kW.ano, podem ser construídos diagramas similares ao apresentado para UTEs, em que é possível visualizar a melhor localização das usinas na curva de carga. A Figura 9.5 exemplifica três usinas: P, mais adequada para operação na ponta; B, mais adequada para operação na base; e I, mais adequada para operação em posição intermediária da curva de carga.

Exemplo de comparação econômica

A seguir é apresentada, como exemplo de aplicação, uma comparação econômica de uma UTE com uma UHE, buscando enfatizar a influência dos principais fatores envolvidos, especificamente o fator de capacidade FC. Para isso, são consideradas duas condições de aplicação com potência instalada de 300 MW e 1.000 MW, respectivamente.

Cálculo de custos anuais para geração de 1.000 MW

Dados fornecidos:

- Hidrelétrica:
  - Custo da usina: 1350×10^6 U$ + 800 US$/kW.
  - Custo de O&M: 5 US$/kW × ano.
  - Vida útil: 50 anos.
  - Energia firme: 300 MW.

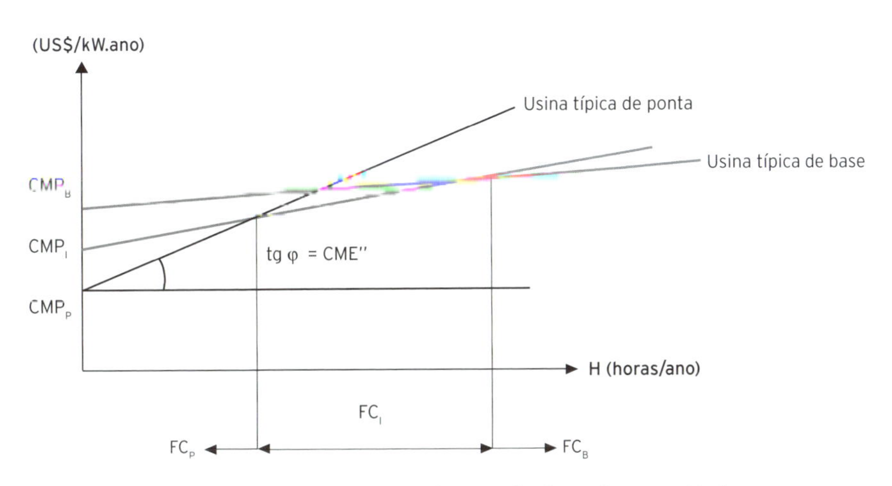

Figura 9.5 Custo unitário de UHEs em função do fator de capacidade.

- Termelétrica:
  - Custo da usina: 400 US$/kW.
  - Custo de O&M: 10 US$/kW × ano.
  - Custo do combustível: 60 US$/MWh.
  - Vida útil: 30 anos.

A partir daí, pode-se efetuar:

- Cálculo dos custos unitários:
  - Hidrelétrica:
    - Custo de investimento: $1.350 \times 10^6 + 800 \times (MW) \times 10^3$.
      - ✓ Para potência instalada de 300 MW (FC = 1): $C_I = 1.590 \times 10^6$ US$.
      - ✓ Para potência instalada de 1.000 MW FC = 0,3: $CI = 2.150 \times 10^6$ US$.
    - Custo anual unitário (em US$/kW.ano): CU' = CME'' × H + CMP.

$$CME'' = \frac{CE \times FRC}{POT \times FC \times 8.760} = \frac{1.350 \times 10^6 \times 0{,}1086}{1.000 \times 10^3 \times 8.760 \times FC} = 0{,}0518$$

Portanto: POT × FC = 300 MW, para os dois casos.
CMP = CP × FRC = 800 × 0,10086 = 80,69 (US$/kW × ano).
Em que:
FRC = 0,10086 corresponde à taxa de desconto de 10% ao ano e a 50 anos.
Considerando-se custo de O&M:
$C_{hidr} = 0{,}0518 \times H + 85{,}69$ (US$/kW × ano)
Sendo:
H = número de horas trabalhadas a plena carga no ano.
Uma relação importante a ser considerada: [U$/kW.ano] = [U$/MWh] × 8,76 × FC.

- Termelétrica
  - Custo de investimento: 400 × FRC = 400 × 0,10608 = 42,42 US$/kW × ano, em que FRC = 0,10608 para taxa de desconto de 10% e vida útil de 30 anos.
  - Custo de O&M = 10 US$/kW × ano.
  - Custo de combustível: 60 × H1.000 em US$/kW × ano, ou 0,060 H.

Similarmente ao caso da hidrelétrica, obtém-se:

$C_{term} = 0{,}06 \times H + 52{,}43$

Notar que a parcela 0,06 × H na unidade U$/MWh será sempre 0,06 × 8760.

Comparação dos custos unitários

- Operação na base: H = 8.760.
  C_{Term} = 578,03 US$/kW × ano ou 65,98 US$/MWh.
  C_{Hidr} = 539,45 US$/kW × ano ou 61,58 US$/MWh.
  Esse custo é o que se teria para operação na base com 300 MW, sendo mais econômica a hidrelétrica.
  Observa-se que a hidrelétrica não pode trabalhar na base com mais que 300 MW, pois esta é sua energia firme.
- Operação na ponta com fator de capacidade FC = 0,30.
  Equivale à potência instalada de 1.000 MW com FC = 0,30:
  H = 8.760 × 0,30 = 2.628 h
  C_{Term} = 210,11 US$/kW × ano ou 79,95 US$/MWh.
  C_{Hidr} = 221,82 US$/kW × ano ou 84,42 US$/MWh.
  Neste caso, a termelétrica é mais econômica.

DETERMINAÇÃO DOS CUSTOS UNITÁRIOS DE PROJETOS DE GERAÇÃO

Uma verificação mais detalhada da análise dos custos unitários, anteriormente apresentada, permite que se reconheça que, em sua determinação, o fator de capacidade da usina durante o seu tempo de vida útil é a principal variável representativa de sua integração a um sistema de potências.

A escolha e o cálculo do fator de capacidade a ser utilizado (mínimo, médio, máximo ou associado a riscos, conforme já apresentado) podem ser simples ou complexos, dependendo de diversos fatores.

Dentre eles se ressaltam: objetivo da análise econômica, porte da usina e sua área de influência no sistema, tipo de sistema, tipos de centrais operando em um sistema, forma de interligação energética, formas de produção energética e critérios relacionados com indisponibilidade, reserva etc.

GRANDES PROJETOS DE GERAÇÃO INTEGRADOS A GRANDES SISTEMAS HIDROTÉRMICOS INTERLIGADOS

Das situações possíveis, a que se configura mais complexa é a da integração de geração de grande porte em grandes sistemas hidrotérmicos interligados. Nesse caso, há a necessidade de estudos de simulação da operação do sistema em longo prazo para determinação dos fatores de capacidade e atendimento a critérios específicos quanto à indisponibilidade e à reserva. Em grandes usinas termelétricas, é preciso haver uma clara definição de suas condições operativas, até mesmo para verificar sua possível operação nas circunstâncias de uma complementação termelétrica voltada ao melhor uso da água. Assim sendo, de forma geral, valem as considerações a seguir.

Deve-se, inicialmente, dimensionar as hidrelétricas, o que é geralmente complexo por diversos fatores, como o efeito de novas usinas no fator de carga, no fator de capacidade das usinas existentes, a possível melhor utilização de energia secundária (valorizada em termos da energia hidrelétrica deslocando termelétricas), entre outros. Nesse contexto, faz-se a análise de custo *versus* benefício para diferentes alternativas de motorização (capacidade a ser instalada) das UHEs, usando valorização advinda de dados e parâmetros do sistema e considerando trabalho na base, na semibase (ou posição intermediária da curva de carga), na ponta e com uso de energia secundária e na ponta garantida. Dimensionada a UHE, é estabelecido o custo unitário de geração, por exemplo, em US$/MWh de energia firme ou garantida.

É importante notar que, entre outros aspectos, a análise é fortemente dependente de variáveis estatísticas/estocásticas, relacionadas principalmente com a disponibilidade de geração das hidrelétricas. Além disso, a análise é fortemente dependente dos processos de planejamento e de operação (principalmente quanto aos critérios associados à entrada em operação das termelétricas) do setor elétrico brasileiro.

CAPÍTULO 10

PLANEJAMENTO DA GERAÇÃO NO SISTEMA ELÉTRICO BRASILEIRO E TEMAS FUNDAMENTAIS DA INTEGRAÇÃO DA GERAÇÃO ORIENTADA À SUSTENTABILIDADE

Neste capítulo, apresenta-se uma visão do processo de planejamento do setor elétrico brasileiro. Aborda-se os critérios usuais utilizados para dimensionamento da geração e explica-se, mais detalhadamente, conceitos, critérios e indicadores da complementação termelétrica. Critérios que, com ajustes adequados, podem ser aplicados também a qualquer tipo de complementação da geração elétrica predominante (hidrelétrica, no caso do Brasil; qualquer outra, no caso de enfoque regional ou local) por outra forma de geração, como geração renovável a partir da energia eólica ou mesmo geração renovável termelétrica a partir da biomassa.

Em seguida, enfocam-se, separadamente, três outros temas considerados da maior importância na questão da geração, pois se orientam à utilização mais eficiente e econômica dos recursos energéticos e à sustentabilidade, e requerem tratamento diferenciado quando da análise técnico-econômica de viabilidade:

- Técnicas para melhorar a utilização de geração a partir de fontes renováveis.
- Integração de centrais termelétricas e projetos de cogeração.
- Geração distribuída (GD).

PLANEJAMENTO DA GERAÇÃO NO ÂMBITO DO PLANEJAMENTO DO SETOR ELÉTRICO BRASILEIRO

O processo de planejamento do setor elétrico busca determinar, de certa forma, a ordenação, a prioridade e a distribuição temporal das obras a serem implantadas ao longo do tempo e prever a ocorrência de outros tipos de restrições, de natureza econômica e ambiental, principalmente.

De maneira geral, o planejamento de um sistema de energia elétrica tem por objetivo o estabelecimento de uma política de evolução do sistema que deve satisfazer um duplo requisito: confiabilidade e baixo custo. A confiabilidade, entendida no sentido de assegurar um suprimento confiável da carga, inclui geração e transmissão suficientemente adequadas e seguras. O baixo custo busca a minimização dos custos de investimento e de operação e a continuidade do serviço.

Nesse sentido, o processo de planejamento do setor elétrico da energia engloba:

- Previsões da demanda futura de eletricidade (o crescimento do mercado de energia elétrica).
- Escolha de técnicas e tecnologias exequíveis de geração e transmissão que se adaptem bem às condições de operação futuras.
- Definição e determinação da estrutura geral do sistema em toda sua dimensão.
- Seleção dos cenários de investimento mais próximos do ótimo e, com base em sua escolha, a locação e o cronograma de entrada em operação dos novos equipamentos e componentes do sistema.

Nesse contexto, são considerados os aspectos energéticos e os elétricos propriamente ditos. Do ponto de vista energético, busca-se a consideração adequada das incertezas associadas à predominância de usinas hidrelétricas e sua dependência de aspectos climáticos e o atendimento a um critério de risco energético capaz de minimizar as expectativas da necessidade de políticas de racionamento.

Do ponto de vista elétrico, a adequação do sistema é avaliada pela sua capacidade de sempre minimizar a energia não distribuída em razão de cortes programados e/ou situações emergenciais ou de manter esses cortes em níveis aceitáveis sem que haja ou se causem condições transitórias perigosas ao sistema. Além disso, deve-se manter em níveis adequados a segurança, que é a capacidade de o sistema evitar condições transitórias que possam conduzir a um colapso maior ou redundar em impossibilidade de se recuperar delas.

Além disso, o processo de planejamento (principalmente o de longo prazo) deve estar preparado para incorporar aspectos importantes que vão surgindo ao longo do tempo, tais como:

- Ocorrência de crises, como a ocorrida em 2000 e 2001 (que resultou na necessidade de racionamento) e a crise que vem perdurando nestes últimos anos (falta de investimentos, descompasso entre geração e transmissão, tarifação descontrolada, dentre outros aspectos).
- Avanço tecnológico, inovações e oportunidades concretas de sua inserção no sistema elétrico.
- Evolução da aplicação da legislação ambiental.
- Evolução regulatória.
- Movimento ambiental, mudanças sociais e, em especial no caso da geração hidrelétrica, mudanças climáticas associadas principalmente ao aquecimento global.
- Políticas e programas energéticos.

Assim, o processo de planejamento está sempre evoluindo para incorporar a busca de soluções para essas questões por meio de técnicas e ações concretas, tais como: planejamento flexível, planejamento sob incertezas, planejamento sob restrições financeiras, maior integração com órgãos ambientais, incorporação de aspectos ambientais já no início do planejamento, rediscussão do processo estatístico estocástico da simulação das vazões, entre outros.

Aprofundar esse assunto não é o objetivo deste livro, no qual se busca dar apenas a visão necessária para que se possa tratar adequadamente a geração elétrica. Para maior aprofundamento, o leitor deve reportar-se à bibliografia apresentada.

Análise de viabilidade de projetos de geração

A análise de viabilidade econômica de um projeto compreende, em geral, os seguintes passos:

- Identificação dos custos do projeto, que incluem todos os custos da construção (investimentos, administração, estudos, projetos e outros) e os custos operacionais, que impactarão o projeto durante sua vida útil (custos de operação, manutenção e combustíveis – que, muitas vezes, são embutidos como custos de operação – e outros).
- Identificação dos benefícios do projeto, que incluem a venda de energia durante o período de operação e outros tipos de benefício que possam ser associados ao projeto.

A viabilidade econômica do projeto resulta do balanço entre os custos e os benefícios, tendo em conta aspectos econômicos e financeiros, incluindo entre os benefícios o que seria o lucro, associado às tarifas de venda da energia.

Objetivos básicos a serem perseguidos são garantir a saúde financeira das empresas do setor e a continuidade do fornecimento, assim como manter a atratividade dos investimentos no setor elétrico.

As agências reguladoras – no caso do Brasil, a Aneel –, sendo responsáveis pela definição das tarifas, devem levar em conta os aspectos citados e arcarem com grande responsabilidade relativamente à evolução adequada do sistema elétrico.

Para facilitar o entendimento, pode-se considerar uma hidrelétrica de porte médio que levou cerca de oito anos para ser construída. Para hidrelétricas, a vida útil considerada nas avaliações econômicas é, tipicamente, de 30 anos. De uma forma simplificada, a análise de viabilidade econômica pode ser vista como se segue:

- Ao iniciar sua operação, essa usina apresenta um custo de investimento que agrega todos os custos incorridos durante a construção, inclusive juros e taxas, relacionados com seu valor presente (valor corrigido pela taxa de atualização de capital) no instante inicial de operação do projeto.
- Esse custo de investimento, a ser recuperado durante os 30 anos de operação da usina, corresponde (para uma taxa de atualização de capital assumida como conveniente, sendo que uma referência usada internacionalmente é a taxa de 12% ao ano) a um certo valor anual de custos de investimento.
- O custo total anual será a soma do custo anual de investimento com os custos de operação e manutenção, em termos anuais. No caso das usinas termelétricas, o custo anual referente aos combustíveis também será computado.

- Por outro lado, a previsão de operação da usina permite que se determine a energia que será vendida a cada ano (o que permitirá determinar também o fator de capacidade operativo da usina).
- O produto da energia vendida pela tarifa anual (benefícios) menos os custos anuais será o lucro da empresa (anual).

Nesse contexto, como já indicado, para cálculo de valores presentes e valores anuais, costuma-se considerar a taxa de atualização média internacional de 12% ao ano. Variações internas de inflação ou outros impactos econômicos podem ser levados em conta na determinação mais detalhada dos diversos componentes dos custos e benefícios do projeto, o que não será aprofundado aqui, visto que o objetivo é apenas apresentar os aspectos básicos necessários para um bom entendimento das questões fundamentais do planejamento.

Tendo como base o apresentado, fica fácil concluir que, se um projeto tem duas alternativas, a melhor delas é a que apresenta menor relação custo/benefício.

O mesmo tipo de raciocínio pode ser utilizado se forem incluídos custos e benefícios sociais e ambientais, desde que estes possam ser "medidos" em grandezas monetárias. Nesse caso, a análise sofre algumas modificações, uma vez que não há condições (no momento, por conta do desequilíbrio das contas e da má distribuição da renda, entre outros motivos) de repassar esses custos para as tarifas. Assim, as questões ambientais são ou podem ser tratadas à parte, refletindo-se em ações de prevenção, mitigação ou compensação, a serem tomadas pela(s) empresa(s) responsável(is) pelo projeto.

No entanto, quando aparecem custos e benefícios não monetarizáveis, entra o aspecto subjetivo, e a solução já não é mais tão linear ou simples como apresentada até o momento. As escolhas feitas, então, apresentam forte dependência de políticas e, aí, a decisão participativa, que será enfatizada adiante neste capítulo, cresce em importância.

Não se pretende alongar quanto à análise econômica, mas é importante lembrar que tanto o período de análise de um projeto (vida útil) como a taxa de retorno do capital variam largamente em função do tipo de projeto e de quem efetua a análise. Os valores de 30 anos para hidrelétricas e de 12% para a taxa média de retorno, aqui apresentados, são bastante específicos, sendo clássicos do planejamento anterior do setor elétrico, eminentemente hidrelétrico e de característica estatal (planejamento centralizado). Em um mercado aberto e competitivo, a tendência é buscar a recuperação do capital em um período bem menor do que 30 anos e com taxa de retorno maior que 12%. O que tende a elevar o preço da energia elétrica.

Quando se considera o sistema elétrico como um todo, a questão se torna mais complexa, em razão, entre outros motivos, das incertezas relacionadas com o consumo e do comportamento de outras variáveis importantes, já citadas no início deste item.

Isso requer que sejam usadas diversas técnicas de planejamento que permitam uma abordagem mais adequada das incertezas e que serão enfocadas logo adiante.

Os diversos períodos do planejamento

É importante citar que o planejamento é classificado em função do período da análise, o qual tem grande influência no grau de incerteza dos dados.

Assim, podem ser citados como de grande importância no cenário atual do setor elétrico:

- Planejamento de longo prazo (para 25 a 30 anos).
- Planejamento decenal (de médio prazo, para 10 anos).
- Planejamento de curto prazo (para cinco anos ou em torno desse período).
- Planejamento da operação (com prazos mais curtos ainda, chegando a planejamento semanal e diário).

Esses estudos de planejamento apresentam características bastante específicas que não serão tratadas aqui, mas que podem ser encontradas na vasta bibliografia disponível sobre o assunto e nos sites das instituições do setor elétrico brasileiro que estão apresentados nas referências bibliográficas deste livro.

O que é importante salientar é que quanto maior o período enfocado pelo planejamento, maiores são as incertezas. Assim, busca-se no planejamento de longo prazo considerar, principalmente, as variáveis que podem influenciar estratégias de longo prazo e, como logo será visto, orientar políticas e programas. No planejamento de curto prazo, no qual as incertezas são bem menores, a análise necessita ser mais detalhada, pois as decisões deverão ser tomadas com base nos estudos efetuados, já que qualquer projeto significativo para o sistema elétrico leva, no mínimo, cerca de três anos para ser colocado em operação.

Aqui se vê a importância de se considerar o planejamento como um processo, no qual o curto prazo realimenta e interage com o longo prazo: estratégias de longo prazo orientam táticas de curto prazo, as quais, por sua vez, reforçam ou alertam para modificações nas estratégias iniciais. Assim, por exemplo, o planejamento de longo prazo é revisto anualmente.

Adequação da geração e da transmissão ao consumo e tratamento das incertezas

Nesse contexto, ainda resta algo importante a ser entendido: como se garante que a oferta de energia elétrica (conjunto de projetos de geração, transmissão e distribuição) atenda a um determinado consumo (estimado para um certo ano, por exemplo)?

É uma questão importante, pois permite que se entenda os processos e limitações associados à garantia do suprimento de energia, assim como um esclarecimento necessário (tudo pela transparência) das diferenças conceituais entre o que é racionamento e o que é o apagão (*blackout*).

Conforme já apresentado, o sistema elétrico é formado pela geração, transmissão e distribuição. A geração é constituída pelas usinas elétricas, que podem ser dos mais diversos tipos e apresentam diferenças significativas quanto à sua localização relativa às cargas (consumidores). A transmissão é encarregada de transportar a energia em grandes blocos, na maioria das vezes à grande distância. A distribuição faz o papel de direcionar a energia elétrica para os diversos tipos de consumidores, de grande ou pequeno porte.

Nesse cenário, o consumo, em sua evolução do tempo, é determinado de diversas maneiras a partir de levantamentos locais efetuados pelas empresas de distribuição e pela utilização de técnicas de prospecção, que permitem a aferição dos valores levantados e a determinação do consumo agregado nos pontos em que a transmissão entrega energia para distribuição. Dentre as grandezas mais importantes consideradas nessa prospecção futura das cargas (consumo) em nível macro, salientam-se o PIB *per capita* e o crescimento populacional.

A determinação do consumo agregado aos pontos de interconexão entre transmissão e distribuição é fundamental para a análise da adequação dos sistemas elétricos ao atendimento da carga em um determinado momento.

Isso porque, para viabilizar a análise, em termos de técnicas e números de variáveis, é efetuada uma separação entre a distribuição e a geração/transmissão. Ao se trabalhar com o consumo agregado no planejamento da geração e transmissão, pressupõe-se que a distribuição garanta o atendimento individual das cargas, dentro de critérios aceitos de desempenho.

Tem-se, então, de verificar se a geração, no momento analisado, supre as cargas e perdas do sistema como um todo e se a transmissão apresenta capacidade suficiente para direcionar a energia gerada de uma forma adequada aos diversos pontos de entrega para o sistema de distribuição. A Figura 10.1 apresenta um esquema simplificado do problema, salientando a geração, a transmissão e a carga.

Nesse contexto, a geração representa usinas já existentes e usinas (ou unidades geradoras de usinas) que estão entrando em operação, no momento sob análise (em geral, um determinado ano, no planejamento de longo prazo).

A determinação dessas novas usinas ou unidades foi efetuada por análises anteriores, que consideram principalmente o balanço entre geração e carga; lista de usinas (ou suas unidades) disponíveis no momento e uma ordenação de custos unitários dessas usinas (ou suas unidades). Essa ordenação de custos unitários permite que sejam escolhidas para instalação no referido ano as unidades de geração mais baratas, garantindo assim a evolução mais econômica do sistema.

Uma vez determinada a geração, o próximo passo é verificar se a transmissão existente é suficiente para garantir o trânsito da energia necessária ou se há necessidade de novas linhas. Isso é efetuado por meio de estudos

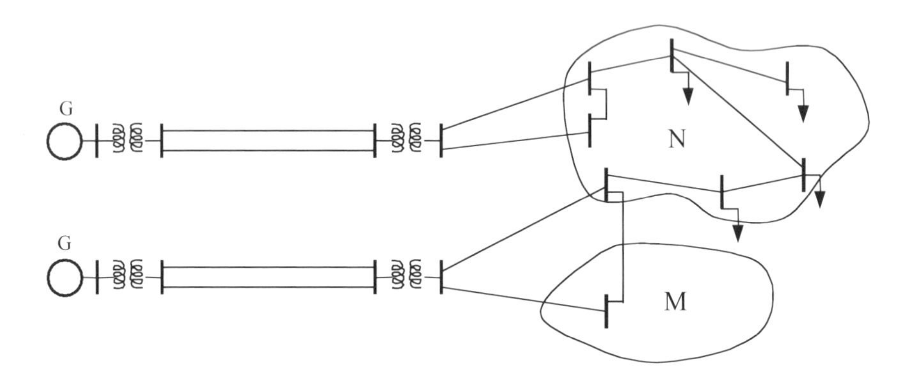

Figura 10.1 Esquema simplificado do sistema elétrico representando a geração, a transmissão e as diversas cargas agregadas.

elétricos de sistemas de potência, que não serão detalhados aqui por fugir ao escopo do capítulo.

Ao término desse processo, tem-se a nova geração a ser colocada no sistema, assim como as obras de transmissão necessárias neste ano em análise.

Por esse processo, garante-se que a carga seja atendida na maior parte do tempo, só não o sendo integralmente por causa de riscos (elétricos) associados a emergências em unidades geradoras e equipamentos do sistema e à operação das linhas – emergências que podem causar eventuais perdas de capacidade de atendimento à carga, em geral transitórias, que conduzem ao que pode ser corretamente denominado "apagão" (tradução adequada de *blackout*). O apagão, assim, é resultado transitório de fenômenos que estão associados à confiabilidade de componentes do sistema elétrico e que podem ser superados por meio de atuação das proteções no sentido de isolar (desligar) a área problemática e posteriores ações voltadas à restauração do equilíbrio do sistema. Existem diversas causas para esse fenômeno. Uma das mais comuns é a ocorrência de surtos atmosféricos (raios) que, muitas vezes, causam curto-circuito nas linhas, as quais são então abertas por disjuntores comandados por proteção adequada. O projeto do sistema elétrico considera uma série de critérios, utilizados no sentido de reduzir os riscos de apagões, devendo-se notar que sua redução, a partir de um certo ponto, torna-se fortemente antieconômica e que sua eliminação total é praticamente impossível.

Do exposto, resta claro que o apagão é uma questão conjuntural. O racionamento, por outro lado, é uma questão estrutural: acontece quando, por algum motivo, não se dispõe de energia suficiente para atender às cargas, por falta de geração ou por insuficiência (gargalo) de transmissão. Isso pode suceder, por exemplo, por falta de investimentos no setor elétrico, assim como pela ocorrência de situações que resultem em menor disponibilidade da geração existente.

Dessa forma, um possível embargo de petróleo em um sistema fortemente dependente de termelétricas a óleo pode levar a um racionamento, assim como as incertezas associadas aos efeitos sazonais que possam diminuir a disponibilidade de energia de usinas baseadas na utilização de fontes renováveis, como no caso da seca, que afeta a capacidade de usinas hidrelétricas. No sentido de identificar possibilidades de racionamento, o processo de planejamento do setor elétrico brasileiro utiliza modelos estatísticos e estocásticos que geram séries sintéticas de vazões a partir de um vasto banco de dados de vazões históricas. Essas séries sintéticas são, então, associadas às características hidráulicas das diversas usinas hidrelétricas para que sejam desenvolvidos os estudos elétricos anteriormente citados, que visam à adequação da geração e da transmissão ao consumo. Classicamente, são simuladas 2.000 situações diferentes em função das séries sintéticas de vazões. Se, depois de efetuados os ajustes de geração e transmissão, apenas 100 casos ou menos não atenderem ao consumo, considera-se que o risco (energético) é menor ou igual a 5% (100/2.000), considerado admissível. Se o não atendimento ocorrer mais do que 100 vezes, começa-se a admitir risco de racionamento.

Para minimizar o risco de racionamento, busca-se criar condições para sempre viabilizar os investimentos necessários e utilizar critérios de projeto adequados e consistentes com a evolução econômica do sistema. Mas, assim como para o caso do apagão, diminuição de risco de racionamento significa maior custo do sistema, sendo que a eliminação total do risco é impossível.

Resumindo, o racionamento é uma questão estrutural, que pode ser prevista e permite a adoção de medidas prévias para o seu gerenciamento. O apagão é uma questão conjuntural, inerente à operação do sistema e pode ocorrer a qualquer momento, sendo a eliminação de sua causa e a reestruturação do sistema também gerenciáveis. O risco de ocorrência desses fenômenos faz parte das incertezas inerentes à própria dinâmica da vida e pode ser controlado em níveis consistentes com a evolução mais econômica de um sistema de potências, mas nunca eliminado totalmente.

Estruturação do planejamento do setor elétrico brasileiro

A orientação do processo de planejamento do setor elétrico brasileiro, que enfatiza horizontes de longo prazo, é uma consequência da peculiaridade de sistemas elétricos com parque gerador hidrotérmico com predominância hídrica de grande porte, comportando intercâmbios volumosos de energia elétrica. A identificação de potenciais e aproveitamentos hídricos (em bacias não inventariadas), o desenvolvimento de tecnologias para transmissão de grandes blocos de energia (a longa distância) e a maturação de novas tecnologias de geração exigem grandes espaços de tempo entre as primeiras decisões e o aumento da capacidade de atendimento do sistema.

Com relação às grandes obras de geração hidrelétrica, sabe-se que a capacidade geradora só se incrementará em, no mínimo, oito anos. É, portanto, imperativo garantir com antecedência o atendimento ao mercado consumidor dentro de um prazo adequado.

Dessa maneira, o processo de planejamento do setor elétrico brasileiro é concebido com diferentes períodos de aplicação, que se refletem como verdadeiras "etapas", tais como:

- Planejamento da expansão do sistema em longo prazo (planejamento estratégico, com horizonte de 30 anos), no qual se determina "o que fazer" ou quais as decisões a serem tomadas, diante dos cenários possíveis de crescimento do mercado de energia elétrica, para atender o consumidor no futuro (com custo mínimo e qualidade adequada do serviço). Atualmente de responsabilidade da Empresa de Planejamento Energético (EPE), seus resultados são apresentados no Plano Nacional de Energia (PNE)[1], no qual pode ser encontrado atualmente o PNE 2030 – um plano que apresenta significativos problemas, dentre os quais se ressaltam desenvolvimento de apenas um cenário de crescimento, simplificações de certas modelagens e falta de revisão desde o seu lançamento em 2007.
- Planejamento da expansão decenal, que estabelece as obras prioritárias que deverão ser construídas para o desempenho adequado do sistema elétrico. Seus resultados também podem ser encontrados no site da EPE, em que a última versão é o Plano Decenal de Energia (PDE) 2015-2024.
- Planejamento da expansão em curto prazo, caracterizado por análises do desempenho do sistema com uma antecedência média da ordem de cinco anos para orientar decisões (com base na operação do sistema de energia elétrica) das etapas correspondentes do planejamento estratégico. Esse planejamento inclui os reforços no sistema de transmissão, assim como outras decisões decorrentes da previsão de entrada em operação das obras em construção. No sistema elétrico brasileiro atual, é representado pelo Plano de Ampliação e Reforços (PAR) do Operador Nacional do Sistema (ONS).
- Planejamento e programação da operação do sistema (planejamento tático da operação), que contém:
  - Programação da operação, com previsão de geração por usina, manutenção das unidades geradoras e do consumo de combustível nas térmicas, entre outras. É, em geral, realizada com um ano de antecedência.

1 Disponível em: <http://www.epe.gov.br>. Acesso em: 10 set. 2016.

- Decisões de operação em tempo real, que devem ser visualizadas com uma antecedência mínima de cerca de uma semana, ocorrendo até mesmo previsão diária.

Esse planejamento tático refere-se a "como fazer" para minimizar os custos operativos (concebidos no planejamento estratégico) dentro de uma qualidade adequada de serviço. O planejamento da expansão em curto prazo e os diversos planejamentos da operação são de responsabilidade do ONS.

A Figura 10.2 ilustra o processo de planejamento do setor elétrico brasileiro. Nesse cenário, as partes de interesse a serem consideradas neste capítulo são o planejamento da expansão e, em especial, o planejamento de expansão da geração, cujos aspectos principais são enfocados de forma sucinta a seguir.

O planejamento da expansão no âmbito do planejamento do setor elétrico brasileiro

O planejamento da expansão do sistema, associado às decisões relativas ao aumento da capacidade para atendimento da demanda de energia, compreende, em função dos horizontes e decisões envolvidas, sobretudo:

- Planejamento de longo prazo (30 anos).
- Planejamento decenal (10 anos).

Os estudos de longo prazo precedem estudos decenais, uma vez que deve haver consistência e harmonia entre ambos.

A Figura 10.3 permite uma compreensão global do processo de planejamento, descrito a seguir, considerando três aspectos principais:

- A partir dos cenários da demanda, realiza-se a expansão da geração conjuntamente com a transmissão (fortemente relacionada com a geração).
- Estudos de expansão da transmissão podem, eventualmente, afetar decisões de geração, assim como os estudos ambientais são capazes de provocar revisões na geração e transmissão.
- A expansão da distribuição em si não é influenciada pelos estudos de geração e transmissão, embora haja uma interação em curto prazo por conta do equacionamento do aporte de recursos financeiros entre geração, transmissão e distribuição.

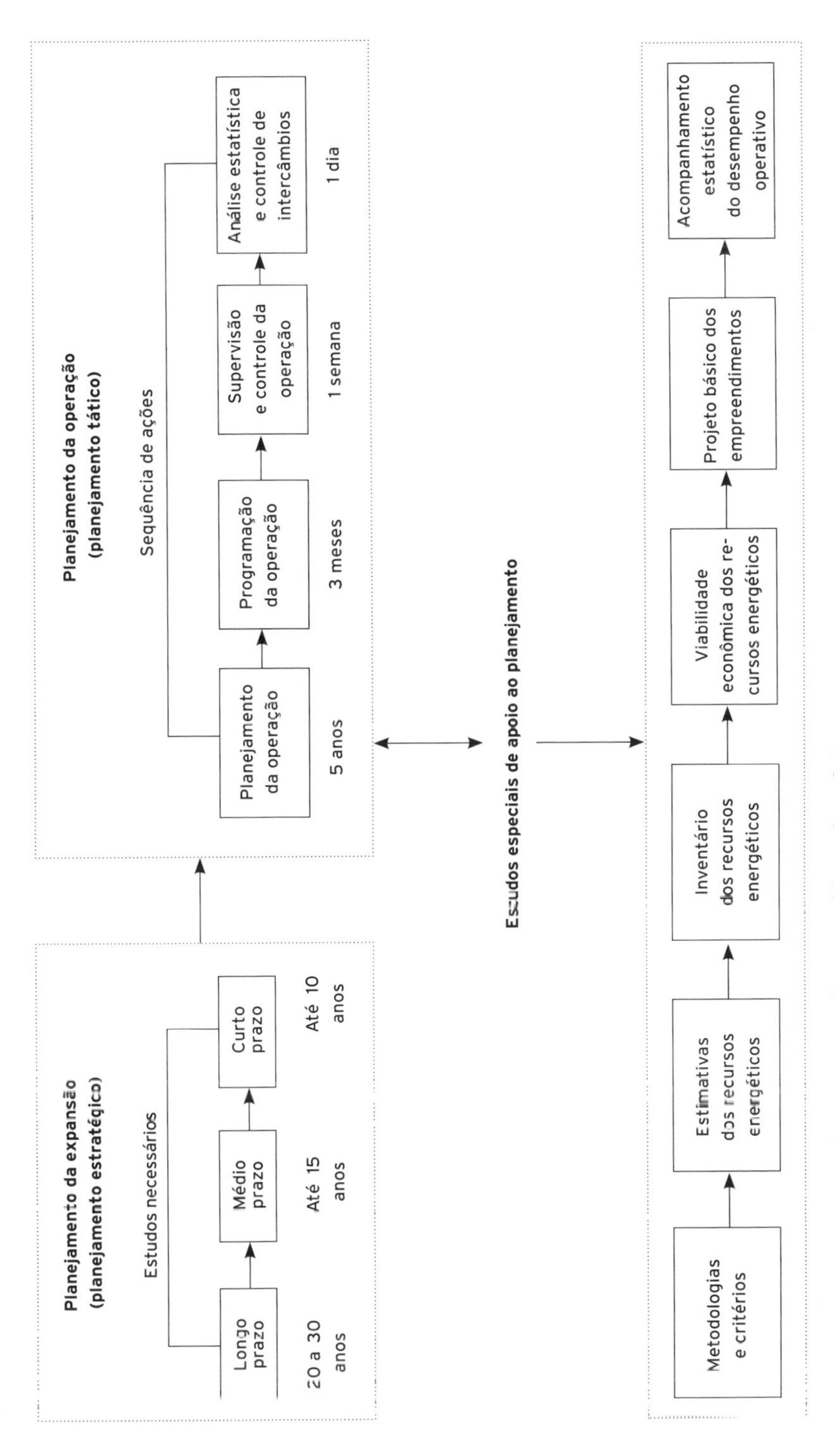

Figura 10.2 Processo de planejamento do setor elétrico brasileiro.

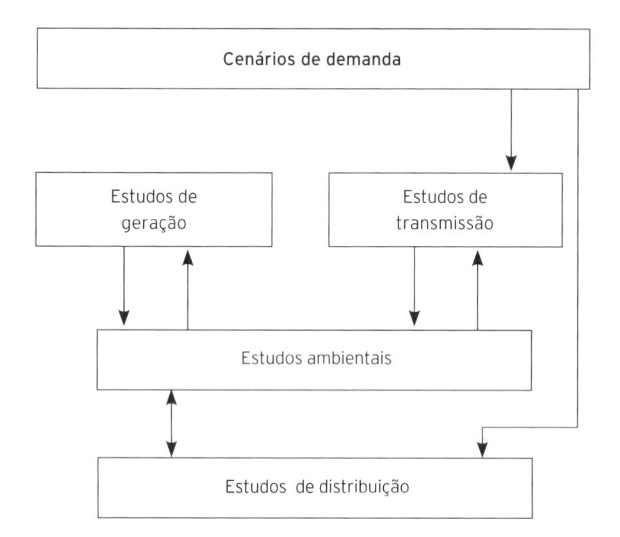

Figura 10.3 Planejamento da expansão do setor elétrico.

Estudos de geração no âmbito do planejamento do setor elétrico brasileiro

Assim como as decisões para expansão da geração devem ser tomadas com antecedência (característica de longa maturação do porte das obras), o planejamento da geração tem como principais componentes o planejamento de longo prazo e o planejamento decenal.

Planejamento de longo prazo da geração

Nessa etapa, identificam-se as características básicas do sistema e determinam-se as metas para o programa de expansão de médio prazo, levando em conta: a composição esperada do parque gerador, os principais troncos de transmissão e a necessidade de desenvolvimentos tecnológicos e/ou industriais. Tais estudos devem ser considerados condicionantes quanto à disponibilidade de recursos primários e tecnológicos na geração de energia elétrica, inclusive de estratégia do país (no Brasil, a autossuficiência e autonomia tecnológica). Alterações desses condicionantes (incluindo mudanças nas variáveis macroeconômicas) determinam a periodicidade dos estudos.

A definição da expansão de longo prazo provém da análise da evolução do sistema, em que a composição esperada do parque gerador (obtida nos estudos da expansão da geração) é a entrada para os estudos de expansão da grande transmissão (que realimentarão as análises de expansão da geração). Assim, no planejamento é estabelecido um processo interativo (entre geração e transmissão, na expansão), conforme se observa na Figura 10.4.

Planejamento decenal da geração

Decisões mais precisas acerca do início de implantação dos empreendimentos estão definidas implicitamente nos estudos de menor prazo, os quais determinam os programas decenais de geração. Esses estudos compreendem também o ajuste das alternativas de expansão estabelecidas em longo prazo às variações circunstanciais das premissas adotadas (mercado de energia elétrica, atrasos nos cronogramas das obras em andamento, restrições financeiras etc.). Além disso, estabelecem a programação financeira do setor elétrico (referente à geração) para os primeiros anos, fixando programas de desembolsos e investimentos anuais correspondentes.

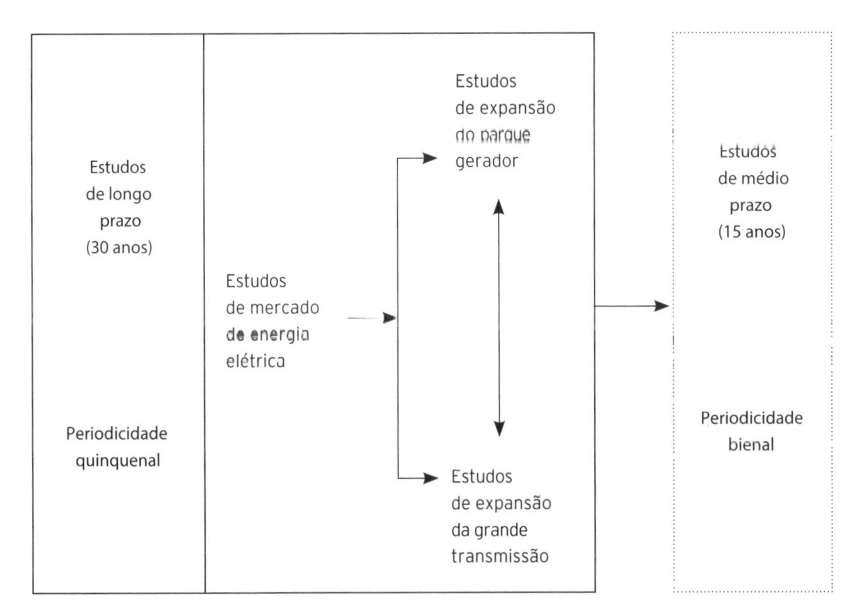

Figura 10.4 Estudos de longo prazo do planejamento da expansão da geração.

Um importante condicionante desses estudos é a disponibilidade de recursos financeiros, que é função das receitas esperadas e de empréstimos de terceiros e deve ser compatibilizada com os cronogramas de expansão/mercado de energia elétrica previstos.

O programa decenal de geração é formulado por meio de modelos matemáticos de simulação dinâmica da operação dos sistemas hidrotérmicos em função da alternativa de expansão dos estudos de longo prazo. Assim, faz-se necessária a interação com estudos de transmissão (pois os limites de intercâmbios inter-regionais influenciam o desempenho do sistema gerador). Na Figura 10.5, visualizam-se as interações necessárias no estudo do planejamento decenal.

Estudos ambientais no âmbito do planejamento do setor elétrico brasileiro

Há algumas décadas, os métodos tradicionais de avaliação de projetos, baseados apenas em critérios econômicos, mostram-se inadequados para auxiliar decisões. Quase sempre limitados a análises de custo e benefício, sem considerar as variáveis ambientais, os estudos de viabilidade acabaram por aprovar projetos cuja implantação poderia resultar em danos

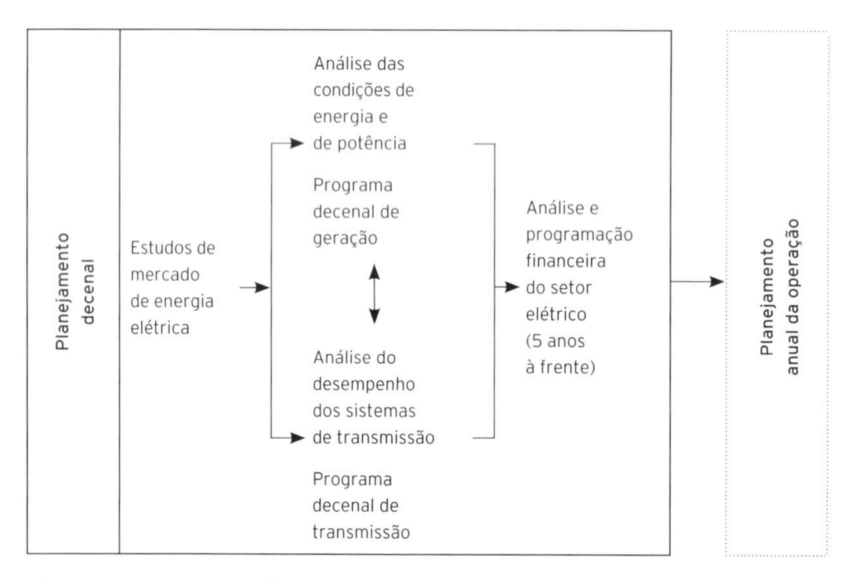

Figura 10.5 Estudo do planejamento decenal: expansão da geração.

inesperados à saúde, ao bem-estar social e aos recursos naturais, reduzindo assim os benefícios líquidos previstos para a sociedade. A degradação ambiental e os problemas sociais dela decorrentes levaram à demanda de melhor qualidade ambiental (por meio da consideração expressa das variáveis ambientais por parte dos governos) para aprovação de investimentos e de projetos de grande porte.

A ideia da formulação de políticas socioambientais específicas surgiu a partir da verificação da necessidade de promover a incorporação de instrumentos que mitigassem os impactos ambientais. Isso orientou a ocorrência de reformas institucionais e reorganizações administrativas: foram criados incentivos econômicos para controle da poluição, implementados sistemas de gestão ambiental e estabelecidos meios de participação da sociedade na tomada de decisões. Há de se mencionar ainda as pressões internacionais, que deslocaram para o Brasil a discussão sobre os impactos ambientais, sobretudo em relação à Amazônia, fazendo com que ambientalistas pressionassem os financiadores de grandes projetos e exigissem do governo brasileiro avaliações dos efeitos socioambientais em seus programas.

Como consequência, a Lei n. 6.938/81, da Política Nacional de Meio Ambiente, por exemplo, instituiu a avaliação do impacto ambiental e audiências públicas. O Decreto n. 88.351/83 regulamentou o licenciamento de atividades poluidoras ou modificadoras do meio ambiente. A Resolução n. 001/86 do Conama aprovou a exigência de execução dos Estudos de Impacto Ambiental (EIA) e apresentação do Relatório de Impacto Ambiental (Rima).

Isso resultou no estabelecimento, pelo setor elétrico, do Plano Diretor de Meio Ambiente (primeira versão em 1986, revista em 1990), um instrumento de planejamento que apresenta uma política socioambiental para o setor elétrico com base em três princípios: participação no processo decisório, viabilidade socioambiental e inserção regional. Foi emitido um conjunto de diretrizes como marco referencial relativo ao planejamento, à articulação institucional e à sociedade, ao financiamento socioambiental e à capacitação do setor. Foram estabelecidos como temas prioritários: inserção regional, remanejamento de grupos populacionais, tratamento das interferências do setor com populações indígenas, flora, fauna e carvão. Foi estabelecido o Comitê Consultivo de Meio Ambiente (órgão aconselhador da diretoria executiva da Eletrobras), constituído por personalidades de conhecimento notório nas áreas social e ambiental (desvinculadas do setor elétrico). Nesse sentido, o plano 2015 de expansão de longo prazo, desenvolvido ainda antes da mudança do modelo do setor elétrico, trouxe uma avaliação muito mais abrangente das restrições de origem ambiental do que o plano anterior (plano 2010), e a cada novo plano de longo prazo a questão ambiental é aprofundada.

Mais recentemente, a relação das instituições do setor elétrico brasileiro com as instituições ambientais governamentais – Ministério de Meio Ambiente (MMA), Instituto Brasileiro do Meio Ambiente e dos Recursos Naturais (Ibama) e Agência Nacional de Águas (ANA) – foi fortalecida. Como consequência, a EPE tomou a decisão de incluir nos estudos de usinas hidrelétricas, já antes da etapa de leilão, uma análise ambiental direcionada à obtenção futura do licenciamento ambiental do projeto.

Essa mudança de enfoque teve diversos impactos não só no processo do planejamento em si como também no da tomada de decisões, enfatizando a influência dos aspectos ambientais, sociais e políticos e buscando maior transparência e participação dos envolvidos. Um processo visualizado para faciltar a implementação das necessidades desse novo enfoque é o Planejamento Integrado de Recursos (PIR), descrito sumariamente a seguir, principalmente como uma referência para reflexões, uma vez que têm sido encontradas muitas dificuldades de entendimento e de assimilação, principalmente em razão de seu enfoque integrado e multidisciplinar.

Planejamento Integrado de Recursos (PIR)

A metodologia do PIR teve inicialmente como maior sustentáculo o aumento da preocupação com o uso eficiente da energia e, de certa forma, com a ênfase nos usos finais. Seu objetivo básico foi expandir até um novo limite o cenário de planejamento para que ele contivesse e avaliasse, de forma integrada com os projetos focalizados na oferta, ações de aumento da eficiência e conservação da energia.

Assim, o leque de projetos a ser analisado em um estudo de planejamento incluiria, além daqueles de geração de energia, os de eficiência e gerenciamento do consumo. Considerando que projetos de conservação de energia, por exemplo, apresentam custos unitários bem menores que os de geração, eles seriam mais interessantes, economicamente, para o sistema e para os consumidores, além de apresentar adicionalmente benefícios ambientais e sociais.

Em termos gerais, o PIR pode ser entendido como o processo que examina todas as opções possíveis e factíveis, no tempo e na geografia, para responder à questão da energia (no sentido do bem-estar), selecionando as melhores alternativas, com a finalidade de garantir a sustentabilidade socioeconômica do ambiente em que se desenvolve.

Do ponto de vista governamental, o seu significado percorre questões como a criação de fontes de trabalho, a preservação, a conservação e a proteção do meio ambiente, o reconhecimento internacional (em termos globais do uso racional da energia e do meio ambiente), novas técnicas e tecnologias e a possibilidade do desenvolvimento sustentável.

Para a concessionária, pública ou privada, o PIR significa, em todos os sentidos, escolha de opções de baixo custo, (oferta de) tarifas mais baixas, adiamento de gastos de capital e, o mais importante, satisfação do consumidor.

O consumidor tem também sua parcela de ganho, pois se beneficia de construções (em todos os sentidos) mais baratas ou de custo menor, de maior disponibilidade de renda (maior opção), de melhoria do ambiente vivencial e também de segurança e conforto fartamente melhorados.

Em razão da capacidade potencial de usar o conhecimento e a habilidade desenvolvidos para a implementação dos conceitos do PIR, as empreiteiras também podem beneficiar-se mais cedo com ganhos como captura de uma boa fatia do mercado.

Nesse contexto ampliado, conceitualmente o PIR caracteriza-se como um ferramental de análise que coloca conjuntamente, em um mesmo patamar de condições e expectativas, as opções do suprimento e da demanda. Dessa maneira, passa a escolher o melhor feixe de opções: redução da utilização da energia, corte da carga, substituição de energético, educação do consumidor etc. Introduzindo o efeito resultante da participação dos afetados, pode-se dizer que o PIR é uma abordagem holística, completa e abrangente que permite a opção de custo mínimo com melhoria na proteção do meio ambiente, conservação na sua acepção mais ampla e, ainda, melhoramentos no transporte e na localização.

Características básicas do PIR do setor elétrico

Em primeira instância, no que se refere ao setor elétrico, o PIR consiste na seleção da expansão da oferta de energia elétrica por processos que avaliem um conjunto de alternativas que incluem não somente o aumento da capacidade instalada como também a conservação e a eficiência energética, a autoprodução e as fontes renováveis. O objetivo é garantir que, considerados os aspectos técnicos, econômico-financeiros e socioambientais, os usuários do sistema recebam uma energia contínua e de boa qualidade da melhor forma possível. Em uma formulação mais ampla, considerando todo o espectro energético, o resultado indicaria a aplicação da energia para um desenvolvimento sustentável.

Voltado para estabelecer melhor alocação de recursos, o PIR implica:

- Procurar o uso racional dos serviços de energia e considerar a conservação de energia como recurso energético.
- Utilizar o enfoque dos "usos finais" para determinar o potencial de conservação e os custos e benefícios envolvidos na sua implementação.
- Promover o planejamento com maior eficiência energética e adequação ambiental.
- Realizar a análise de incertezas associadas com os diferentes fatores externos e as opções de recursos.

Assim, é importante que sejam estabelecidos com clareza os conceitos ou princípios a serem caracterizados em uma árvore discreta que fundamente o PIR. São partes construtivas dessa árvore elementos como:

- Metas: serviço aos consumidores, retorno aos investidores, manutenção dos baixos níveis de preços, menores impactos ao meio ambiente, flexibilidade para enfrentar os riscos e as incertezas.
- Previsões: demanda, energia, capacidade disponível etc.
- Fontes: recursos disponíveis, avaliação, confiabilidade, taxas e indicadores, impactos ambientais etc.
- Métodos: de integração de interesses do lado da oferta e do lado da demanda, elaboração de cenários com as possíveis fontes, avaliação de fatores externos – cultural, legal etc. –, análise de incertezas futuras do plano, testes de alternativas com óticas diferentes – da concessionária, do consumidor e do não consumidor.
- Definições: recursos adequados, processo de integração, seleção de alternativas.

Todo esse cenário ressalta a importância das técnicas de tratamento de incertezas no contexto do planejamento. Sua aplicação adequada é fundamental para que o portfólio de alternativas viáveis (carteira de recursos) possa ser analisado com segurança no momento da tomada de decisões.

Como ilustração, a Figura 10.6 apresenta um diagrama esquemático do processo do PIR.

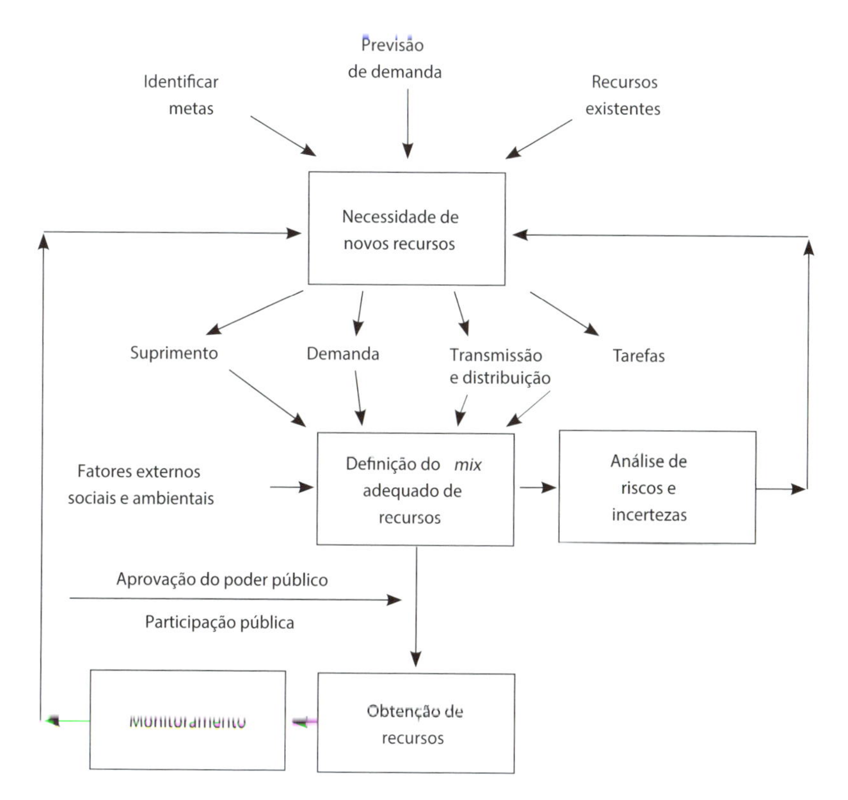

Figura 10.6 Diagrama ilustrativo do processo do PIR.

Estrutura do PIR

O processo de PIR deve seguir essencialmente algumas etapas ou componentes básicos, mas podem ocorrer particularidades em função da região e do tipo de entidade que assume o PIR. Os pontos principais a serem considerados a cada momento, em curto e a longo prazos do plano preferencial, são:

- Identificação dos objetivos do plano: oferecer serviço confiável e adequado; eficiência econômica, com manutenção da situação econômico-financeira da companhia; mesmas considerações de peso para o suprimento e a demanda como recursos; minimização dos riscos; considerar os impactos ambientais; as questões sociais (níveis de aceitação) etc.

- Estabelecimento da previsão da demanda (pré-GLD, sendo GLD o Gerenciamento pelo Lado da Demanda): distinguir os fatores (tecnológicos, econômicos e sociais) que influenciam ou não a demanda, elaborar diversas previsões por conta da incerteza acerca do futuro, manter compatibilização dos usos finais considerados nos programas de GLD com aqueles da previsão da demanda.
- Identificação dos recursos de suprimento e demanda: deve-se levantar separadamente cada um dos recursos factíveis, tanto aqueles já estabelecidos no plano de obras como os potenciais, que poderão influenciar a potência e/ou a energia tanto no lado da oferta como no da demanda.
- Valoração dos recursos de suprimento e demanda: cada recurso deve ter atributos (quantitativos e/ou qualitativos) coerentes com os objetivos já estabelecidos. A avaliação e a medição dos recursos deve ser multicriterial (para que não sejam referidos somente em termos dos custos). Também devem ser utilizadas figuras de mérito, tais como gráficos, para mostrar custos unitários em função de magnitudes do recurso etc.
- Desenvolvimento de carteiras de recursos integrados: para cada previsão (total) da demanda, devem ser propostas carteiras constituídas pela combinação de recursos de suprimento e demanda (de MW e NW). Ambas – previsão e carteiras – devem cobrir o mesmo período no futuro (de 15 a 20 anos).
- Avaliação e seleção das carteiras de recursos: as alternativas de carteiras de recursos que responderão pela previsão devem ser comparadas na base de atributo por atributo, em função dos objetivos definidos pelo PIR. Se houver um mínimo de recursos presente em todas as carteiras de recursos, ele poderá incluir-se no PIR sem análise adicional. Aqueles recursos não comuns poderão intervir, atendendo a alguma das previsões totais.
- Plano de ação: deverá fazer parte desse plano o detalhamento dos passos de aquisição dos recursos que entrarão no curto prazo. Deverá também especificar-se o modo de ajuste à evolução da demanda (se está ou não dentro da previsão). Por fim, serão mostrados também os critérios projetados e de monitoração dos recursos de incerteza considerável (impactos de mercado e custos totais).
- Interação público-privada: a sociedade deve ser envolvida no processo PIR para escolha dos métodos que melhor se apliquem a esse planejamento. A colaboração direta dos interessados pode dar-se por meio de fóruns in-

formativos, *workshops*, audiências públicas etc. Também são benéficas as interações com outras entidades envolvidas em projetos similares.

- Introdução e participação do regulador: durante todas as fases de elaboração do PIR, deverão ser abertas oportunidades ao agente regulador para revisão e comentários.
- Introdução e implantação das políticas governamentais: o PIR deverá ser desenvolvido em concordância com a legislação e as políticas de Estado, normas de eficiência, controle de poluentes, fatores de risco etc.
- Revisões da regulamentação: o processo de revisões deve ser implementado junto ao plano de ação, de forma periódica (por exemplo, dois anos), para permitir resposta oral e/ou escrita da sociedade.

CRITÉRIOS PARA ANÁLISE DA EXPANSÃO DA GERAÇÃO

Na análise econômica e financeira relacionada com o planejamento da geração de energia elétrica, devem ser enfatizados os seguintes aspectos:

- A energia elétrica é um insumo energético nobre, além de ser uma forma de energia limpa e eficiente e de fácil manutenção e aplicação.
- A energia elétrica é um produto capital intensivo, que exige parcelas consideráveis da capacidade de investimentos do país.
- O investimento em projetos de geração de energia elétrica é um investimento com maturação lenta, que só passa a ter retorno após entrada em operação.
- Os projetos de geração de energia elétrica apresentam vida útil econômica longa (aspecto que atua em contrapartida ao anterior), tipicamente de 50 anos para UHEs e 30 anos para UTEs.
- O planejamento da geração, principalmente para os países em desenvolvimento, implica a necessidade de um grande número de obras e de grandes parcelas de investimentos, apresentando como característica um crescimento exponencial da demanda, que se reflete em grandes necessidades de oferta.

Os dois aspectos básicos orientadores da análise da expansão da geração são: os custos, dirigidos à busca da economia, e a qualidade, voltada principalmente à qualidade do atendimento. A diretriz básica é oferecer eletricidade com mínimos custos e qualidade satisfatória.

Quanto à análise econômica, que definirá as alternativas de custos mínimos, devem ser considerados os princípios apresentados anteriormente, com inclusão de métodos adequados para determinação e custeamento de déficits (energia não suprida).

Quanto à qualidade satisfatória, diversos aspectos e níveis podem ser considerados:

- Simples atendimento aos requisitos de energia e ponta.
- Índice de suprimento garantido acima de certo valor.
- Características mínimas garantidas quando de emergência.
- Relacionamento aberto e transparente com os consumidores.

A definição mais adequada dessa qualidade dependerá largamente do tipo, da localização e das características da carga. Assim, em um país com as disparidades do Brasil, diferentes metas de qualidade podem ser aplicadas, por exemplo, a áreas industriais, urbanas, rurais, regiões mais ou menos desenvolvidas, entre outras. A equalização dessa qualidade será assunto estratégico que deverá nortear o rumo do planejamento a longo prazo, em conjunto com o desenvolvimento do país e sua homogeneização.

Critérios para atendimento do mercado

Um ponto básico para os estudos, não só de planejamento, como também de operação, é que o sistema deva ser capaz, dentro de um certo nível probabilístico, de atender ao mercado previsto, tanto em termos de energia como de ponta.

O critério tradicional (determinístico) baseia-se no desenvolvimento da análise a partir de hipóteses que já consideram de antemão riscos de déficits e de não atendimento de ponta. Com essas hipóteses assumidas para o critério tradicional, tem-se que:

- Assumindo-se a repetição do histórico de razões naturais conhecidas, o sistema gerador deve ser capaz de suprir as necessidades de energia do mercado, sem déficit.
- O sistema gerador deve ser capaz de suprir as necessidades de ponta do mercado, sem déficit, considerados os fatores de reserva e as taxas de saídas das unidades geradoras resultantes de paradas para manutenção, tanto corretivas como preventivas.

O critério probabilístico apresenta uma análise mais elaborada das características citadas e sua determinação, por meio de análise mais complexa e probabilística do desempenho do sistema como um todo, com uso de modelos adequados para seus componentes.

Em geral são realizadas diversas simulações de caráter estatístico/estocástico do sistema e, a partir do número de simulações nas quais o mercado não foi atendido e sua relação com o número total de simulações, determina-se o risco de não atendimento. Caso esse risco seja maior que o admitido (que era de 5% em época sem crise no setor elétrico), atua-se no sistema (nova geração, linha etc.) até se atender ao risco admitido.

Reserva de geração

Um fator importante nos estudos de planejamento da geração é o critério de reserva de geração (ou de operação), definida como: a margem entre potência instalada do sistema e o requisito de ponta do sistema. São consideradas duas parcelas: a reserva girante e a reserva de manutenção, ilustradas na Figura 10.7.

A reserva girante relaciona-se com as unidades geradoras alocadas no sistema com capacidade de "tomar" carga adicional imediatamente em caso de necessidade (também chamada reserva "quente"). Essa necessidade relaciona-se com: erros de previsão, ponta instantânea dentro da pon-

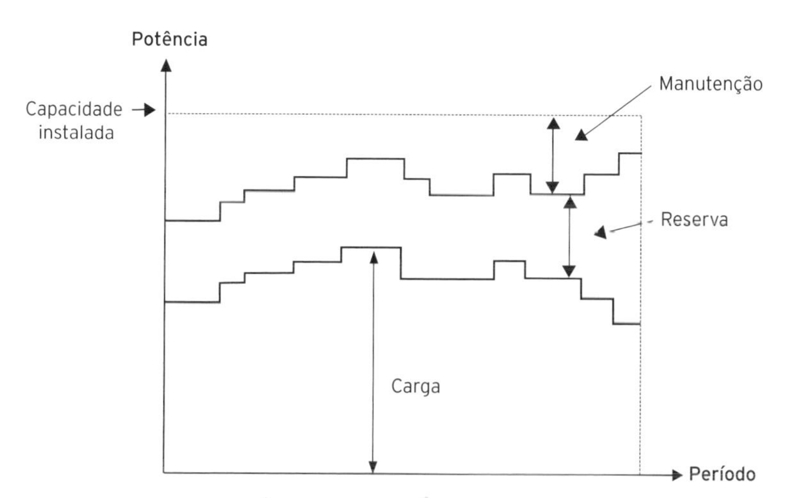

Figura 10.7 Características do sistema gerador.

ta, perda intempestiva de máquinas e controle de carga e frequência, o qual é dividido em:

- Regulação primária – estatismo.
- Regulação secundária – recuperação de frequência e controle de fluxo entre áreas.

A reserva de manutenção, que apresenta a característica de perda de capacidade, relaciona-se com a retirada de unidades geradoras de serviço para execução de trabalho de manutenção (programada ou corretiva) e também com a perda de capacidade de ponta em razão do deplecionamento de reservatórios em condições hidrológicas desfavoráveis.

Índices de confiabilidade (de suprimento da carga)

Esses índices influem na análise pela consideração de um risco de déficit ou custo de energia não suprida. Sua determinação é, em geral, efetuada pela simulação da operação dos sistemas com modelos estatísticos e dados probabilísticos, baseados em desenvolvimentos teóricos e experiências operativas de sistemas existentes.

Um processo usual relaciona-se com a simulação do sistema por meio de escolha randômica da configuração (simulação de defeitos, saídas de operação etc.) para a qual é efetuada a análise de suprimento da carga (com eventual redespacho ou não). A execução adequada de diversos casos desse tipo resultará no levantamento de curva associada ao risco de não suprimento da carga. Essa curva, associada a custos de não suprimento da carga, fornecerá um conjunto de dados a ser incorporado ao estudo de planejamento de sistema. É importante ressaltar que, dados os recursos atuais de modelagem e ferramental, a maior dificuldade nesse procedimento não está na determinação do risco e sim do custo da energia não suprida, também extremamente dependente do tipo de carga e das características não somente técnicas, como também sociais, políticas e econômicas.

De um modo simplista, a determinação de índices de confiabilidade para um dado sistema elétrico pode ser ilustrada pela Figura 10.8.

Uma variável importante apresentada na Figura 10.8 é a energia não suprida, que, de certa forma, reflete a confiabilidade do sistema em termos de energia. Em aspectos práticos, essa variável tem característica estatística e é estimada no processo de simulações e planejamento, sendo usada

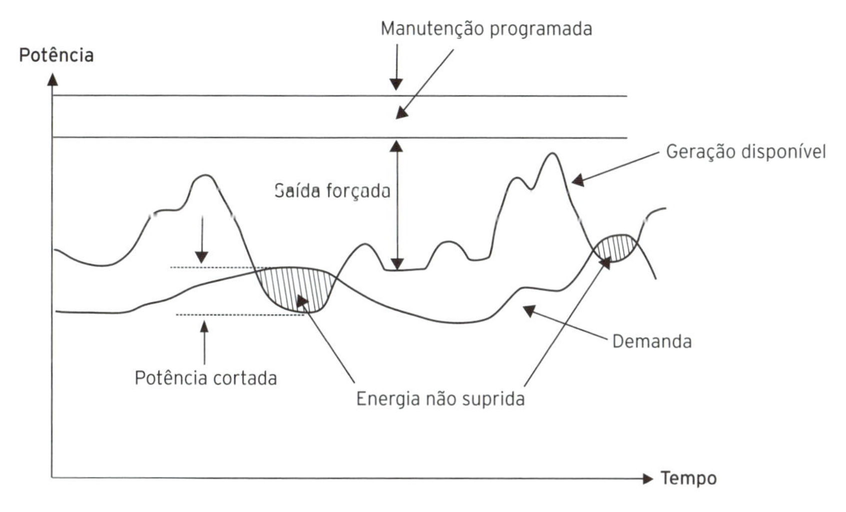

Figura 10.8 Identificação da energia não suprida

como um índice do risco de não atendimento da carga elétrica do sistema. Enquanto a aceitação de um valor máximo de 5% para esse índice funcionou bastante bem até a ocorrência do racionamento em 2000/2001, a partir daí resolveu-se levantar, por meio da execução de diversas simulações, diferentes valores dessa energia não suprida e construir as curvas de aversão ao risco, utilizadas na orientação de ações preventivas que visam evitar racionamento, tais como a colocação de termelétricas em operação. Interessante notar que esse procedimento não consegue demonstrar a adequação ou a não adequação do histórico limite prático de 5%.

Em virtude de suas características diversas, as unidades hidrelétricas e as termelétricas têm um tratamento ligeiramente diferente nesse contexto.

Para as termelétricas (sistema eminentemente termelétrico), o enfoque volta-se ao atendimento dos requisitos de ponta e ponta mais reserva, uma vez que os requisitos de energia são automaticamente preenchidos apenas com adequação do fator de capacidade e disponibilidade de combustível.

Para as hidrelétricas (sistema eminentemente hidrelétrico ou hidrotérmico), tanto o atendimento dos requisitos de energia como o de ponta ou ponta mais reserva devem ser enfocados, uma vez que há a possibilidade de opção por diferentes níveis de motorização. Assim, haverá situações em que o atendimento é apenas suficiente em termos de energia e sobra em termos de ponta ou ponta mais reserva e vice-versa. No primeiro caso, a próxima usina a ser instalada deverá ter fator de capacidade maior que o médio do sistema (necessidade de mais energia que ponta). No segundo caso, ao contrário, ela deverá ter fator de capacidade menor que o médio do sistema.

Influências aleatórias na capacidade de geração

As mais importantes são:

- Indisponibilidade de máquinas ou equipamentos importantes das usinas que resulte em diminuição da capacidade de geração. Item que predomina para as usinas termelétricas. Na prática, leva-se em conta que parte da geração alimenta o consumo interno da usina, além do efeito das indisponibilidades (retiradas de serviço) em razão da manutenção programada e forçada. A expressão da energia firme fica, então:

$$EF = \frac{(1 - Con) \times PI \times (100 - IP - TEIF)}{100} \times [PI \times FCM(MW)]$$

  Em que:
  Con = consumo interno na usina para serviços auxiliares (%).
  IP = taxa de indisponibilidade programada (%).
  TEIF = taxa equivalente de indisponibilidade forçada (%).
- Afluência de água às usinas hidrelétricas – item predominante para elas.
- Atrasos no programa de geração.
- Crescimento do mercado além do previsto.

Características específicas de sistemas eminentemente termelétricos e de sistemas hidrotérmicos

- Sistemas termelétricos:
  - Decisões desacopladas no tempo.
  - Custo de operações diretamente relacionado com os custos de combustíveis.
  - Operação independente entre unidades.
  - Custos de combustíveis orientam a compra e a venda de energia.
  - A confiabilidade depende diretamente da capacidade disponível.
- Sistemas hidrotérmicos:
  - Há acoplamento no tempo das decisões, ou seja, decisões atuais vão interferir nas futuras.

- Custo de operação tem forte relação com custos indiretos, os custos evitados de geração térmica.
- Operação das usinas vinculadas.
- Confiabilidade com características estatísticas, dependentes das razões afluentes e também da operação conjunta das diversas usinas.

Conceitos básicos de sistema hidrotérmico

Energia firme ou garantida

Representa o maior valor possível de ser fornecido continuamente pelo sistema de usinas, sem déficit em relação ao mercado e assumindo a repetição de vazões naturais históricas. O mesmo vale para uma usina (Figura 10.9).

Período hidrológico crítico

É o maior período em que, ocorrendo vazões naturais históricas, o armazenamento do sistema vai do máximo (reservatórios cheios) ao mínimo (reservatórios vazios), garantindo o suprimento da, assim chamada, carga crítica do sistema (energia firme), sem preenchimentos intermediários (Figura 10.9).

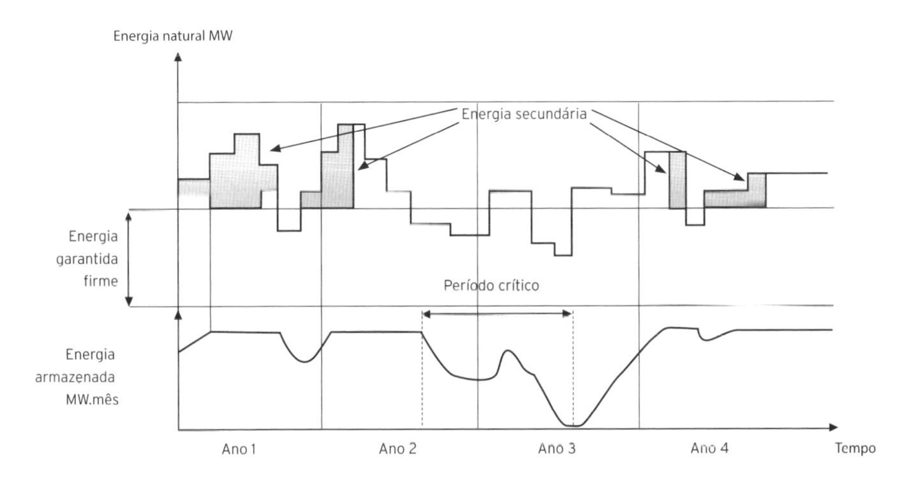

Figura 10.9 Operação de sistema eminentemente hidrelétrico.

Energia média

Geração média de usina ou sistema quando se opera em longo prazo com as vazões históricas.

Energia secundária

Excesso de energia que o sistema poderia ser capaz de gerar, se houvesse consumo, nas sequências hidrológicas favoráveis em relação à energia firme.

Complementação térmica (ou termelétrica)

Ocorre quando, nos períodos de seca, o sistema termelétrico é acionado para suprir o mercado. Comparando-se à figura anterior, é como se pudesse alimentar uma carga maior por meio do aumento da energia firme do sistema como um todo. Nos períodos de boa hidrologia, a energia secundária é usada para economizar combustível das termelétricas. Daí resulta que a termelétrica só opera parte do tempo e o sistema garante economicamente maior energia que garantiria normalmente com o mesmo combustível e os mesmos reservatórios. A Figura 10.10 ilustra esses conceitos.

Esse tipo de operação de complementação se baseia no conceito das curvas-guia, que indicam o volume mínimo admissível aos reservatórios no início do período crítico para que o reservatório fique vazio ao seu fim. Quando o volume armazenado aproxima-se dessas curvas, inicia-se a geração térmica. As curvas-guia são determinadas para o período crítico, com análise

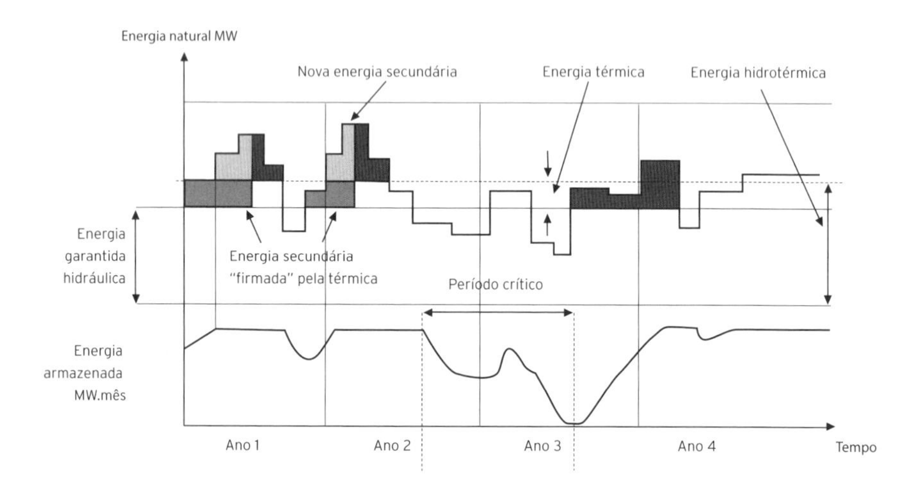

Figura 10.10 Operação com complementação termelétrica.

similar à apresentada nas figuras anteriores, em geral efetuada com modelagem de todo o sistema hidrotérmico e usando os dados históricos de vazões.

Outra representação da complementação termelétrica é apresentada na Figura 10.11.

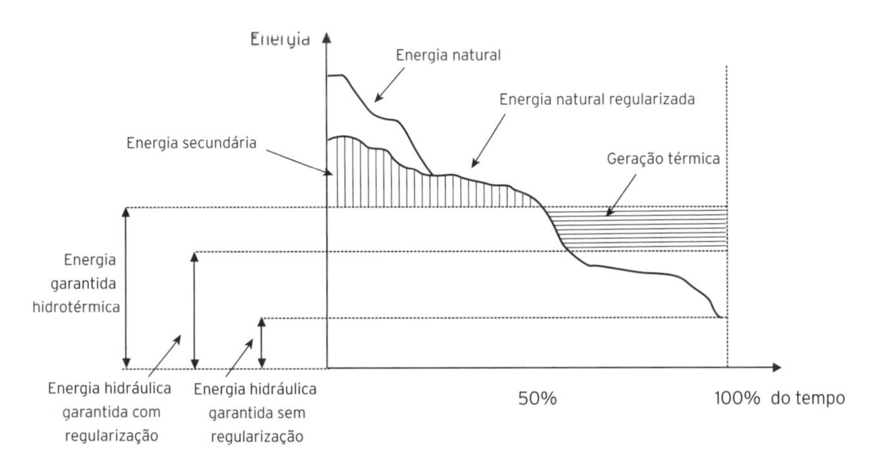

Figura 10.11 Complementação termelétrica.

Benefícios energéticos da interligação entre sistemas

Dos benefícios energéticos da interligação entre sistemas podem ser elencados:

- Aproveitamento da diversidade hidrológica.
- Possibilidade de atendimento do mercado de uma região por usinas de outra região, eventualmente mais econômicas.
- Regularização da produção de energia via transmissão ("transferência" de água): Xingu – Tocantins – São Francisco.
- Aumento da confiabilidade global do sistema diminuindo as necessidades de reserva.

TÉCNICAS PARA MELHORAR A UTILIZAÇÃO DE GERAÇÃO A PARTIR DE FONTES RENOVÁVEIS NOS SISTEMAS ELÉTRICOS DE POTÊNCIA

Sistemas de geração de energia elétrica considerados renováveis, tais como hidrelétrico, solar fotovoltaico e eólico, apresentam características estatísticas e estocásticas que demandam medidas apropriadas para conciliar a geração com a carga, de forma que obtenha melhor uso das fontes primárias de energia e que reduza ao máximo as perdas.

São importantes características desses sistemas de geração a potência máxima e a potência que pode ser gerada constantemente durante a vida útil de operação, relacionadas respectivamente com a capacidade instalada e a energia firme. A capacidade instalada é a potência máxima (pico) que um sistema pode produzir instantaneamente. Ela é relacionada com os equipamentos de geração instalados. A energia firme pode ser considerada como um tipo de indicador do nível de utilização de fontes primárias de energia: quanto maior a energia firme, melhor será sua utilização. Essas características são determinadas por uma análise de dimensionamento que envolve avaliações técnicas, econômicas, sociais, políticas e ambientais.

Os métodos mais conhecidos para aumentar a utilização de energia renovável nos sistemas elétricos têm como conceito principal o emprego de sistemas de armazenamento. Tais sistemas, que apresentam diferentes características, têm a função de estocar a energia que poderia potencialmente ser gerada a mais que a carga momentânea, nas situações em que a disponibilidade do recurso renovável excede sua necessidade, de forma que permita seu consumo futuro naquelas situações nas quais a carga excede a capacidade de energia à disposição.

Quando a fonte de energia renovável está conectada à rede, o sistema elétrico pode apenas absorver a energia excedente ou, além disso, fornecer energia para a carga alimentada, desde que haja condições técnicas para isso. Este assunto será tratado em maiores detalhes nos itens referentes à GD e às redes inteligentes (*smart power, smart grid*).

Como exemplos bastante conhecidos dos métodos básicos de armazenamento, podem ser listadas aqui as barragens das usinas hidrelétricas e as baterias em sistemas solares fotovoltaicos e sistemas eólicos autônomos (Capítulos 2, 4 e 5, respectivamente).

Em razão da natureza estatística e estocástica dos recursos renováveis, as técnicas de dimensionamento dependem fortemente de um processo baseado na duração e confiabilidade da coleta e tratamento das informações, na adequação dos critérios assumidos e nas hipóteses quanto aos futuros cenários. Tudo isso influenciando um processo direcionado principalmente à busca da solução mais econômica. Obviamente, tal procedimento causa, durante a vida útil do projeto, situações associadas à perda de parte do recurso primário por conta de limitações no dimensionamento. Esse é o caso, por exemplo, de uma usina hidrelétrica vertendo água por estar com seus reservatórios cheios em épocas de chuva. Do ponto de vista elétrico, isso é um desperdício. Em situação oposta está o caso de hidrelétrica com produção limitada resultante da ocorrência de secas não previstas, situação na qual será necessária a complementação energética.

Existem ainda outras tecnologias que permitem a melhora da utilização de energia quando os sistemas renováveis de geração são interligados por um sistema de potências, incluindo diferentes conceitos de "armazenamento". Essas tecnologias permitem a utilização do que seria a "energia desperdiçada", também chamada de energia secundária, resultando em aumento não só da utilização dos recursos como também de toda a eficiência do sistema. Este item apresenta as principais tecnologias que podem ser aninhadas dentro desse conceito, enfatizando suas características e listando simulações e avaliações conduzidas para demonstrar suas influências no sistema elétrico brasileiro, predominantemente hidrelétrico.

Ressalta-se que, embora alguns desses assuntos sejam enfocados de forma mais detalhada em outros capítulos deste livro (aos quais se faz referência para maiores detalhes), eles são tratados aqui de uma forma sistêmica, a partir de uma visão integrada do sistema de potências.

As tecnologias a seguir descritas são:

- Interconexões elétricas.
- Geração hidrelétrica com velocidade ajustável.
- Sistemas de armazenamento e tecnologias avançadas para melhor utilização de fontes renováveis, incluindo usinas reversíveis e componentes eletrônicos de geração avançada da família de equipamentos – Sistemas Flexíveis de Transmissão de Corrente Alternada (Facts) – aliados a sistemas de supercondutores.
- Complementação elétrica.
- GD (renovável ou híbrida, com ou sem cogeração) em sistemas de distribuição.
- Redes inteligentes (*smart power, smart grid*).

Interconexões elétricas

Interconexões elétricas representam um meio eficiente de melhorar o desempenho de sistemas de geração renovável uma vez que permitem uma operação integrada objetivando o melhor uso dos recursos disponíveis. O sistema elétrico interconectado é a base do sucesso do sistema de potências no Brasil. Com predominância de média e longa distâncias, interliga diversas bacias hidrográficas, algumas apresentando sensíveis diferenças sazonais. Nesses casos, as interconexões podem ser consideradas uma espécie de "vias de água", por permitirem operação dos reservatórios de maneira integrada. A determinação do cronograma de operação não é tarefa simples e demanda uma análise complexa que implica diversos cálculos, estudos, simulações e também a participação de todas as empresas envolvidas na geração e na transmissão.

Um exemplo já clássico desse tipo de interconexão no Brasil é a interligação Norte-Sul, com 500 kV de tensão em corrente alternada (CA) e cerca de 1.000 km de comprimento. Projetada para permitir a transferência de aproximadamente 1.000 MW de energia, baseia-se na busca do melhor aproveitamento possível das diferentes características de sazonalidade da Bacia Amazônica e das regiões Sul e Sudeste.

Sua operação resulta em sensíveis melhoras na utilização de energia advinda de geração renovável (no caso, hidrelétrica). A Figura 10.12 apresenta uma visão simplificada do sistema elétrico brasileiro, destacando a interligação Norte-Sul, cujo dimensionamento foi baseado em diversos estudos. Simulações de sistemas energéticos projetaram a distribuição dos fluxos de energia, para ambos os sentidos, em 1.000 MW. Estudos econômicos de sistemas de transmissão avaliaram os custos (linha de transmissão, compensação reativa de potência, perdas) e os benefícios (carga elétrica alimentada) para diferentes condições operacionais: condições de carga do sistema interconectado (leve, pesada, intermediária) e a potência transmitida. Alternativas de transmissão em corrente contínua (CC) e alternada (CA) também foram consideradas de forma a permitir avaliar a evolução do sistema pela incorporação de outras usinas geradoras e novos pontos de interconexão. A decisão final foi a utilização de linhas de corrente alternada em 500 kV com compensação série controlada.

Geração hidrelétrica com velocidade ajustável

Essa é uma tecnologia promissora (tratada especificamente no Capítulo 2, em "Hidrelétricas operando com rotação ajustável"), de possível aplicação no Brasil e já utilizada em projetos em outros países. Esse tipo de geração baseia-se no uso de equipamentos eletrônicos – pertencentes à família dos Facts – que, neste caso, permitem o desacoplamento entre a

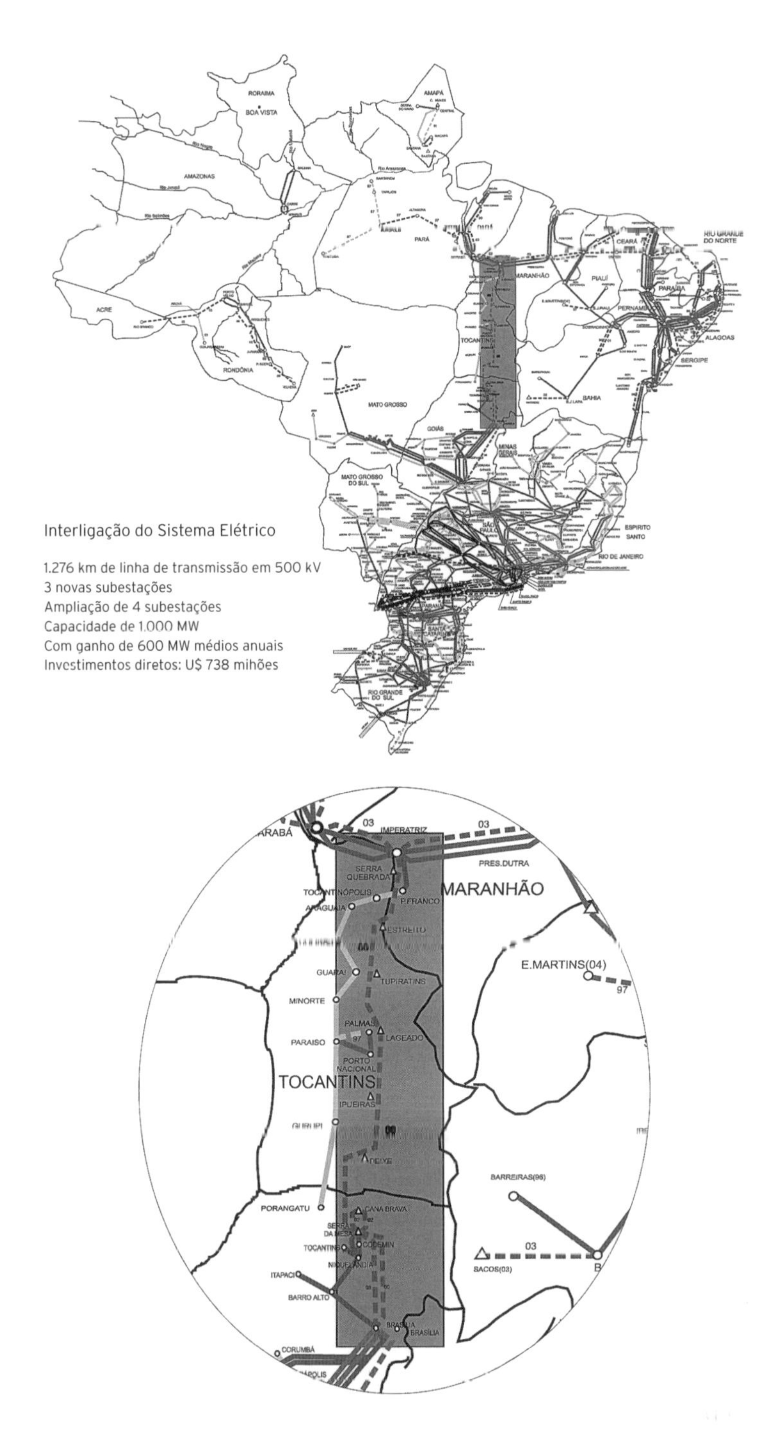

Figura 10.12 Visão simplificada do sistema elétrico brasileiro.

velocidade do sistema de geração e a frequência do sistema elétrico, proporcionando às turbinas a capacidade de operar em velocidades diferentes. Duas tecnologias, a de conexão unitária em corrente contínua em alta tensão (CCAT) e a de cicloconversores (Figura 10.13), são visualizadas para utilização nesse processo.

Essas tecnologias permitem o ajuste da velocidade das turbinas de acordo com as situações de vazão e da altura útil da usina, possibilitando a operação do conjunto no seu ponto ótimo de eficiência. Estudos no Brasil demonstraram a possibilidade de ganhos energéticos consideráveis, tanto maiores quanto mais altas forem as variações da altura útil durante a operação das usinas.

Avaliações efetuadas para transmissão de grandes blocos de energia da Bacia Amazônica para longas distâncias demonstraram que, associado à alternativa de transmissão CCAT, o uso da conexão unitária pode resultar em:

- Reduções entre 25 e 30% nos custos da estação retificadora.
- Ganhos energéticos em torno de 0,4% em cada ano (o que corresponde, no caso, a aproximadamente 212 GWh), considerando-se o fator de capacidade de 55%.

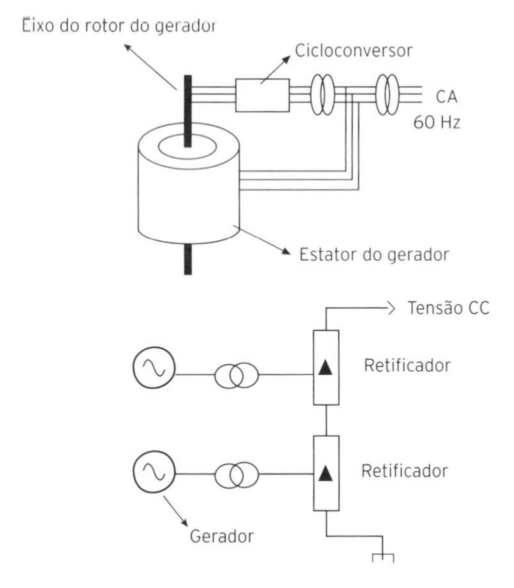

Figura 10.13 Cicloconversores e conexão unitária CCAT.

Simulações para outras usinas existentes também demonstraram a possibilidade de ganhos sensíveis: a usina de Caconde (80 MW), no estado de São Paulo, apresenta um potencial de ganhos de aproximadamente 40% na produção de energia em sua vida útil de 50 anos.

Outro uso alternativo dessa tecnologia seria sua aplicação para produzir a mesma energia, mas com redução no nível máximo de operação do reservatório (ou da altura da barragem em novos projetos), diminuindo assim os custos e os impactos ambientais. Simulações com tais características efetuadas para a usina de Caconde mostraram possível redução de aproximadamente 6% na área inundada.

É importante lembrar que, para usinas já existentes, o custo da introdução de novos equipamentos eletrônicos e as modificações necessárias são muito importantes para a análise de viabilidade econômica, uma vez que esses custos adicionais deverão ser, de certa forma, contrabalançados pelos benefícios conquistados. No caso da opção pelos benefícios ambientais, eles deverão ser considerados quanto à análise de custo *versus* benefício.

Sistemas de armazenamento e tecnologias avançadas para melhor utilização de fontes renováveis

O armazenamento local de energia elétrica, por meio de reservatórios, em usinas hidrelétricas e de baterias, em sistemas eólicos e fotovoltaicos é bastante difundido e foi tratado em diversos capítulos e itens deste livro. Entretanto, o armazenamento "distante" pode também ser utilizado em sistemas interconectados para os mesmos fins de aumentar a eficiência do uso de recursos renováveis. Exemplos bastante conhecidos são o uso de reservatório regularizador em um rio, cujas outras usinas são a fio d'água, e a utilização de alguns reservatórios em cascata no mesmo rio. Além, é claro, das interconexões elétricas, abordadas anteriormente.

Apesar de os métodos de dimensionamento para armazenamento local em usinas hidrelétricas já estarem bem definidos e conhecidos, sensíveis melhoras podem ser obtidas para os sistemas solares fotovoltaicos e para as turbinas eólicas. Esses melhoramentos estão relacionados principalmente com o aperfeiçoamento e a proliferação de sistemas de medição e monitoração, com vistas à obtenção de dados mais precisos a serem utilizados no dimensionamento. Estudos comparativos para o dimensionamento de um sistema solar fotovoltaico para um pequeno vilarejo (Capítulo 4) demonstraram que reduções significativas de custos e ganhos de eficiência podem ser obtidos com uma simples melhora do método de dimensionamento utilizado. A Tabela 10.1 lista os resultados dessa comparação entre a metodologia Perda de Energia Fornecida (Lops) e a clássica metodologia Número de Dias Autônomos (NAD) para a mesma energia a ser produzida.

Tabela 10.1 Comparação entre as metodologias de dimensionamento (NAD X Lops)

	NAD	LOPS
Capacidade do painel solar (kW)	2,18	1,87
Capacidade das baterias (kWh)	66,5	18,9
Investimento inicial (US$)	49.709,2	39.138,6

Outras tecnologias, como usinas hidrelétricas reversíveis e sistemas mais avançados, baseados na associação de equipamentos da eletrônica de potência (da família Facts) com supercondutores, também podem ser utilizadas para "suavizar" as características de carga, permitindo melhor operação de todo o sistema elétrico e melhor utilização de energia renovável.

No caso de usinas reversíveis, a central Pedra do Cavalo, na Bahia, em sua fase de concepção, previa a possibilidade de duas de suas quatro unidades operarem na modalidade reversível. A capacidade total de geração seria de 620 MW; e a de bombeamento, de 300 MW. Ela teria um efeito de "suavização" na curva de carga ou na energia armazenada, dependendo do seu cronograma operacional.

Simulações baseadas na entrega de 620 MW durante quatro horas, 200 MW em quatro horas e 300 MW no modo de bombeamento foram conduzidas para a referida usina, com utilização de equipamentos da eletrônica de potência para permitir rápida inversão de fluxo de energia e controle de velocidade da turbina/bomba. Com um fator médio de capacidade de 0,6, seriam entregues 3.168 MWh líquidos para o sistema, sendo 1.080 MWh, ou 34,5%, obtidos pelo modo de bombeamento. Nesse caso, é interessante salientar que a simulação de uso de uma conexão unitária para operação em velocidades variáveis levou a ganhos de eficiência de 4% na produção e de 0,15% no bombeamento.

Ainda com relação ao armazenamento, podem ser citadas tecnologias em evolução que apresentam perspectivas de aplicação em médio prazo.

Uma delas é a tecnologia voltada ao armazenamento de energia em bobinas magnéticas supercondutoras – *Superconducting Magnetic Energy Storage* (SMES). Embora ainda haja necessidade de desenvolvimento no que se refere a potências mais altas, tal tecnologia já é aplicada, nos países mais avançados tecnologicamente, em unidades de pequeno porte para controlar distorções, picos e surtos de tensão e corrente em sistemas industriais.

Esse cenário ressalta a possibilidade de conexão de qualquer tipo de sistema armazenador[2] de energia em praticamente qualquer ponto da rede por meio de equipamentos da eletrônica de potência. Essa conexão, feita de forma adequada, poderá aumentar largamente a flexibilidade e a capacidade de controle do sistema como um todo e permitirá um avanço revolucionário sem precedentes nos sistemas elétricos de potência.

Equipamentos desse tipo, que possibilitam controle independente das potências ativa e reativa, já se encontram disponíveis no mercado das tecnologias mais avançadas, tais como o compensador estático – *Static Synchronous Compensator* (Statcom) e o controlador unificado do fluxo de potências – *Unified Power Flow Controller* (UPFC).

Esses equipamentos estão incluidos dentre os equipamentos pertencentes ao sistema Facts, nome utilizado para designar um conjunto de equipamentos chaveáveis ou controláveis de tensão e/ou fluxos de potência (ativos e reativos) nos sistemas elétricos de potência, na sua maioria baseados na utilização da eletrônica de potência.

Esse tipo de sistema teve inserção bastante acelerada nos sistemas de potência nas últimas décadas, e sua aplicação, quando associada com armazenamento de energia, permite visualizar o impacto revolucionário citado anteriormente no planejamento e na operação dos sistemas elétricos. Isso porque tornará possível – com grande rapidez de resposta, sem inércia mecânica nem contribuição ao curto-circuito – a introdução, no lugar mais adequado, de um sistema armazenador e fornecedor de energia elétrica. Um gerador virtual?

Modificações nos critérios de planejamento e operação, assim como o desenvolvimento de modelos para estudos, já estão disponíveis para incorporar tais sistemas.

Assim sendo, o assunto passa a ser de grande importância no cenário da geração e, embora não caiba aprofundamento neste livro, apresenta-se,

---

2 Outros sistemas de armazenamento são enfocados nos tópicos "Geração distribuída" e "Redes inteligentes (*smart power, smart grid*)", mais adiante.

a seguir, como informação básica, apenas uma visão geral dos denominados sistemas Facts, podendo o leitor consultar a bibliografia apresentada para maiores aprofundamentos, se necessário ou desejado.

Sistema Facts de equipamentos para melhor utilização das fontes renováveis

Ao longo do tempo, a evolução dos sistemas Facts praticamente seguiu aquela da utilização da eletrônica de potência nos sistemas elétricos.

Na realidade, os reguladores de tensão estáticos, usados para controlar a tensão no campo dos geradores síncronos, podem ser considerados como a primeira introdução da eletrônica de potência nos sistemas elétricos. De acordo com a literatura mais recente, essa evolução pode ser caracterizada por quatro etapas (ou gerações de Facts) principais, que são descritas a seguir.

Primeira geração do sistema Facts

Voltada ao controle de fluxo de potência e dos níveis de tensão em determinadas barras de uma rede de potência, a primeira geração de equipamentos apresenta como característica básica a execução do controle por meio do uso de chaves e disjuntores. Podem ser citados os seguintes equipamentos:

- Capacitores e indutores *shunt* controlados por chaves e disjuntores.
- Capacitores série controlados por chaves e disjuntores.
- Sistema de controle de *taps* de transformadores por chaves e disjuntores que permitem controlar o nível de tensão nas barras da linha de transmissão.
- Sistema de controle de transformadores defasadores por chaves e disjuntores que permitem controlar a fase da tensão nas barras da linha de transmissão.
- Compensador síncrono – motor síncrono em vazio, em que se controla o fluxo de reativos por meio do sistema de excitação, configurando uma exceção ao controle por chaves e disjuntores.

Segunda geração do sistema Facts

A segunda geração, baseada no uso de chaves estáticas controladas por tiristores, é caracterizada pelos seguintes equipamentos:

- *Static Var Compensator* (SVC), *Thyristor Controlled Reactor* (TCR) e *Thyristor Switched Capacitor* (TSC) – sistemas *shunt* de reatores controlados por tiristores e capacitores chaveados por tiristores.
- *Thyristor Controlled Series Capacitor* (TCSC) – sistemas de capacitores série controlados por tiristores.
- Sistema de controle de *taps* de transformadores por tiristores, que permitem controlar o nível de tensão nas barras da linha de transmissão.
- Sistema de controle de transformadores defasadores por tiristores, que permitem controlar a fase da tensão nas barras da linha de transmissão.

Ao tratar de eventos dinâmicos, essa geração permite uma resposta mais rápida e um melhor controle na regulação de determinados parâmetros.

A evolução de novos dispositivos semicondutores de potência possibilitou o desenvolvimento desses sistemas em novos níveis de tensão, de corrente e com características de controle mais avançadas que os dispositivos que utilizam tiristores, além de permitir um desligamento mais fácil.

Terceira geração do sistema Facts

Formando a terceira geração dos sistemas Facts, na década de 1990, surgiram equipamentos e sistemas (nomeados geradores eletrônicos estáticos) mais avançados para efetuar o controle do fluxo de potência e dos níveis de tensão em determinadas barras de uma rede de potência:

- *Static Synchronous Compensator* (Statcom), *Static Condenser* (Statcon) – fonte de tensão: sistemas que permitem controlar a tensão da barra em que estão conectados.
- *Static Synchronous Series Compensator* (SSSC) – fonte de corrente: sistemas que permitem controlar a impedância série de uma linha de transmissão.
- Sistema de controle de *taps* de transformadores, que permitem controlar o nível de tensão nas barras da linha de transmissão.
- Sistema de controle de transformadores defasadores, que permitem controlar a fase da tensão nas barras da linha de transmissão.

Quarta geração do sistema Facts

Essa geração tem como principal característica a produção de potência reativa sem capacitores nem reatores em corrente alternada. Ela também permite melhorar as características operativas e de desempenho, reduzir as dimensões das instalações e a mão de obra e uniformizar o uso de uma mesma montagem em diferentes aplicações para compensação de reativos e controle de tensão e fluxo de potência. O fator limitante dessa geração é ainda controlar uma variável de cada vez (tensão, impedância e ângulo).

A quarta geração combina sistemas da terceira geração como o Statcom e o SSSC. Os principais são:

- *Unified Power Flow Controller* (UPFC): sistema que associa um Statcom a um SSSC. É um compensador universal, capaz de controlar simultaneamente o fluxo de potência passante por uma linha de transmissão e a tensão CA de uma barra controlada. Ele tem resposta muito rápida e não existe nenhum substituto, convencional ou de eletrônica de potência, que possa realizar todas suas funções de compensação com desempenho equivalente. Ou seja, o UPFC é um equipamento revolucionário que realiza funções de compensação, dentro da nova concepção de sistemas Facts, oferecendo alternativas para o controle de sistemas de potência, até então impossíveis com o uso de equipamentos tradicionais.
- *Interline Power Flow Control* (IPFC): permite controlar o fluxo de ativos e reativos de uma linha de transmissão dupla (um SSSC em cada linha).
- *Multi-line Transmission Controller System*: possibilita controlar o fluxo de ativos e reativos de multilinha de transmissao.

Essa geração permite um controle simultâneo de todas as variáveis (tensão, impedância e ângulo) para controlar os fluxos de potência reativos e ativos. Possibilita também expansões para integração com sistemas multilinhas de controle.

É importante ressaltar que o desenvolvimento dos equipamentos do sistema Facts continua em plena evolução, delineando amplo cenário de aplicações que irão impactar cada vez mais fortemente o planejamento da geração, principalmente no âmbito da denominada energia inteligente (*smart power*), tratada mais adiante neste capítulo.

Complementação elétrica

Como já visto, a complementação termelétrica, em um sistema predominantemente hidrelétrico, pode ser utilizada durante as estações secas para aumentar a energia firme do sistema global. Nesse caso, as usinas hidrelétricas operam nas estações de chuva, quando as usinas termelétricas se mantêm inoperantes, para que a utilização da água seja mais eficiente sem a adição dos consideráveis custos dos combustíveis (ver item "Grandes projetos de geração integrados a grandes sistemas hidrotérmicos interligados" – Capítulo 9 – e Figuras 10.8 a 10.10).

Como já apontado em diversos trechos deste livro, o papel da energia termelétrica no sistema brasileiro cresceu em importância por conta de diversos fatores, entre os quais se incluem restrições socioambientais ao uso de reservatórios de regularização nas grandes hidrelétricas, impactos das mudanças climáticas, descompasso entre a execução de projetos de geração e da transmissão que os conectaria à rede.

Uma opção com base na utilização de termelétricas usando biomassa como combustível, incluindo, entre outros, o setor sucroalcooleiro do estado de São Paulo, ainda continua presente, mas vem esbarrando na falta de políticas adequadas para incentivar tal solução, conforme apresentado no Capítulo 3.

A geração em ciclos combinados utilizando a biomassa da cana-de-açúcar e o gás natural também poderia ser uma excelente solução, que poderia ser alavancada com políticas de incentivo e adequação regulatória relacionada ao gás natural.

Como exemplo da falta de incentivos e inadequação regulatória, pode ser citado o que ocorreu no início da década de 2000. Naquele momento, houve interesse de produtores de cana-de-açúcar em projetos de cogeração baseados em biomassa (bagaço da cana) para a venda de energia, principalmente no estado de São Paulo, que é atravessado pelo gasoduto Brasil–Bolívia e onde estão localizadas as maiores plantações de cana do país.

Simulações foram então efetuadas para analisar a viabilidade deste tipo de projeto. A Figura 10.14 mostra o resultado de simulações com a introdução de uma usina termelétrica de 480 MW utilizando o gás natural boliviano no sistema de São Paulo. O consumo real de gás nessa figura significa que a usina termelétrica foi forçada a manter um fator de capacidade mínimo diferente de zero (supondo que a planta não seja autorizada a operar somente nos períodos de seca), o que foi imposto pelas regras de viabilidade do gasoduto na época (contratos *take or pay*). O consumo de gás ótimo, por outro lado, significa a usina operar de acordo com os interesses do sistema elétrico, inclusive gerando energia somente

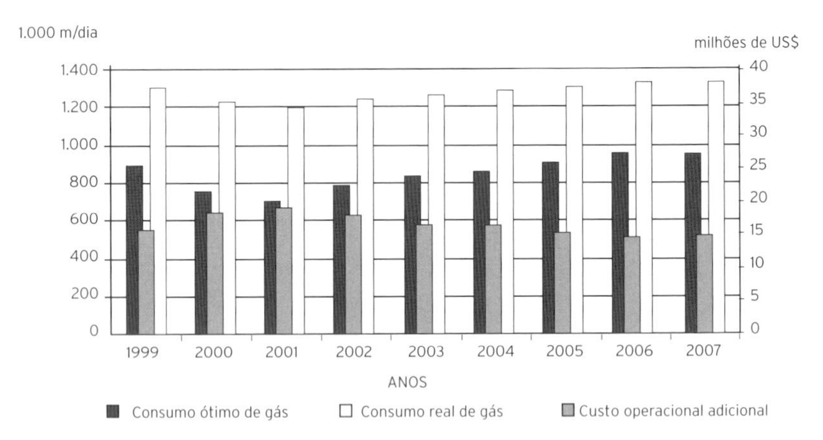

Figura 10.14 Complementação termelétrica.

na estação de seca. Essa figura mostra uma significativa diferença entre o consumo real e o ótimo, podendo esse ser considerado um custo operacional adicional no caso da alternativa de consumo "forçado".

Os resultados referentes à complementação térmica mostram que, para a alternativa de consumo ótimo de gás, a usina de 480 MW gera 1,74 TWh/ano durante o seu período de operação. O aumento de 480 MW durante o ano inteiro leva a uma adição total de 2,04 TWh fornecidos pela energia secundária do sistema, melhorando o uso da energia renovável. A Figura 10.15 mostra a curva ótima de despacho durante o período de chuvas. Pode-se notar que a usina opera somente poucos meses durante o período simulado. É importante salientar que, segundo estimativas, o Brasil apresenta um potencial para aumento de energia secundária na ordem de 600 MW, o que demonstra a importância desse tipo de complementação termelétrica para o país.

Esse exemplo, como já comentado, demonstra alguns dos entraves que deveriam ser enfrentados hoje para incentivar soluções como a citada, considerando, inclusive, a redução atual do custo mundial do gás natural e a possibilidade da construção de gasodutos até o interior de São Paulo, no caso, utilizando gás do pré-sal e até mesmo Gás Natural Liquefeito (GNL). É uma questão a ser repensada.

Finalmente, é importante lembrar que a complementação elétrica não necessita ser apenas termelétrica. Conforme comentado em outras partes deste livro, assim como a cana-de-açúcar é complementar ao regime de águas no estado de São Paulo, o regime de ventos no Nordeste é comple-

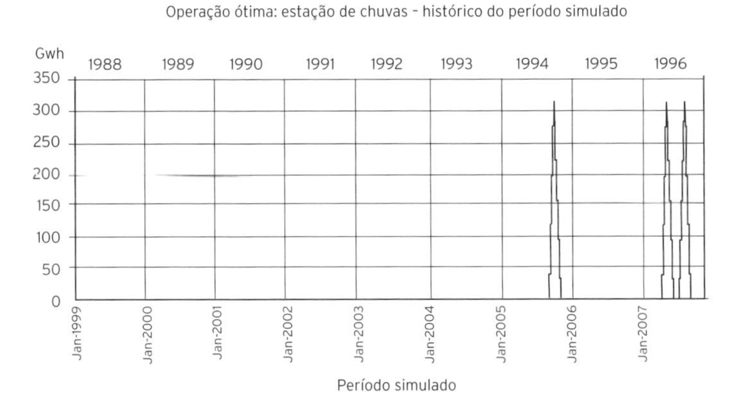

Figura 10.15 Despacho de usina termelétrica durante a estação de chuvas.

mentar ao regime de águas do Rio São Francisco. Pode-se, então, falar em complementação elétrica, em vez de apenas termelétrica.

A combinação de projetos eólicos, solares e de outros tipos de fontes também pode ser usada em forma de complementação para sistemas elétricos regionais e de menor porte, como se comentou no Capítulo 6. A viabilidade dependerá principalmente das fontes disponíveis, seu fator de capacidade e, obviamente, da viabilidade técnico-econômica e socioambiental.

Incentivos para projetos de geração distribuída (GD)

A introdução de Produtores Independentes de Energia (PIE) no cenário brasileiro de energia elétrica, assim como posteriores ações de caráter regulatório, vieram a incentivar a geração conectada na baixa tensão, a fim de alimentar diretamente as distribuidoras. O incentivo a esse tipo de produção, conhecido como GD, segue uma tendência já madura mundialmente, associada a pequenos projetos de geração e cogeração.

Além disso, vem ressaltar a importância do planejamento e operação local e regional e da necessidade de seu enfoque integrado com o sistema elétrico de grande porte, enfoque esse citado em diversos capítulos e tópicos deste livro.

Projetos compostos por pequenas turbinas a gás, sistemas de ciclos combinados, células a combustível, sistemas eólicos, pequenas usinas hidrelétricas, usinas solares fotovoltaicas – bases para esse tipo de geração – estão sendo desenvolvidos no país, tornando-se cada vez mais competitivos.

Isso tem resultado no aumento do uso de geração renovável: geração solar, eólica e proveniente de biomassa. Como a geração estará conectada com um sistema de distribuição já existente, podem-se conduzir análises de planejamento integrado local e centralizado, de modo que melhore o desempenho do sistema como um todo.

Na integração dessa geração aos sistemas de distribuição, a utilização de tecnologias semelhantes às apresentadas para a geração de grande porte e transmissão resulta em melhorias tanto na utilização de energia renovável como no sistema de distribuição. Esses benefícios significam menores investimentos de capital por conta do melhor uso das capacidades das linhas e/ou menores distâncias das linhas de distribuição, dos menores custos de perdas pela redução das perdas no sistema, da contribuição da geração local na melhoria da utilização da geração hidrelétrica centralizada e dos benefícios sociais e ambientais, geralmente associados a soluções energéticas locais.

Essa análise integrada deve também incluir gerenciamento pelo lado da demanda (GLD), projetos de conservação de energia – de modo que traga soluções ainda melhores e mais eficientes – e inserção no contexto das redes inteligentes, enfocadas a seguir, incorporando diversas outras formas de otimização energética, como participação ativa no mercado de energia elétrica e utilização de armazenadores de energia, devendo-se ressaltar que a montagem da rede inteligente completa (*smart power*) deverá se iniciar pela distribuição, portanto pela GD. A importância do assunto faz com que esta seja tratada em tópico específico mais adiante neste capítulo.

Redes inteligentes (*smart power*, *smart grid*)

A introdução, ao longo do tempo, dos conceitos e aplicações da denominada **energia inteligente** (*smart power*) aponta para alterações revolucionárias nos sistemas energéticos, comparativamente ao cenário atual. A energia elétrica, obviamente, está incluída nesse processo, que já se iniciou com diferentes graus de intensidade e velocidade de implantação nos diversos países do mundo.

Essa perspectiva de avanço para um cenário totalmente diferente do que é hoje conhecido se assenta em motivações impostas principalmente por três necessidades em âmbito global:

- Desafios impostos pela necessidade de adoção de políticas adequadas para reduzir os impactos das mudanças climáticas, cenário em que a energia cumpre papel importante.
- Desafios crescentes advindos da busca por maior segurança energética, envolvendo os desequilíbrios entre o suprimento e a demanda e, no caso do sistema elétrico, a confiabilidade.
- Avanços recentes fenomenais da tecnologia da informação (TI), criando uma nova organização mundial e perspectivas de um sistema energético controlado quase que instantaneamente e cada vez mais interativo.

Para responder a essas motivações, que se impõem como um caminho sem volta, os sistemas energéticos e, no seu âmbito, os elétricos deverão incorporar significativos avanços tecnológicos, que alterarão totalmente sua estrutura e resultarão, entre outras alterações, em:

- Modificação das fontes de suprimento energético.
- Implantação de projetos de transmissão e distribuição com tecnologias mais avançadas.
- Introdução de alterações nos projetos atuais de toda a cadeia energética, aumentando a eficiência energética e a rapidez e eficácia do controle e automação.
- Introdução de sistemas de armazenamento de energia cada vez mais sofisticados e eficientes.
- Integração do consumidor como novo ator ativo do processo e interação total entre os diversos atores do cenário energético.

Nos próximos anos a indústria de energia elétrica se encaminhará para a construção da **rede inteligente**, passando do modelo atual, com arquitetura baseada em controle central e predomínio de grandes fontes geradoras, para um novo modelo, com número bem maior de pequenas fontes e inteligência descentralizada.

Isso resultará na primeira grande mudança na arquitetura dos sistemas elétricos desde que a corrente alternada se tornou dominante após a Feira Mundial de Chicago, em 1893.

O período de tempo que se levará para a concretização desse novo modelo é uma incógnita; dependerá largamente dos cenários econômicos, tecnológicos e ambientais de cada país. Nos países denominados desenvolvidos pode-se perguntar se isso acontecerá nos próximos 30 anos. Nos demais países, incluindo os denominados emergentes (conjunto que sempre passa por mudanças em cenários de instabilidade política e econômica), é praticamente impossível precisar o período para a transição.

Apenas um fato é certo nesse cenário: a velocidade não será a mesma da disseminação da tecnologia de informática de uso pessoal. Simplesmente porque as tecnologias energéticas, requerendo ações diretas sobre meios físicos da terra, não podem ser implementadas com a velocidade das telecomunicações, que se propagam pelo ar.

De acordo com a conceituação de energia inteligente, o sistema elétrico do futuro deverá integrar, utilizando produtos de TI, quatro diferentes infraestruturas de componentes físicos:

- Geração com baixo teor de carbono (de grande e pequeno porte), alta eficiência e rapidez de resposta às solicitações de controle e automação.
- Transporte da energia elétrica (transmissão e distribuição) formado por tecnologias avançadas e também com alta eficiência e rapidez de resposta às solicitações de controle e automação.
- Redes locais e regionais de energia, com características similares às redes de grande porte.
- Redes inteligentes (*smart grids*) propriamente ditas, dentro do conceito atual, aplicável aos consumidores e distribuidoras, e que pode ser estendido ao sistema elétrico como um todo.

Os principais atributos desse sistema deverão ser:

- Melhor utilização possível da geração centralizada de grande porte.
- Tecnologias de armazenamento, recursos distribuídos e cargas consumidoras controláveis para assegurar menor custo e maior confiabilidade.
- Aumento da eficiência e mínimo impacto ambiental da cadeia total de energia elétrica.
- Elevada robustez do sistema elétrico quanto a ataques físicos e cibernéticos e grandes fenômenos naturais.

- Monitoramento de componentes críticos do sistema de potência para permitir manutenção automatizada e prevenção de desligamentos.

O referido sistema também deverá contar com as funcionalidades básicas de possibilitar visualização em tempo real, aumento da capacidade e eliminação de gargalos aos fluxos elétricos, além de apresentar a capacidade de se ajustar às diferentes situações operativas, aumentar a conectividade dos consumidores e realizar uma integração total e flexível, conectando todos os participantes do cenário, como ilustrado na Figura 10.16.

À medida que a indústria se ajustar a essas novas tecnológicas e paradigmas, mudanças nos arcabouços financeiros e regulatórios serão necessárias para garantir sua viabilidade. Tecnologia, economia e considerações ambientais tornarão obsoletas diversas práticas atuais do setor elétrico.

Um sistema e um modelo que levaram mais de um século para serem montados serão fortemente reformados em algumas décadas. Entre os diversos aspectos importantes e desafiadores dessa tarefa, pode-se ressaltar a necessidade de responder às seguintes questões principais:

- Que mudanças ocorrerão na forma em que o setor elétrico interage hoje com seus consumidores e como as operações e a flexibilidade e velocidade de resposta viabilizadas pela chamada *smart grid* podem revolucionar essa interação?

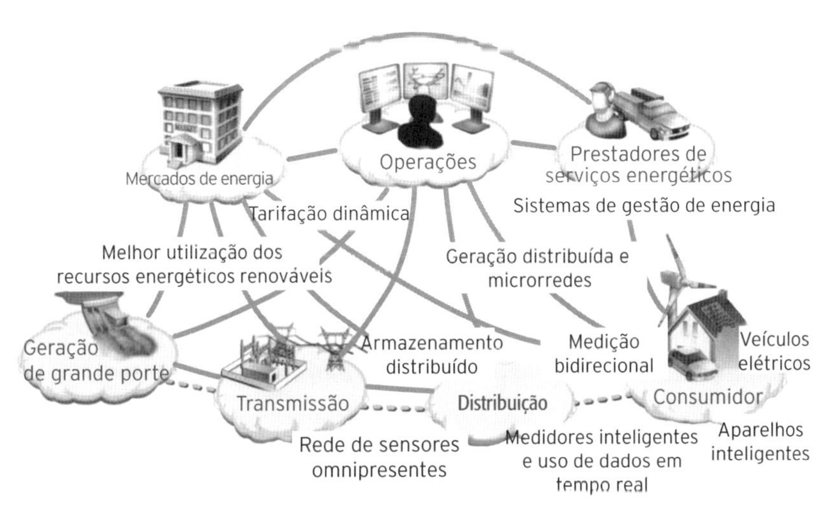

Figura 10.16 Modelo conceitual da *smart grid*.
Fonte: Grimoni (2011).

- Como o sistema elétrico de suprimento deverá ser ajustado nessa mudança, no sentido de garantir a melhor integração possível das grandes fontes energéticas do sistema centralizado com as pequenas fontes, próximas aos consumidores?
- Como os diversos atores do setor elétrico devem se reestruturar para responder a esses desafios?
- Como o atual modelo de negócio e a atual estrutura regulatória deverão se ajustar à nova missão de vender serviços energéticos a custos mínimos, em vez de vender máximos kWh?

Sistemas de armazenamento e as redes inteligentes

Os equipamentos (ou sistemas) de armazenamento são componentes importantes desse novo sistema. Os veículos elétricos se ressaltam nesse contexto pela possibilidade de "vender" para a rede elétrica, em determinados momentos e situações, a energia acumulada durante sua utilização usual. Por exemplo, "vendendo" no período da noite a energia acumulada durante a operação cotidiana.

A Figura 10.17 apresenta exemplos de veículos de transporte pessoal disponíveis no mercado mundial que utilizam eletricidade ou como fonte única de energia ou em sistemas híbridos.

Existem diversos outros sistemas de armazenamento que poderão "devolver" energia armazenada à rede, conectados diretamente a ela e não do lado do consumidor, assim como fazem os carros elétricos. Os principais desses sistemas, que já se encontram em operação comercial, são, entre outros, o volante inercial (*flywheel kinetic energy*); as baterias (*sodium based batteries* – SBB, *lithium-ion batteries, advanced lead-acid batteries, lead-carbon batteries*); as usinas reversíveis – bombeamento de água (*pumped--hydro storage* – PHS); os supercondutores (*superconducting magnetic energy storage* – SMES); o ar comprimido (*compressed air energy storage systems* – Caes); os capacitores térmicos e os supercapacitores; e o hidrogênio (*regenerative fuel cell*).

As Figuras 10.18 a 10.20 apresentam exemplos desses sistemas de armazenamento.

Figura 10.17 Veículos elétricos de transporte pessoal.
Fonte: adaptada de Grimoni (2011).

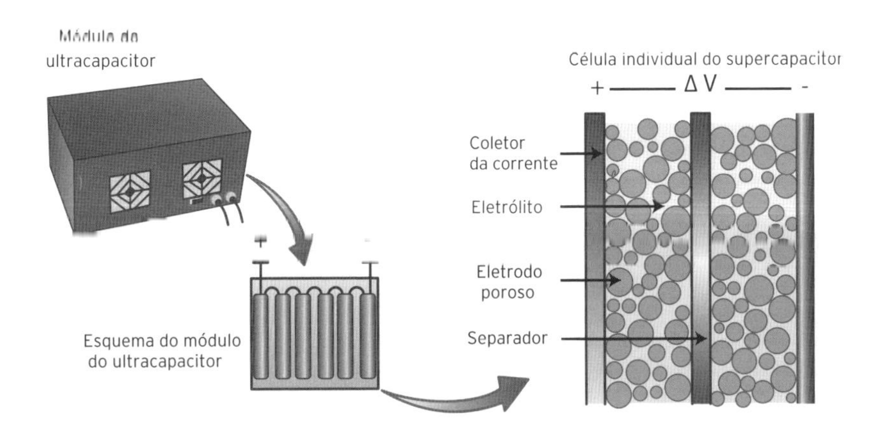

Figura 10.18 Supercapacitores com capacidades de até 5.000 farads. A densidade de energia é de 30 Wh/kg (0.1 MJ/kq).
Fonte: adaptada de Grimoni (2011).

Figura 10.19 Volantes de inércia. (a) Sistema híbrido para recuperação de energia da Nasa; (b) volante de inércia G2 da Cinética – construído para uso na Fórmula Um; (c) volantes de inércia – 2 × 1-MW, New England ISO.

Fonte: adaptada de Grimoni (2011).

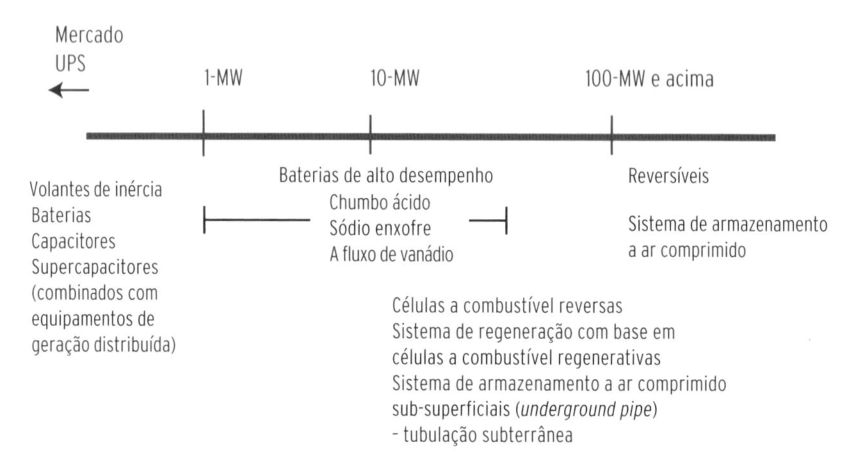

Figura 10.20 Faixas de potência das diversas tecnologias de armazenamento.

Fonte: adaptada de Grimoni (2011).

Técnicas e tecnologias voltadas para melhorar a utilização das fontes renováveis: reflexões sobre um enfoque estratégico para o Brasil

A questão ambiental é hoje um dos pontos básicos para o desenvolvimento do Brasil. A região amazônica é, por isso, de fundamental importância, em todos os aspectos possíveis. Entre eles destacam-se o energético e o elétrico, por conta do grande potencial hidrelétrico (fonte renovável) da região. A determinação de uma política energética para o desenvolvimento sustentável da região requer análises e discussões que devem influenciar todo o país e, em certo nível, todo o cenário energético da América do Sul. Além disso, existe a pressão externa de organizações ambientalistas e governos internacionais por um debate mais aprofundado em relação à exploração econômica da região.

Nesse contexto, ressalta-se a decisão já tomada de não mais considerar a possibilidade de projetos de hidrelétricas com reservatórios de regularização. Tal decisão, considerada correta pelo autor, tem grande repercussão no desenvolvimento do sistema elétrico, assim como energético, do país como um todo.

Além disso, envolvendo diversos outros aspectos que vão além do setor energético, a redução dos impactos ambientais na região amazônica é um grande desafio que requer uma discussão ampla e aberta que ultrapasse a convergência de forças de modo que uma estratégia de longo prazo possa ser estabelecida, garantindo um desenvolvimento sustentável, não só para essa região, mas também para todo o Brasil.

Nesse cenário, a geração de grandes quantidades de energia hidrelétrica torna-se um assunto importante que deve ser incluído nas discussões referentes às políticas energéticas relacionadas com o desenvolvimento sustentável do país inteiro, sem diminuir a importância das necessidades locais. O verdadeiro desafio será o desenvolvimento de um modelo que melhor integre as necessidades gerais com as regionais e locais, considerando todos os aspectos econômicos e socioambientais envolvidos.

O desenvolvimento econômico visando à melhoria da qualidade de vida na sociedade requer uma distribuição maior e melhor da energia gerada, que deve ser baseada nas alternativas tecnológicas mais eficientes para cada situação específica.

No caso da região amazônica, tal desenvolvimento deve não somente auxiliar a busca de um modelo de desenvolvimento sustentável na região, com ênfase nas soluções locais, como também permitir uma minimização na utilização da energia amazônica para o abastecimento das regiões mais distantes. No bojo de um PIR, certamente, outras ações podem também ser tomadas nesse sentido.

A possibilidade de transmissão de grandes blocos de energia a longas distâncias partindo da Amazônia para os grandes centros consumidores (NE, SE e S) tem assumido um papel importante na análise do cenário de energia elétrica brasileiro por causa dos seguintes fatores:

- As regiões Sudeste, Sul e Nordeste apresentam o maior consumo (mais que 90%) no setor elétrico brasileiro e abrangem a maioria das regiões desenvolvidas economicamente, assim como as de maior concentração populacional. Esse aspecto estrutural da questão energética não pode ser modificado instantaneamente. As modificações vão depender da definição de uma estratégia de longo prazo e demandam a convergência de forças políticas, sociais e econômicas. Por outro lado, o potencial hidrelétrico ainda existente nessas regiões é muito pequeno se comparado com os níveis de demanda, independentemente do cenário de desenvolvimento considerado.
- Outras ações previstas para a redução dessa demanda, como o incentivo à conservação de energia no uso final, a cogeração de energia e o uso de técnicas de geração mais eficientes e baseada em fontes renováveis, terão um impacto reduzido em um primeiro momento, no qual deverão somente adiar a necessidade do uso de energia não local.
- A região amazônica, mesmo levando-se em conta as restrições ambientais, contém uma parte significativa do potencial adicional brasileiro de geração hidrelétrica, com características sazonais suplementares àquelas do Sudeste, do Sul e do Nordeste.
- Outras alternativas para garantir essa oferta de energia poderiam ser: energia nuclear, usinas termelétricas não nucleares e usinas hidrelétricas.
  - Usinas nucleares apresentam problemas de segurança e ambientais ainda não sanados completamente. Outra desvantagem dessas alternativas é o alto custo da energia gerada e a dependência tecnológica do Brasil em relação a outros países. De qualquer forma, poderão ter papel importante no futuro associado ao desenvolvimento tecnológico da indústria de geração elétrica nuclear. A utilização de termelétricas a gás e de ciclo combinado para operar segundo os conceitos da complementação termelétrica, no entanto, poderá ser justificável, dependendo da situação.

– A energia hidrelétrica é uma fonte renovável e deve contribuir para uma política de desenvolvimento sustentável para o país. Do ponto de vista técnico, o Brasil é conhecido por sua tradição em projetos hidrelétricos. Entretanto, conforme vem sendo comentado ao longo deste livro, isso não ocorre em relação ao tratamento de impactos ambientais de grandes projetos hidrelétricos. Assim, uma atenção especial deve ser dada aos aspectos ambientais, considerando-se os recursos hidrelétricos do Amazonas no planejamento energético brasileiro.

- A tecnologia de transmissão em longas distâncias não impõe dificuldades para o setor elétrico brasileiro, pois o país já conta com experiência significativa nas possíveis soluções, tanto em corrente alternada como em corrente contínua.

Nesse contexto, um dos pontos básicos a serem lembrados é o comportamento da bacia do rio Amazonas, caracterizado por grandes variações de fluxo de água entre as estações chuvosas e secas. Um bom exemplo deste comportamento é ilustrado pela usina de Belo Monte, em fase de construção, onde há uma diferença de mais de cinco vezes entre as vazões na época de chuva e as vazões na época de poucas águas. Além de problemas associados à definição do melhor dimensionamento da transmissão, há também problemas relacionados à complementação dessa energia, por outra forma de geração, de preferência renovável. Essa complementação certamente se dará nas regiões consumidoras, fora da região amazônica.

Sendo assim, a provisão de rotas de transmissão de energia para outras regiões do Brasil é uma das possibilidades para a exclusão de capacidade de armazenamento na Amazônia com a consequente redução dos impactos ambientais. Interconexões elétricas serão muito importantes no sentido de aumentar a eficiência do sistema de operação como um todo. Também por causa dos altos custos relativos, esses elos de conexão influenciarão de maneira significativa a viabilidade do desenvolvimento hidrelétrico do Amazonas em um contexto energético e ambiental. Tais custos estarão diretamente ligados à solução energética geral para o país, como se pode perceber apenas visualizando duas situações entre as diversas possíveis:

- Utilização do gás natural de Urucu e Juruá (na própria Amazônia) para complementação termelétrica e dimensionamento da transmissão para operação na base energética (alto fator de capacidade).

- Dimensionamento da transmissão para seguir o comportamento das águas, com baixo fator de capacidade.

Nesse cenário, então, as novas tecnologias terão um importante papel, não somente em relação aos projetos na Amazônia, mas também nos projetos suplementares que deverão visar a um ajuste ambiental mais eficiente.

As tecnologias suplementares podem também influenciar positivamente os aspectos ambientais desse problema por meio da redução ou do adiamento do crescimento da demanda nos grandes centros de consumo (SE, S e NE) e também por meio da possibilidade do atendimento de comunidades na região amazônica e ao longo da linha de transmissão.

Os aspectos citados anteriormente enfatizam a necessidade de um planejamento integrado que leve a um modelo de análise conjunta da geração, da transmissão e do consumo, no intuito de eliminar qualquer limitação na geração.

Uma possível solução é a operação de hidrelétricas com rotação ajustável (Capítulo 2). Como já se viu, significativos ganhos foram encontrados em simulações efetuadas para usinas hidrelétricas brasileiras. Estes referem-se às turbinas projetadas para operar à velocidade fixa, mas que o fazem à velocidade variável. Especialistas em turbinas consideram que um ganho adicional de até 1% pode ser obtido se rotores especialmente projetados para operação à velocidade variável forem utilizados. Além disso, esses ganhos são obtidos em reservatórios simples (únicos), escolhidos e dimensionados com base no critério tradicional. Uma verificação dos possíveis ganhos deve ser feita no caso da utilização de critérios ajustados para a operação à velocidade variável. Nesse caso, o cenário referente ao rio ou à própria bacia hidrográfica deve ser totalmente considerado, assim como todas as fontes suplementares de energia. Também deve ser determinado se e quanto desses ganhos resultarão em impactos ambientais menores. É importante salientar que os ganhos energéticos e ambientais serão determinados individualmente para cada caso, o que aponta para a necessidade de análises profundas e detalhadas.

Convém enfatizar o impacto que a disseminação das tecnologias suplementares nos grandes centros de consumo terá sobre as necessidades dos projetos na Bacia Amazônica, quanto à questão ambiental e também quanto à sua adequação a estratégias de longo prazo, visando a uma melhor distribuição do progresso entre as regiões brasileiras. Muitas das alternativas discutidas a seguir são conectadas a novas tecnologias, algumas vezes somente do ponto de vista brasileiro, uma vez que já se encontram dominadas e maduras em diversas outras partes do mundo. Essas tecnologias, listadas abaixo, devem ser avaliadas em um cenário nacional relacionado às interconexões regionais e também à operação de hidrelétricas com rotação ajustável:

- Conservação da energia final.
- Cogeração industrial local.
- Cogeração regional utilizando biomassa (a cana-de-açúcar é um exemplo de alternativa que pode aumentar a energia firme do sistema pelas características sazonais).
- Aumento das políticas para utilização de outras fontes renováveis de energia elétrica no país, próximas aos centros consumidores, tais como centrais eólicas, sistemas solares, centrais à biomassa e pequenas centrais hidrelétricas.
- Desenvolvimento e disseminação dos recursos brasileiros de gás natural.
- Utilização de usinas reversíveis (para as quais a tecnologia de operação com rotação ajustável pode ser uma alternativa atraente) para melhor utilização da água.
- Utilização da tecnologia de hidrogênio em longo prazo.
- GD e pequenos projetos de cogeracão.
- Recapacitação de usinas.
- Desenvolvimento, em curto e longo prazos, das redes inteligentes (*smart power* e *smart grid*)

Estudos e pesquisas objetivas devem ser conduzidos, quando necessário, para determinar o melhor uso para cada tecnologia. Pesquisas já em andamento devem ser atraídas e incorporadas às análises, assim como melhorias tecnológicas – como o uso de gaseificação da biomassa, ciclo combinado e outras – devem ser focadas e também a elas adicionadas.

Nesse sentido, novas tecnologias de geração e armazenamento podem ser importantes alternativas no cenário energético. A possibilidade da diminuição, adiamento e, mais adiante, término da execução de projetos de grande porte na região amazônica permitirá o desenvolvimento de outros estudos e pesquisas que tragam novas alternativas tecnológicas e também formas de reduzir o impacto ambiental de técnicas já existentes.

Além disso, devem-se considerar, para aplicação local na própria Amazônia, tecnologias que auxiliem na resolução de problemas ambientais específicos e se encaixem em estratégias de longo prazo, visando a uma melhor distribuição do progresso. Essas novas tecnologias devem possibilitar o atendimento de comunidades por meio das linhas de transmissão de alta voltagem em longas distâncias e pelo uso de fontes renováveis locais. Sua capacidade de redução de impactos sociais negativos inerentes a projetos hidrelétricos é de extrema importância. Mesmo em relação a esses problemas, a tecnologia voltada à operação com rotação ajustável pode ser uma solução alternativa aplicada a pequenas usinas hidrelétricas, do tipo bulbo, por exemplo, com queda constante e vazão d'água variável. Além disso, sistemas híbridos, compostos por usinas desse tipo, mais a utilização de geração solar e eólica e de combustíveis locais (dendê, resíduos de madeira etc.), incluindo as técnicas de minirredes, devem ser visualizados.

Essa visão pode ter um efeito fundamental na discussão da questão amazônica, permitindo a incorporação e a avaliação de aspectos adicionais na análise global da situação da energia elétrica. Entretanto, o principal foco dessa agenda deve ser a obtenção de tempo que permita dominar e desenvolver tecnologias que reduzam os impactos ambientais dos projetos hidrelétricos na Amazônia, que permitam um processo decisório mais flexível e democrático e que, além disso, se orientem para uma futura integração energética sul-americana.

Integração de centrais termelétricas e projetos de cogeração

No caso das termelétricas, além das questões já apontadas, relacionadas com a forma de operação e com a complementação termelétrica, há outras questões técnicas e econômicas específicas para a determinação dos custos, tais como, entre outros aspectos:

- A competição da geração na fonte.
- A transmissão elétrica contra transporte do combustível (pelos mais diversos meios).
- A geração junto aos centros de carga.
- A forma de comercialização da energia.

Além disso, há o caso específico dos projetos de cogeração, que, por produzirem duas formas importantes de energia, deverão requerer uma análise diferenciada, principalmente no que se relaciona com o tratamento dos benefícios nos estudos de viabilidade.

Tais situações demandarão algumas modificações no processo mais comum de avaliação de projetos, que, em princípio, serão resumidas à incorporação, de forma adequada, de novas variáveis.

Para aprofundamento prático e objetivo no assunto, leia os estudos de caso do Capítulo 11, "Avaliação econômica da geração de energia elétrica: estudos de caso e questões para reflexão e desenvolvimento".

GERAÇÃO DISTRIBUÍDA

A expressão **geração distribuída** (GD) vem sendo utilizada para designar sobretudo os projetos de geração de pequeno porte, conectados de forma dispersa à rede elétrica, usualmente ao sistema de distribuição. Embora haja diversas tentativas de definição, em uma concepção mais ampla, a GD refere-se à geração não despachada de forma centralizada, usualmente conectada aos sistemas de distribuição e com potências menores que 50 a 100 MW, valores que variam em função das diferentes regulações dos diversos países.

Muitas tecnologias de geração e armazenamento anteriormente disponíveis, ou desenvolvidas recentemente, podem ser visualizadas para esse tipo de aplicação, que deverá ter um impacto significativo no desempenho dos sistemas elétricos.

Dentre essas tecnologias, podem ser citadas a geração eólica, as pequenas turbinas hidráulicas, os geradores a diesel, as turbinas a gás com baixa inércia, as células a combustível, os sistemas à biomassa, os sistemas fotovoltaicos e termossolares, os armazenamentos em bobinas magnéticas supercondutoras em baterias ou de energia utilizando ar comprimido e os volantes de inércia.

A maioria dessas tecnologias está hoje disponível de forma modular, nas faixas de poucos kW a mais que 100 kW, e são atrativas para GD e aplicações de armazenamento. Elas seriam tipicamente conectadas à média tensão, embora unidades maiores, de algumas dezenas de MW ou mais, possam vir a ser conectadas na denominada subtransmissão e até mesmo na transmissão.

No cenário atual e futuro dos sistemas de energia elétrica, este tipo de geração cumprirá um papel extremamente importante, como foi apresentado no item sobre as redes inteligentes (*smart power, smart grid*).

Essa forma de geração, além de GD, também tem sido denominada **geração dispersa** (*dispersed generation*), **geração local** (*on site generation*) e **geração embutida** (*embedded generation*).

Na realidade, esse tipo de geração remonta ao início da indústria da eletricidade, quando os preços da transmissão eram proibitivos. Abandonado pelas companhias ao longo do tempo, até mesmo pelas tendências de centralização e, em alguns países, como o Brasil, pela estatização do setor elétrico, volta agora ao cenário no novo modelo.

De modo geral, essa tendência – associada principalmente à maior competição no setor energético, às preocupações ambientais (globais) e às restrições de locais para construção de novas usinas de médio e grande portes – traz de novo a questão de centralização e descentralização, abordada no Capítulo 1 deste livro.

É importante salientar aqui o impacto desse tipo de geração no arcabouço dos estudos e processos de planejamento e gestão do setor elétrico brasileiro, uma vez que essa forma de geração não foi prevista no processo usual de planejamento da distribuição, nem é tratada especificamente no processo de planejamento da geração e da transmissão. O planejamento da GD, assim como outros aspectos importantes desse tipo de geração, tem sido hoje objeto de pesquisas e discussões.

Por isso, decidiu-se apresentar aqui apenas uma visão geral, um roteiro para entendimento dos desenvolvimentos já efetuados e acompanhamento dos que virão, estabelecendo certamente novos paradigmas para a indústria da eletricidade.

É o que se faz a seguir, enfocando os seguintes aspectos principais da questão: classificação de projetos de GD; cenário de aplicação, com ênfase nas visões das concessionárias e dos consumidores; aspectos da avaliação econômica, com abordagem de custos e benefícios; e estudos e avaliações necessárias, incluindo aspectos relacionados com a modelagem.

Classificação

Considerando apenas os projetos de GD que se conectarão à rede elétrica, pode-se considerar a seguinte classificação, tendo como base características da empresa proprietária e da empresa responsável por sua operação:

- Geração distribuída isolada – *stand alone distributed generation* (SADG) –, referente à GD que será operada de forma isolada ao sistema elétrico.
- Geração distribuída interconectada – *interconnected distributed generation* (IDG) –, referente à GD que será interconectada ao sistema elétrico, operando em paralelo com ele. Esse tipo de geração pode ser subdividido em: geração distribuída da concessionária (*utility owned IGD*), possuída e operada pela concessionária; geração distribuída do consumidor (*costumer initiated IGD*), possuída e operada pelo consumidor-investidor; e geração distribuída do consumidor, mas operada pela concessionária.

Embora do ponto de vista técnico essa classificação possa não vir a significar grandes diferenças, segundo os diferentes pontos de vista das concessionárias e dos consumidores investidores, ela pode implicar consideráveis impactos econômicos e mesmo legais.

Cenário de aplicação

No momento, existe um mercado para a GD que é difícil delinear e depende de uma série de aspectos para se realizar. A grande questão é que esse tipo de geração ainda não é competitivo na base de carga, associada aos contratos de longo prazo, nem no mercado atacadista. Isso ocorre porque os avanços tecnológicos referem-se à geração centralizada, fazendo com que a GD pareça atrativa somente em certos nichos de mercado. Para o sucesso desse tipo de geração, podem ser apontadas as seguintes condições:

- Disponibilidade local de energia térmica (e outras formas).
- Característica específica de alto custo de algum consumidor.
- Dificuldades crescentes para o desenvolvimento de sistemas de transmissão e distribuição (a GD pode ser um substituto parcial).
- Estrutura tarifária que pode criar oportunidades para o uso de recursos distribuídos.

A GD pode aumentar potencialmente a confiabilidade e diminuir os custos do sistema, colocando fontes junto às cargas, além de também aumentar a flexibilidade. Quando utiliza interface eletrônica, é capaz de melhorar a qualidade do fornecimento, por meio de filtragem de harmônicas e suporte de tensão em caso de ocorrência de faltas mono e trifásicas.

Além de seu custo estar caindo rapidamente (hidro e eólica já competitivas e solares quase perto), a GD consegue adequar-se a políticas energéticas governamentais voltadas à utilização de novas fontes renováveis e à competição visualizada nos novos modelos de mercado, devendo ter aceleração em curto prazo.

De qualquer forma, o resultado da GD está extremamente associado a condições específicas de aplicação: aspectos geográficos, disponibilidade de combustível ou recurso natural, natureza das atividades associadas a cada projeto, inserção no processo de reestruturação do setor energético, considerações ambientais, entre outras. Trata-se de assunto complexo, pelo menos de dois pontos de vista:

- Análise econômica com significativo grau de complexidade.
- Competitividade fortemente influenciada pelo estado da regulação energética.

A visão das concessionárias

As concessionárias poderão utilizar, como alternativa para investimentos em transmissão e distribuição, os projetos de GD por ela operados (sejam próprios ou não) que tenham a relação custo/benefício positiva.

Para que esses projetos possam ser substitutos do sistema de transmissão e distribuição, devem ser localizados e dimensionados adequadamente, de acordo com as necessidades das companhias.

Com relação aos projetos possuídos e operados pelo consumidor-investidor, há de se definir claramente as responsabilidades (as concessionárias esperam que elas recaiam sobre os proprietários) por todos os custos de interconexão, custos de reforço dos sistemas de distribuição e os de operação e manutenção.

A visão dos consumidores-investidores

A escolha da implementação ou não de projetos de GD dependerá principalmente das considerações econômicas. A GD, como os outros projetos de geração, engloba três elementos em seu custo: o custo fixo, o custo de operação e manutenção e o custo do combustível (nos casos em que ele se aplica). Existem as seguintes possibilidades de diminuir o custo efetivo de projetos de GD:

- Eficiência no uso da energia térmica (para o caso de geração termelétrica, células a combustível): pela utilização da cogeração, pode-se produzir energia elétrica e térmica, aumentando a eficiência do sistema, com a consequente redução dos custos efetivos.
- Operação durante picos de energia: um consumidor-investidor poderá economizar utilizando um projeto de GD apenas durante o período de pico da carga.
- Carga remota: indicada para locais onde o custo para o aumento do sistema é maior que os custos de implementação da GD.
- Subsídios do governo.

Aumento da confiabilidade e qualidade da energia

Apesar de o sistema elétrico já ser bastante confiável, existem instalações em que pequenas quedas de qualidade e de energia comprometem bastante suas atividades, trazendo consequências desastrosas tanto para a economia como para a vida humana. Nesse caso, a GD pode ter um efeito extremamente positivo.

Considerações relacionadas ao meio ambiente

Não se pode garantir, sem uma análise mais aprofundada e específica, que os projetos de GD causem menos impactos negativos para o meio ambiente do que as centrais geradoras convencionais, pois, para produzir a mesma quantidade de energia de uma central, são necessários vários projetos de GD, que podem ser dos mais diversos tipos.

Análise econômica

A análise econômica de projetos de GD é, em geral, bastante complexa. Levando em conta os custos evitados de transmissão e distribuição, ela vai além de uma simples análise de custo/benefício. Deve, porém, haver um cuidado especial ao se considerarem os investimentos em transmissão e distribuição associados a um projeto de GD. A noção comum de custo efetivo, perfeita nos casos de divisibilidade completa da capacidade, pode ficar distorcida quando aplicada aos investimentos em transmissão e distribuição. Além disso, há de se considerar, o que não é usualmente feito, a flexibilidade dos investimentos em GD relativamente às incertezas de crescimento da carga.

Benefícios e custos

Neste livro, a discussão sobre os custos e os benefícios da GD será realizada de forma qualitativa e não quantitativa, pois tais custos e benefícios dependem muito do contexto de cada projeto e não podem ser estimados em bases gerais. Cada projeto de GD deve ser analisado individualmente.

Benefícios da geração distribuída

Apesar de a GD apresentar alguns benefícios, muitas vezes o custo para obtê-los é maior que seu valor, tornando o projeto inviável.

A GD distingue-se do modelo tradicional de geração central por estar localizada próxima aos consumidores (ou seja, à carga). Por sua modularidade e pequenas dimensões, projetos de GD são substitutos em potencial das grandes centrais em locais onde o custo do investimento para fornecimento as torna inviáveis. Contudo, ainda existem muitos fatores técnicos e econômicos que limitam os benefícios que a geração distribuída pode oferecer.

Sua introdução no sistema de transmissão e distribuição criará muitas incertezas para as concessionárias, pois ela ainda está começando a dar os primeiros passos, e o objetivo principal das concessionárias, quando há a interconexão, é assegurar a confiabilidade e a segurança do sistema.

Benefícios para o sistema elétrico

Capacidade de fornecimento do sistema

É essencial que a GD seja avaliada para operar durante os períodos de pico. O benefício mais comumente mencionado na literatura para a GD é o de fornecer capacidade ao sistema no lugar de aumentar sua infraestrutura. Porém, para que ela possa ser realmente utilizada como solução, é necessário o desenvolvimento de projetos confiáveis de GD, nos quais os custos da interconexão devem ser levados em consideração.

Redução das perdas do sistema

Ao se deslocar a fonte de energia para próximo do consumidor, haverá redução nas perdas dos sistemas de transmissão e distribuição, mas essa redução está associada à capacidade de fornecimento do projeto de GD e pode representar apenas uma pequena porcentagem da sua capacidade instalada.

Alívio no congestionamento do sistema de transmissão

Para isso, será necessária a implantação de uma grande quantidade de projetos de GD.

Aumento da confiabilidade do sistema de distribuição

Também será necessária a implantação de uma grande quantidade de GD. Nesse caso, os custos associados às interrupções em relação aos custos dessa implantação deverão ser justificados.

Melhora da qualidade da energia

Alguns tipos de GD são capazes de melhorar a qualidade da energia, evitando picos e quedas de tensão e até perdas momentâneas de potência. Tais instalações são caras e nem sempre viáveis economicamente.

Adiamento da necessidade de crescimento do sistema

O crescimento do sistema poderá ser evitado por meio da utilização da GD isolada em locais que não são conectados ao sistema elétrico.

Custos da geração distribuída

Dividem-se em:

- Custos para o sistema gerados pela interconexão e operação da GD.
- Custos associados a instalações individuais. Variam com a localização, a capacidade em kW, o tipo de GD e o sistema de distribuição ao qual a geração será conectada. Podem compreender componentes associadas à:
  - Revisão da engenharia do sistema – Identificação dos requisitos, modificações e restrições impostas ao sistema pela GD, tais como:
    - Tensão e configuração do sistema – A tensão e a configuração do sistema no local da implantação da GD terão de ser examinadas para que possam ser determinados os requisitos para a interconexão.
    - Tipo de serviço – O tipo de serviço utilizado em cada projeto de GD pode ser de reserva (*backup*), energia suplementar ou fornecimento de energia para o sistema (*backflow*).
    - Equipamento do cliente – Determinação do equipamento utilizado na GD (gerador síncrono, gerador de indução, inversores e a capacidade da GD).
    - Configuração do transformador – Determinação do tipo de ligação de cada transformador.

- Modificações necessárias no sistema.
  - Equipamentos do sistema – Os equipamentos do sistema de transmissão e distribuição foram construídos, dimensionados e instalados para um sistema operado com fluxo de energia em uma direção. Ao se acrescentarem fontes elétricas e fluxo de potência bidirecionais, aumentam-se o custo e a complexidade do sistema de transmissão e distribuição. Além disso, as limitações dos equipamentos do sistema poderão resultar na necessidade de sua substituição, aumentando consideravelmente os custos.
  - Questões operacionais – Alguns procedimentos, como a revisão do sistema de proteção já existente, serão necessários para manter a confiabilidade e a segurança do sistema, acarretando custos extras.
  - Novos equipamentos – A compra de novos equipamentos acarretará custo adicional para a implantação de GD.
- Teste, operação e manutenção do sistema.
  - Custo dos testes e inspeções periódicas – Testes pré-operacionais terão de ser realizados para provar que a GD foi colocada com sucesso em paralelo com o sistema. Além disso, deverão ser realizadas inspeções periódicas durante a vida útil do projeto, aumentando os custos.
  - Operação e manutenção dos novos equipamentos – A concessionária será responsável pela operação e manutenção dos novos equipamentos necessários para possibilitar a instalação da GD a ela pertencente. Para os projetos pertencentes ao consumidor-investidor, poderá ser cobrada uma taxa baseada no percentual do custo do equipamento.

■ Custo da interconexão propriamente dito.

- Limiar de penetração. O sistema poderá acomodar sem prejuízos certa quantidade de instalações. Porém, à medida que o número de projetos de GD aumenta, a capacidade de "absorção" do sistema diminui até o ponto em que este perderá sua qualidade e confiabilidade. Dessa forma, à medida que a quantidade de projetos cresce, aumenta o custo associado com a interconexão, principalmente em razão da necessidade da troca de equipamentos de proteção do sistema.
- Impactos e custos do planejamento da distribuição. Depois de atingido o limiar de penetração, serão necessárias mudanças no planejamento e na operação do sistema de distribuição para que ele possa acomodar a nova GD mantendo a confiabilidade do sistema.

■ Custos resultantes do aumento dos projetos de GD.

- Isolamento.

- Interrupção do alimentador. A interrupção do alimentador, para manutenção ou durante uma falha, poderá causar o isolamento da GD.
- Regulação da tensão. Durante os horários de pico, as fontes extras ajudarão a manter a tensão. Porém, durante os horários de carga baixa, a tensão poderá tender a subir bastante.
- Controle da estabilidade.
- Desbalanceamento de carga. A existência de um grande número de geradores monofásicos no mesmo sistema de distribuição poderá criar condições para o desbalanceamento das cargas.
- Harmônicos.
- Controle e monitoramento.

De pequeno porte e curto tempo de construção, a GD é muito mais flexível em termos de investimento que a geração centralizada ou em termos de capacidades de transmissão e distribuição. Isso é importante em um contexto de demanda incerta. Em jargão financeiro, a GD oferece uma opção de valor que não é encontrada nos investimentos convencionais em transmissão e distribuição. Existem modelos para planejamento sugeridos para essa análise que utilizam recursos estocásticos, combinam modelos de incerteza com determinísticos e usam programação dinâmica.

Uma questão pouco considerada nas análises econômicas é a estabilidade dos sistemas elétricos, que pode ser uma restrição importante no nível da distribuição, uma vez que as características dos geradores e a fraca interação entre eles podem criar instabilidade local, mas não necessariamente criam. Isso causa limitações na quantidade de geração descentralizada a ser colocada e pode resultar em um sobrepreço dos projetos de GD com relação às alternativas de transmissão e distribuição. Devem ser efetuadas simulações que levem em conta os diferentes tipos de GD, pois uns serão melhores que outros. Como considerar essas diferenças? Como incluí-las de forma justa, por exemplo, em um sistema de preços?

Há sugestões de inserir na análise econômica os custos de não suprimento da carga. Nesse caso, tornam-se importantes o aspecto confiabilidade e até mesmo a simulação detalhada da curva de carga. Outro ponto a ser discutido é o valor da carga não suprida, com encaminhamento para a análise de custos completos.

Uma discussão importante refere-se a uma das principais questões da transição, ou seja, a recuperação dos *stranded costs* pelas concessionárias, que podem ser repassados aos consumidores integral ou parcialmente.

Para uma certa configuração de consumidores, a alocação dos custos vai depender da estrutura tarifária. Um exemplo é a tarifa binômia, cujo custo pode ser repassado para a parte fixa dos custos ou para a parte variável. Em geral, com o aumento da competição, há a tendência de colocar a parte variável no patamar do custo marginal, pois quanto maior a competição, maior a tendência de alocação dos *stranded costs* na parte fixa. Geralmente, o segmento residencial é menos elástico que o industrial. Como a GD aumenta a elasticidade de preço no setor industrial, tornando-o menos suscetível para acomodar a parte fixa da tarifa, o peso pode cair, injustamente, sobre os consumidores residenciais.

Uma área importante para pesquisa é o impacto da GD nas tarifas. Há muito a ser discutido, além de existir ainda a diferenciação em função do tipo de relação entre empresa e gerador. Por exemplo, a empresa pode ser dona do empreendimento como um todo, pode ser parceira, pode apenas operar o empreendimento do gerador e, até mesmo, não ter nenhuma relação com o gerador.

Estudos e avaliações

A preocupação com estudos dos requisitos associados ao planejamento de sistemas de geração em mercados energéticos competitivos e reestruturados tem aumentado. Particularmente, as crescentes incertezas relacionadas com a instalação e com o tempo de implantação devem agravar-se à medida que a competição no segmento de geração cresce.

Esse cenário de incertezas fez com que aumentasse, na última década, o foco de estudos na quantificação explícita desses riscos. O uso de técnicas probabilísticas para essa quantificação vem se intensificando, mas a apropriação e a seleção dos dados estatísticos relevantes para o planejamento apresentam algumas dificuldades. O certo sobre técnicas de planejamento futuro é que elas devem ser robustas, abertas e focadas no risco.

- Robustas quanto às limitações do sistema, dos dados do mercado e das fontes de análise.
- Abertas aos modelos apropriados e às aplicações de simulação (e suas possíveis integrações), definidas pelo problema a ser estudado e pelos recursos disponíveis.

- Focadas no risco, de modo que garanta a quantificação e compreensão dos aspectos positivos e negativos dentro de um contexto de cenários futuros "imprevisíveis" e "não determinísticos".

A GD vem trazendo novos níveis de incerteza para operadores de sistemas de distribuição no que tange a planejamentos de longo prazo. O problema do planejamento associado à geração não se restringe à superação de seus obstáculos físicos, mas traz também, associados aos aspectos técnicos, aspectos econômicos relacionados com as tecnologias de geração e com o impacto financeiro nas distribuidoras do sistema. O impacto dessa geração em pequena escala na rede vem sendo amplamente discutido na literatura específica.

Modelos de avaliação e planejamento para geração distribuída

Diversos trabalhos têm buscado o desenvolvimento de modelos de planejamento que levem em conta os aspectos relacionados com a GD. O objetivo de um modelo de planejamento e análise é a avaliação do impacto da GD, por meio de uma gama de atributos e de opções de políticas de distribuição, de modo que maximize seus benefícios (ou reduza os prejuízos).

A vantagem desse tipo de técnica é oferecer às distribuidoras o rápido acesso a opções de políticas de distribuição relacionadas com uma grande variedade de cenários referentes ao crescimento da GD. Essa análise é lida com toda a gama de questões relacionadas com atributos técnicos e comerciais.

De uma forma geral, os processos de avaliação e planejamento da GD envolvem, entre bancos de dados e elaboração de análise, os seguintes tópicos principais:

- Geração/aspectos econômicos: conjunto de todos os dados econômicos relacionados com a GD e também com os ambientes econômico e financeiro externos.
- Análise econômica: nela se processam os dados econômicos associados a cada uma das tecnologias de geração, relacionando-os com dados econômicos nacionais e regionais, o que resulta em um esboço dos perfis futuros de geração para o segmento do mercado estudado. É importante levar em conta os aspectos de robustez e a abertura das técnicas modernas de pla-

nejamento. A análise econômica é um bom exemplo da aplicação desse conceito, pois varia desde a apresentação de cenários plausíveis para determinada estratégia de uma distribuidora até uma rigorosa análise matemática de cada uma das tecnologias relacionadas com diferentes condições de mercado.

- Características energéticas: banco de dados dos ativos físicos dos sistemas de distribuição e das tecnologias de geração.
- Análises de engenharia: a análise de engenharia é determinada de modo que atenda ao nível de detalhamento requerido (ou às fontes disponíveis de análise) pela distribuidora. Os planejamentos tradicionais nas distribuidoras têm focado características de desempenho, como perdas, níveis de tensão, capacidades de equipamentos, níveis de falta e contingências. Com um maior número de geradores distribuídos no sistema, faz-se necessário o estudo do efeito cumulativo das unidades geradoras – como níveis de proteção, estabilidade e harmônicas – nas características dinâmicas.
- Finanças da distribuidora: dados financeiros da concessionária, como conexões com geradoras e o uso dos mecanismos de cobrança do sistema.
- Análises financeiras: a análise é executada de modo a avaliar o impacto financeiro dos diferentes cenários de GD (análise econômica) e o seu efeito na operação do sistema de distribuição (análise de engenharia). É medido então o efeito nas finanças das concessionárias, como a variação em despesas operacionais e as necessidades de novos investimentos.
- Reguladores/governo: estudo dos efeitos de políticas reguladoras e governamentais relacionadas com o crescimento da GD por meio de incentivos e penalidades (especialmente para renováveis e cogeração) e os seus respectivos impactos no segmento de distribuição (mecanismos de controle de preços).
- Opções de políticas para a distribuidora: com base nas avaliações dos resultados das análises, é fornecido um número de opções a serem utilizadas pela concessionária de modo que obtenha vantagens com o crescimento da GD. Os efeitos dessas opções são alimentados no modelo por meio de ajuste nos dados básicos nos módulos de análise.

O Quadro 10.1 apresenta um cenário das principais questões e parâmetros do processo analítico de planejamento e avaliação da GD.

Quadro 10.1 Questões e parâmetros do processo analítico de planejamento e avaliação da geração distribuída

ANÁLISE ECONÔMICA	ANÁLISE DE ENGENHARIA	ANÁLISE FINANCEIRA
Economia geral • Impostos sobre poluição e outros custos. • Incentivos governamentais. • Economia nacional. • Históricos e parâmetros econômicos. • Custo de oportunidade.	**Características do gerador** • Perfil de exportação. • Capacidade. • Parâmetros elétricos da usina. • Local da geração.	**Receitas regulamentadas** • Taxa de retorno dos ativos de conexão. • Volume de unidades transportadas. • Uso da receita dos sistemas. • Parâmetros de controle de preço. • Perdas/incentivos à eficiência.
Regional/concessionária/ características • Potencial para renováveis. • Investimento de clientes em cogeração. • Histórico de autorizações. • Custos operacionais da rede. • Custos de manutenção da rede. • Custos de reforço da rede. • Disponibilidade de pontos de conexão.	**Fluxos de energia** • Fluxo real de energia. • Fluxos reativos de energias. • Perdas elétricas. • Balanceamento das fases.	**Investimentos de capital** • Investimento retornável. • Reforço da rede. • Valor do diferido.
Receita do gerador • Preço da eletricidade (e estrutura do mercado). • Receita de aquecimento e resfriamento. • Preços ancilares.	**Curto-circuitos** • Nível de curto. • Desempenho da proteção.	**Investimento operacional** • Custo de administração. • Pessoal operacional. • Taxas de transmissão. • Custo de infraestrutura.
Geração – Capital e custos operacionais • Custo da conexão. • Custo do capital da usina. • Preço do combustível. • Custos de operação e manutenção.	**Qualidade e transitórios da energia** • Estabilidade do gerador. • Harmônicas. • Regulação da tensão. • Flutuações de tensão.	
Características operacionais do gerador • Perfil de exportação. • Disponibilidade. • Segurança do fornecimento de combustível.	**Segurança e níveis de confiança** • Disponibilidade do gerador. • Capacidade de reserva da rede. • Disponibilidade da energia. • Interrupções ou desligamentos de clientes.	

Modelos de análise

No cenário da GD, se ressalta um grande esforço para o desenvolvimento de modelos de análise. Diversos trabalhos e artigos colocam ênfase em modelos necessários para estudos de desempenho dinâmico, podendo-se citar especialmente a publicação de Cigré (2001), *Modelling new forms of generation and storage*, na qual são tratados os modelos para todos os tipos de geração e armazenamento citados ao início deste item.

PARTE 3

ESTUDOS DE CASO: AVALIAÇÃO ECONÔMICA DA GERAÇÃO DE ENERGIA ELÉTRICA INTEGRADA AOS SISTEMAS DE POTÊNCIA

CAPÍTULO 11

AVALIAÇÃO ECONÔMICA DA GERAÇÃO DE ENERGIA ELÉTRICA: ESTUDOS DE CASO E QUESTÕES PARA REFLEXÃO E DESENVOLVIMENTO

Neste capítulo enfoca-se a análise de viabilidade econômico-financeira, com ênfase na determinação dos possíveis benefícios a serem considerados, tendo em vista a existência de um mercado de energia, a possibilidade de venda de vapor nos projetos de cogeração e a localização de centrais termelétricas.

São apresentados estudos de caso bastante ilustrativos – enfocando análise de viabilidade de centrais termelétricas, projetos de cogeração e de aplicação de células a combustível – com o objetivo principal de ilustrar os conceitos e métodos de cálculo e avaliação fundamentais a serem considerados em estudos similares. Assim, esses estudos são mostrados considerando os dados e informações básicas originalmente usados em sua solução. Isso porque algumas variáveis consideradas certamente mudaram ao longo do tempo, tais como os valores econômicos e financeiros e eventuais requisitos regulatórios, uma vez que o cenário energético tem seu próprio dinamismo. A importância dos estudos de caso descritos está assentada fudamentalmente nos roteiros de análise, que esclarecem as principais dificuldades que podem surgir em estudos de viabilidade de projetos de geração.

No final do capítulo são propostas questões para reflexão e desenvolvimento, que orientarão sua avaliação e estudo, além do importante conhecimento da organização (no momento da reflexão) institucional do setor energético brasileiro e seu rebatimento no assunto aqui tratado.

AVALIAÇÃO ECONÔMICA DA GERAÇÃO DE ENERGIA ELÉTRICA: ESTUDOS DE CASO

A avaliação econômica dos projetos de geração busca verificar se os custos, os benefícios e, no caso dos investidores, o lucro atendem a critérios preestabelecidos, como o tempo de retorno do capital (para taxas de juros e retorno fixadas) ou a taxa de retorno do capital (para um tempo de retorno desejado).

Nesse contexto, todos os processos usuais de avaliação econômica podem ser utilizados. A questão fundamental é que a aplicação de cada processo capte as diversas nuances associadas às características específicas do setor elétrico.

Não se pretende aprofundar, neste livro, voltado especificamente à geração de energia elétrica, a questão dos métodos e das técnicas de análise econômica. Há aqui tão somente a intenção de apresentar um roteiro de captação das nuances do setor elétrico, deixando-se o maior detalhamento e o aprofundamento econômico a cargo do leitor, que, para isso, conta com extensa bibliografia.

Por outro lado, no entanto, dado o objetivo proposto, é importante abordar todas as questões relevantes dos projetos de geração de energia elétrica. Assim enfoca-se, a seguir, o tratamento global dos custos e dos benefícios e apresentam-se estudos de caso elucidativos da avaliação econômica dos referidos projetos.

Inicialmente, como componentes importantes dessa avaliação, podem ser abordados os custos. As linhas-mestras de sua determinação vêm sendo tratadas ao longo deste capítulo, segundo uma ótica voltada aos custos anuais e ao custo unitário da energia gerada (em US$/MWh ou R$/MWh).

Os conceitos apresentados anteriormente neste livro relacionados aos custos captam todas as nuances do setor elétrico:

- Identificam os componentes de custos dos projetos.
- Ressaltam a influência da integração dos projetos aos sistemas de potências (via fatores de capacidade).
- Permitem a percepção da influência da taxa e do tempo de retorno do capital (desde que se utilizem os fatores adequados da teoria econômica).

Sua adaptação para diferentes situações quanto a taxas e tempos de retorno e quanto a outros métodos de avaliação econômica não apresenta maiores dificuldades. No entanto, uma análise econômica mais completa poderá incorporar outros custos, tais como os ambientais, sociais etc., que sejam mensuráveis (quantificáveis, tangíveis).

Em seguida, podem ser abordados os benefícios e os lucros. Em sua forma mais simples e utilizando-se a análise de custos anuais para facilitar o raciocínio, é possível considerar que toda energia será vendida por meio de um contrato de longo prazo, por um preço fixo (em US$/MWh ou R$/MWh). Esse contrato poderá ter sido acordado entre as partes ou ser o valor normativo fixado pela Agência Nacional de Energia Elétrica (Aneel).

Assim como para os custos, os critérios relativos às taxas e aos tempos de retorno de cada investidor estarão automaticamente embutidos nos valores unitários de energia, desde que se apliquem adequadamente os fatores econômicos.

Nessa forma mais simples, um projeto será considerado viável se o preço de venda da energia superar o custo, sendo o lucro (em US$/MWh ou R$/MWh) a diferença entre o preço e o custo.

A análise se torna um pouco mais complexa quando se visualiza a venda da energia, no todo ou em parte, no mercado **livre** (mercado atacadista). Nesse caso, embora a parte a ser vendida em longo prazo (se houver) possa ser tratada como se apresentou anteriormente, a parte a ser negociada no mercado livre vai requerer um tratamento mais complexo e diferenciado, uma vez que haverá a necessidade de efetuar prospecções futuras para estimar o valor da energia elétrica nesse mercado. O valor vai depender da maior ou menor oferta da energia elétrica ao longo do tempo (que corresponderá, respectivamente, a preços menores ou maiores da energia elétrica no mercado livre). Nesse caso, será necessário efetuar estudos e simulações análogas às apresentadas anteriormente para determinação do(s) fator(es) de capacidade considerado(s) adequado(s) à análise em andamento (no caso de avaliações mais detalhadas, recomenda-se o uso de análise de riscos, como citado anteriormente neste capítulo), incluindo as regras de valoração da energia em função dos resultados das simulações. Uma vez efetuados esses cálculos, poderá ser obtida uma série de benefícios da venda no mercado livre. O tratamento dessa série, para prosseguimento da análise, dependerá do método utilizado: poderá ser feito, entre outros, o cálculo do Valor Presente, de uma série uniforme equivalente.

Outros benefícios ambientais e sociais poderão ter o mesmo tratamento citado anteriormente para os custos. Deve-se enfatizar que muitos critérios e mesmo custos e benefícios da análise serão função das expectativas do analista. Em certos casos, investidores em um projeto específico deverão ter seus critérios, que incluirão certamente os custos e benefícios a serem considerados, as taxas e os tempos de retorno e a decisão baseada especificamente nos lucros. Por outro lado, em uma análise mais ampla, no bojo de um PIR, os critérios poderão ser totalmente diferentes, com inclusão de custos e benefícios não mensuráveis (qualitativos, intangíveis), utilização de taxas e tempos de retorno "sociais" e decisão participativa.

Os aspectos abordados anteriormente, de forma geral, incluem os principais conceitos associados aos projetos de geração e sua integração aos sistemas de potência, que necessitam ser conhecidos para a execução adequada de sua avaliação econômica.

A seguir, para um melhor entendimento da aplicação dos conceitos apresentados e sua fixação, são expostos estudos de caso que englobam todos os aspectos citados, com ênfase:

- Na negociação de energia no mercado livre (estudo de caso de grandes termelétricas).
- Na introdução de aspectos financeiros e benefícios adicionais (venda de energia térmica – estudo de caso de cogeração).
- Na introdução de nova tecnologia (estudo de caso de células a combustível).

Para isso, foram escolhidos três casos específicos em que houve, de alguma forma, o envolvimento do autor, em conjunto com outros profissionais do setor, que deram anuência à adaptação dos estudos a esse livro:

- Uma análise da influência das variáveis locais e comerciais na viabilidade da introdução de grandes centrais termelétricas em sistemas eminentemente hidrelétricos, com base no relatório: *Influence of Local and Commercial Variables for Thermal Plants in a Large Hydroelectrical System*, de Ramos et al. (2002).
- Análise econômica de projetos de cogeração, baseado no trabalho *Tecnologia e avaliação de projetos de cogeração de energia*, de Edson Bittar Henriques e Edson Marques Flores (1999), para disciplina de pós-graduação ministrada pelo autor.

- Análise econômica de projetos de células a combustível, extrato da dissertação de mestrado *O suprimento de energia através das células a combustível*, de José Luiz Pimenta Pinheiro (1998), orientado pelo autor deste livro.

Ressalta-se, novamente, que esses casos são apresentados na forma como foram desenvolvidos originalmente e, embora algumas variáveis consideradas tenham se alterado ao longo do tempo (uma vez que o cenário energético, assim como o econômico-financeiro, tem seu próprio dinamismo), sua importância reside principalmente nos roteiros de análise, que esclarecem as principais dificuldades que possam surgir durante estudos de viabilidade de projetos de geração.

Influência de variáveis locais e comerciais na análise de viabilidade de inserção das centrais termelétricas em sistema eminentemente hidrelétrico

O sistema elétrico brasileiro, predominantemente hidrelétrico, está experimentando um substancial incremento na participação da geração térmica. Essa mudança é resultado do processo de reestruturação do setor, do aumento da infraestrutura de transporte de gás natural no país, do curto prazo de construção das usinas termelétricas e das vantagens ambientais comparadas a outros tipos de plantas térmicas.

A comercialização da energia elétrica, por outro lado, está ocorrendo atualmente no âmbito da Câmara de Comercialização de Energia Elétrica (CCEE) – sucessora do extinto Mercado Atacadista de Energia (MAE). Nesse ambiente, no qual as transações de compra e venda de energia elétrica são efetuadas, o gerador comercializa a diferença (positiva ou negativa) entre sua produção de energia e a energia contratada em longo prazo. Se a produção excede o contrato, o gerador está vendendo o excesso de produção. Caso contrário, o gerador está comprando o complemento de produção. Em ambos os casos, o valor dessa transação é o preço de curto prazo ou preço *spot* do sistema.

Assim, o processo de decisão de investimento em uma nova usina térmica inserida no sistema interligado brasileiro requer o pleno conhecimento das variáveis conjunturais e estruturais do sistema e da forma de despacho das usinas pelo ONS. Na avaliação do projeto, são características importantes os fatores determinantes da localização da usina e aqueles relacionados à sua competitividade no âmbito da CCEE.

Isso implica que a empresa distribuidora ou o produtor independente de energia elétrica que pretende investir em uma usina térmica procure alternativas de geração que minimizem os custos de capital, de operação e manutenção, além dos riscos de parada forçada, tentando mitigar seus riscos financeiros e maximizar suas receitas.

Análise da comercialização de energia vendida no âmbito do mercado de energia elétrica

Características do despacho de geração do sistema brasileiro

Em virtude da predominância de geração de origem hidráulica, o sistema é operado de forma centralizada. Esse tipo de operação visa despachar as usinas utilizando métodos de otimização voltados à operação do sistema hidrotérmico. Conforme já apresentado, a operação é de responsabilidade do ONS, segundo regras claramente estabelecidas nos procedimentos de rede e com participação dos agentes do setor elétrico.

O objetivo da otimização é estabelecer uma gestão eficiente dos recursos hídricos disponíveis, contribuindo para minimizar os custos de operação do sistema e o risco de déficit de energia. De acordo com esse processo, as usinas térmicas somente seriam acionadas nos períodos hidrológicos desfavoráveis (secos), quando a água armazenada nos reservatórios das usinas hidrelétricas não fosse suficiente para suprir a demanda ou para uma eventual complementação no horário de carga pesada (período de ponta do sistema). Esse tipo de operação é chamado complementação térmica. Mais recentemente, as termelétricas também podem ser acionadas para diminuir o risco energético do sistema (ou seja, para reduzir as chances de faltar energia no futuro em razão de um deplecionamento diferenciado dos reservatórios das hidrelétricas por causa de ocorrências inesperadas – modificações climáticas, gargalos de transmissão, variação de demanda). Para isso, foram estabelecidas Curvas de Aversão ao Risco, em substituição às Curvas-guia (ver Capítulo 10, tópico "Complementação termelétrica").

Atualmente, no Brasil, a operação de plantas termelétricas a gás natural inseridas no sistema elétrico interligado está associada a três fatores importantes e, de certa forma, conflitantes:

- A sua vinculação ao regime de contratos de compra de combustível do tipo *take or pay*, exigidos pelo fornecedor de combustível (ressalta-se que a análise foi efetuada considerando termelétrica aquela cujo combustível é o gás natural do gasoduto Bolívia-Brasil, ao qual esta cláusula se aplicava no momento).

- A forma de operação das centrais termelétricas que funcionam em regime de complementação térmica.
- A produção de energia dependente da natureza estocástica da hidrologia.

Sendo o despacho das usinas efetuado de forma centralizada, os riscos financeiros da comercialização da energia gerada por usinas termelétricas surgem da natureza estocástica das afluências das águas nas hidrelétricas e do regime de operação em complementação térmica para as denominadas usinas parcial ou totalmente flexíveis. São flexíveis aquelas que podem ser totalmente desligadas (FC mínimo = 0), e inflexíveis, as que possuem contrato de compra mínima de combustível e, portanto, operam com FC mínimo > 0.

A produção energética de um sistema hidrotérmico depende da série cronológica de vazões afluentes às diversas usinas hidrelétricas que compõem o sistema. O ONS, no planejamento da operação, utiliza séries sintéticas de vazões afluentes, obtidas a partir do histórico de vazões naturais às diversas bacias que são medidas e registradas desde 1931. A produção das séries sintéticas é baseada em modelos estocásticos e, portanto, a programação da operação das usinas utiliza técnicas probabilísticas tais como *Loss of Load Probability* (Lolp) e Programação Dinâmica Estocástica.

Em razão do armazenamento das afluências dos meses de elevada hidraulicidade, a presença de reservatórios no sistema permite o atendimento de uma carga maior que os sistemas a fio d'água, pois acrescenta energia firme ao sistema.

As termelétricas integradas ao parque hidrelétrico exercem o mesmo efeito dos reservatórios, ou seja, firmam parte da energia secundária, permitindo uma operação global mais eficiente. Esse modo de operação da central termelétrica aumenta sua competitividade econômica frente às hidrelétricas, porém, as restrições de consumo obrigatório de combustível, por meio de contratos *take or pay*, prejudicam essa competitividade do ponto de vista da eficiência energética.

Assim, os custos de geração das termelétricas em regime de complementação térmica dependem não apenas dos parâmetros locais, técnicos, exclusivos das termelétricas, como também dos parâmetros que refletem o seu comportamento no sistema interligado e que só podem ser determinados em modelos que utilizam séries históricas probabilísticas. Esses parâmetros são:

- Custo de capital.
- Custo de combustível.
- Fator de capacidade mínimo obrigatório.
- Fator de capacidade máximo – disponibilidade.
- Fator de capacidade médio.
- Risco de déficit.
- Proporção da potência instalada térmica em relação à potência total.

Cada parâmetro influi diferentemente o custo de geração, tendo o preço do combustível uma influência elevada. Dependendo do combustível e do regime operacional, o preço chega a representar até 60% do custo de geração e poderá definir o nível de despacho da planta.

Em relação aos fatores de capacidade mínimo, máximo e médio, os dois primeiros são respectivamente definidos pelo supridor de combustível e pelas características técnicas da central termelétrica; enquanto o último depende do custo do combustível e do consumo mínimo obrigatório estabelecido em contrato.

Conforme já comentado, uma forma mais detalhada de efetuar essa análise é utilizando-se uma representação estatística (por exemplo) para o fator de capacidade, a qual é associada a riscos. O risco de déficit tem uma grande influência no nível de geração das centrais termelétricas: quanto mais importante for a participação das termelétricas no parque gerador, maior ele será.

Volatilidade do preço da energia comercializada

A variabilidade das afluências é caracterizada por um processo estocástico, o que leva à grande volatilidade dos preços na CCEE (sucessor do MAE, que era o coordenador do mercado na época da análise), dependendo da hidrologia. Períodos com grandes afluências (período úmido) baixam os preços, em razão da não necessidade de geração térmica. Em períodos com baixa hidrologia (período seco), o preço do mercado livre é elevado. Logo, os riscos financeiros são altos por conta dessa dependência da hidrologia atual e futura. Resultados de simulações efetuadas para estimar a evolução do preço dessa energia ao longo do período de expansão (2000-2010) serão apresentados mais adiante, no "Estudo do desempenho financeiro da usina no ambiente de comercialização".

Observa-se que, em todos os cenários possíveis de vazão afluente, os custos marginais podem se manter em patamares muito elevados ou muito reduzidos durante anos consecutivos, com forte impacto sobre o fluxo de caixa das empresas sujeitas a essas variações.

Dessa forma, a exposição dos agentes aos riscos de fortes impactos financeiros associados à compra e venda de energia é bastante alta, exigindo suporte adequado à tomada de decisão.

Comercialização de energia

A contratação bilateral – de longo prazo – da produção de geradores termelétricos torna-se uma variável decisória para o nível de retorno dos investimentos e para a expectativa de lucro para o produtor independente, constituindo importante instrumento de *hedge* contra a volatilidade dos preços de comercialização.

O processo decisório deve ser adequado para minimizar possíveis perdas no mercado de curto prazo, em decorrência das variações de preços em razão da variabilidade das condições hidrológicas, principalmente para a modalidade de investimento *project finance*, em que a estabilidade do fluxo de caixa e a minimização dos riscos financeiros incorridos no mercado devem ser enfaticamente buscados.

A essa decisão associam-se as condições operativas do sistema que permitam configurar a expectativa de evolução do mercado atendido ao longo do horizonte de decisão:

- As decisões de investimento do parque gerador.
- A composição do parque gerador em sua configuração atual e a expectativa do plano indicativo de expansão.
- A penetração de cada empresa no mercado consumidor.
- As taxas de crescimento de consumo previstas.

A assinatura de um contrato bilateral expõe o gerador a outro tipo de risco: o de ser obrigado a comprar energia do mercado de curto prazo a preços elevados para complementar a diferença entre produção e energia.

No caso de uma usina térmica, esse risco é relativamente pequeno, pois, nesses períodos de preço de curto prazo elevado, a planta estaria gerando em sua capacidade máxima e, portanto, atendendo a seu contrato. No caso de uma hidrelétrica, entretanto, esse risco é substancial, pois os períodos nos quais os preços de curto prazo se tornam elevados são justamente os de seca severa, quando sua produção diminui.

Estudo de caso: inserção das centrais termelétricas

Com o objetivo de ilustrar a aplicação da metodologia anteriormente apresentada, segue-se um sumário de estudo de caso orientado à identificação dos possíveis locais para implementação de usinas a gás natural no estado de São Paulo.

O estudo, tal como a metodologia propõe, leva em consideração a influência das variáveis locais (meteorológicas), infraestrutura de oferta e distribuição de gás natural, suprimento de água, proximidade ao centro de carga e seu impacto nas redes de transmissão de energia. Nesse estudo, analisa-se apenas a aplicação da tecnologia de ciclo combinado para uma usina a gás natural.

Localização de uma planta térmica a gás natural: influência das variáveis locais

Para essa parte do estudo, utilizou-se o programa de computador Sacget, que permite fazer a seleção de locais para implantação da usina. Mais detalhes sobre o programa podem ser obtidos no artigo que serviu de base para esse item do livro (Ramos, Fadigas e Reis, 2002).

O programa tem associado um banco de informações do local, como: consumo de energia (MW), cota média, temperatura, dados do sistema de transmissão, nível permitido de emissão de gases e infraestrutura de oferta e distribuição de combustíveis, entre outros.

Para o estudo de caso apresentado nesse trabalho, a avaliação foi feita utilizando apenas o gás natural importado da Bolívia. Na análise realizada nesta seção não se consideram restrições de ordem ambiental e de disponibilidade de água, as quais serão consideradas na seção subsequente.

As Tabelas 11.1 e 11.2 apresentam os dados da tecnologia e do combustível avaliados.

Tabela 11.1 Tecnologia e combustível

Módulo (MW)	478,5
Custo de instalação (US$/kW)	622,00
Requisito de água (m3/s)	28,5
Emissão de dióxido de enxofre (kg/MJ)	0,027 (M)
Emissão de óxidos de nitrogênio (kg/MJ)	0,027 (M)
Emissão de particulados (kg/MJ)	0 (B)
Estágio de desenvolvimento	Comercial
Fator para custo de internação (K)	1,31
Disponibilidade (%)	90
Combustível	GN da Bolívia
Custo fixo de O&M (US$/kW.ano)	4,34
Vida útil (anos)	30
Ajuste de temperatura e altitude (S/N)	Sim

Fonte: Banco de dados do Saeget (Ramos et al., 2002).

Tabela 11.2 Dados sobre o combustível

Tipo de combustível	GN da Bolívia
Origem	Santa Cruz
Unidade de peso (kg) ou volume (Nm^3)	Nm^3
Poder calorífico superior (kJ/peso ou volume)	41.734
Poder calorífico inferior (kJ/peso ou volume)	37.548
Custo FOB (US$/unidade de peso ou volume)	0,1045
Custo energético (US$/MBtu)	2,8

Fonte: Banco de dados do Saeget (Ramos et al., 2002).

A Tabela 11.3 apresenta os resultados obtidos para as oito alternativas mais atraentes, tendo em vista que na simulação utilizou-se o critério de ordenação crescente de custo total de geração (função objetivo – minimização do custo total).

A segunda coluna identifica a sede da usina correspondente à alternativa gerada. A terceira coluna corresponde ao valor da função objetivo (custo total – US$/MWh), cujas parcelas estão representadas individualmente nas colunas seguintes.

Tabela 11.3 Resultados da ordenação pelo custo total (US$/MWh)

CÉLULA	SEDE	CUSTO TOTAL	CUSTO DE INVESTIMENTO	CUSTO O&M	CUSTO DE TRANSMISSÃO
282	Campinas	20,47	12,21	9,46	−1,20
308	Atibaia	20,64	12,13	9,46	−0,95
324	Boituva	20,8	12,3	9,45	−0,95
110	Guararapes	20,82	12,29	9,48	−0,95
221	Itirapina	20,93	12,03	9,85	−0,95
143	Matão	21,02	12,15	9,82	−0,95
195	São Carlos	21,02	12,17	9,46	−0,61
346	Sorocaba	21,04	12,02	9,97	−0,95

Fonte: Ramos, Fadigas e Reis (2002).

Nessa tabela, os custos de transmissão se referem às obras que deveriam ser realizadas para atender às cargas se esse atendimento fosse efetuado pela rede. Conceitualmente, são custos evitados, por isso, aparece o sinal negativo.

Como era esperado, as três parcelas de custo apresentam variações em função do local de instalação. A primeira colocada, Campinas, não possui o menor custo de investimento em razão da influência da temperatura e altitude, porém, é o local que apresenta o menor custo de transmissão por conta da disponibilidade de linha de transmissão e do baixo nível de perdas. As demais, por serem próximas aos *city-gates* do gasoduto Brasil-Bolívia, apresentam os menores custos de O&M.

Sorocaba, que apresenta um custo de investimento de 12,02 US$/MWh, tem uma temperatura média de 20,08°C e está situada a uma altitude de 700 m, o que fez com que a potência nominal de 478,50 MW fosse reduzida para 438,52 MW, ou seja, uma diminuição de 8,35%.

São Carlos, que apresenta um custo de investimento de 12,17 US$/MWh, tem uma temperatura média de 19,6°C e está situada a uma altitude de 950 m, o que fez com que sua potência nominal reduzisse para 431,38 MW, ou seja, uma diminuição de 9,8%.

Assim, embora São Carlos tenha uma temperatura média inferior à de Sorocaba, sua potência disponível é menor por sua altitude ser mais elevada, o que resultou em um custo de investimento maior.

Sob o ponto de vista das variáveis ambientais, o local ideal para instalação de uma planta a gás seria nas células localizadas no nível do mar.

Nesses locais, em razão da baixa altitude, os fatores de correção compensam a temperatura mais elevada.

Estudo do desempenho financeiro da usina no ambiente de comercialização

Para analisar a estratégia de venda de energia da usina, simulou-se o sistema brasileiro para um período de dez anos, considerando um cenário de mercado e expansão da geração e da transmissão compatíveis com o cronograma de obras sinalizados pelo mercado e com o Plano Indicativo da Expansão do Comitê Coordenador do Planejamento da Expansão (CCPE).

Ressalta-se que o referido Comitê (CCPE), que era a instituição encarregada do planejamento no momento do estudo (1998-1999), foi depois substituída pela Empresa de Pesquisa Energética (EPE). A projeção de preço futuro é mostrada na Figura 11.1.

Como exemplo, consideram-se os resultados da UTE localizada no município de Sorocaba. A Tabela 11.4 apresenta os dados principais da central termelétrica simulada. Nesse caso, efetuaram-se simulações variando o FC mínimo obrigatório para verificar sua influência no despacho anual (FC médio) da usina e sua correspondente variação do custo operacional.

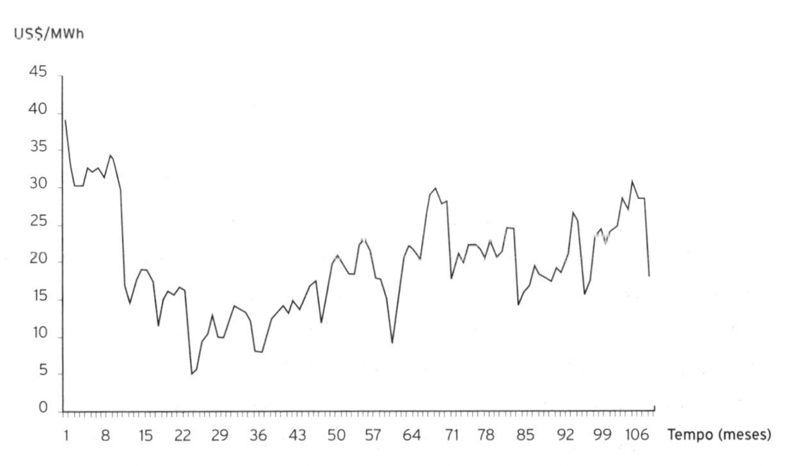

Figura 11.1 Evolução dos preços do ambiente de comercialização para os cenários de mercado e oferta considerados (dados da época dos estudos: 1998-1999).
Fonte: Ramos, Fadigas e Reis (2002).

Tabela 11.4 Dados principais da usina

Potência ISO	478,5 MW
Localização	Sorocaba
Perda de potência	8,35%
Rendimento	54%
Taxa de indisponibilidade forçada	0%
Taxa de indisponibilidade programada	10%
PCI (kcal/m³)	9.400
Custo de O&M variável	9,97 US$/MWh
Custo de O&M fixo	4,14 US$/kW.ano
Encargo de transmissão	– 0,95 US$/kW.mês
Período do financiamento	20 anos
Preço do gás natural	2,80 US$/MBtu
Entrada em operação	jan/02
Preço de venda da energia	38 US$/MWh
Tipo de contrato	base load

Fonte: Ramos, Fadigas e Reis (2002).

Despacho da usina em função do fator de capacidade mínimo

A térmica ideal seria aquela que pudesse ser totalmente desligada no período úmido e operada à plena carga no período seco. No entanto, usinas a gás natural que funcionam na sua maioria com contratos de combustível do tipo *take or pay* operam com fator de capacidade mínimo maior que zero para poder honrar seus compromissos financeiros com a supridora de gás.

Esse tipo de operação das usinas em um sistema hidrotérmico não é econômico, uma vez que, em razão de problemas contratuais, implica a operação das termelétricas durante o período de águas, com aumento das possibilidades de vertimento e, como consequência, mau uso da água. No caso brasileiro, isso poderia ser amenizado, por exemplo, com a criação de um mercado interruptível para o gás natural no período de águas, quando houvesse capilaridade suficiente da rede de distribuição de gás. Nesse caso, tal possibilidade, obviamente, deveria ser prevista nos contratos de venda e compra do gás.

Com relação ao custo do gás, é importante comentar que ele, na verdade, deve constar de parcela referente à produção e ao transporte. Não se considerou essa divisão no estudo de caso, apenas por facilidade e por fugir ao escopo básico da análise.

A Tabela 11.5 apresenta resultados que permitem verificar os dispêndios adicionais com combustível, quando existe a necessidade de atender a um fator de capacidade mínimo. Nela, observa-se que, para um fator de capacidade mínimo nulo, a usina opera com um fator de capacidade médio anual em torno de 28,17% quando inserida no subsistema Sudeste. Elevações no fator de capacidade mínimo resultam em fatores de capacidade médios mais elevados.

Tabela 11.5 Fator de capacidade médio anual – UTE Sorocaba

FC_{MIN} (%)	$FC_{MÉDIO}$ (%)	CONSUMO COMBUSTÍVEL (MNM^3/ANO)	CUSTO COMBUSTÍVEL (MUS$/ANO)
0	28,17	108	102
40	61,00	3.049	318
70	85,14	4.606	481

Fonte: Ramos, Fadigas e Reis (2002).

Despacho de geração em função do preço do gás natural

O preço do gás natural, que incide no custo operacional da usina, influencia seu nível operativo. A Figura 11.2 ilustra o resultado da simulação com variações no preço do gás natural.

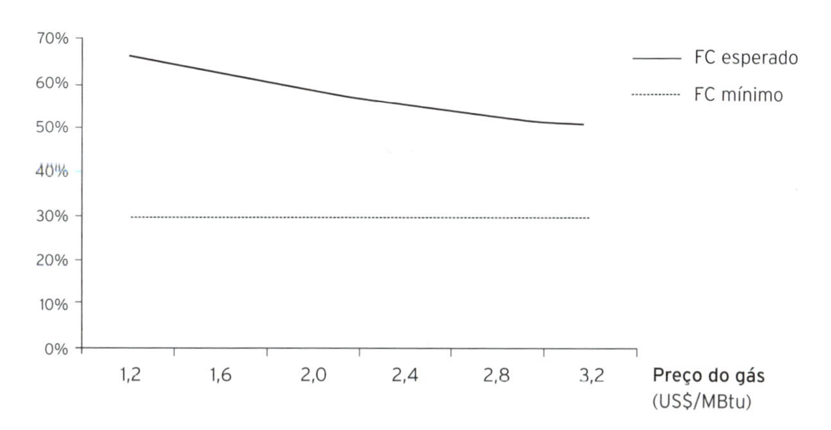

Figura 11.2 Variação do fator de capacidade médio em função do preço do gás natural.

Fonte: Ramos, Fadigas e Reis (2002).

Nessa análise, fixou-se o fator de capacidade mínimo em 30%. Observa-se que, à medida que o preço do gás natural aumenta, o FC médio da usina diminui, ou seja, o seu despacho é diminuído, sendo despachadas no seu lugar usinas que apresentam custos operacionais inferiores.

Influência dos contratos de combustível

Do ponto de vista do contrato *take or pay* de combustível, verifica-se que quanto menor o fator de capacidade mínimo, melhor será o desempenho da receita líquida da usina.

Em caráter complementar, apresenta-se a seguir, na Figura 11.3, o custo operacional para diferentes níveis de *take or pay* pactuados por meio do contrato de suprimento de gás natural.

Observa-se que o valor presente dos custos operacionais, quando em operação de complementação térmica, é bastante inferior ao custo incorrido para a hipótese de fator de capacidade mínimo obrigatório não nulo e a diferença pode atingir, em termos de valor esperado, algo como US$ 140 milhões.

Quando a planta opera com acionamento mínimo obrigatório elevado, reduz-se sua necessidade de compra de energia para substituição de combustível. Mesmo considerando que a substituição, quando ocorre, sempre se faz a um custo inferior ao combustível (ou seja, sempre há ganho na operação em complementação térmica), é importante ilustrar a comparação apresentando os resultados de receita líquida, tema da Figura 11.4.

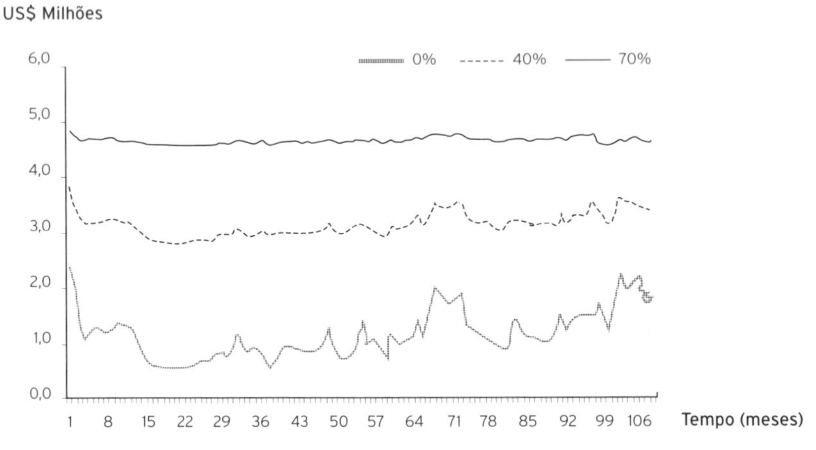

Figura 11.3 Custo operacional x contrato de combustível.
Fonte: Ramos, Fadigas e Reis (2002).

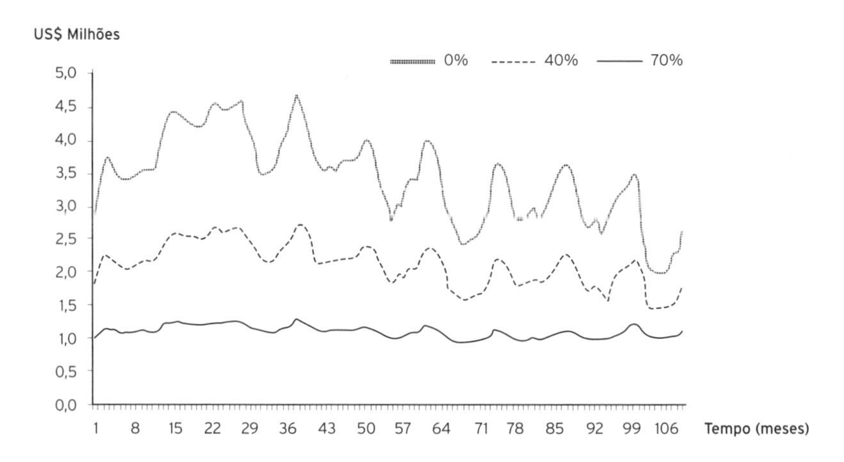

Figura 11.4 Receita líquida x contrato de combustível, energia contratada = 100%.
Fonte: Ramos, Fadigas e Reis (2002).

Observa-se que o valor presente do fluxo de receita líquida no horizonte da expansão é nitidamente favorável ao projeto flexível em termos de combustível, com uma diferença favorável próxima a US$ 210 milhões. Reforça-se, assim, a recomendação já sublinhada anteriormente de que, do ponto de vista do projeto termelétrico, sempre se deverá buscar o nível de *take or pay* mais baixo possível. A receita líquida aqui calculada não considera investimento, tarifas de transporte e conexão, nem custo de O&M fixo. A Tabela 11.6 apresenta os valores obtidos para a UTE Sorocaba.

Tabela 11.6 Custo operacional e receita líquida – UTE Sorocaba

$FC_{MÍNIMO}$ (%)	$FC_{MÉDIO}$ (%)	CUSTO OPERACIONAL (MUS$)	RECEITA LÍQUIDA (MUS$)
0	28,17	64,58	209,32
40	61,00	184,25	127,87
70	85,14	274,18	65,11

Fonte: Ramos, Fadigas e Reis (2002).

É oportuno enfatizar que o entendimento do modo de complementação térmica traz benefícios para os geradores térmicos e para o sistema de uma forma integrada com as hidrelétricas. Do ponto de vista do proprietário do gasoduto, isso também pode se constituir em vantagem, pois contratos *take or pay* mais baixos estimulariam mais produtores térmicos independentes a entrar no mercado. Isso levaria ao aumento do fator de capacidade do gasoduto, viabilizando inclusive sua expansão.

Receitas dos contratos de curto e longo prazos

Para a tomada de decisão de qual o nível de contratação da energia assegurada por contratos de longo prazo, apresenta-se a seguir a composição das receitas futuras no mercado e a receita líquida para o primeiro ano de operação da planta.

Esse primeiro ano é caracterizado por um alto risco de déficit no submercado sudeste, em função da porcentagem de contratos de longo prazo. Observa-se, no gráfico da Figura 11.5, que a melhor estratégia de contratação para esse ano é ficar totalmente exposto ao preço do mercado. Isso ocorre em razão dos elevados preços nesse submercado no primeiro ano, causados por elevados riscos de déficit no sistema.

Quando o sistema se equilibra, por volta do quarto ano, por exemplo, a melhor estratégia passa a ser contratar 100% da energia assegurada da usina, como mostra a Figura 11.6.

Assim, com o sistema equilibrado, a maior receita obtida pelo empreendedor da usina seria com 100% de contratação bilateral. Receita negativa no curto prazo indica desembolso para o sistema de contabilização do mercado, pois revela que o empreendedor necessitou comprar energia para cumprir seu contrato.

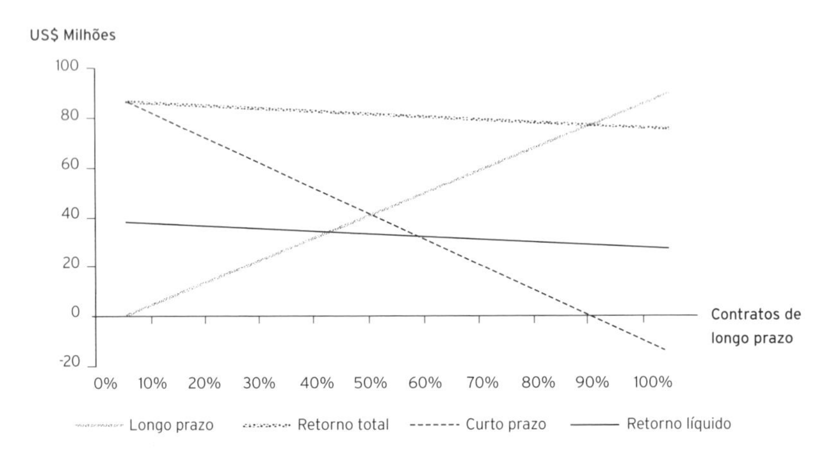

Figura 11.5 Receita líquida x contratos bilaterais, para o primeiro ano. Fator de capacidade mínimo = 0%.

Fonte: Ramos, Fadigas e Reis (2002).

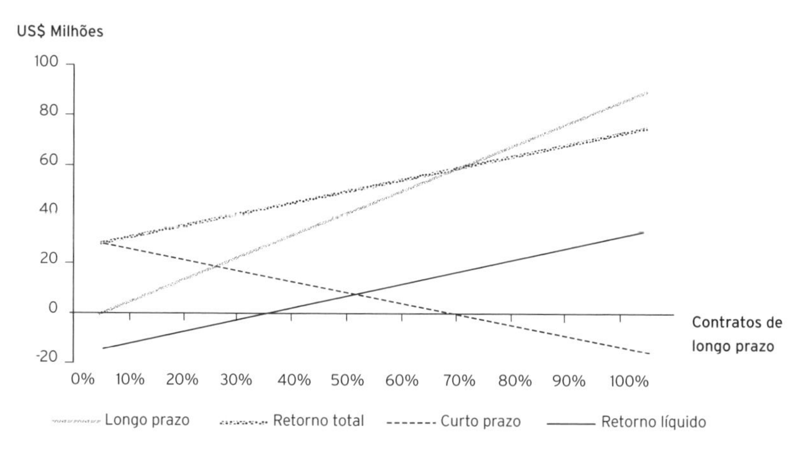

Figura 11.6 Receita líquida x contratos bilaterais, para o quarto ano. Fator de capacidade mínimo = 0%.
Fonte: Ramos, Fadigas e Reis (2002).

É preciso ressaltar que, nesse estudo, o custo do combustível foi considerado constante. Contudo, seu preço pode variar durante o período de estudo correspondendo a mudanças nas receitas estimadas, pois o custo do combustível tem influência direta no custo de despacho das máquinas da usina.

Finalmente, é preciso ressaltar a importância, neste tipo de avaliação, de uma análise de riscos muito bem elaborada, o que fica patente por conta do grande número de variáveis não determinísticas envolvido, inclusive outros não enfocados aqui, tais como os riscos regulatórios.

Cogeração: análise econômica – roteiro

Nesse estudo de caso, os aspectos considerados mais importantes referem-se ao "Levantamento de dados: inventário" e ao estudo de caso propriamente dito. Conforme apresentado no início deste capítulo, esta análise tomou como base o trabalho *Tecnologia e avaliação de projetos de cogeração de energia*, de Edson Marques Flores e Edson Bittar Henriques, desenvolvido em curso de pós-graduação ministrado pelo autor, em 1999.

Levantamento de dados: inventário

Uma base de dados que contenha todos os principais parâmetros que impactam a seleção e o desempenho da planta é crítica para o projeto de cogeração. Esses dados essenciais podem ser agrupados em dois conjuntos: o primeiro trata de quantidade e fluxo de calor; o segundo, de dados econômicos.

De um ponto de vista técnico somente, uma base de dados bem estabelecida para escolha do tipo e da dimensão apropriada da cogeração deve conter os seguintes itens:

- Necessidades para estabelecer a curva de carga de longa duração para energia térmica e elétrica.
  - Energia térmica.
    - Consumo de calor para o processo, com variações sazonais.
    - Demanda de calor com variações diárias e sazonais, pelas temperaturas utilizadas.
    - Pico de demanda de calor registrado ou previsto.
    - Investigação do potencial de demanda de calor de equipamentos auxiliares que possam contribuir para suavizar a curva de demanda de calor: *chiller* de absorção, aquecedores de água, bombas de calor etc.
  - Energia elétrica.

Normalmente, um projeto de cogeração é concebido com o objetivo primeiro de satisfazer às necessidades de energia térmica do interessado, seja uma industria, um hospital, um hotel ou um centro comercial. Como resultado, existirá excesso ou carência de energia elétrica produzida.

- Necessidades para estabelecer a curva de carga de longa duração para energia elétrica.
  - Consumo de energia, com as variações sazonais.
  - Demanda de energia, com as variações diárias e sazonais.
  - Pico de demanda e de energia elétrica registrados ou previstos.
  - Fator de carga.
  - Despesas mensais com energia elétrica – valor e tipo da tarifa – antes e depois da cogeração.

A conexão à rede elétrica impõe-se não só pelas necessidades de compra da concessionária de energia suplementar ou para a venda de excedentes como também pela exigência de energia de reserva, essencial quando das interrupções da geração própria para manutenção ou por contingência. Os custos de conexão da energia suplementar, da energia de *backup* e a remuneração que pode ser obtida pela energia excedente devem ser devidamente considerados na análise do projeto, razão pela qual um minucioso inventário nessa área deve ser realizado.

É importante distinguir entre diferentes tipos de fornecimento da concessionária quando da instalação da cogeração:

- Energia suplementar: energia e capacidade fornecida pela concessionária regularmente utilizada na unidade consumidora em complemento à energia da cogeração ou de outra origem. Assim, uma unidade de cogeração, com uma capacidade de 10 MW para uma empresa com demanda de 15 MW, necessitará contratar junto à concessionária a diferença de 5 MW para fornecimento contínuo. Essa energia é contratada nas tarifas normais de fornecimento.
- Energia de *backup*: energia e capacidade fornecida pela concessionária durante as interrupções não programadas. Normalmente, essa energia resulta em um custo muito alto por kWh em função da grande reserva de capacidade e pouco consumo.
- No exemplo citado, de uma unidade de cogeração de 10 MW, será necessária uma reserva de capacidade junto à concessionária de 10 MW. Como raramente haverá consumo, isso resultará em elevação do custo por MWh. Essa demanda só poderá ser menor se houver uma solução que possibilite operar com carga reduzida, em caso de interrupções não programadas, sem que os custos sejam maiores do que a manutenção do contrato integral de capacidade de reserva.
- Energia para manutenção: energia e capacidade fornecida pela concessionária durante as interrupções programadas. Por serem programadas, existe a possibilidade da escolha do momento mais propício para negociação com a concessionária. A concessionária pode concordar em fornecer tal energia a preços razoáveis, desde que os períodos escolhidos para manutenção não coincidam com o pico de demanda da concessionária.

Combustíveis

Os combustíveis representam custos elevados de operação da cogeração, portanto recomenda-se:

- Reunir dados de consumo de todos os combustíveis utilizados com variações sazonais e que deverão ter seu consumo alterado com a implantação da unidade de cogeração.
- Combustíveis alternativos que poderão ser utilizados e respectivas limitações.
- Capacidade de estocagem.
- Possibilidade de operação com mais de um combustível.
- Impactos ambientais (SO_x, NO_x, CO_x, partículas).
- Poder calorífico do combustível.
- Gastos mensais com combustíveis antes da cogeração e da previsão para depois da implantação da unidade – valor e custos unitários.
- Necessidades de energia térmica por aplicação e especificação.

Dados físicos e econômicos

- Custos do capital inicial necessários para colocar um projeto em operação, incluindo planejamento, engenharia, construção e licenciamento.
- Confiabilidade da unidade.
- MW e MWh acrescidos ao sistema pela usina.
- Tempo necessário para projetar, construir e colocar em operação a unidade.
- Tempo de vida útil, considerando a tecnologia empregada.
- Estimativa do custo da energia produzida por kWh.
- Dióxido de carbono por kWh emitido pela usina em regime máximo de operação.
- Gases ácidos produzidos pela usina, NO_X e SO_2 por kWh produzido.
- Alternativas de localização.
- Tipo de tecnologia a ser empregada.
- Juros durante a construção.
- Impostos e taxas.
- Custos financeiros.
- Taxas de retorno.
- Porcentagem da parte financiada.
- Tarifas de venda de vapor.

Avaliação de projetos

Os estudos de viabilidade dos projetos de cogeração incluem:

- Custos de implantação: motor ou turbina, *chiller* de absorção para gerar frio, se houver, obras civis e aprovação do projeto.
- Custos de combustíveis, inclusive combustíveis de lubrificação.
- Custos de manutenção e operação.
- Custo da demanda suplementar de reserva.
- Custo do *overhaul*, ou seja, revisão, vistoria e inspeção.
- Custos evitados com a cogeração.

Uma característica importante dos projetos de cogeração é que, boa parte das vezes, eles são concebidos para atender às necessidades de energia térmica, sendo a energia elétrica um subproduto do processo.

Concepções alternativas

Evidentemente existem muitas alternativas para a concepção de um projeto de cogeração. A ideia mais comumente adotada é conceber o projeto a partir das necessidades de energia térmica, resultando em uma quantidade de energia elétrica igual, maior ou menor que as necessidades da unidade hospedeira. Porém, nada impede que, sob determinadas condições especiais de tarifas de compra e venda de energia elétrica e combustíveis, seja adotada uma outra alternativa.

Considerando a concepção a partir das necessidades de energia térmica, as quantidades segundo as especificações por tipo de aplicação, conforme descrito no inventário, constituem o ponto de partida para o dimensionamento da unidade.

O passo seguinte é explorar as alternativas possíveis em termos de tecnologia para elaborar alguns projetos que, após o estudo de viabilidade, possam ser comparados para a seleção de uma das alternativas. A exploração delas deve considerar a possibilidade de utilização de motores de combustão interna, turbinas a gás e turbinas a vapor.

Embora não seja regra geral, devem ser observados, na geração de alternativas, os seguintes itens:

- Motores são mais utilizados quando o regime de operação apresenta maior sazonalidade, porém, também nesses casos, pode-se optar por uma turbina gerando na base, complementada pela geração de um motor.
- Os motores representam investimento inicial menor.
- As turbinas apresentam menor custo de manutenção.

- O consumo de combustíveis da turbina é maior, pois o seu rendimento é menor.
- Quando o custo da demanda de energia elétrica a ser reservada junto à concessionária, para utilização quando da manutenção da unidade de cogeração, for muito alto e houver dificuldades para a venda de excedentes, pode-se optar por um número maior de máquinas, reduzindo-se, assim, a dependência desses fatores.
- Quanto ao combustível, a opção depende da oferta em termos de quantidades e preços, conforme a localização da unidade de cogeração. Atualmente, no Brasil, nas localidades próximas ao gasoduto, o gás tem se mostrado a melhor opção, embora tenha de se analisar a existência de resíduos que possam ser utilizados como combustível.
- Pode ocorrer que a necessidade de energia elétrica suplementar seja muito alta e as tarifas cobradas pela concessionária naquele nível de tensão também sejam muito elevadas. Nesse caso, pode-se optar por uma geração de vapor acima das necessidades térmicas e utilizar o excedente para a geração de energia elétrica em um ciclo combinado (turbinas a gás mais turbinas a vapor), reduzindo ou zerando as necessidades de energia suplementar.

Como resultado desse estudo, devem ser geradas de três a seis alternativas que merecem um estudo de viabilidade mais apurado antes de se decidir pela concepção a ser adotada.

Metodologia de análise de viabilidade econômica

Conjunto de variáveis

Na metodologia que se segue são considerados os acréscimos de custos por conta de:

- Taxas e encargos: *royalties* a estados e municípios.
  - Taxa de fiscalização.
  - Cofins e PIS.
  - Imposto de renda.
  - Contribuição social.
  - Conta Nacional de Consumo de Combustíveis (CCC).
  - Reserva Global de Reversão (RGR).
- Outros custos: interconexão (linhas, equipamentos e componentes).
  - Tarifas de transporte do sistema de transmissão.

- Alternativa de venda de excedentes de energia elétrica: concessionárias ou consumidor final.

Variáveis consideradas para a análise:

P: Potência instalada (MW).
C_p: Custo unitário da potência instalada (vapor/energia elétrica) (US$/MWh).
C_{com}: Parcela anual de custos de combustível (US$).
C_{uc}: Custo unitário do combustível (US$/MBtu).
C_{inv}: Parcela anual de recuperação do investimento US$.
E: Energia (MWh/ano).
K_{conv}: Coeficiente de conversão de gás natural em energia elétrica continuamente gerado* (m^3 diários/kW).
F_{conv}: Fator de conversão de (0,032m^3/MBtu) MBtu em m^3.
i: Taxa de recuperação anual da parcela de investimento.
$C_{o\&m}$: Percentual anual de custos de operação e manutenção, relativamente aos custos de investimento (vapor/energia elétrica)**.
FC: Fator de capacidade da usina.
FRC: Fator de recuperação do capital, para uma série uniforme com taxa de recuperação i% e N anos.
365: Dias no ano.
8.760: Número de horas no ano.

* Incluem todos os ganhos e rendimentos da cadeia de transformação energética.
** Incluir custos da energia de *backup*.

Fator de recuperação de capital

$$FRC = \frac{i(1+i)^N}{(1+i)^N - 1}$$

O custo anual do empreendimento é formado por três parcelas principais:

- Parcela anual de recuperação do investimento em US$:
  (a) $C_{inv} = 1.000P \times C_p \times FRC$
  1.000 × Potência instalada × Custo unitário da potência instalada × Fator de recuperação do capital.

- Parcela anual de custos de operação e manutenção em US$:
  (b) $C_{o\&m} = C_{om} \times 1.000P \times C_p$ relativamente aos custos de investimento
  Custos de operação e manutenção × 1.000 × Potência × Custos de O&M relativamente aos custos de investimento.

- Parcela anual de custos de combustíveis em US$:
  (c) $C_{com} = 365K_{conv} \times 1.000P \times C_{uc}$
  365 · Coeficiente de conversão de m³ diários de gás natural em energia elétrica × 1.000 Potência instalada × Custo unitário do gás natural × Fator de conversão de m³ em MBtu × F_{conv} × FC Fator de capacidade da usina.

- Custo anual do empreendimento:
  (d) $C_a = C_{inv} + C_{o\&m} + C_{com}$

A parcela anual de recuperação do investimento apresenta a aproximação simplificadora de não incluir os juros durante a construção. Essa parcela pode ter tratamento diferenciado, dependendo da forma de execução do investimento, influenciando também a escolha das principais variáveis a serem determinadas na análise econômica.

Aqui são consideradas três possibilidades:

- Investimento efetuado no âmbito tradicional do setor elétrico brasileiro: o período de análise (vida útil) e a taxa de retorno são definidos *a priori* e a análise se volta a determinar relações entre custos e benefícios.
- Investimento efetuado no contexto de um mercado aberto competitivo, com recursos próprios (de um fundo de pensão, por exemplo), sem alavancagem (parte financiada). Nesse caso, o custo unitário de energia e a taxa de retorno do investimento podem ser fixados *a priori* e a análise se voltará a determinar o tempo de retorno, para verificar se é atrativa com relação a outras taxas do mercado, ou vice-versa, a fixar o tempo e a achar a taxa de retorno.
- Como o anterior, mas com alavancagem e parte do investimento financiado: nesse caso, é conveniente trabalhar com custos unitários e taxas fixas e determinar os correspondentes tempos de retorno.

Custo unitário da energia

- Potência instalada × Fator de capacidade da usina × Número de horas no ano

(e) $E = P \times FC \times 8.760$
Energia em MWh.

- Custo unitário da energia:
(f) $C_e = C_a / E$

Taxas e outros encargos

Taxa de fiscalização: 0,5% do benefício econômico.
Cofins: 2,0% sobre o faturamento.
PIS: 0,65% sobre o faturamento.
Imposto de renda: 0,15 × (lucro tributável – despesas financeiras) – até R$ 240 mil.
0,25 × (lucro tributável – despesas financeiras) – excedente.
Contribuição social: 0,08 sobre o lucro tributável.
CC: Apenas no caso de venda ao consumidor final – estimativa.
RGR: Apenas para concessionárias supridoras e supridas. 2,5% sobre os investimentos.

Custo de interconexão

Corresponde à interconexão entre a geração e o comprador de energia elétrica vendida e depende da localização da usina.

Custo de transporte da energia elétrica

Corresponde às tarifas cobradas pelo sistema de transmissão, para conexão e transporte

Custos dependentes do faturamento da energia vendida

Venda à concessionária: os encargos dependem do faturamento da venda, que depende da tarifa obtida na negociação com a concessionária. Existe a possibilidade de o governo estabelecer regras e tarifas para a compra pelas concessionárias.

C_f = Cofins + PIS + Encargos de Fiscalização + custos de interconexão + custos de transporte (US$).

Custo unitário: $C_{fu} = C_f$ / energia vendida (US$/MWh).

Venda ao consumidor final: a energia total disponível pode ser vendida com e sem demanda a um consumidor ou mais. O faturamento total será a soma dos faturamentos parciais. Os custos são similares aos da venda à concessionária, acrescidos da CCC, quando for o caso.

Simulação

A simulação que segue refere-se a um produtor independente instalado em uma unidade industrial de um hospedeiro, ao qual ele irá fornecer 70% da energia elétrica produzida e a totalidade de vapor necessária no processo. Os 30% restantes serão fornecidos à concessionária. Seguem, na Tabela 11.7, os dados relativos à planta instalada:

Tabela 11.7 Dados do produtor independente de energia (PIE)

VALORES CONSIDERADOS	
Potência instalada	P = 6,36 MW
Custo unitário da potência instalada com vapor	C_p = 1000 US$/kWh
Taxa de recuperação anual da parcela inicial de investimento	i = 12%
Tempo para o retorno do investimento	N = 25 anos
Custo de O&M relativo ao investimento (vapor/e.elétrica)*	C_{om} = 6% do investimento
Coeficiente de conversão de gás natural em energia elétrica	K_{conv} = 4,0 m^3 diários/kW
Custo unitário do combustível	C_{uc} = 2,5 US$/MBtu
Fator de capacidade da usina	FC = 0,95
Cofins + PIS + Taxa de fiscalização	3,15% do faturamento
Tarifa de venda à concessionária	32,00 US$/MWh
Tarifa de venda ao consumidor final com demanda (F_c = 0,7)	38,00 US$/MWh
Tarifa de venda ao consumidor final sem demanda	25,00 US$/MWh
Parcela de interconexão (138 kV, 8 km, 30 anos, i = 10%)	0,40 US$/MWh
Parcela de transporte	2,53 US$/MWh
Faturamento da venda de energia térmica	300.000,00 US$

* Inclui custo da energia de *backup*.

Obs.: Os valores de venda das energias térmica e elétrica objetivam somente demonstrar a aplicação da metodologia, pois são valores que dependem de negociação.

Cálculos

Investimento inicial:

$C = 1.000P \times C_p = 6.360 \times 1.000{,}00 = 6.360.000{,}00$ US$

Energia anual:

$E = P \times 8.760 \times FC = 6{,}36 \times 8.760 \times 0{,}95 = 52.928$ MWh/ano

Fator de recuperação do capital:

$$FRC = \frac{0,12 \times 1,12^{25}}{1,12^{25} - 1} = 0,1275$$

Parcela anual de recuperação de investimento:

$C_{inv} = 1.000P \times C_p \times FRC = 6.360 \times 1.000 \times 0,1275 = 810.900,00$ US$ ou 15,32 US$/MWh

Parcela anual de custos de operação e manutenção:

$C_{o\&m} = C_{om} \times 1.000P \times C_p = 0,06 \times 6.360 \times 1.000 = 381.600,00$ US$ ou 7,21 US$/MWh

Parcela anual de custos de combustíveis em US$:

$C_{com} = 365K_{conv} \times 1.000P \times C_{uc} \times F_{conv} \times FC = 365 \times 4,0 \times 6.360 \times 2,5 \times 0,032 \times 0,95$

$C_{com} = 705.705,60$ US$ ou 13,33 US$/MWh

Custo anual do empreendimento:

$C_a = C_{inv} + C_{o\&m} + C_{com} = 810.900,00 + 381.600,00 + 705.705,60 = 1.898.205,60$ ou

$C_e = 35,86$ US$/MWh, que é o custo unitário da energia.

Faturamento com energia vendida:

$F_1 = 52.928 \times 0,30 \times 32,00 = 508.108,00$ US$ (30% vendida para a concessionária)

$F_2 = 52.928 \times 0,70 \times 38,00 = 1.407.884,80$ US$ (70% ao consumidor com demanda)

$F_3 = 300.000$ US$ (faturamento da venda de energia térmica)

$F = 508.108,00 + 1.407.884,80 + 300.000,00 = 2.215.992,80$ US$ ou US$ 41,86/MWh

Encargos:

Cofins + PIS + Taxa de fiscalização = 0,0315

$F = 0,0315 \times 1.915.992,80 = 60.353.77$ US$ ou 1,14 US$/MWh

Interconexão: 0,40 US$/MWh e Transporte: 2,50 US$/MWh.

Total de encargos: $C_{fu} = 1,14 + 0,40 + 2,53 = 4,07$ US$/MWh.

Custo da energia com encargos: $C_{ee} = 35,86 + 4,07 = 39,93$.

Análise

O preço de venda menos os encargos resulta no faturamento líquido: US$ 41,86 – 4,07 = 37,79.

Desse valor líquido, se forem subtraídos os custos de operação, manutenção e combustíveis por MWh, resultará a parcela anual de recuperação de investimentos por MWh: US$ 37,79 - 13,33 - 7,4 = 17,25, que, multiplicada pelo total de MWh, é a parcela anual de recuperação de investimento resultante para a venda a US$ 41,86.

$17{,}25 \times 52.928 =$ US$ 913.008,00

Isso significa um fator de recuperação de capital não de 0,1275, mas de: FRC = $913.008{,}00/(6.360 \times 1.000) = 0{,}143555$.

Pela fórmula de cálculo do fator de recuperação, obtém-se a taxa de recuperação anual da parcela do investimento inicial, o que permite fixar o tempo de retorno, ou calculá-lo, fixando-se a taxa de recuperação anual da parcela do investimento inicial.

$\frac{i(1+i)^N}{(1+i)^N - 1} = 0{,}143555$ fixando-se N = 25 anos, tem-se i = 13,8%; fixando-se i = 12%, tem-se N = 16 anos.

Financiamentos

Efeitos da alavancagem na taxa de retorno

A obtenção de parcelas significativas de financiamento para o projeto pode aumentar a taxa de retorno do capital próprio. Esse reflexo é calculado a partir do método Capital Asset Price Model (CAPM).

Taxa de desconto de uma empresa não alavancada

$R_o = R_l + b_n (R_m - R_l)$

Em que:

R_o = taxa de desconto do negócio de empresa não alavancada.

R_l = taxa de livre risco – captações em áreas comerciais.

b_n = índice beta do negócio considerado.

R_m = taxa de mercado.

$R_m - R_l$ = prêmio de mercado.

Taxa de desconto de uma empresa alavancada

$R_s = R_o + (D_v / K_p)(R_o - R_l)$

Em que:

R_s = Taxa de retorno do capital próprio para um determinado empreendimento alavancado.

(D_v / K_p) = Relação dívida/capital próprio.

Custo médio do capital

$$R_w = \frac{D_v}{(D_v + K_p)} R_1 (1 - T_c) + \frac{K_p}{(D_v + K_p)} \times R_s$$

Em que:

R_w = custo médio do capital.

T_c = 33% (25% de IR e 8% de imposto social sobre o lucro).

Simulação

R_1 = 6,6 % ao ano em US$.

$R_m - R_1$ = 6 % anual em US$.

R_0 = 0,066 + 0,90 × 0,06 = 0,12 ou 12,0 %.

β = 0,90 (para o setor de gás natural).

12% seria o custo do capital próprio sem alavancagem, ou seja, com 100% de capital próprio.

Para uma relação de 70% de financiamento e 30% de capital próprio, teríamos:

$$R_s = R_o + \frac{D_v}{K_p} (R_o - R_1)$$

$$R_s = 0{,}12 + \frac{70}{100} (0{,}12 - 0{,}066)$$ = 0,246 ou 24,6 % taxa de retorno do capital próprio, 30% com alavancagem.

$$R_w = \frac{D_v}{(D_v + K_p)} R_1 (1 - T_c) + \frac{K_p}{(D_v + K_p)} \times R_s$$

R_w = 0,70 × 0,066 (1 – 0,33) + 0,30 × 0,246 = 0,105 ou 10,5% custo médio do capital.

Análise

O fator de recuperação de capital FRC = 0,1275 para 25 anos e i = 12% vai implicar redução do tempo quando a taxa for de i = 24,6 % sobre o capital próprio, em razão do percentual de 70% de capital financiado.

O tempo de retorno, com o financiamento nas condições acima, é de:

$$\frac{i(1 + i)^N}{(1 + i)^N - 1} = 0{,}1275,$$ fixando-se i = 24,6%, tem-se N = 7 anos.

Células a combustível: análise econômica

Conforme apresentado no início deste capítulo, esta análise tomou como base a dissertação de mestrado orientada pelo autor: *O suprimento de energia através das células a combustível*, de José Luiz Pimenta Pinheiro.

Embora até o final de 2001 não tenha sido registrada a instalação de um sistema de cogeração utilizando célula a combustível em nenhum país do hemisfério sul, essa tecnologia tem peculiaridades que tornam bastante promissora sua aplicação, tanto em grandes centros urbanos como em áreas remotas de países da América Latina e da África.

No entanto, como a grande sofisticação da tecnologia das células a combustível embute elevados custos, principalmente em razão dos materiais empregados na sua construção, os fabricantes empenham-se na pesquisa e no desenvolvimento de centrais de cogeração a custos unitários mais competitivos.

As centrais de cogeração no mercado brasileiro

O objetivo da análise econômica aqui apresentada, para implantação de centrais de cogeração com células a combustível no Brasil, é vislumbrar as condições a partir das quais essa tecnologia emergente poderá se tornar competitiva. O que indicará que a mesma estará pronta para ser difundida em todo o país na sua aplicação mais profícua, ou seja, para fornecimento da energia elétrica e térmica demandada por estabelecimentos comerciais e industriais com as centrais instaladas nas suas dependências.

Uma análise da política energética brasileira realizada em meados da década de 1990 indicou a tendência de aumento expressivo da geração térmica, baseada principalmente no gás natural.

Os grandes centros urbanos são os locais onde usualmente se agravam os problemas das emissões dos gases de efeito estufa e do excesso de demanda de energia elétrica em horários de ponta: um cenário no qual a tecnologia das células a combustível, pelas suas características, poderá ser atraente para aplicações de GD com cogeração no estabelecimento do consumidor, utilizando como combustível o gás natural ou derivado da biomassa.

Coleta de dados

Dados baseados em relatório publicado em 1997 pela *The New York State Energy Research and Development Authority* (Nyserda), entidade norte-americana dedicada à pesquisa na área de energia e meio ambiente, fundamentaram a análise econômica aqui apresentada.

Metodologia

Realizou-se essa análise econômica a partir da comparação dos custos de implantação e operação com as economias obtidas com os custos das quantidades de energia elétrica e térmica deslocadas da concessionária, que passaram a ser produzidas pela central. O Quadro 11.1 relaciona os custos e as economias consideradas:

Quadro 11.1 Relação de custos e economias decorrentes da implantação de centrais de cogeração com células a combustível

CUSTOS	ECONOMIAS
• Custo do equipamento. • Construção e montagem. • Combustível. • Manutenção. • Substituição da pilha de células.	• Energia elétrica e térmica deslocada. • Dispensa de reforço da rede elétrica. • Dispensa de investimentos em equipamentos para o sistema térmico.

A metodologia da análise foi baseada naquela empregada pela Nyserda para três centrais ONSI PC-25 instaladas em estados norte-americanos, as quais sofreram uma monitoração intensiva dos dados técnicos e econômicos ao longo de um período superior a um ano.

Premissas

Como premissa básica, considerou-se a instalação da central de cogeração de 200 kW em um estabelecimento onde haja consumo contínuo de eletricidade e calor, como hospital, hotel, shopping center ou indústria de processo. A central operará em paralelo com a concessionária de energia elétrica, provocando o deslocamento parcial do consumo e da demanda de energia elétrica, que passarão a ser providos pela central. Em outras palavras, o consumidor deixará de pagar à concessionária de energia elétrica a tarifa da demanda correspondente a 200 kW e a energia elétrica produzida pela central.

Por outro lado, haverá o acréscimo do consumo de gás natural para abastecer a central. Desse acréscimo será descontado o correspondente à energia térmica deslocada, isto é, a quantidade de combustível correspondente à energia térmica recuperada. Isso equivale a dizer que o calor, antes gerado por uma caldeira a gás, passará a ser suprido pela central, economizando-se assim aquele gás que era queimado na caldeira.

A central de cogeração foi considerada operando continuamente a plena carga com fator de capacidade unitário. O percentual de energia térmica recuperada foi considerado igual a 60% da energia térmica residual total. Os dados técnicos do equipamento foram obtidos do catálogo da ONSI.

Os fluxos de caixa foram elaborados com base em um ciclo de vida de 20 anos e taxa de juros de 10% a.a. para o cálculo do valor presente, da taxa interna de retorno e do tempo de retorno do investimento. Foram também realizados estudos de análise de sensibilidade para verificar os componentes de maior impacto nos resultados. A conversão de US$ para R$ foi feita na base de 1 US$ = R$ 1,12 (em 1998).

Cenários

Para a execução de uma análise mais realista, foram configurados dois cenários: um atual e outro futuro, em função dos seguintes fatores:

- Um grande esforço pela redução do custo do investimento inicial vem sendo feito pela IFC/ONSI. O equipamento está sendo comercializado atualmente por US$ 600.000 (3.000 US$/kW), mas a IFC/ONSI, segundo dados da Nyserda, estabeleceu uma meta de longo prazo para reduzir esse preço em 50%.
- No Brasil, existe a tendência de um aumento cada vez maior na diferença entre os custos de energia elétrica e aqueles de combustível, a favor do custo da energia elétrica. Os valores médios observados atualmente são de 16 R$/GJ a 20 R$/GJ para a energia elétrica e de 12 R$/GJ a 14 R$/GJ para o gás natural. Todavia, o crescimento contínuo da demanda de energia elétrica e o concomitante aumento da oferta do gás natural irão traduzir-se em pressões de mercado que resultarão em aumento da tarifa da energia elétrica e redução do custo do gás natural. Esse fato fará com que a diferença entre os custos equivalentes de eletricidade e de gás seja cada vez maior, beneficiando assim a alternativa de utilização de centrais de cogeração com célula a

combustível. Esse benefício poderá tornar-se ainda maior caso o governo decida conceder incentivos à instalação das centrais de cogeração, como isenção do ICMS para o gás natural ou disponibilização de biogás a custo reduzido. As consequências imediatas dessa medida serão adiamentos de investimentos para construção de novas usinas de eletricidade e redução da emissão de gases de efeito estufa em relação a outras alternativas que poderiam concorrer com as centrais de cogeração com célula a combustível.

O cenário atual caracteriza-se por um grande desconhecimento dessa moderna tecnologia, o que deverá acarretar custos elevados para instalação, manutenção e treinamento de pessoal. No cenário futuro, esses custos deverão ser consideravelmente reduzidos em função da maior familiarização do pessoal técnico com a nova tecnologia e da maior experiência que será adquirida para a instalação e a manutenção do equipamento. Um outro fator favorável à futura redução desses custos é que a contratação de profissionais especializados no exterior deixará de ser necessária.

Parâmetros

Custo do equipamento

Como já se comentou, o custo do equipamento foi considerado no valor de US$ 600.000 (3.000 US$/kWh) para o cenário atual e US$ 300.000 (1.500 US$/kWh) para o cenário futuro. O grande empenho da IFC/ONSI para essa redução deverá ser obtido com o aprimoramento da tecnologia dos materiais empregados na fabricação e com a crescente intensidade na comercialização das centrais.

Custo de construção e montagem

Para a determinação do custo de construção e montagem foi considerada a instalação típica de uma central de cogeração tipo PC-25 da IFC/ONSI. Os componentes desse custo, relacionados na Tabela 11.8, foram estimados com base em dados levantados pela Nyserda no mercado norte-americano.

Aos custos estimados da Tabela 11.8, baseados em valores médios, foram aplicadas taxas de correção para levar em conta as especifidades do mercado brasileiro. O custo total de US$ 165.000 foi considerado para o cenário atual, prevendo-se uma redução de até US$ 100.000 (cerca de 60% do valor inicial) para o cenário futuro em decorrência da diminuição de contratações no exterior. Essas considerações, feitas de forma bastante conservadora em relação aos valores adotados pela Nyserda, foram de US$ 100.000 e US$ 50.000 para os cenários atual e futuro, respectivamente.

Tabela 11.8 Custos de construção e montagem da central de cogeração

DESCRIÇÃO	CUSTO ESTIMADO (US$)
Preparação do local	16.000
Transporte	8.000
Instalação mecânica Materiais Mão de obra	 30.000 12.000
Instalação elétrica Materiais Mão de obra	 20.000 8.000
Gerenciamento da implantação	30.000
Comissionamento e partida	15.000
Treinamento	26.000
Total	**165.000**

Fonte: Pinheiro (1998).

Custo do combustível

O custo do gás natural foi estabelecido de acordo com a tarifa cobrada pela Comgás – São Paulo, em janeiro de 1998, conforme Tabela 11.9.

Tabela 11.9 Tarifa de gás natural cobrada pela Comgás no município de São Paulo

CLASSE DE CONSUMO MENSAL (M^3)	VALOR FIXO MENSAL (R$)	VALOR UNITÁRIO (R$/$M^3$)
Até 5	6,31	0
De 6 a 50	0,66	1,147165
De 51 a 130	10,50	0,953472
De 131 a 1.000	49,39	0,656854
De 1.001 a 5.000	91,14	0,614980
De 5.001 a 50.000	1.391,72	0,354900
De 50.001 a 300.000	7.336,51	0,236001
De 300.001 a 500.000	18.326,03	0,199370
De 500.001 a 1.000.000	18.838,77	0,198345
> 1.000.000	20.286,60	0,196897

Obs.: Vigência a partir de 03 out. 1997. ICMS de 14,63% não incluso.

Fonte: Pinheiro (1998).

O calor de combustão do gás natural em alto aquecimento (HHV) foi considerado igual a 9.400 kcal/m³ ou 0,03948 GJ/m³ (1 kcal = 4.200 J).

Considerando-se a operação anual da central, o consumo e o custo anual de gás podem ser assim calculados:

- Energia gerada pela central por hora: 1.900.000 Btu/h = 2 GJ/h (1 BTU = 1.055 J).
- Energia anual gerada: 2 × 8.760 = 17.520 GJ.
- Consumo anual de gás natural a plena carga: 17.520/0,03948 = 443.769 m³.
- Consumo mensal de gás natural a plena carga: 443.769/12 = 36.981 m³.
- Custo anual do gás natural: 1,1436 × 12 × (36.981 × 0,354900 + 1391,72) = R$ 199.209.
- Custo específico da energia térmica: 199.209/17.520 = 11,37 R$/GJ.

O custo específico do gás foi calculado com base no volume mensal total de 443.769/12 = 36.981 m³, considerando-se a tarifa mensal para volumes entre 5.001 e 50.000 m³. Com o aumento do consumo, a política da Comgás é a de redução do preço unitário do gás. Assim, por exemplo, se considerarmos a instalação de uma segunda central, o consumo do gás seria duplicado e, com o recálculo dos valores acima, teríamos:

- Energia gerada por duas centrais por hora: 3.800.000 Btu/h = 4 GJ/h.
- Energia anual gerada: 4 × 8760 = 35.040 GJ.
- Consumo anual de gás natural à plena carga: 35.040/0,03948 = 887.538 m³.
- Consumo mensal de gás natural à plena carga: 887.538/12 = 73.962 m³.
- Custo anual do gás natural: 1,1436 × 12 × (73.962 × 0,236001 + 7.336,51) = R$ 340.219.
- Custo específico da energia térmica: 340.219/35.040 = 9,71 R$/GJ.

Como se vê, o custo específico por GJ do gás se reduz em cerca de 15%. Sendo esse custo específico parâmetro importante para o presente estudo, foram avaliadas algumas alternativas possíveis em função da evolução dos custos do gás. Foram, então, considerados para os cenários atual e futuro, além da economia de escala quanto à demanda de gás natural a ser contratada, os efeitos decorrentes das esperadas pressões de mercado e dos incentivos fiscais do governo, que deverão levar o preço do gás aos valores de R$ 9,00/GJ para o cenário atual, e de R$ 6,30/GJ (30% inferior) para o cenário futuro.

Custo de manutenção

O custo de manutenção, excluindo o correspondente à substituição da pilha de células, foi considerado igual a 6,5 US$/MWh no cenário atual. A base foi o valor estimado pela Nyserda de 5,0 US$/MWh. Acresceram-se a isso 30%, relativos à necessidade de contratação de equipe de manutenção especializada no exterior, durante a primeira fase de implantação. No cenário futuro, admitiu-se que esse valor será reduzido para 5,5 US$/MWh.

Custo de substituição da pilha de células

Seguindo a recomendação do fabricante, é prevista uma substituição da pilha de células a cada cinco anos de operação da central. O custo estimado para cada substituição foi de US$ 120.000 para o cenário atual e de US$ 100.000 para o cenário futuro. O valor de US$ 120.000 foi adotado pela Nyserda para ambos os cenários e é considerado conservador, pois não leva em conta a possibilidade de sua redução com o aprimoramento tecnológico do produto que está sendo implementado pelo fabricante.

Custo da energia elétrica deslocada

A energia deslocada é a parcela de energia que deixará de ser fornecida pela concessionária para ser gerada pela central. Considerando-se que a central opera à plena carga com fator de capacidade unitário, admite-se que o excesso de energia (energia não utilizada pelo consumidor) será comprado pela concessionária, que opera em paralelo com a central de cogeração. Esse esquema já está sendo utilizado com sucesso em mais de 100 instalações no mundo inteiro.

O custo da energia elétrica é calculado com base na tarifa azul, classe A4 (2,3 a 25 kV), cobrada pela Eletropaulo na cidade de São Paulo, em janeiro de 1998. Essa condição é compatível com a situação real do presente estudo, em que a central de cogeração é instalada no estabelecimento do consumidor que compra energia da concessionária em média tensão (normalmente 13,8 kV), cuja tarifa é significativamente mais barata. A central de cogeração, gerando em baixa tensão (normalmente 220 V), é conectada ao sistema no lado secundário do transformador do consumidor. A tarifa de energia elétrica é indicada na Tabela 11.10.

Tabela 11.10 Tarifa de energia elétrica cobrada pela Eletropaulo no município de São Paulo

DISCRIMINAÇÃO	DEMANDA (R$/KW)		ULTRAPASSAGEM (R$/KW)		CONSUMO (R$/KWH) PERÍODO SECO		CONSUMO (R$/KWH) PERÍODO ÚMIDO	
	PONTA	F PONTA	PONTA	F PONTA	PONTA	F PONTA	PONTA	F PONTA
Tarifa azul Classe A4 (de 2,3 a 25 kV)	13,11	4,37	39,31	13,11	85,95	40,87	79,54	36,11

Obs.: ICMS de 18% não incluso.

Fonte: Pinheiro (1998).

Cálculo do custo da energia elétrica total deslocada

De acordo com a premissa adotada, a central de cogeração deverá operar à plena carga durante 24 horas por dia, 365 dias por ano. Em decorrência disso, a quantidade de horas em período de ponta é calculada na base de 3 h/dia para 365 dias.

- Potência nominal da central: 200 kW.
- Energia elétrica gerada anualmente: 200 × 8.760 = 1.752.000 kWh = 6.307 GJ (1 MWh=3,6 GJ).
- Quantidade de horas em período de ponta no ano: 3 × 365 = 1.095.
- Quantidade de horas em período fora da ponta durante o ano: 8.760 – 1.095 = 7.665

Metade da energia é consumida em período seco; a outra metade, em período úmido. Não foram considerados custos resultantes da demanda de ultrapassagem.

Custos anuais de energia elétrica (em R$):

- Demanda na ponta: 200 × 12 × (3/24) × (13,11/0,82) = 4.796.
- Demanda fora da ponta: 200 × 12 × (21/24) × (4,37/0,82) = 11.191.
- Consumo em período seco na ponta: 0,200 × (1.095/2) × (85,95/0,82) = 11.477.
- Consumo em período seco fora da ponta: 0,200 × (7.665/2) × (40,87/0,82) = 38.203.
- Consumo em período úmido na ponta: 0,200 × (1.095/2) × (79,54/0,82) = 10.622.
- Consumo em período úmido fora da ponta: 0,200 × (7.665/2) × (36,11/0,82) = 33.754.

- Custo total da energia: 110.044.
- Custo específico da EE: 110.044/1.752.000 = 62,81R$/MWh = 17,44 R$/GJ.

O custo calculado acima foi considerado válido para os cenários atual e futuro, embora haja uma forte tendência de crescimento, principalmente em face da expectativa de maior aumento da demanda em relação à oferta de energia elétrica. Depreende-se da situação atual no Brasil que será indispensável, por parte das concessionárias, a aplicação de políticas austeras de conservação de energia elétrica e de gerenciamento de energia pelo lado da demanda (GLD). Essas medidas certamente serão acompanhadas de aumentos reais de tarifas, principalmente nas horas de ponta em período seco.

O principal parâmetro a ser considerado na análise econômica será exatamente o valor de diferença entre os custos unitários da energia elétrica e do combustível equivalente, que, em primeira instância, vale 17,44 – 9,00 = 8,44 R$/GJ para o cenário atual, e 17,44 – 6,30 = 11,14 para o cenário futuro.

Custo da energia térmica deslocada

Outra importante economia a ser considerada é a economia adicional proporcionada pela energia térmica deslocada, representada pela quantidade de combustível que seria queimada em uma caldeira e/ou pela energia elétrica que seria absorvida por resistências de aquecimento, caso o calor necessário não fosse obtido a partir da recuperação do calor residual produzido pela central.

Considerando-se as premissas dessa análise, em que 60% da energia térmica residual é recuperada, a economia decorrente do calor térmico deslocado pode ser assim calculada:

- Calor residual gerado por hora com a central a plena carga: 760.000 BTU/h = 0,8018 GJ/h.
- Calor residual gerado anualmente: 0,8018 × 8760 = 7.024 GJ.
- Calor recuperado anualmente (60%): 0,6 × 7.024 = 4.214 GJ.

Admitindo-se, para efeito dessa análise, que toda a energia térmica deslocada seja originalmente produzida pela queima de gás natural em uma caldeira, a economia produzida por esse deslocamento pode ser determinada com base nos custos específicos da energia térmica de 9,00 R$/GJ para o cenário atual, e de 6,30 R$/GJ para o cenário futuro. Todavia, os 4.214 GJ que seriam gerados pela queima de gás natural em uma caldeira, na verdade, passarão a ser produzidos de forma bem mais eficiente pela central de cogeração. Para o cálculo da economia a favor da central de cogeração, será considerado que a caldeira possui uma eficiência de 75%. Isso equivale a dizer que, se a central de cogeração e a caldeira produzirem a mesma quantidade de calor, o consumo de combustível da central será igual ao da caldeira multiplicado por 0,75.

Custo anual da energia térmica deslocada:

- Cenário atual: 9,00 × 4214/0,75 = R$ 50.568.
- Cenário futuro: 6,30 × 4214/0,75 = R$ 35.398.

Dispensa de reforço da rede elétrica

Uma instalação nova representará uma carga elétrica adicional para ser suprida pela rede de distribuição da concessionária. Em muitas circunstâncias, a rede elétrica pode não estar preparada para atender a uma carga adicional, sendo, portanto, necessária a realização de investimentos para o reforço do sistema elétrico. O custo do capital desse investimento representará um importante componente na análise econômica da viabilidade do emprego de uma central de cogeração com célula a combustível.

As centrais de cogeração podem operar eletricamente em paralelo com a rede elétrica da concessionária, fornecendo energia às suas instalações e vendendo o excedente à concessionária.

Outro fator favorável à central de cogeração sob o ponto de vista do suprimento de energia elétrica é a sua característica de produção de energia elétrica de boa qualidade, conhecida como *premium power*, adequada para o suprimento de equipamentos sensíveis a perturbações elétricas na rede, como é o caso de equipamentos para processamento de dados e instrumentos eletrônicos de precisão.

Outra importante característica das centrais de cogeração com células a combustível é sua confiabilidade. Testes realizados com esse tipo de equipamento, particularmente nas PC-25 da IFC/ONSI já instaladas, revelaram índices de altíssima confiabilidade. Foi registrado, até o final de 1997, um total acumulado de cerca de 1.900.000 horas de operação, algumas das quais completaram períodos de operação contínua e até 10.000 horas ininterruptamente. Esse índice supera em larga escala o de qualquer equipamento alternativo que emprega componentes móveis.

Muitas instalações hospitalares e laboratórios supridos por centrais de cogeração com células a combustível beneficiam-se com a confiabilidade e com a boa qualidade dessa energia produzida. Alternativas de sistemas de cogeração empregando duas ou mais centrais compactas de cogeração em paralelo, com potências de 50 kW, 100 kW, 200 kW e até 500 kW, têm sido muito utilizadas no Japão e nos Estados Unidos.

Dispensa de investimentos em equipamentos para o sistema térmico

O sistema térmico de um estabelecimento é tradicionalmente derivado do calor e do trabalho produzido pela energia elétrica ou pela queima de combustível. Uma central de cogeração com célula a combustível apresenta, neste particular, uma característica incomum: sua capacidade de produzir calor a partir de reação eletroquímica, cujo resultado é a produção de água, além da energia elétrica. Nesse processo, o calor recuperado na forma de vapor pode ser utilizado de inúmeras formas, destacando-se as seguintes:

- Vapor para processo – em instalações industriais.
- Vapor para produção de energia elétrica adicional – em sistemas de cogeração que operam em ciclo combinado (aqui é necessário que o vapor seja produzido a temperaturas e pressões elevadas, como no caso das centrais de cogeração com células a combustível dos tipos carbonato fundido (MCFC) e óxido de sólido (SOFC), como indicado na Figura 8.4 do Capítulo 8).
- Produção de água quente – por meio de trocador de calor.
- Produção de água gelada – para sistemas centrais de ar-condicionado por meio de *chillers* de absorção.

De modo geral, a utilização do calor residual gerado por uma central de cogeração com célula a combustível dispensa a utilização de caldeiras e resistências de aquecimento, produzindo assim uma economia no investimento inicial de uma instalação. Quanto maior for a economia a favor da central de cogeração, maior será o percentual de utilização do calor residual gerado.

Resultados

Considerando-se o cenário atual, a análise de fluxo de caixa resultou em um valor presente negativo de R$ 993.315, indicando que as centrais de cogeração, nas condições estabelecidas nessa análise, não são economicamente viáveis.

No cenário futuro, a análise de fluxo de caixa resultou em um valor presente negativo de R$ 334.733, com uma taxa de retorno igualmente negativa de 8,5%. O resultado denota mais uma vez que a introdução no mercado das centrais de cogeração com célula a combustível é economicamente inviável, mesmo com as hipóteses admitidas para o cenário futuro. Todavia, pressupõe-se que poderão ocorrer situações em que a diferença entre o custo da energia elétrica e o do gás equivalente seja significativamente superior ao valor estimado de R$ 11,14/GJ. Para uma análise da influência dessa diferença no resultado, realizou-se o fluxo de caixa para valores crescentes do custo unitário de energia elétrica, representando-se nos gráficos das Figuras 11.7 e 11.8 a variação correspondente da taxa interna de retorno e do tempo de retorno. Para efeito de comparação, esses gráficos mostram também os resultados dessa análise para uma situação em que nenhuma parcela do calor residual é aproveitada.

Observa-se pelo gráfico da Figura 11.7 que, no cenário futuro, a taxa de retorno assume valores superiores a 10% quando a diferença entre os custos unitários (EE – gás natural) é maior que 18 R$/GJ. No caso de não serem considerados os benefícios produzidos pela cogeração, a diferença mínima de custos sobe para R$ 24/GJ.

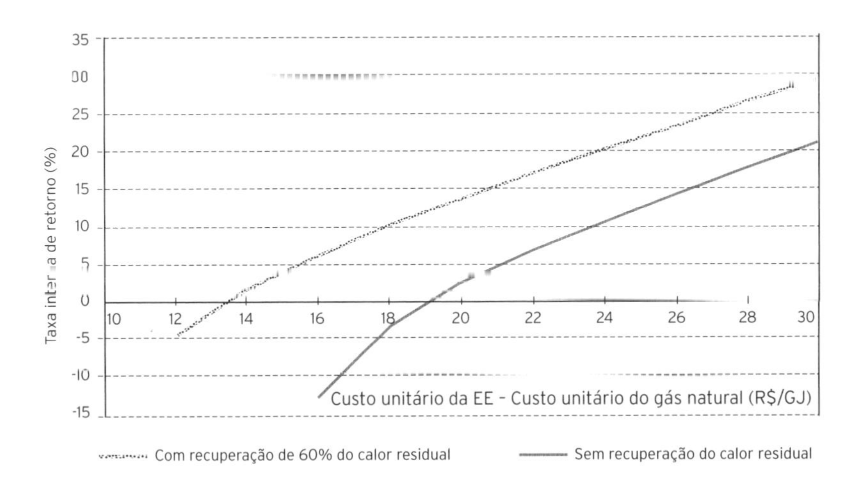

Figura 11.7 Gráfico de taxa interna de retorno em função da diferença entre os custos unitários da energia elétrica e do gás natural.

Fonte: Pinheiro (1998).

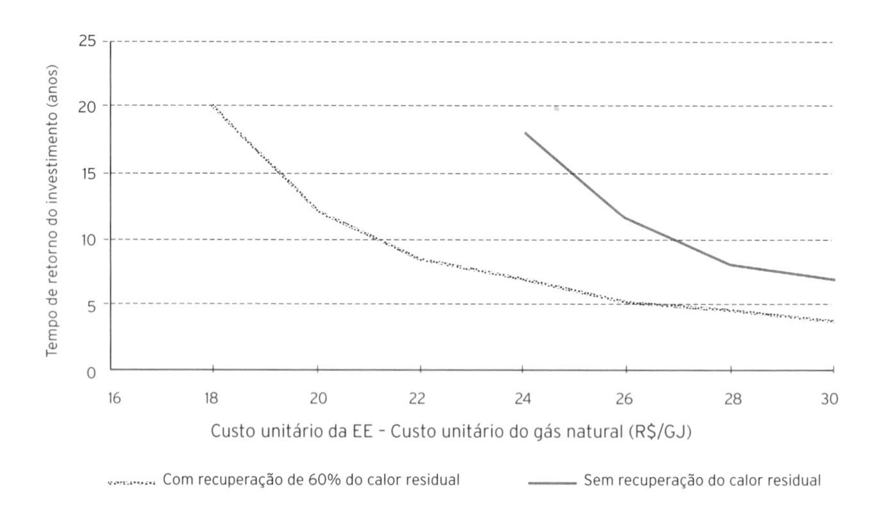

Figura 11.8 Gráfico do tempo de retorno do investimento em função da diferença entre os custos unitários da energia elétrica e do gás natural.
Fonte: Pinheiro (1998).

No gráfico da Figura 11.8 pode-se observar a grande influência do calor recuperado no cálculo do tempo de retorno do investimento. Comparando as situações com 60% de recuperação de calor e sem recuperação de calor observa-se que, para um tempo de retorno de oito anos, a diferença entre os custos unitários da EE e do gás natural deverá ser da ordem de 22 R$/GJ para a primeira situação, e de 28 R$/GJ para a segunda.

Análise de sensibilidade

É essencial a realização de uma análise de sensibilidade com o fluxo de caixa para que se possa verificar o efeito das variações nos parâmetros do estudo. Para efeito dessa análise, consideraremos, como situação básica, a obtida originalmente no cenário futuro, para um percentual de calor recuperado de 60%, com o custo da energia elétrica valendo 94,70 R$/MWh, produzindo assim uma diferença entre custos unitários (EE – gás natural equivalente) de 20 R$/GJ. Nessas condições, o valor presente do capital calculado é de R$ 97.661; e a taxa de retorno, 13,64%.

A análise realizada mostra a variação do valor presente do investimento calculado em função da variação percentual de cada um dos componentes que interferem na análise do fluxo de caixa, a saber:

- Custo do equipamento.
- Custo da instalação.
- Custo da substituição da pilha.
- Custo da manutenção.
- Custo unitário da energia elétrica.
- Custo unitário do gás natural.
- Percentual de calor recuperado.

Para representar a sensibilidade desses fatores, eles foram plotados no gráfico da Figura 11.9, que mostra o valor presente no eixo das ordenadas e a variação percentual de cada uma das variáveis consideradas no eixo das abscissas. Observa-se que as variáveis de maior sensibilidade são justamente os custos da energia elétrica e do gás natural. Em um segundo grau de sensibilidade, encontram-se os custos do equipamento e o percentual do calor recuperado. As demais variáveis, ou seja, os custos de instalação, de manutenção e de substituição da pilha apresentam baixa sensibilidade.

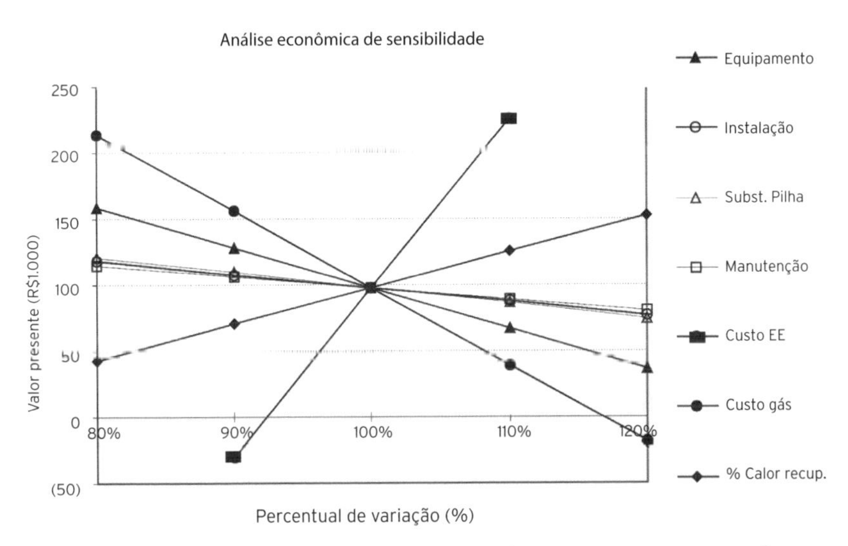

Figura 11.9 Análise econômica de sensibilidade dos parâmetros que interferem no cálculo do valor presente do investimento.

Fonte: Pinheiro (1998)

QUESTÕES PARA REFLEXÃO E DESENVOLVIMENTO

1. Pesquise nos diversos sites indicados ao longo do livro (do MME, da Aneel, do ONS, da EPE, da CCEE) qual é a organização institucional do setor energético brasileiro e identifique quais as principais instituições envolvidas com os assuntos tratados neste capítulo e como elas interagem. Procure informações sobre os Procedimentos de Rede (www.ons.org.br) e identifique os módulos diretamente associados com os assuntos aqui tratados. Faça o mesmo com o Procedimentos de Distribuição (Prodist), em www.aneel.gov.br.
2. Pesquise e dê sugestões para a introdução dos aspectos socioambientais no contexto apresentado neste capítulo, ressaltando sua possível influência na análise apresentada.
3. Na situação atual do sistema elétrico brasileiro, por conta de diversas razões, citadas ao longo deste capítulo e do Capítulo 3, está ocorrendo aumento da participação da geração termelétrica, com tendências à continuação (do crescimento). A partir dessa constatação, desenvolva um quadro dessa participação, enfocando, entre outros aspectos:
   a) Competitividade econômica (utilize o índice de custo US$/MWh, considerando o impacto do custo do combustível, da operação e da manutenção, parcelas do investimento, transmissão e, eventualmente, de "pedágio").
   b) Participação percentual na geração em médio e longo prazos.
   c) Incentivos/desincentivos associados à nova organização institucional do setor elétrico.
   d) Aspectos ambientais.
   e) Riscos energéticos.
4. Discorra sobre as alternativas tecnológicas e possibilidades da geração elétrica a partir do uso do bagaço de cana no setor elétrico brasileiro. Avalie a possibilidade (tipo de sistema, localização e requisitos para competitividade) de sua aplicação integrada com o gás natural.
5. Apresente as principais características comparativas de hidrelétricas de grande porte e as Pequenas Centrais Hidrelétricas (PCHs) para aplicação no sistema elétrico brasileiro. Introduza na avaliação outros custos (tangíveis e não tangíveis), associados às externalidades, procurando enfatizar os aspectos sociais e ambientais.
6. Pesquise e apresente sugestões para o tratamento dos sistemas isolados, considerando os diversos aspectos envolvidos (técnicos, econômicos, sociais, ambientais, políticos), a busca de um desenvolvimento sustentável e a nova organização institucional do setor elétrico brasileiro.

7. Avalie a competitividade das diversas formas de geração de energia elétrica a partir de fontes renováveis, com base nos índices de mérito apresentados neste capítulo. Reavalie essa competitividade, no caso da introdução dos aspectos sociais, ambientais e políticos relacionados com o planejamento da geração de energia elétrica.
8. Pesquise e apresente os projetos de integração energética em andamento, ou visualizados no mundo. Focalize a América Latina, especificamente a América do Sul, indicando as vantagens dessa interligação para os países participantes.
9. O que tem sido denominado geração distribuída? Que relação tem com projetos de cogeração? Sugira, a partir do exposto neste capítulo, como poderia ser avaliada a viabilidade de projetos de GD, por meio da introdução de alguns de seus aspectos específicos.
10. Pesquise e apresente resultados de estudos relacionados com projetos de GD a partir de cogeração com células a combustível, enfatizando os requisitos para viabilidade desse projeto.

REFERÊNCIAS

[ANEEL] AGÊNCIA NACIONAL DE ENERGIA ELÉTRICA. *Boletim de informações gerenciais, 1º trimestre de 2016*. Disponível em: http://www.aneel.gov.br. Acessado em: 17 ago. 2016.

______. *BIG – Banco de Informações de Geração*. Disponível em: http://www.aneel.gov.br. Acessado em: 18 ago. 2016.

BITTAR, E.H.; FLORES, E.M. *Tecnologia e avaliação de projetos de cogeração de energia*. São Paulo, 1999. Monografia (Curso de Pós-graduação em Geração de Energia Elétrica). Escola Politécnica, Universidade de São Paulo.

BOYLE, G. *Renewable energy: power for a sustainable future*. Reino Unido: Oxford University Press, 1996.

[BP] BRITISH PETROLEUM. *Statistical review of world energy*. v. 65, 2016. Disponível em: https://www.bp.com. Acessado em: 27 set. 2016.

CUSTÓDIO, R.S. *Energia eólica para produção de energia elétrica*. Rio de Janeiro: Eletrobras, 2007.

[DEWI] DEUTSCHES WINDENERGIE; INSTITUT GMBH. *Curso informativo de energia eólica*. Rio de Janeiro: Dewi/GMBH, 2001.

[EPE] EMPRESA DE PESQUISA ENERGÉTICA. *Balanço energético nacional*. 2016. Disponível em: http://www.epe.gov.br. Acessado em: 17 ago. 2016.

ERLICH, P.J. *Engenharia econômica: avaliação e seleção de projetos de investimento*. São Paulo: Atlas, 1989.

ETT, G.; ETT, B. Viabilidade técnico-econômica de células a combustível e hidrogênio. In: FRONTIN S.O. (Org.). *Alternativas não convencionais para transmissão de energia elétrica: estado da arte*. Brasília: Teixeira, 2011; p. 328-89.

FADIGAS, E.F.A. *Notas de aula de PEA 5002*. São Paulo. Escola Politécnica da Universidade de São Paulo, 2008.

FANTINELLI, J.T. *Análise da evolução de ações na difusão do aquecimento solar de água para habitações populares. Estudo de caso em Contagem, MG*. Campinas, 2006. Tese (Doutorado em Planejamento de Sistemas Energéticos). Unicamp.
GRIMONI, J.A.B. Máquinas elétricas, redes inteligentes e geração distribuída. In: *Curso de especialização em energias renováveis, geração distribuída e eficiência energética do Programa de Educação Continuada em Engenharia (Pece)*. São Paulo, 2011.
GWEC. *Global wind energy report*. 2012. Disponível em: http://www.gwec.net/publications/global-wind-report-2/global-wind-report-2012/. Acessado em: 20 ago. 2015.
[IEA] INTERNATIONAL ENERGY AGENCY. *Key World Energy Statistics*. 2015. Disponível em: http://www.iea.org. Acessado em: 17 ago. 2016.
LINSLEY, R.K.; FRANZINI, J.B. *Engenharia de recursos hídricos*. São Paulo: McGraw-Hill, 1978.
MACEDO, W.N. *Estudos de sistemas de geração de eletricidade utilizando a energia solar fotovoltaica e eólica*. Belém, 2002, 152p. Dissertação (Mestrado). Centro Tecnológico da Universidade Federal do Pará.
MANWELL, J.F. et al. *Wind energy explained: theory, design and applications*. Londres: John Wiley & Sons, 2004.
MÜLLER, A.C. *Hidrelétricas, meio ambiente e desenvolvimento*. São Paulo: McGraw-Hill, 1996.
PEREIRA, A.L. *Slides de aula*. Universidade de São Paulo, 2008.
PEREIRA, E.B.; MARTINS, F.R.; ABREU, S.L.; RUTHER, R. *Atlas brasileiro de energia solar*. São José dos Campos: Instituto Nacional de Pesquisas Espaciais (Inpe), 2006.
PHILIPPI JR, A.; REIS, L.B. (Eds.). *Energia e sustentabilidade*. Barueri: Manole, 2016. 1088p. (Coleção Ambiental).
PINHEIRO, J.L.P. *O suprimento de energia através das células de combustível*. São Paulo, 1998. Dissertação (Mestrado). Escola Politécnica, Universidade de São Paulo.
RAMOS, D.S.; FADIGAS, E.; REIS, L.B. et al. *Influence of local and commercial variables for thermal plants in a large hydroelectrical system*. São Paulo: Relatório da Escola Politécnica da Universidade de São Paulo, 2002.
REIS, L.B. *Geração de energia elétrica*. 2.ed. Barueri: Manole, 2011.
REIS, L.B.; SANTOS, E.C. *Energia elétrica e sustentabilidade*. 2.ed. Barueri: Manole, 2014. (Coleção Ambiental).
REIS, L.B.; FADIGAS, E.F.A.; CARVALHO, C.E. *Energia, recursos naturais e a prática do desenvolvimento sustentável*. 2.ed. Barueri: Manole, 2012. (Coleção Ambiental).
ROBERTS, S.; GUARIENTO, N. *Building integrated photovoltaics: a handboook*. Berlim: Springer, 2009.
RUTHER, R. *Edifícios solares fotovoltaicos: o potencial da geração solar fotovoltaica integrada à edificações urbanas e interligada à rede elétrica pública no Brasil*. Florianópolis: Labsolar, 2004.
SOUZA, S.N.M.; SILVA, E.P. Integração da energia hidrelétrica secundária e do gás natural por meio do hidrogênio. *II Congresso Brasileiro de Planejamento Energético – Unicamp*. Campinas, 1994.

THE GERMAN ENERGY SOCIETY. *Planning and installing photovoltaic systems: a guide for installers, architects, and engineers*. Berlim: Earthscan, 2008.
TOBÍAS, I.; CAÑIZO, C.D.; ALONSO, J. Crystalline silicon solar cells and modules. In: LUQUE, A.; HEGEDUS, A. (Eds.), *Handbook of photovoltaic science and engineering*. West Succex: John Wiley & Sons, 2011; p. 265-313.

BIBLIOGRAFIA SUGERIDA

ASHENAVI, K.; RAMAKUMAR, R. Ires: a program to design integrated renewable energy system. *Energy*, v. 15, n. 12, p. 1143-52, 1990.
AULT, G.W.; MACDONALD, J.R. Planning for distributed generation within distributed networks in restructured electricity markets. *Ieee Power Engineering Review*. v. 20, n. 2, p. 52-54, fev. 2000.
BANERJEE, S.; CHATTERJEE, J.K.; TRIPHATHY, S.C. Application of magnetic energy storage unit as continuous VAR controller. *Ieee Trans. on Energy Conversion*. v. 5, n. 1, mar. 1990.
CAMARGO, I. *Noções básicas de engenharia econômica*. Brasília: Finatec, 1998.
CASSEDY, E.S.; GROSSMAN, P.Z. *Introduction to energy: resources, technology and society*. Cambridge: University Press, 1990.
[CIGRÉ] CONFERENCE INTERNACIONAL DES GRANDS RESÉAUX ELETRIQUES. *Modelling new forms of generation and storage*. Paris: Task Force TF38.01.10 Report, 2000.
CUNHA, E.C. *Avaliação de impacto ambiental como proteção jurídica do meio ambiente natural: reflexões para harmonização no Mercosul*. São Paulo, 1997. Dissertação (Mestrado). Pontifícia Universidade Católica.
______. *Os usos da água para geração de energia elétrica e a sustentabilidade jurídico-ambiental*. São Paulo, 2000. Tese (Doutorado). Escola Politécnica, Universidade de São Paulo.
DUNN, P.D. Renewable energies: sources, conversion and aplication. *IEE Energy Series*. v. 2. Londres: Peter Peregrinus, 1986.
ELETROBRAS. *Manual de instruções para estudos de inventário de bacia hidrográfica para aproveitamento hidrelétrico*. Rio de Janeiro: Engevix, 1977.
EMANUEL, A.E.; MCNEILL, J.A. Electric power quality. *Annual Review of Energy and the Environment*, v. 22, p. 263-303, 1997.
FADIGAS, E.F.A. *Identificação de locais e opções tecnológicas para a implementação de geração termelétrica no sistema elétrico brasileiro: uma contribuição para a metodologia e aplicação ao caso do gás natural*. São Paulo, 1999. Tese (Doutorado). Escola Politécnica, Universidade de São Paulo.
______. *Energia eólica*. Barueri: Manole, 2011; 356p.
FIORILLO, C. *Curso de direito ambiental*. São Paulo: Saraiva, 2000.
FORTUNATO, L.A.M.; NETO, T.A.A.; ALBUQUERQUE, J.C.R. et al. *Introdução ao planejamento da expansão e operação de sistemas de produção de energia elétrica*. Rio de Janeiro: Eduff/Eletrobras, 1990.

FROTHINGHAN, H. Estruturando financiamento: experiência internacional. *Seminário Cogeração*. Rio de Janeiro: Instituto Nacional de Eficiência Energética, 1998.

FUEL CELL 2000. *Press releases. Technology update*. 1998. Disponível em: http://www.fuelcells.org/. Acessado em: 29 maio 2017.

GARCEZ, L.N.; ALVARES, G.A. *Hidrologia*. 2.ed. São Paulo: Blucher, 1988.

GOLDEMBERG, J. *Energy, environment and development*. Genebra: International Academy of the Environment, 1995.

GRANET, I. *Termodinâmica e energia térmica*. 4.ed. Rio de Janeiro: Prentice-Hall do Brasil, 1995.

GUASCOR (Equipe de Marketing). Cogeração industrial. In: SEMINÁRIO NACIONAL DE ENERGIA ELÉTRICA. Campinas: Instituto Nacional de Eficiência Energética, 1999.

GUERREIRO, A. O mercado brasileiro de energia elétrica, suas perpectivas para a virada do século e o papel da cogeração neste cenário. In: CONFERÊNCIAS EM COGERAÇÃO DE ENERGIA. São Paulo: International Business Communications (IBC), 1999.

GYUGYI, L. et al. The unified power flow controller: a new approach to power transmission control. *IEEE Trans. Power Delivery*. v. 10, n. 2, p. 1085-93, 1995.

HART, D. *An analisys of fuel cells and gas turbines in small-scale distributed power generation*. Londres: Imperial College of Science, Technology and Medicine (University of London)/Centre for Environmental Tecnology, 1995.

HESS, G.; MARQUES, J.L.; PAES, L.C.R. et al. *Engenharia econômica*. 3.ed. Rio de Janeiro: Fórum, 1972.

HINGORANI, N.G. Introducing custom power. *Ieee Spectrum*, v. 32, n. 6, p. 41-8, jun. 1995.

______. High power electronics and flexible AC transmission system. *Ieee Power Eng. Rev.*, v. 8, n. 7, p. 3-4, jul. 1988.

HINRICHS, R.A.; KLEINBACH, M. *Energia e meio ambiente*. Trad. Flávio Maron Vichi e Leonardo Freire de Mello. São Paulo: Pioneira Thomson Learning, 2003.

HINRICHS, R.A.; KLEINBACH, M.; REIS, L.B. *Energia e meio ambiente*. São Paulo: Cengage Learning, 2015.

HIRSCHENHOFER, J.H. et al. *Fuel cells: a handbook (revision 3)*. DOE/METC-94/-1006 (DE94004072), jan. 1994.

HSU, M.; NATHANSON, D.; ZTEK CORPORATION. Ztek's ultra-high efficiency fuel cell/gas turbine combination. *Proceedings of the Fuel Cell '96 Review Meeting*. Morgantown: US DOE/METC, 1996.

JOHANSSON, T.B. et al. *Energy for a sustainable world*. Nova Deli: Willey Eatern Limited, 1988.

JONES, E.C. Fontes energéticas alternativas de combustíveis para cogeração. In: CONFERÊNCIAS EM COGERAÇÃO DE ENERGIA. São Paulo: International Business Communications (IBC), 1999.

KOBLITZ, L.O. Análise da viabilidade econômica de projetos de cogeração. In: CONFERÊNCIAS EM COGERAÇÃO DE ENERGIA. São Paulo: International Business Communications, 1999.

______. Cogeração de energia. In: SEMINÁRIO COGERAÇÃO. Rio de Janeiro: Instituto Nacional de Eficiência Energética, 1998.

KUIPER, E. *Water resources development – planning, engineering and economics*. Nova York: Spring-Verlag, 1965.

LA ROVERE, E.L.; ROSA, L.P.; RODRIGUES, A.P. *Economia e tecnologia da energia*. Rio de Janeiro: Marco Zero/Finep, 1985.

LEE, G.T.; SUDHOFF, F.A.; U.S. DOE/METC. Fuel cell/gas turbine system performance studies. *Proceedings of the Fuel Cell '96 Review Meeting*. Morgantown: US DOE/METC, 1996.

LUESKA, C. Aspectos técnicos de dimensionamento e estimativa de investimento de centrais de cogeração. In: CONFERÊNCIAS EM COGERAÇÃO DE ENERGIA. São Paulo: International Business Communications (IBC), 1999.

MILARÉ, E.; BENJAMIM, A. *Estudo de impacto ambiental*. São Paulo: RT, 1993.

NETO, J.M.A.; ALVAREZ, G.A. *Manual de hidráulica*. São Paulo: Edgar Blucher, 1977.

[NYSERDA] NEW YORK STATE ENERGY RESEARCH AND DEVELOPMENT AUTHORITY. *200 kW fuel cell monitoring and evaluation program; providing independent performance data on fhosphoric acid fuel cells – final report 97-3*. 1977.

OFRY, E.; BRAUNSTEIN, H. The loss of power supply probability as a technique for designing stand alone solar electric photovoltaic systems. *Ieee Transactions on Power Apparatus and Systems*, v. PAS-102, n. 5, maio 1983.

[OLADE] ORGANIZAÇÃO LATINO AMERICANA DE ENERGIA Y DERECHO AMBIENTAL EN AMERICA LATINA Y EL CARIBE. *Inventario y Analisis de Legislación*. Equador, 2000.

OLIVEIRA, A. *O licenciamento ambiental*. São Paulo: Iglu, 1999.

PALZ, W. *Energia solar e fontes alternativas*. São Paulo: Hermus-Livraria, 1981.

PENTEADO JR., A.A.; CASELATO, D. Modernização e reabilitação de usinas hidrelétricas. Uma metodologia de análise e avaliação técnico-econômica. In: XIII SEMINÁRIO NACIONAL DE PRODUÇÃO E TRANSMISSÃO DE ENERGIA ELÉTRICA. Curitiba, 1995.

RAMAKUMAR, R.; HUGHES, W.L. Renewable energy sources and rural development in developing countries. *Ieee Transactions on Education*, v. E24, n. 3, 1981.

REBOUÇAS, A.C.; BRAGA, B.; TUNDISI, J.G. et al. *Águas doces no Brasil: capital ecológico, uso e conservação*. São Paulo: Escrituras, 1999.

REIS, L.B.; FADIGAS, E.F.A.; RAMOS, D.S. Techniques to improve the utilization of renewable generation in electrical power systems. In: CIGRÉ SYMPOSIUM: WORKING PLANTS AND SYSTEMS HARDER. Londres, 1999.

REIS, L.B.; FONSECA, J.N. *Empresas de distribuição de energia elétrica no Brasil – temas relevantes para gestão*. Rio de Janeiro: Synergia, 2012.

REIS, L.B.; GRIMONI, J.A.B. *Relatório técnico-preliminar: sistemas Statcom – Static compensator e UPFC – Unified power flow controller – Estado da arte*. Gepea/Epusp, 2001.

REIS, L.B.; PINHEIRO, J.L.P. A produção de energia elétrica através de células de combustível. In: CONGRESSO LATINO-AMERICANO DE DISTRIBUIÇÃO DE ENERGIA ELÉTRICA. São Paulo, 1998.

REIS, L.B.; SAIDEL, M.A.; CORREA, J.S.S. Novel technologies: an alternative to reduce environmental impacts of hydroelectric developments in the Amazon Region. *Política Energética para o Desenvolvimento Auto-sustentado da Amazônia*. Pedasa 93, Brasília, 1993.
REIS, L.B.; SILVEIRA, S. *Energia elétrica para o desenvolvimento sustentável*. São Paulo: Edusp, 2000.
SANTANA, R.; PORTO, M.A.; MARTINS, R.H. Desenvolvimento sustentável dos recursos hídricos. *ABRH Publicações*. Recife, v. 3, n. 1, 1995.
SCHREIBER, G.P. *Usinas hidrelétricas*. São Paulo: Edgar Blucher, 1977.
SILVA, G.R. *Características de vento da região nordeste. Análise, modelagem e aplicações para projetos de centrais eólicas*. Recife, 2003, 131p. Dissertação (Mestrado). Universidade Federal de Pernambuco.
SOLARPRAXIS. *Inverter and PV system technology industry guide 2012*. Berlim, 2012.
SONTAG, R.E.; WYLEN, G.J.V. *Fundamentos da termodinâmica clássica*. 2.ed. São Paulo: Edgar Blucher, 1976.
SOUZA, Z.; FUCHS, R.D.; SANTOS, A.H.M. *Centrais hidro e termelétricas*. São Paulo: Edgar Blucher/Eletrobras-Efei, 1983.
SPIEWAK, S.A.; WEISS, L. *Cogeneration & small power production manual*. Lilburn: The Fairmont Press,1997.
STEINFELD, G.; ENERGY RESEARCH CORPORATION et al. High efficiency carbonate fuel cell/turbine hybrid power cycle. *Proceedings of the Fuel Cell '96 Review Meeting*. Morgantown: US DOE/METC, 1996.
VESILIND, P.A.; MORGAN, S.M. *Introdução à engenharia ambiental*. Trad. Carlos Moya e Lineu Belico dos Reis. São Paulo: Cengage Learning, 2011.
VEYO, S.; WESTINGHOUSE SCIENCE AND TECHNOLOGY CENTER. Westinghouse fuel cell combined cycle systems. *Proceedings of the Fuel Cell '96 Review Meeting*. Morgantown: US DOE/METC, 1996.
VIEIRA FILHO, X. Interação entre a geração distribuída e o sistema interligado. In: SEMINÁRIO COGERAÇÃO. Rio de Janeiro: Instituto Nacional de Eficiência Energética, 1998.

SITES

Meca Solar. Disponível em: http://www.mecasolar.com/_bin/index.php. Acessado em: 26 out. 2016.
NREL. Disponível em: http://www.nrel.gov/ncpv/. Acessado em: 26 out. 2016.
SMA. Disponível em: http://www.sma-america.com.en_us/home.html. Acessado em: 10 mar. 2013.

ÍNDICE REMISSIVO

B

C

D

E

I

L

M

Q

R

S

T

U

V